U0262400

分析力学研究进展

Advances in Analytical Mechanics

梅凤翔　吴惠彬　张永发　著

科学出版社

北京

内 容 简 介

本书为作者 30 多年来在学术刊物上发表的有关分析力学的综述性文章的汇编，计 15 篇，其中英文 3 篇. 内容是对分析力学、非完整力学、Birkhoff 力学、对称性与守恒量、变分原理等的发展概况发表的一些见解.

本书可作为高等院校力学、物理学、数学等专业的大学生和教师，以及对分析力学感兴趣的人员的参考书.

图书在版编目(CIP)数据

分析力学研究进展/梅凤翔，吴惠彬，张永发著. —北京：科学出版社，2019.10

ISBN 978-7-03-062464-2

Ⅰ.①分… Ⅱ.①梅… ②吴… ③张… Ⅲ.①分析力学-文集 Ⅳ.①O316-53

中国版本图书馆 CIP 数据核字(2019) 第 215954 号

责任编辑：刘信力／责任校对：邹慧卿
责任印制：吴兆东／封面设计：陈 敬

科学出版社出版
北京东黄城根北街 16 号
邮政编码：100717
http://www.sciencep.com

北京虎彩文化传播有限公司印刷

科学出版社发行 各地新华书店经销

*

2019 年 10 月第 一 版 开本：720×1000 B5
2020 年 3 月第二次印刷 印张：18
字数：360 000

定价：128.00 元

(如有印装质量问题，我社负责调换)

前　言

1788 年伟大科学家 Lagrange J L 出版名著 *Mécanique Analytique*, 奠定了分析力学学科基础. 1834~1835 年 Hamilton W R 建立正则方程和 Hamilton 原理, 发展了分析力学. 人们对分析力学的理解基本停留在 Lagrange 力学和 Hamilton 力学之上, 对分析力学后来的发展知之甚少. 北京大学朱照宣先生等的《理论力学》(1982) 中指出:“拉格朗日力学和哈密顿力学 (还有其他一些内容) 可统称 ‘分析力学’, 以区别于原来的 ‘向量力学’ ……”“其他一些内容”是什么? 经过多年学习和研究, 我们将非完整力学 (1894) 和 Birkhoff 力学 (1927) 理解为“其他一些内容”. 这样就形成了分析力学的 4 个发展阶段: Lagrange 力学、Hamilton 力学、非完整力学、Birkhoff 力学. 此外, 对称性与守恒量、几何动力学是 4 个发展阶段中的重要问题.

本书作者与合作者, 在分析力学各阶段的发展概况方面发表了一些综述性文章, 涉及学科及学科分支的历史、现状与未来研究. 将这些文章汇集成册出版, 相信对关心分析力学的读者会有些帮助. 全书收集了 15 篇文章, 其中英文 3 篇, 可分为 5 类:

1) 分析力学发展, 包括分析力学的近代发展 (1987), 经典力学从牛顿到伯克霍夫 (1996), 中国分析力学 40 年 (1997), 经典力学的历史贡献与启示 (2012). 从中介绍了分析力学的 4 个发展阶段.

2) 非完整力学发展, 包括非完整系统力学的历史与现状 (1979), 非完整系统力学积分方法的某些进展 (1991), 非完整系统稳定性的若干进展 (1998), *Nonholonomic mechanics* (2000), 非完整约束系统几何动力学研究进展 (2004).

3) Birkhoff 力学进展, 包括 Birkhoff 系统动力学的研究进展 (1997), *On the Birkhoffian mechanics* (2001).

4) 对称性与守恒量进展, 包括关于力学系统的对称性与不变量 (1993), *Symmetries and conserved quantities of constrained mechanical systems* (2014).

5) 变分原理进展, 包括 Hamilton 原理 (2016), Gauss 原理 (2016).

以上这些综述文章最早发表于 1979 年, 最迟的发表于 2016 年. 这些文章有当时作者的认识局限, 但仍有一定的史料价值和现实意义.

作者衷心感谢《力学进展》《力学与实践》《力学学报》《动力学与控制学报》《科技导报》等刊物的大力支持, 感谢合作者罗绍凯教授、赵跃宇教授、朱海平博士、郭永新教授、陈向炜教授、李彦敏教授的大力支持, 感谢陈菊博士在整理资料、校对文本中付出的辛劳. 特别感谢科学出版社刘信力同志的精心组织与安排.

作　者

2017 年仲夏

目　录

第一章　分析力学进展

§1.1　分析力学的近代发展

1788 年伟大科学家 Lagrange J L 出版名著《分析力学》. Lagrange 以及后来的 Hamilton、Jacobi、Poincaré 和 Ляпунов 等的著作是那样完美, 以致众多聪明的后人去想再也没有什么本质的东西可以补充到有限自由度动力系统中去了. 19 世纪末出现的经典非完整系统分析力学无疑是将 Lagrange 的成果推进了一大步, 而近 20 年兴起的近代分析力学使 Lagrange、Hamilton 的理论更加完美. 本文就近代分析力学以及经典分析力学的近代发展作一综述.

1. 近代分析力学

分析力学近代发展的重要表现在于它的现代化. 近 20 年来分析力学发生了根本变化, 促进这种变化的主要因素有两个. 一个是微分几何的进步, 用以得到更几何更本质的观点. 这种观点充满物理学 (如规范场论), 特别是力学. 另一因素是数学分析以及流形上泛函分析的近代发展. 荷兰著名力学家 Koiter 说得好: “为使力学得到进一步的发展, 我们一定要逐步应用更加抽象和更加精密的数学”.

Lagrange 的分析力学重分析而轻几何, 而今, 近代微分几何的发展使得 Lagrange 力学和 Hamilton 力学更加清晰、更加美妙. 近代分析力学的代表作有三本书或称三本圣经: Godbillon C 的 *Géometrie Différentielle et Mécanique Analytique* (《微分几何和分析力学》, 1969) [另一说法是 Souriau J M 的 *Structure des Systèmes Dynamiques* (《动力系统的结构》, 1970)]; Арнольд В И 的 *Математические Методы Классической Механики* (《经典力学的数学方法》, 1974); Abharam R 和 Marsden J E 的 *Foundations of Mechanics* (《力学基础》, 1978, 1980).

近代分析力学的主要内容有以下三个方面:

1.1　流形与 Lagrange 力学

Lagrange 力学用位形 (configuration) 空间描述力学系统的运动. 力学系统的位形空间具有微分流形结构, 其同胚群作用在此结构上. Lagrange 力学的基本思想和定理相对此群是不变的.

一个 Lagrange 力学系统用一流形 (位形空间) 和在流形的切丛上的函数 (Lagrange 函数) 给出.

所有使 Lagrange 函数不变的位形空间的单参数同胚群定义一守恒律 (即运动方程的首次积分).

1.2 辛 (sympletic) 流形与 Hamilton 力学

没有微分形式就不能说明 Hamilton 力学. 微分形式的信息包括外积、外微分、积分和 Stokes 公式.

流形上的辛结构是一闭的、非蜕化的微分 2-形式. 力学系统的相空间具有自然辛结构.

在辛流形上, 如同在 Riemann 流形上, 在矢量场和 1-形式之间存在自然同构. 辛流形上一个矢量场对应一个函数的微分, 称为 Hamilton 矢量场. 流形上一个矢量场确定一相流, 即单参数同胚群. 辛流形上 Hamilton 矢量场保持相空间的辛结构.

流形上的矢量场形成 Lie 代数. 辛流形上的 Hamilton 矢量场也形成 Lie 代数. 此类代数中的运算称为 Poisson 括号.

1.3 KAM 定理 1)

60 年代初, Колмогоров А Н、Арнольд В И 和 Moser J 三人对近乎可积 Hamilton 系统解的性质给出一些重要结论, 称之为 KAM 定理. 现就两自由度系统作大略说明.

设有一个两自由度可积的 Hamilton 系统, 当系统的 Hamilton 函数有较小变化 (扰动) 时, 我们就称之为近乎可积系统. 按照分析力学的方法, 可将方程用两个作用量变量 J_1, J_2 和两相应的角变量 θ_1, θ_2 表示, 由于存在 Hamilton 函数作为首次积分, 可以只考虑三个变量 J_1, θ_1, θ_2. 对于原来未受扰动的可积情形, 可选取适当的变换使 $J_1 =$ 常量, 于是解的形式是 $\theta_1 = \theta_1(t), \theta_2 = \theta_2(t)$, 轨线总位于一个环面上. 此环面称为不变环面, 它们与 $\theta_2 =$ 常量相截得一族同心圆. 对一特定的轨线, 它在 $\theta_2 =$ 常量上的历次截点全在同一圆上. 这些截点或者组成有限点的点集 (当旋转数为有理数时), 或者布满圆圈 (当旋转数为无理数时).

当系统从可积情形受到扰动变为近乎可积时, 这些同心圆圈将变形. KAM 定理指出, 由于面积的保守性, 如出现双曲点, 双曲点的个数将与椭圆点个数一样多, 个数与相应有理旋转分数表示时的分母相适应. 于是在每一双曲点附近形成 Poincaré 栅栏和相应的混沌河. 这种混沌河在外面是为 “陆地” 包住的. 这种混沌河网络有无穷多个, 而每一个河中的 “岛” 放大看时又重复这种结构. 这种层次也有无穷多, 在陆地上的闭轨道相当于三维空间 $(J_1, \theta_1, \theta_2)$ 的一个环面, 称为 KAM 环面. KAM 定理适用于近乎可积系统. 如果偏离很大, 定理不再成立, KAM 环面破裂, 外层有

1) 关于 KAM 定理的几段摘自朱照宣的 “浑 (混) 沌” 讲义.

混沌海, 有些混沌河与海相连起来.

近代分析力学也可以叫做 "几何动力学", 系指用近代微分几何 (如流形、微分流形、辛流形等) 观点研究分析力学的原理和方法. 1982 年 6 月在意大利都灵召开的分析力学近代发展讨论会上, 许多力学家、数学家和物理学家介绍了他们在几何动力学方面的研究成果. 法国人在用近代微分几何方法研究天体力学、刚体力学、动力系统的结构等方面取得重要进展; 意大利人在分析力学中的辛关系上贡献突出 [1]. 近年, 我国力学家也十分重视几何动力学和其他数学方法的研究工作. 值得庆贺的是我国有一些年轻的力学工作者已经在几何动力学的研究工作上迈出了可喜的一步. 最近由中国力学学会召开的近代数学与力学讨论会上所反映的情况表明, 我国对近代分析力学的研究兴趣大大提高了. 我们希望今后在完整系统和非完整系统的几何动力学研究方向上不断深入下去并取得更大成果.

2. 经典分析力学的理论与应用

分析力学近代发展的另一方面是经典理论与应用的发展. 本文就 Lagrange 力学逆问题、相对运动动力学、非完整系统动力学、Vacco 动力学、单面约束系统动力学以及分析力学与其他分支的交缘等问题作一介绍.

2.1 Lagrange 力学逆问题

众所周知, 对完整保守系统, 只要造出 Lagrange 函数 L ($L = T - V, T$ 为系统动能, V 为势能), 就可列写出系统的运动微分方程

$$\frac{\mathrm{d}}{\mathrm{d}t}\frac{\partial L}{\partial \dot{q}_s} - \frac{\partial L}{\partial q_s} = 0 \quad (s = 1, 2, \cdots, n) \tag{1}$$

其中 q_s 为系统的广义坐标. 方程 (1) 的显式

$$\sum_{s=1}^{n} A_{ks}\ddot{q}_s + B_k = 0 \quad (k = 1, 2, \cdots, n) \tag{2}$$

为一个二阶常微分方程组. 由 (1) 至 (2) 可称为 Lagrange 力学正问题. 所谓 Lagrange 力学逆问题是指对给定的一个二阶常微分方程组 (2) 或更一般的

$$F_s(\boldsymbol{q}, \dot{\boldsymbol{q}}, \ddot{\boldsymbol{q}}, \boldsymbol{t}) = 0 \quad (s = 1, 2, \cdots, n) \tag{3}$$

欲构造一个函数 L 使 (2) 或 (3) 可写成形式 (1). 自然, 此时的 L 一般说来已不再是动能与势能之差, 而且逆问题的解也不是唯一的.

Lagrange 力学逆问题的研究可追溯到 Helmholtz 时代 (1887). 如果方程 (3) 的

左边函数 F_s, 满足 Helmholtz 条件

$$\left.\begin{array}{l}\dfrac{\partial F_s}{\partial \ddot{q}_k}=\dfrac{\partial F_k}{\partial \ddot{q}_s},\quad \dfrac{\partial F_s}{\partial \dot{q}_k}+\dfrac{\partial F_k}{\partial \dot{q}_s}=\dfrac{\mathrm{d}}{\mathrm{d}t}\left(\dfrac{\partial F_s}{\partial \ddot{q}_k}+\dfrac{\partial F_k}{\partial \ddot{q}_s}\right)\\ \dfrac{\partial F_s}{\partial q_k}-\dfrac{\partial F_k}{\partial q_s}=\dfrac{1}{2}\dfrac{\mathrm{d}}{\mathrm{d}t}\left(\dfrac{\partial F_s}{\partial \dot{q}_k}-\dfrac{\partial F_k}{\partial \dot{q}_s}\right)\quad (s,k=1,2,\cdots,n)\end{array}\right\} \tag{4}$$

那么可按一定规则构造出 L 来.

Lagrange 力学逆问题首先在物理学界受到重视. 近十几年来取得一系列重要成果, 如构造 L 的 Engels 方法、Santilli 方法 [2] 等.

Lagrange 力学的一系列积分理论, 如循环积分、正则方程、Hamilton-Jacobi 方法等都基于方程 (1), 而实际问题中遇到的作用力却大多是非有势力. 因此, 克服这种局限性的办法之一就是寻求构造一个新的 Lagrange 函数使一般非有势力的 Lagrange 方程转化为等效的方程 (1). 至于非完整系统动力学的积分理论也大多与 Lagrange 力学逆问题相关 [3].

2.2　相对运动动力学

随着近代科学技术的发展, 对复杂力学系统的动力学研究变得越来越重要. 这些复杂系统的运动包括载体的运动以及被载系统相对于载体的运动, 例如, 考虑地球自转时刚体的定点转动、带旋转飞轮的刚体运动、旋转软轴的平衡、人造卫星以及机器人动力学等.

用分析力学的方法研究复杂系统的相对运动动力学, 不仅从方法上得到统一, 而且系统越复杂越显示其优越性. 20 世纪初, Whittaker 研究了受匀速转动约束的完整系统的 Lagrange 方程 [4], 60 年代 Лурье А И 研究了完整系统的一般相对运动动力学 [5]. 这些研究可以推广到非完整系统 [3]、变质量系统以及其他各种专门问题.

2.3　非完整系统动力学的两个基本问题

文献 [6] 已对非完整系统力学作了较全面的介绍, 这里仅就一阶非线性非完整约束的物理实现以及 Appell-Четаев 定义的适用性问题作一介绍.

(1) 一阶非线性非完整约束的物理实现问题

一阶线性非完整约束一般可以被动地实现, 而且靠接触、靠摩擦来实现. 例如, 平面上球的纯滚动、冰刀的运动等. 而一阶非线性非完整约束和高阶非完整约束的实现问题却是个近代问题.

目前已知的非线性非完整约束的著名例子主要有四个: Appell-Hamel 椅子轮 [7]、Добронравов 例 [8]、导向陀螺例 [9] 和 Новоселов 例 [10].

Appell-Hamel 椅子轮的例子已为众多研究者所接受. Delassus 证明, 所有非线性非完整约束都可以用线性非完整约束来实现; 而 Неймарк 和 Фуфаев 认为

Appell 想象的机构在极限过程中发生微分方程组的降阶, 导致蜕化系统的运动本质上不同于极限运动, 因此 Appell-Hamel 例的实现不能成立 [11].

Добронравов 例和导向陀螺例都是人为的、主动的要实现的约束, 不是被动实现的.

Новоселов 例十分有趣. 这是一个质量变化引起运动学变化而产生的非线性非完整约束. 设在固定水平面 oxy 上滚动的匀质球的质量变化规律为

$$m = m_0(1-\beta_s) \tag{5}$$

其中 m_0, β 为常数, s 为球与平面接触点走过的弧长. 设球心坐标为 x, y, z 密度为 γ, 则

$$\left.\begin{aligned} &m = \frac{4}{3}\pi\gamma z^3 \\ &\dot{m} = 4\pi\gamma z^2\dot{z} = -m_0\beta\dot{s} \\ &\dot{s}^2 = \dot{x}^2 + \dot{y}^2 \end{aligned}\right\} \tag{6}$$

因此有

$$\dot{x}^2 + \dot{y}^2 = \frac{16\pi^2\gamma^2}{m_0^2\beta^2}z^4\dot{z}^2 \tag{7}$$

公式 (7) 就是一个一阶非线性非完整约束.

最近, 有人用近代数学方法证明, 非线性非完整约束不能靠接触、靠摩擦来实现 [12]. 当然, 主动地实现, 例如, 靠伺服系统总可以实现随便怎样的非线性非完整约束.

(2) Appell-Четаев 定义的适用性问题

对形如

$$f_\beta(q_s, \dot{q}_s, t) = 0 \tag{8}$$

的非线性非完整约束, Appell 和 Четаев 给出的虚位移方程为

$$\sum_{s=1}^{n} \frac{\partial f_\beta}{\partial \dot{q}_s}\delta q_s = 0 \tag{9}$$

这个定义 (或称条件) 对线性非完整约束自动成立. 正因如此, Appell-Четаев 定义被广泛采用. 然而, 正如 Четаев 本人所说, 这个定义不是唯一的办法, 还可以有其他办法. 因此, 有人认为, Appell-Четаев 定义是一种强加的条件.

虽然还没有人明确提出 Appell-Четаев 定义的适用性问题, 但人们在研究非线性非完整系统动力学时总是事先小心地表明 "研究 Четаев 型非线性非完整约束".

Новоселов 虽提出一个所谓非 Четаев 型约束的例子 [13], 然而仍有导致微分方程组的降阶问题. 当然, 伺服约束的虚位移方程可以不满足 (9), 或称非 Четаев 型的. 问题在于, 是否存在非伺服约束而不满足 (9)? 这是值得探讨的问题.

以上两个问题都是非线性所带来的困难.

2.4 Vacco 动力学

Vacco 动力学 (Vacco 为意大利词, 有 "没事闲待着" 之意, 很费解) 是苏联莫斯科大学 Козлов 近年提出的研究不可积分约束系统动力学的一种新的数学模型、新的方法 [14–16]. 认为不可积分约束应分为两类: 一类是传统的非完整约束, 另一类是 Vacco 约束.

Козлов 采用半固定端变分, 在此变分下变更运动满足约束方程, 运动方程总可以写成 Hamilton 形式. 如果系统受有形如 (8) 的非完整约束, 且力是有势的, 则 Vacco 动力学的 Lagrange 方程为

$$\frac{\mathrm{d}}{\mathrm{d}t}\frac{\partial L}{\partial \dot{q}_s}-\frac{\partial L}{\partial q_s}=\sum_{\beta=1}^{g}\lambda_\beta\left(\frac{\partial f_\beta}{\partial q_s}-\frac{\mathrm{d}}{\mathrm{d}t}\frac{\partial f_\beta}{\partial \dot{q}_s}\right)-\sum_{\beta=1}^{g}\dot{\lambda}_\beta\frac{\partial f_\beta}{\partial \dot{q}_s}\quad(s=1,2,\cdots,n)\tag{10}$$

其中 λ_β 为不定乘子. 实际上, Vacco 动力学方程 (10) 是作用积分 $\int_{t_0}^{t_2}L\mathrm{d}t$ 在条件 (8) 下取驻值的 Lagrange 问题的 Euler 方程.

传统 Четаев 型非完整系统的动力学方程为

$$\frac{\mathrm{d}}{\mathrm{d}t}\frac{\partial L}{\partial \dot{q}_s}-\frac{\partial L}{\partial q_s}=\sum_{\beta=1}^{g}\mu_\beta\frac{\partial f_\beta}{\partial \dot{q}_s}\quad(s=1,2,\cdots,n)\tag{11}$$

其中 μ_β 为不定乘子.

Vacco 动力学方程 (10) 与传统方程 (11) 一般说来是不等价的. 但并不意味着两组方程 (10) 和 (11) 没有共同解. 两方程组有共同解的充要条件是 [3]

$$\sum_{s=1}^{n}\sum_{\beta=1}^{g}\lambda_\beta\left(\frac{\partial f_\beta}{\partial q_s}-\frac{\mathrm{d}}{\mathrm{d}t}\frac{\partial f_\beta}{\partial \dot{q}_s}\right)\delta q_s=0\tag{12}$$

当然, 仅对极个别的非完整系统, 条件 (12) 才成立.

Козлов 认为无论在有限自由度力学中, 还是在连续介质力学中, 都不排除可能有多种模型. Vacco 动力学与传统非完整系统动力学就具有不同的模式. 首先, 对于完整系统这两个模型是一致的, 而对不可积分约束系统两者相距甚远. 其次, 在 Vacco 动力学中具有所谓 "弱确定性"—— 力学系统的运动单值地由它在某固定时刻的状态来确定, 而传统非完整系统动力学有 "强确定性"—— 运动被系统在每一时刻的状态确定.

文献 [17] 中所论及的一整套理论与结果基本与 Vacco 动力学相近.

2.5 单面约束系统动力学

人们研究分析力学大多以双面约束为前提, 很少考虑单面约束问题. 实际上, 单

面约束较双面约束更为一般, 也更为不易研究. 一球沿一粗糙平面纯滚动, 另一与前一粗糙平面相垂直的平面对球来说便是一个简单的单面完整约束; 球沿粗糙平面在某固定方向又滚又滑 (限制滑动发生在一个方向上) 乃是一个简单的单面非完整约束. 研究又滚又滑比研究纯滚动更为一般, 也更为困难. 在工程实际中, 如带滚轮系统的送输机械, 往往不是每个轮子都作纯滚动, 总是有些轮子又滚又滑的. 如果系统的运动发生在有限空间中, 也只能用单面约束系统动力学来研究.

过去人们对单面约束系统静力学, 如单面约束系统的虚位移原理 [18], 有些了解. 近年, 对单面约束系统动力学的研究兴趣大大提高并取得了一些进展 [19,20].

2.6 分析力学与其他分支的交缘

分析力学在与其他力学分支和技术发展中得以应用与发展. 下面所述的六个方面值得我们注意与重视.

(1) 分析力学与刚体力学

分析力学作为一种方法应用于邻近分支, 出现诸如刚体分析力学、多刚体系统分析动力学、陀螺系统分析动力学、变质量体分析力学等.

(2) 分析力学与机器人动力学

目前迅速发展的机器人动力学广泛应用分析力学中的 Lagrange 方程、Appell 方程、Gauss 原理等, 而在机器人动力学中有可能实现高阶非完整约束.

(3) 分析力学与宇航力学

苏联人造地球卫星联盟 4 号与联盟 5 号对接问题中, 要求两卫星以同样角速度转动, 否则就会使联结件发生扭转而破坏. 这样一个技术问题需要用非完整系统动力学来研究.

(4) 分析力学与滚轮系统的线路稳定性

滚轮系统 (自行车、摩托车、汽车、火车车厢、飞机起落架等) 一般都是非完整系统. 自行车向右倾斜时, 需向右转动手把才不致摔倒. 这一日常现象可用轮滚系统的线路稳定性理论给以解释. 即使轮胎制造得非常好、在极平坦的路面上行驶, 汽车在一定速度范围内也会失去稳定、失去控制. 这一技术问题不能用随机干扰解释, 而可用非完整系统的线路稳定性理论加以说明.

(5) 分析力学与计算力学

电子计算机进入分析力学的问题值得重视. 微分变分原理和积分变分原理应用于工程近似计算的研究工作已经开始并逐步深入.

(6) 分析力学与工程力学系统

近代的动力机、运输机及发动机等一类机器, 不论原动力是机械的还是电力的, 它们大多数都可构成所谓工程力学系统. 20 世纪 30 年代 Kron 对旋转电机的研究, 50 年代近藤一夫等对旋转水力机以及实际力学系统中各种复杂性质的研究都相当

出色 [21]. 今后, 对复杂工程力学系统的理论背景进行深入探讨将是十分有意义的工作.

3. 结语

Ишлинский 的下面两段话是正确的, "力学是大科学的组成部分, 它在直接保证加速科学技术进步的科学中占有中心位置之一" "在利用物理学、数学分析和计算技术方法的基础上来处理工程问题的科学基础方面, 力学起主要作用". 分析力学作为整个力学的基础和新学科的生长点之一, 应该在理论与实际两个方面不断向前发展.

参考文献

[1] Proceedings of the IUTAM-ISIMM Symposium on Modern Developments in Analytical Mechanics, T I, Academy of Sciences of Turin, Turin, June 7–11, 1982

[2] Santilli R M. Foundations of Theoretical Mechanics I, S-V, 1978

[3] 梅凤翔. 非完整系统力学基础. 北京: 北京工业学院出版社, 1985

[4] Whittaker E T. A treatise on the analytical dynamics of particles and rigid bodies. Cambridge, 1904

[5] Лурье А И. Аналитическая Механика, М, 1961

[6] 梅凤翔. 非完整系统力学的历史与现状. 力学与实践, 1, 4, 1979

[7] Appell P. Rendel circole mathematic di Palermo, T. 32, 1911

[8] Добронравов В В. Основы механнки неголономных систем, М, Высшая-школа, 1970

[9] Dooren R V. Theoretical and Applied Mechanics, Proceedings of the 14th IUTAM congress, Delft, The Netherlands, 30 August-4 September, 1976

[10] Новоселов В С. Вестн. ЛГУ, 1, 1960

[11] Неймаркю И, Фуфаев Н А. Динамика неголономных систем, М, 1967

[12] Бренделев В Н. Вестн. МГУ, Математнка, Механика, 1, 1983

[13] Новоселов В С. Уч.зап.ЛГУ, 280, 1960

[14]—[16] Козлов В В. Вестн. МГУ, Математика, Механика, 3, 1982; 4, 1982; 3, 1983

[17] Edelen D G B. Lagrangian mechanics of nonconservative nonholonomic systems, 1977

[18] 汪家訸. 分析动力学. 北京: 高等教育出版社, 1958

[19] Baumgarte J. ZAMM, 8, 1984

[20] Иванов А П. ПММ, Т. 49, В. 5, 1985

[21] 近藤一夫, 等. 工程力学系统. 刘亦珩译. 上海: 上海科技出版社, 1962

(原载《力学与实践》, 1987, 9(1): 10–15)

§1.2 经典力学从牛顿到伯克霍夫

几千年来，人类对物质机械运动的认识，即对力学规律的认识，经历了由浅入深，由表及里的过程，人们对物质世界的认识总是在原先积累基础上进一步得到深化 [1].

牛顿 1687 年发表《自然哲学的数学原理》，奠定了经典力学的基础. 三百年来，经典力学经历了牛顿力学到拉格朗日力学，拉格朗日力学到哈密顿力学，哈密顿力学到伯克霍夫力学的漫长发展过程，促进这个发展过程的原因主要有二：一是生产和技术发展的需要，另一是学科和科学自身发展的规律. 在一个时期技术走在前面，在另一时期科学走在前面. 科学与技术总是相互交融，互相促进的. 经典力学与近代力学、现代力学一样，自身总是不断向前发展的，而人们对经典力学的认识也在不断深化.

本文简述经典力学从牛顿力学到伯克霍夫力学的发展过程，经典力学各阶段的经典与现代内容及其科学意义.

1. 牛顿力学

1.1 牛顿力学的内容

牛顿力学以牛顿运动定律和万有引力定律为基础，研究速度远远小于光速的宏观物体的运动规律. 牛顿在《自然哲学的数学原理》(1687 年) 中提出了物体运动的三条基本规律，即牛顿三定律.

牛顿第一定律，即惯性定律，它指出：任何一个物体将保持它的静止状态或做匀速直线运动，除非有施加于它的力迫使它改变此状态.

牛顿第二定律，即运动定律，它指出：物体运动量的改变与所施加的力成正比，并发生于该力的作用线方向上. 这里"运动量的改变"就是质点动量的变化率. 这个定律表示为公式

$$\frac{\mathrm{d}}{\mathrm{d}t}(m\boldsymbol{v}) = \boldsymbol{F} \tag{1}$$

式中，m 为质点的质量，$\boldsymbol{v}$ 为质点的速度，$m\boldsymbol{v}$ 为质点的动量，$\boldsymbol{F}$ 为所施加的力.

牛顿第三定律，即作用和反作用定律，它指出：对于任何一个作用必有一个大小相等而方向相反的反作用.

牛顿第一定律在伽利略的著作《关于两门新科学的谈话和数学证明》(1638 年) 中已有叙述，笛卡儿在形式上又做过改进 (1644 年). 牛顿第三定律是牛顿总结雷恩、沃利斯和惠更斯等的结果而得出的.

牛顿万有引力定律是牛顿在行星运动的开普勒定律以及其他人成果上用数学方法导出的.

牛顿力学强调力、动量等具有矢量性质的量，因此牛顿力学可称为矢量力学.

1.2　牛顿力学的意义

牛顿三定律为力学奠定了坚实的基础, 并对其他学科的发展产生了巨大影响. 牛顿三定律和万有引力定律把地球上的力学和天体力学统一到一个基本力学体系中, 创立了经典力学的理论体系, 实现了自然科学的第一次大统一.

牛顿运动定律是就单个自由质点而言的. 达朗贝尔在著作《动力学》(1743 年) 中指出, 牛顿第二定律也适用于非自由质点. 将牛顿第二定律 (1) 应用于质点系, 有近代的形式

$$m_i\frac{\mathrm{d}\boldsymbol{v}_i}{\mathrm{d}t}=\boldsymbol{F}_i^a+\boldsymbol{F}_i^c\quad(i=1,\cdots,N)\tag{2}$$

式中, m_i 为系统第 i 个质点的质量, $\boldsymbol{v}_i$ 是它的速度, $\boldsymbol{F}_i^a$ 是对它施加的主动力, $\boldsymbol{F}_i^c$ 是它所受的约束力. 牛顿第二定律 (2) 可表示为达朗贝尔原理的形式

$$-m_i\frac{\mathrm{d}\boldsymbol{v}_i}{\mathrm{d}t}+\boldsymbol{F}_i^a+\boldsymbol{F}_i^c=0\quad(i=1,\cdots,N)\tag{3}$$

今天, 牛顿第二定律 (2) 作为大学本科《理论力学》课程的内容已成为学习和研究经典力学的基础. 由牛顿第二定律可以导出质点系动力学普遍定理, 进而可以导出刚体和刚体系统的动力学方程. 以三条基本定律为基础的牛顿力学不仅在天体力学中, 物理学中, 而且在现代工程技术中有十分重要的价值.

牛顿根据运动规律导出的万有引力定律是动力学逆问题中最经典的问题. 根据牛顿这一思想发展起来的新学科 "动力学逆问题", 近 20 年取得了重要进展 [2].

尽管 20 世纪的三件大事: 相对论、量子力学和混沌对牛顿力学产生了极大冲击, 但牛顿力学今天仍然是研究宏观运动的不可缺少的基础和原则.

2. 拉格朗日力学

2.1　拉格朗日力学的内容

由牛顿第二定律 (2) 可以看出, 它特别适合单个自由质点在已知主动力作用下的运动. 对有两个质点或三个质点在万有引力作用下的运动 (二体问题或三体问题), 也显示优越性. 然而, 当组成系统的质点数目 N 很大时, 或者系统的诸坐标受有约束时, 方程 (2) 的应用便显得不方便. 为此, 从学科发展和技术进步中要求提出并要求解决受约束力学系统的动力学问题. 于是出现了分析力学.

拉格朗日是分析力学的奠基人. 拉格朗日继达朗贝尔之后进一步研究了受约束质点的运动. 拉格朗日在著作《分析力学》(1788 年) 中, 应用数学分析的方法解决了质点和质点系的力学问题. 对于有约束的力学系统, 他采用广义坐标, 提出虚位移原理并与达朗贝尔原理 (3) 结合而得到动力学普遍方程, 即达朗贝尔–拉格朗

日原理. 这个原理的矢量形式为

$$\sum_{i=1}^{N}(\boldsymbol{F}_i - m_i\ddot{\boldsymbol{r}}_i)\cdot\delta\boldsymbol{r}_i = 0 \tag{4}$$

广义坐标形式为

$$\sum_{s=1}^{n}\left[Q_s - \frac{\mathrm{d}}{\mathrm{d}t}\frac{\partial T}{\partial \dot{q}_s} + \frac{\partial T}{\partial q_s}\right]\delta q_s = 0 \tag{5}$$

这里 q_s 为广义坐标, T 为系统的动能, Q_s 为广义力. 对于受有双面理想完整约束的力学系统, 由原理 (5) 中 δq_s 的独立而得到第二类拉格朗日方程

$$\frac{\mathrm{d}}{\mathrm{d}t}\frac{\partial T}{\partial \dot{q}_s} - \frac{\partial T}{\partial q_s} = Q_s \quad (s = 1, \cdots, n) \tag{6}$$

对于完整保守系统, 则有

$$\frac{\mathrm{d}}{\mathrm{d}t}\frac{\partial L}{\partial \dot{q}_s} - \frac{\partial L}{\partial q_s} = 0 \quad (s = 1, \cdots, n) \tag{7}$$

式中, $L = T - V$ 为拉格朗日函数或动势, V 为系统势能.

达朗贝尔 — 拉格朗日原理 (4) 和拉格朗日方程 (6) 是拉格朗日力学的核心.

当代人们用近代数学描述拉格朗日力学. 基本思想是: 拉格朗日力学用位形空间描述力学系统. 力学系统的位形空间具有微分流形结构, 其同胚群作用在此结构上, 拉格朗日力学的基本概念和定理相对此群是不变的. 一个拉格朗日力学系统用一流形 (位形空间) 和在流形切从上的函数 (拉格朗日函数) 给出. 所有使拉格朗日函数不变的位形空间中单参数同胚群定义一个守恒律 [3].

2.2 拉格朗日力学的意义

首先, 拉格朗日力学比牛顿力学更进步, 主要表现在: 拉格朗日方程 (6) 的个数比牛顿方程 (2) 的个数少, 微分方程组的阶数较低; 在理想约束下, 拉格朗日方程 (6) 不出现约束反力, 牛顿方程 (2) 则有许多约束反力; 拉格朗日力学强调标量 T, Q_s, 牛顿力学强调矢量, 而标量比矢量更易表达; 对于完整保守系统, 拉格朗日力学可只用一个标量 $L = T - V$ 来表达, 而牛顿力学做不到.

其次, 达朗贝尔 — 拉格朗日原理 (4) 或 (5) 适用于具有双面理想约束的力学系统, 不论所受约束是否完整, 是否定常, 也不论所受主动力是否保守. 引进动力学函数 $\dot{T} = \frac{\mathrm{d}T}{\mathrm{d}t}$, 原理 (5) 可表示为尼尔森形式

$$\sum_{s=1}^{n}\left(Q_s - \frac{\partial \dot{T}}{\partial \dot{q}_s} + 2\frac{\partial T}{\partial q_s}\right)\delta q_s = 0 \tag{8}$$

引进动力学函数 $S=\frac{1}{2}\sum_{i=1}^{N}m_i\ddot{\boldsymbol{r}}_i\cdot\ddot{\boldsymbol{r}}_i$, 原理 (5) 可表示为阿佩尔形式

$$\sum_{s=1}^{n}\left(Q_s-\frac{\partial S}{\partial \ddot{q}_s}\right)\delta q_s=0 \tag{9}$$

这样, 原理 (5)、(8)、(9) 可作为非完整力学的基础.

最后, 方程 (7) 促成哈密顿力学的发生以及拉格朗日力学逆问题的发展 [4].

3. 哈密顿力学

3.1　哈密顿力学的内容

哈密顿发展了分析力学: 他在两篇长论文《论动力学中的一个普遍方法》(1834 年) 和《再论动力学中的普遍方法》(1835 年) 中提出一个积分变分原理和一种以广义坐标和广义动量为独立变量的动力学方程. 这个原理称为哈密顿原理, 有形式

$$\left.\begin{aligned}&\delta\int_{t_1}^{t_2}L\mathrm{d}t=0\\&\mathrm{d}\delta q_s=\delta\mathrm{d}q_s\\&\delta q_s|_{t=t_1}=\delta q_s|_{t=t_2}=0\end{aligned}\right\} \tag{10}$$

由原理 (10) 容易导出拉格朗日方程 (7). 哈密顿给出的动力学方程称为正则方程, 有形式

$$\begin{aligned}&\frac{\mathrm{d}q_s}{\mathrm{d}t}=\frac{\partial H}{\partial p_s}\\&\frac{\mathrm{d}p_s}{\mathrm{d}t}=-\frac{\partial H}{\partial q_s}\quad(s=1,\cdots,n)\end{aligned} \tag{11}$$

式中, q_s 为广义坐标, p_s 为广义动量, $H=H(q,p,t)=\sum_{s=1}^{n}p_s\dot{q}_s-L$ 为哈密顿函数, 正则方程 (11) 在正则变换下保持形式不变. 正则方程 (11) 的求解归结为寻求哈密顿–雅可比方程

$$\frac{\partial S}{\partial t}+H\left(q,\frac{\partial S}{\partial q},t\right)=0 \tag{12}$$

的完全积分. 令人惊奇的是, 这种将一个简单问题归结为一个更复杂问题的办法却是一种非常有效的解法.

哈密顿原理 (10) 和哈密顿正则方程 (11) 是哈密顿力学的核心.

用近代数学语言, 可以说没有微分形式就不能说明哈密顿力学. 微分形式的信息包括外积, 外微分、积分和斯托克斯公式. 流形上的辛结构是一闭的非蜕化的微

分 2-形式. 力学系统的相空间具有自然辛结构. 在辛流形上, 矢量场和 1-形式之间存在自然同构. 辛流形上一矢量场对应一个函数的微分, 称为哈密顿矢量场. 流形上一个矢量场确定一相流, 即单参数同胚群. 辛流形上哈密顿矢量场保持相空间的辛结构. 流形上的矢量场形成李代数. 辛流形上的哈密顿矢量场也形成李代数. 此类代数中的运算称为泊松括号 [3].

3.2 哈密顿力学的意义

首先, 哈密顿力学比拉格朗日力学更进步, 主要表现在: 原理 (10) 具有高度概括性, 只用一个泛函极值就可表示完整保守系统的运动规律; 原理 (10) 可应用于力学以外的光学、电磁学等领域, 并可用做近似计算; 正则方程 (11) 的求解比拉格朗日方程 (7) 的求解容易; 正则方程 (11) 是动量空间的一阶方程组, 具有自然辛结构, 在数学描述上比拉格朗日方程 (7) 要容易.

其次, 哈密顿力学在非线性科学中扮演重要角色. KAM 定理1) 成为混沌理论的开端 [5]. 哈密顿力学促成广义哈密顿力学的形成和发展 [6].

最后, 哈密顿力学促成辛几何这一新数学分支的建立.

4. 非完整力学

4.1 非完整力学的内容

在拉格朗日时代人们还不知道非完整约束, 拉格朗日本人以为他的方程适合于任何约束力学系统. 19 世纪末和 20 世纪初是非完整力学的奠基时期. 赫兹 1894 年第一次将约束和力学系统分成完整的和非完整的两大类, 从此开辟非完整力学的新时期. 非完整力学的奠基人有恰普雷金、沃尔泰拉、阿佩尔、沃罗涅茨、哈茂耳 [7].

由达朗贝尔—拉格朗日原理 (5) 出发, 利用非完整约束加在虚位移 δq_s 上的条件, 可以导出非完整力学的运动微分方程. 假设非完整约束表示为

$$\sum_{s=1}^{n} a_{\beta s}(\boldsymbol{q},t)q_s + a_\beta(\boldsymbol{q},t) = 0 \quad (\beta = 1,\cdots,g) \tag{13}$$

它们加在虚位移 δq 上的限制为

$$\sum_{s=1}^{n} a_{\beta s}\delta q_s = 0 \quad (\beta = 1,\cdots,g) \tag{14}$$

设非完整约束表示为

$$\dot{q}_{\epsilon+\beta} = \sum_{\sigma=1}^{\epsilon} B_{\epsilon+\beta,\sigma}(\boldsymbol{q},t)\dot{q}_\sigma + B_{\epsilon+\beta}(\boldsymbol{q},t) \quad (\beta = 1,\cdots,g) \tag{15}$$

1) 上海科技教育出版社 “非线性科学丛书” (郝柏林主编) 中的《哈密顿系统的有序和无序运行》(程崇庆、孙义燧著), 对 KAM 理论有极好的由浅入深的阐述 —— 作者注.

则有

$$\delta q_{\epsilon+\beta}=\sum_{\sigma=1}^{\epsilon}B_{\epsilon+\beta,\sigma}\delta q_{\sigma}\quad(\beta=1,\cdots,g) \tag{16}$$

利用拉格朗日乘子法, 由原理 (5) 和关系 (14) 得到带乘子的拉格朗日方程

$$\frac{\mathrm{d}}{\mathrm{dt}}\frac{\partial T}{\partial\dot{q}_s}-\frac{\partial T}{\partial q_s}=Q_s+\sum_{\beta=1}^{g}\lambda_\beta a_{\beta s}\quad(s=1,\cdots,n) \tag{17}$$

方程 (17) 联合约束方程 (13) 可求解 q_s,λ_β, 由原理 (5) 和关系 (16) 得到不带乘子的马基型方程

$$\frac{\mathrm{d}}{\mathrm{dt}}\frac{\partial T}{\partial\dot{q}_\sigma}-\frac{\partial T}{\partial q_\sigma}-Q_\sigma+\sum_{\beta=1}^{g}\left(\frac{\mathrm{d}}{\mathrm{dt}}\frac{\partial T}{\partial\dot{q}_{\epsilon+\beta}}-\frac{\partial T}{\partial q_{\epsilon+\beta}}-Q_{\epsilon+\beta}\right)B_{\epsilon+\beta,\sigma}=0\quad(\sigma=1,\cdots,\epsilon) \tag{18}$$

方程 (18) 联合约束方程 (15) 可求解 q_s. 对于受有对速度为非线性的非完整约束系统, 需要给出约束加在虚位移上的限制, 如施加切塔耶夫条件. 类似地, 由原理 (8)、(9) 可导出尼尔森型和阿佩尔型的方程.

目前还没有找到一个积分变分原理用来较好地描述非完整系统. 哈密顿原理 (10) 只适合具有双面理想完整约束且广义力有势的系统. 对于一般的完整系统和非完整系统, 哈密顿原理 (10) 不成立. 当然, 对非完整系统, “形式上的哈密顿原理”可以写成赫尔德形式 [8]

$$\int_{t_1}^{t_2}\left\{(\delta T)_H+\sum_{s=1}^{n}Q_s\delta q_s\right\}\mathrm{dt}=0 \tag{19}$$

和苏斯洛夫形式 [8]

$$\int_{t_1}^{t_2}\left\{(\delta T)_c+\sum_{s=1}^{n}Q_s\delta q_s+\sum_{\beta=1}^{g}\frac{\partial T}{\partial\dot{q}_{\epsilon+\beta}}\sum_{\sigma=1}^{\epsilon}T_\sigma^{\epsilon+\beta}\delta q_\sigma\right\}\mathrm{dt}=0 \tag{20}$$

但是, 原理的两种形式 (19)、(20) 都没有泛函驻值特性, 即对非完整系统的真实运动还找不到类似于 (10) 的原理. 当然, 由原理 (19) 或 (20) 仍然可以导出系统的动力学方程.

对非完整力学的 Vacco 模型曾有过有意义的讨论 [9,10].

用近代数学描述非完整力学已出现了一些框架, 但仍存在许多困难.

4.2　非完整力学的意义

首先, 非完整力学发展了拉格朗日力学和哈密顿力学. 一个世纪以来, 它的理论与实践、内容与方法, 已构成一个学科. 它原属于分析力学, 现在可当作独立于分析力学的一个一般力学分支.

其次, 非完整力学可用于研究自行车、摩托车、汽车、飞机起落架等滚轮系统, 可用于研究飞机、电机、水力机械等工程力学系统.

最后, 非完整力学与控制、规划等问题密切相关.

5. 伯克霍夫力学

5.1 伯克霍夫力学的内容

美国数学家伯克霍夫 (Birkhoff G D) 1927 年给出一类积分变分原理和一种动力学方程 [11]. 这个原理称为普法夫—伯克霍夫原理, 有形式

$$\left.\begin{array}{l}\delta A=0\\ A=\displaystyle\int_{t_1}^{t_2}\left\{\sum_{\mu=1}^{2n}R_\mu(t,\boldsymbol{a})\dot{a}^\mu-B(t,\boldsymbol{a})\right\}\mathrm{d}t\\ \mathrm{d}\delta a^\mu=\delta\mathrm{d}a^\mu,\quad \delta a^\mu|_{t=t_1}=\delta a^\mu|_{t=t_2}=0\end{array}\right\}\tag{21}$$

式中, a^μ 为变量, B 为伯克霍夫函数, R_μ 为伯克霍夫函数组. 他给出的动力学方程 1978 年被建议命名为伯克霍夫方程, 有形式 [12]

$$\sum_{\nu=1}^{2n}\left(\frac{\partial R_\nu}{\partial a^\mu}-\frac{\partial R_\mu}{\partial a^\nu}\right)\dot{a}^\nu-\frac{\partial B}{\partial a^\mu}-\frac{\partial R_\mu}{\partial t}=0\quad(\mu=1,\cdots,2n)\tag{22}$$

如果 R_μ, B 都不显含 t, 则方程 (22) 称为自治的; 如果 R_μ 不显含 t, 则方程 (22) 称为半自治的. 由原理 (21) 容易导出方程 (22).

普法夫—伯克霍夫原理 (21) 和伯克霍夫方程 (22) 是伯克霍夫力学的核心.

用近代代数语言来说, 自治形式和半自治形式的伯克霍夫方程具有相容代数结构, 并且具有李代数结构. 用近代几何语言来说, 伯克霍夫方程表征局部坐标中的恰当辛形式, 并可用伯克霍夫矢量场进行全局描述. 进而, 伯克霍夫方程可进行李容许推广和辛容许推广 [10].

5.2 伯克霍夫力学的意义

首先, 伯克霍夫力学在理论上有高度概括, 它推广了哈密顿力学. 哈密顿原理 (10) 是普法夫—伯克霍夫原理的特殊形式. 哈密顿正则方程 (11) 是伯克霍夫方程 (22) 的特殊形式. 实际上, 令

$$\left.\begin{array}{l}a^\mu=\begin{cases}q_\mu\quad(\mu=1,\cdots,n)\\ p_{\mu-n}\quad(\mu=n+1,\cdots,2n)\end{cases}\\ R_\mu=\begin{cases}p_\mu\quad(\mu=1,\cdots,n)\\ 0\quad(\mu=n+1,\cdots,2n)\end{cases}\\ B=H\end{array}\right\}\tag{23}$$

则原理 (21) 给出哈密顿原理

$$\delta \int_{t_1}^{t_2} \left(\sum_{s=1}^{n} p_s \dot{q}_s - H \right) \mathrm{d}t = 0 \tag{24}$$

在 (23) 选取下, 方程 (22) 给出哈密顿正则方程 (11).

其次, 伯克霍夫力学与哈密顿力学有如下关系: 哈密顿正则方程在正则变换下保持不变, 哈密顿正则方程经过一般非正则变换就变为伯克霍夫方程.

第三, 既然伯克霍夫力学是哈密顿力学的自然推广, 那么它当然可用于哈密顿力学, 拉格朗日力学和牛顿力学. 同时, 它也可用于非完整力学. 伯克霍夫力学可用于量子力学、统计力学、原子分子物理、强子物理、生物物理、工程等领域.

第四, 基于原理 (21) 和方程 (22) 可以构筑伯克霍夫系统动力学的基本框架, 包括完整系统的伯克霍夫力学, 非完整系统的伯克霍夫力学, 伯克霍夫系统的积分理论, 伯克霍夫系统动力学逆问题, 伯克霍夫系统的稳定性, 以及伯克霍夫系统的近代数学描述等.

最后, 期望伯克霍夫力学像哈密顿力学那样在非线性科学中扮演重要角色.

6. 结语

作为本文的结论可列如下框图 (图 1):

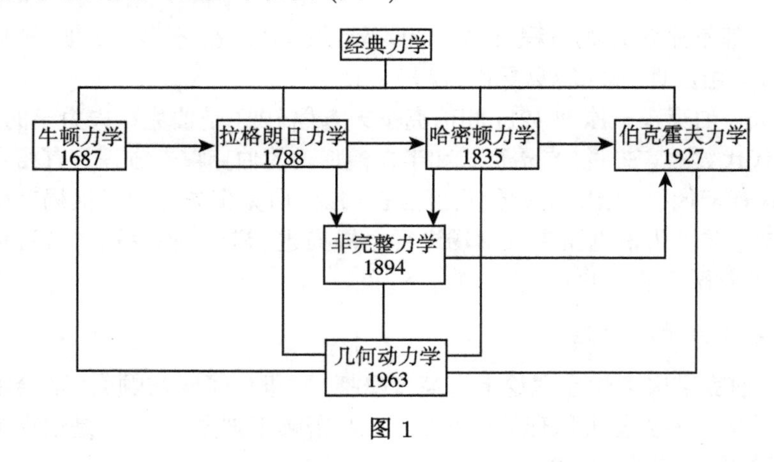

图 1

可以看出, 经典力学大约 50 年或 100 年发生一次飞跃. 本文所论经典力学的“经典”一词是采用习惯说法. 就类似字面说, “经典”的对立面是“近代”. 然而, 经典中有近代, 近代中有经典. 上面的框图表示现在状况, 未来可能有变化.

本文仅涉及经典力学的各个发展阶段的基本情况, 其实经典力学的发展也不是孤立的. 例如, 经典力学中的确定论与统计力学的随机论以前是截然不同的, 近代则要重新估计经典力学与统计力学之间的联系.

参考文献

[1] 《中国大百科全书》编辑部. 中国大百科全书 • 力学. 北京: 中国大百科全书出版社, 1985
[2] 梅凤翔. 动力学逆问题的提法和解法. 力学与实践, 1991, 13(1): 17–23
[3] Арнольд В И. Математические Методы Классической Механики. Москва: Наука 1974
[4] Santilli R M. Foundations of Theoretical Mechanics I. Berlin: Springer-Verlag, 1978
[5] 朱照宣. 浑沌. 北京大学力学系, 1984; 见: 钱伟长. 非线性力学的新发展 —— 稳定性, 分叉, 突变, 浑沌. 武汉: 华中理工大学出版社, 1988, 270–363
[6] 李继彬, 赵晓华, 刘正荣. 广义哈密顿系统理论及其应用. 北京: 科学出版社, 1994
[7] 梅凤翔. 非完整动力学研究. 北京: 北京工业学院出版社, 1987
[8] 梅凤翔, 刘端, 罗勇. 高等分析力学. 北京: 北京理工大学出版社, 1991
[9] 郭仲衡, 高普云. 关于经典非完整力学. 力学学报, 1990, 22(2): 185–190
[10] 陈滨. 关于经典非完整力学的一个争议. 力学学报, 1991, 23(3): 379–384
[11] Birkhoff G D. Dynamical systems. Providence R I: AMS College Publ, 1927
[12] Santilli R M. Foundations of Theoretical Mechanics II. New York: Springer-Verlag, 1983

(原载《力学与实践》, 1996, 18(4): 1–8)

§1.3 中国分析力学 40 年

1. 40 年成绩回顾

分析力学作为力学学科和数学物理学科的基础, 18 世纪到 19 世纪有过辉煌时代, 这就是 Lagrange 力学和 Hamilton 力学. 19 世纪末出现的非完整系统力学大大丰富了分析力学并将其推向前进. 20 世纪出现的 Birkhoff 力学, KAM 定理及 Hamilton 系统中的混沌, 几何动力学等又将分析力学带入新时代. 分析力学这一经典学科, 200 年来没有停止, 也像其他力学分支一样, 随着科学技术的进步和学科自身发展规律的推动, 在不断向前.

中国的分析力学 40 年走过一条从无到有, 从学习到创新, 由浅入深, 由弱变强的漫长道路. 1949 年以前, 1966 年至 1976 年, 分析力学在中国基本上是空白; 1978 年至今是发展壮大时期. 本文简单回顾一下我国分析力学 40 年取得的成绩, 分述如下.

1.1 分析力学教材与专著的出版

1958 年汪家訸先生出版了《分析动力学》专著 [1], 为我国分析力学的教学和科研奠定了基础并起了带头作用. 20 世纪 60 年代初北京工业学院胡助教授编写了分析力学讲义, 并在工程专业开设了分析力学课程. 1978 年以后, 我国出版了一系列各层次各具特色的教材和专著, 如文献 [2–11]. 这些教材和专著的出版标志着我国分析力学在这一时期的兴旺.

1.2　分析力学基本概念研究

分析力学是建立在约束, 广义坐标, 虚位移, 理想约束等基本概念上的一门学科. 我国在基本概念研究方面的成绩主要有: 关于微分运算与变分运算的交换性问题 [12–14], 关于虚位移的 Четаев 定义和 Четаев 条件 [14–18], 特别是牛青萍提出的速度空间虚位移新概念 [19] 和陈滨提出的微变空间和约束密切空间概念 [8] 等均具有基础性意义.

1.3　分析力学基本变分原理研究

变分原理, 包括微分变分原理和积分变分原理, 是分析力学的基础. 我国在基本变分原理研究方面的成绩主要有:《力学与实践》编辑部在 80 年代组织的关于虚位移原理的讨论; 关于微分变分原理的推广 [19–22]; 关于积分变分原理的推广 [23–26] 以及新型变分原理的建立 [27,28] 等.

1.4　分析力学运动方程和算子理论研究

约束力学系统的运动用运动微分方程来描述, 非完整约束系统的复杂性带来了运动方程的多样性. 正确地建立起系统的运动方程是至关重要的. 我国对运动方程以及与之相关的算子理论研究的成绩主要有: 关于 Euler-Lagrange 体系运动方程 [7,19,29–31], Nielsen 体系运动方程 [32,33], 算子理论 [32,34–37], Appell 体系运动方程 [38–41], Kane 方程 [42–47], Vacco 动力学方程 [14,15,48] 等.

1.5　分析力学积分理论的研究

分析力学的积分理论主要有: 传统的利用已知积分降阶动力学方程的方法, Poisson 定理及其应用, 正则变换, Hamilton-Jacobi 方法, 积分不变量, 以及新近的 Noether 理论和场方法等. 力的非保守性和约束的非完整性给研究带来了极大的困难. 我国对分析力学积分理论研究的成绩主要有以下方面: 非完整系统运动方程的降阶法 [10,49,50]; 完整和非完整系统的第一积分和积分不变量 [51–58]; Noether 定理对约束系统, 特别是对非完整非保守系统和奇异系统的推广 [59–69]; 场方法和梯度法对非完整系统的推广 [70–73] 等.

1.6　分析力学的近代数学研究

分析力学现代化的主要表现是近代数学工具的应用, 如微分方程和相流、光滑映射和流形、Lie 群和 Lie 代数、辛几何和各态历经理论等. 我国在分析力学近代数学方法研究方面的成绩主要有: 关于分析力学的张量方法 [10,74]; 关于分析力学

的微分几何方法 [75−77]; 关于分析力学的群论方法 [78]; 关于约束力学系统的代数表示和几何表示 [79] 等.

1.7 分析力学专门问题的研究

分析力学专门问题主要有: 运动稳定性和小振动理论, 刚体绕固定点转动问题, 相对运动动力学, 可控力学系统分析动力学, 打击运动的分析动力学, 变质量问题的分析动力学, 机电系统的分析动力学, 事件空间分析动力学, 分析动力学逆问题等 [10]. 我国在分析力学专门问题研究方面的成绩主要有: 关于相对运动动力学 [80,81]; 关于动力学逆问题 [82]; 关于冲击运动 [83,84]; 关于变质量问题 [20,21,26,27,29−32,36,37,41,42]; 关于非完整系统的稳定性 [85−88]; 关于可控力学系统 [7,40,41]; 关于单面约束系统动力学 [80]; 关于 Birkhoff 系统动力学 [89−92]; 关于相对论性动力学 [93] 等.

1.8 分析力学的历史和现状研究

应该提倡研究学科的发展史, 包括学科的近代史. 我国分析力学历史和现状研究方面的成绩主要有: 关于分析力学的近代发展 [10,15,94]; 关于非完整力学的历史和现状 [10,95,96]; 关于中国分析力学发展概况 [97−99] 等.

1.9 分析力学研究的四件大事

我国分析力学研究有四件大事值得书写.

首先, 我国老一辈经典力学家、分析力学的学术带头人汪家訸先生于 1958 年出版我国第一本《分析动力学》专著, 为我国分析力学的教学和科研开了先河, 做出了历史性贡献. 许多后来人, 包括本文作者都曾从中获得启迪.

其次, 1964 年作为山东工学院大学生的牛青萍在《力学学报》上发表 “经典力学基本微分原理与不完整力学组运动方程” 的重要论文. 它是我国第一篇研究非完整力学的论文, 曾被苏联学者 Неймарк, Фуфаев 合著的国际上第一本《非完整系统动力学》(1967 年) 引用. 文中给出速度空间、加速度空间虚位移概念, 相应的微分变分原理和非完整系统的各种运动微分方程. 这篇论文具有国际领先水平, 被国外许多学者索要, 并对我国非完整力学研究起了重要的带头作用和先锋作用.

第三, 1985 年梅凤翔出版了《非完整系统力学基础》专著. 该书总结了国内外非完整系统力学的新成果, 包括他的法国国家科学博士学位论文的成果. 他本人曾到各地多次讲学, 为发展我国非完整动力学研究做出了积极贡献. 据不完全统计, 截止到 1993 年底有 298 篇论文引用过这本书 [99].

第四, 1992 年陈滨、梅凤翔、李子平联合申报的项目 “经典约束系统动力学基本理论” 获国家教委科技进步奖甲类一等奖. 该项目构造了经典约束系统动力学的本质性基本概念和理论框架, 建立了适合各类约束系统的新型运动方程和新型动力学算子理论, 给出了守恒律和新的积分方法, 对各种有重要用途的实际问题进行了深入研究, 构成了有独创性的、全面系统深入的研究工作. 该项目代表了国内外分析力学基础理论与应用研究的领先水平. 该项目的获奖肯定了我国分析力学 40 年取得的成绩, 提高了我国分析力学的地位.

中国分析力学 40 年取得了长足的进步. 特别值得庆幸的是有一批年轻的优秀力学工作者在分析力学研究上取得了很大成绩. 但也应该看到不足: 我们的论著绝大多数以中文发表, 在国外刊物上发表很少; 由于经费问题, 很少有机会出席相关的国际学术会议; 与国外学者交流极少; 研究课题还不够新颖, 不够联系实际. 中国的分析力学还需要与国际接轨, 要让全世界了解.

2. 未来展望

1993 年 7 月由国家自然科学基金委员会力学学科发展战略研究组和中国力学学会一般力学专业委员在哈尔滨联合召开的 “一般力学 (动力学、振动与控制) 发展与展望学术讨论会” 对一般力学以及一般力学各分支的未来发展提出了纲领性建议 [100]. 文中就分析力学的未来发展提出下列建议:

(1) 约束是分析力学最为重要的基本概念之一. 对约束的各种情况和各种形式建立它的力学理论和数学理论并研究它和系统动力学的关系. 如非线性非完整约束的物理实现、Appell-Четаев 定义的适用性、Vacco 动力学等.

(2) 力学系统的对称性, 守恒性与积分流形的研究, 如 Noether 对称性, 高阶 Noether 对称性, 使运动微分方程不变 Lie 的对称性, 伪对称性, 伴随对称性, 以及与其相关的守恒律.

(3) 应用现代数学理论发展 “几何动力学” 理论. 这种发展有可能为非线性动力学、稳定性理论、计算动力学奠定坚实的理论基础. 值得特别注意的是奇异 Lagrange 系统, 奇异 Hamilton 系统, 非完整系统的几何动力学研究.

(4) 无限维分布参数系统动力学和其离散化有限维系统动力学之间的关系和过渡的严格理论.

(5) 分析力学各种专门问题的研究. 如相对运动动力学, 变质量系统动力学, 单面约束系统动力学, 约束系统的随机响应, 弱非完整动力学, Lagrange 力学逆问题, 动力学逆问题, 非完整系统的运动稳定性, Birkhoff 系统动力学, 广义 Hamilton 系统动力学, 非完整运动规划, 分析力学的数值计算方法等.

(6) 分析力学与物理学, 分析力学与工程科学的交缘研究.

总之, 分析力学的研究需要长期不懈的努力和长期不懈的支持才能取得重大成果.

3. 一点注记

我国分析力学的研究论文数, 据 1993 年底粗略统计为 335 篇, 加上近三年发表的, 差不多有 400 余篇. 我国的分析力学教材除本文列举的外, 还有未引列的. 因篇幅所限, 不能一一引录, 特请没有被列入文中的论文和教材的作者给以充分理解.

谨以此文纪念中国力学学会成立 40 周年.

参 考 文 献

[1] 汪家訸. 分析动力学. 北京: 高等教育出版社, 1958

[2] 王光远. 应用分析动力学. 北京: 人民教育出版社, 1981

[3] 吴镇. 分析力学. 上海: 上海交通大学出版社, 1984

[4] 刘永. 分析力学. 哈尔滨: 黑龙江科学技术出版社, 1984

[5] 谈开孚, 沙永海, 刘锡录等. 分析力学. 哈尔滨: 哈尔滨工业大学出版社, 1985

[6] 黄昭度, 纪辉玉. 分析力学. 北京: 清华大学出版社, 1985

[7] 梅凤翔. 非完整系统力学基础. 北京: 北京工业学院出版社, 1985

[8] 陈滨. 分析动力学. 北京: 北京大学出版社, 1987; 台北: 台湾高等教育出版社, 1989

[9] 梅凤翔, 刘桂林. 分析力学基础. 西安: 西安交通大学出版社, 1987

[10] 梅凤翔, 刘端, 罗勇. 高等分析力学. 北京: 北京理工大学出版社, 1991

[11] 刘书振, 陈书勤, 罗绍凯. 分析力学. 开封: 河南大学出版社, 1992

[12] 梅凤翔. 非完整系统力学中的交换关系. 力学与实践. 1979, 1(3): 37–38

[13] 金伏生. 高阶非完整力学中的交换关系. 力学学报, 1988, 20(4): 381–384

[14] 郭仲衡, 高普云. 关于经典非完整力学. 力学学报, 1990, 22(2): 185–190

[15] 梅凤翔. 非完整动力学研究. 北京: 北京工业学院出版社, 1987

[16] 唐传龙, 杨来伍. Четаев 定义的推广和应用. 北京工业学院学报, 1987, 7(3): 86–90

[17] 薛纭. 关于虚位移的 Четаев 定义. 力学与实践, 1991, 13(4): 48–51

[18] 梁立孚, 石志飞. 非完整约束系统中广义位移变分的选值域问题. 固体力学学报. 1993, 14(3): 189–193

[19] 牛青萍. 经典力学基本微分原理与不完整力学组运动方程. 力学学报. 1964, 7(2): 139–148

[20] 梁天麟. 导数空间万有 D'Alembert 原理及任意阶非完整系统的运动方程. 科学通报, 1992, 37(24): 2224–2231

[21] 孙右烈. 相对论力学的速度空间中的变分原理. 科学通报. 1990, 35(9): 637–638

[22] 陈立群. 变质量力学系统万有 D'Alembert 原理的普遍形式. 科学通报, 1990, 35(9): 714–715

[23] 戈正铭, 程邑禾. 变质量非完整系统的哈密顿原理. 应用数学和力学, 1983, 4(2): 277–287

[24] 杨来伍, 梅凤翔. 变质量系统力学. 北京: 北京理工大学出版社, 1989

[25] 乔永芬. 广义经典力学系统的最小作用量原理. 科学通报, 1993, 38(4): 314–318

[26] 罗绍凯, 梅凤翔. 变质量非完整非保守系统相对于非惯性系的最小作用量原理. 应用数学和力学, 1992, 13(9): 821–828

[27] 赵跃宇. 力学的新型积分变分原理. 力学学报, 1989, 21(1): 101–106

[28] 梅凤翔, 史荣昌. 关于 Pfaff-Birkhoff 原理. 北京理工大学学报, 1993, 12(2Ⅱ): 265–273

[29] 赵关康, 赵跃宇. 变质量高阶非完整力学系统的运动微分方程. 应用数学和力学, 1985, 6(12): 1101–1109
[30] 罗勇, 刘桂林, 梅凤翔. 变质量高阶非完整系统的广义 Mac-Millan 方程. 兵工学报. 1988, 2: 47–55
[31] 乔永芬. 变质量高阶非线性非完整系统的广义 Volterra 方程. 力学学报, 1989, 21(5): 631–640
[32] Mei Fengxiang. Nouvelles equations du mouvement des systèmes mécaniques non holonomes. These d'Etat, ENSM, France, Mai 1982
[33] 丁光涛. 高阶 Nielsen 方程. 科学通报, 1987, 32(12): 908–911
[34] 梅凤翔. 分析力学中的 Nielsen 算子和 Euler 算子. 力学学报, 1984, 16(6): 596–603
[35] 刘正福, 金伏生, 梅凤翔. 分析力学中的高阶 Nielsen 算子和高阶 Euler 算子. 应用数学和力学. 1986, 7(1): 51–60
[36] 赵关康. 变质量高阶非完整系统分析力学中的 Nielsen 算子和 Euler 算子. 力学学报, 1986, 18(6): 538–545
[37] 陈立群. 变质量可控力学系统中的 Nielsen 算子和 Euler 算子. 固体力学学报, 1989, 10(3): 275–278
[38] 薛向西. Appell 方程和 Tzenoff 方程的推广. 力学学报, 1987, 19(2): 156–164
[39] 袁士杰, 梅凤翔. 关于准速度和准加速度下的 Appell 方程. 力学学报, 1987, 19(2): 165–173
[40] 刘恩远. 变质量可控力学系统的 Gauss 原理和 Appell 方程. 固体力学学报, 1986, 7(2): 122–129
[41] 乔永芬. 关于准速度和准加速度下变质量可控力学系统的 Gibbs-Appell 方程. 固体力学学报, 1991, 12(4): 285–297
[42] 戈正铭, 程邑禾. Kane 方程研究. 上海力学, 1983, 4(2): 52–65
[43] 陈滨. 关于 Kane 方程. 力学学报, 1984, 16(3): 311–315
[44] 薛克宗. Kane 方程与离散系统动力学方程探讨. 力学学报, 1986, 18(3): 281–288
[45] 钟奉俄. 一般非完整系统的 Kane 方程. 力学学报, 1986, 18(4): 376–384
[46] 薛纭. 有冲力作用的 Kane 方程. 上海力学, 1986, 7(1): 33–41
[47] 乔永芬. 变质量力学系统相对运动的万有 Kane 方程. 东北农学院学报, 1988, 19(2): 181–189
[48] 陈立群. 高阶非完整约束的 Vacco 动力学. 鞍山钢铁学院学报, 1992, 15(1): 34–39
[49] 梅凤翔. Whittaker 方程对非完整力学系统的推广. 应用数学和力学, 1984, 5(1): 61–66
[50] 刘端. 非完整系统的 Routh 方法. 科学通报, 1988, 33(22): 1698–1701
[51] 刘成群, 罗诗裕. 非保守系统的积分不变量及其在现代物理学中的应用. 应用数学和力学, 1985, 6(10): 879–885
[52] 梅凤翔. 非完整系统的第一积分与积分不变量. 科学通报, 1991, 36(11): 815–818
[53] 梅凤翔. 非完整系统的第一积分与其变分方程特解的联系. 力学学报, 1991, 23(3): 366–370

[54] 张解放. 非完整系统的非等时变分方程与积分不变量的构造, 科学通报, 1992, 37(7): 661–664

[55] 罗绍凯. 变质量非完整系统相对于非惯性系统的第一积分与积分不变量. 应用数学和力学, 1994, 15(2): 139–146

[56] 李邦河. 保守力学系统的通用积分不变量, 数学学报, 1979, 22(4): 511–514

[57] 刘端, 罗勇, 邢生玉. 关于完整非保守系统的基本积分变量关系. 力学学报, 1991, 23(5): 617–625

[58] 邢生玉. 完整非保守系统首次积分的新型构造方法. 北京理工大学学报, 1990, 10(4Ⅰ): 19–25

[59] 刘文森. 经典 Kepler 问题和动力学对称性. 山西大学学报, 1980, 4: 51–55

[60] 李子平. 约束系统的变换性质. 物理学报, 1981, 30(12): 1659–1671

[61] 李子平. 约束系统的变换和推广的 Killing 方程. 物理学报, 1984, 33(6): 814–825

[62] Li Ziping, Li Xin.Generalized Noether theorem and Poincare invariant for nonconservative nonholonomic system. Int J Theor Phys, 1990, 29(7): 765–771

[63] 李子平. 非完整非保守奇异系统正则形式的 Noether 定理及其逆定理. 科学通报, 1992, 37(23): 2204–2205

[64] 罗勇, 赵跃宇. 非线性非完整约束系统的广义 Noether 定理. 北京工业学院学报, 1986, 6(3): 41–47

[65] 刘端. 非完整非保守动力学系统的守恒律. 力学学报, 1989, 21(1): 75–83

[66] 刘端. 非完整非保守动力学系统的 Noether 定理及其逆定理. 中国科学 (A 辑), 1990, 20(11): 1189–1197

[67] 张解放. 高阶非完整非保守系统的广义 Noether 定理. 科学通报, 1989, 34(22): 1756–1757

[68] 罗绍凯. 高阶非完整非有势系统相对于非惯性系的 Noether 定理. 贵州大学学报, 1991, 8(2): 106–113

[69] 李子平. 经典和量子约束系统及其对称性质. 北京: 北京工业大学出版社, 1993

[70] Mei Fengxiang. A field method for solving the equations of motion of nonholonomic systems. Acta Mechanica Sinica, 1989, 5(3): 260–268

[71] Mei Fengxiang. Parametric equations of nonholonomic nonconservarive systems in the event space and their integration method. Acta Mechanica Sinica, 1990, 6(2): 160–168

[72] Мэй Фунсян Об одном методе интегрирования уравнений движения неголономных систем со связями высшего порядка ПММ, 1991, 55(4): 691–695

[73] 林机, 张解放. 积分非完整可控力学系统正则方程的梯度法. 江西科学, 1993, 11(2): 71–80

[74] 段成尧. 力学微分原理的 Riemann 型动力学方程组. 力学与实践, 1986, 8(4): 30–34

[75] Zhao Shiying. The differential geometric principles of Chetaev type nonholonomic mechanical systems. in Chien Wei–zang ed. Proc of INCM. Beijing: Science Press. 1985, 1335–1360

[76] 慕小武, 郭仲衡. 非完整力学系统“几何化”处理的新途径与可解性研究. 中国科学 (A 辑), 1989, 19(9): 946–956

[77] 刘端, 史荣昌, 梅凤翔. 非完整力学的辛几何方法. 北京理工大学学报, 1990, 10(4Ⅱ): 12–18
[78] 慕小武, 郭仲衡. Poincare-Четаев 无穷小位移算子的一种构造方法. 科学通报, 1989, 34(5): 347–348
[79] 梅凤翔. 约束力学系统运动方程的代数和几何表示. 中国科学 (待发表)
[80] 梅凤翔. 分析力学专题. 北京: 北京工业学院出版社, 1988
[81] 刘桂林, 乔永芬, 张解放, 等. 变质量非完整力学系统的相对运动动力学. 力学学报, 1989, 21(6): 742–748
[82] 梅凤翔. 非完整动力学逆问题的基本解法. 力学学报, 1991, 23(2): 252–256
[83] 史荣昌, 梅凤翔. 非完整力学系统的打击问题. 北京工业学院学报, 1986, 6(1): 95–105
[84] 孙右烈. 受冲击力作用的非完整系统运动方程. 应用数学和力学. 1987, 8(2): 169–176
[85] 梅凤翔. 关于非线性非完整系统平衡状态的稳定性. 科学通报, 1992, 37(1): 82–85
[86] 朱海平, 梅凤翔. 一类非完整系统关于部分与全部变元稳定性的关系. 科学通报, 1994, 39(2): 129–132
[87] 朱海平, 梅凤翔. 关于非完整力学系统相对部分变量的稳定性. 应用数学和力学, 1995, 16(3): 225–233
[88] 朱海平, 史荣昌, 梅凤翔. Чаплыгин 系统平衡状态的稳定性. 应用数学和力学, 1995, 16(7): 595–601
[89] 梅凤翔. Birkhoff 系统的 Noether 理论. 中国科学 (A 辑), 1993, 23(7): 709–717
[90] 吴惠彬, 梅凤翔. 广义 Birkhoff 系统的变换理论. 科学通报, 1995, 40(10): 885–888
[91] 梅凤翔, 史荣昌, 张永发, 等. Birkhoff 系统动力学. 北京: 北京理工大学出版社, 1996
[92] Shi R C, Mei F X, Zhu H P. On the stability of the motion of a Birkhoffian system. Mech Res Commu, 1994, 21(3): 269–272
[93] 罗绍凯. 相对论非线性非完整系统动力学理论. 上海力学, 1991, 12(1): 61–70
[94] 梅凤翔. 分析力学的近代发展. 力学与实践, 1987,9(1): 10–15
[95] 梅凤翔. 非完整系统力学的历史与现状. 力学与实践, 1979, 1(4): 6–10
[96] 梅凤翔. 非完整系统力学积分方法的某些进展. 力学进展, 1991, 21(1): 83–95
[97] 赵关康. 我国分析力学发展概况与展望. 纺织基础科学学报, 1988, 2: 76–82
[98] Mei Fengxiang, Chen Bin. Analytical mechanics in China. in Wang Zhaolin ed. Proc of ICDVC. Beijing: Beijing Univ Press, 1990, 665–667
[99] 陈滨, 梅凤翔. 中国非完整力学三十年. 开封: 河南大学出版社, 1994
[100] 黄文虎, 陈滨, 王照林. 一般力学 (动力学, 振动与控制) 最新进展. 北京: 科学出版社, 1994

(原载《现代力学与科技进步》, 北京: 清华大学出版社, 1997, 428–432)

§1.4 经典力学的历史贡献与启示

自 1687 年牛顿发表名著《自然哲学的数学原理》, 300 多年来, 经典力学在科学技术的推动下按照自身逻辑不断发展深化. 经典力学的发展, 大致可以分为 5 个阶段, 即牛顿力学、拉格朗日力学、哈密顿力学、非完整力学以及伯克霍夫力学. 在经典力学发展的各个阶段, 代表人物的代表工作至关重要. 本文试图在这些大学问家的历史贡献中找到问题并得到启示.

1. 牛顿力学

1.1 贡献

牛顿 (I. Newton, 1642~1727) 在 1686 年 5 月 8 日为他的《自然哲学的数学原理》(*Philosophia Naturalis Principia Mathematica*)(以下简称《原理》) 写了序言, 在哈雷 (E. Halley, 1656~1742) 的推动下, 1687 年《原理》正式发表. 300 多年来, 人们对《原理》见仁见智, 无可争辩的是, 它对自然科学的发展, 乃至整个人类文明, 起着重大的历史作用. 正如波普 (A. Pope, 1688~1744) 所称: "Nature and Nature's laws lay hid in night; God said, 'Let Newton be', and all was light", 意思是说: 道法自然, 久藏玄冥; 天降牛顿, 万物生明 [1].

牛顿在力学方面的贡献是, 总结出了物体运动的 3 个基本定律并发现了万有引力定律. 牛顿将地球上物体的力学和天体力学统一到一个基本的力学体系中, 创立了经典力学理论体系, 正确地反映了宏观物体低速运动的宏观运动规律, 实现了自然科学的第一次大统一. 这是人类对自然界认识的一次飞跃 [2].

牛顿力学以牛顿运动定律和万有引力定律为基础, 研究速度远小于光速的宏观物体的运动规律 [2]. 牛顿主要研究自由质点的运动. 利用牛顿力学能够解像有心力场的运动、较少自由度保守系统的运动, 以及动量守恒、动量矩守恒、机械能守恒等问题. 牛顿力学是经典力学发展的第 1 阶段.

1.2 问题

牛顿没有研究受约束物体的运动. 例如, 一质量为 m 的质点在重力作用下在铅垂面内一固定曲线 $f(x,y)=0$ 上运动, 用牛顿第二定律列写微分方程, 有

$$m\ddot{x}=F_{Nx},\quad m\ddot{y}=F_{Ny}-mg$$

其中 F_{Nx},F_{Ny} 为约束力. 这时方程有 3 个, 而未知量有 4 个: x,y,F_{Nx},F_{Ny}, 这可以叫做牛顿力学的待定性. 为解决这个问题, 必须给出约束力的实现: 曲线是光滑的, 还是有摩擦的. 如果是有摩擦的. 还需给出摩擦定律.

1.3 启示

牛顿根据行星运动的开普勒三定律导出了他的万有引力定律, 即根据运动求力的问题. 已知力求运动叫动力学正问题; 反之, 已知运动求力, 称为动力学逆问题. 牛

顿以及后来的 Bertrand[3], Суслов[4], Мещерский[4], Чаплыгин[4], Poincaré[4] 等的工作, 为 20 世纪 60~70 年代出现的力学新分支 "动力学逆问题" 奠定了基础. 目前, 动力学逆问题已扩充到分析力学、运动控制理论、刚体动力学、转子动力学、结构动力学、弹性动力学等领域 [4,6].

凡有正问题的地方, 必有逆问题. 逆问题总是与正问题相关. 这是所有学科的共性, 也是任何一个科学问题的共性. 这是牛顿力学对后人的启示.

2. 拉格朗日力学

2.1 贡献

18 世纪以来, 大工业的发展需要人们去研究具有约束的复杂系统静力学和动力学问题. 这是经典力学发展到第二个阶段的时代背景或技术背景. 同时, 科学的发展也有自身的逻辑. 第三, 还需要有代表人物的代表工作.

达朗贝尔 (Jean le Rond d'Alembert, 1717~1783) 于 1743 年出版《动力学》(*Traité de Dynamique*), 1990 年由 Jacques Gabay 出版社重新印刷 [7]. 达朗贝尔在他的书中将运动分成两部分, 后人理解他将力分成两部分: 一部分使质点产生加速度, 叫发动力, 余下部分叫损失力, 损失力为约束力所平衡 [8]. 文献 [9] 指出, 达朗贝尔原理在质点系动力学问题中, 约束力的总体可以不予考虑. 因为达朗贝尔在其书中没有给出公式, 只给出一段文字, 后人对他的原理便有各种理解, 甚至有人认为达朗贝尔原理只是牛顿第二定律的简单移项. 文献 [8—10] 的理解是正确的, 能够反映达朗贝尔的原意. 对质点系, 达朗贝尔原理应表示为

$$m_i\ddot{\boldsymbol{r}}_i - \boldsymbol{F}_i = \boldsymbol{F}_{Ni} \quad (i = 1, 2, \cdots, N) \tag{1}$$

其中, m_i 为第 i 个质点的质量, $\ddot{\boldsymbol{r}}_i$ 为其加速度, $\boldsymbol{F}_i$ 为主动力, $\boldsymbol{F}_{Ni}$ 为约束力. 达朗贝尔原理实际上是给出了有关约束力的公理, 需将约束力写在方程的一边, 将主动力和惯性力写在方程的另一边: 正是有了达朗贝尔原理, 后来拉格朗日才提出了动力学普遍方程 (或达朗贝尔—拉格朗日原理), 奠定了分析动力学的基础.

拉格朗日 (Joseph-Louis Lagrange, 1736~1813) 于 1788 年出版《分析力学》(Mécanique Analytique), 1990 年由 Jacques Gabay 出版社出第 4 版, 共两卷, 并带有 J. Bertrand 和 G. Darboux 给出的注记 [11]. 在第一卷的注记 6 中, 出现了第一类拉格朗日方程和第二类拉格朗日方程的近代表示. 拉格朗日是分析力学的奠基人, 在其著作中提出分析静力学的一般原理, 即虚位移原理或虚功原理, 并与达朗贝尔原理结合而得到动力学普遍方程. 对于具有约束的力学系统, 他采用广义坐标, 得到第一类拉格朗日方程和第二类拉格朗日方程.

虚位移原理表述为: 对具有双面理想约束的质点系, 其平衡的充分必要条件是,

主动力在虚位移上所做元功之和等于零. 即

$$\sum_i \boldsymbol{F}_i \cdot \delta \boldsymbol{r}_i = 0 \tag{2}$$

动力学普遍方程, 即达朗贝尔—拉格朗日原理, 表示为

$$\sum_i (\boldsymbol{F}_i - m_i \ddot{\boldsymbol{r}}_i) \cdot \delta \boldsymbol{r}_i = 0 \tag{3}$$

在拉格朗日著作第一卷注记 6 中给出第一类拉格朗日方程:

$$\begin{aligned} m_i \frac{\mathrm{d}^2 x_i}{\mathrm{d}t^2} &= X_i + \lambda_1 \frac{\partial \Pi_1}{\partial x_i} + \lambda_2 \frac{\partial \Pi_2}{\partial x_i} + \cdots + \lambda_{3n-k} \frac{\partial \Pi_{3n-k}}{\partial x_i} \\ m_i \frac{\mathrm{d}^2 y_i}{\mathrm{d}t^2} &= Y_i + \lambda_1 \frac{\partial \Pi_1}{\partial y_i} + \lambda_2 \frac{\partial \Pi_2}{\partial y_i} + \cdots + \lambda_{3n-k} \frac{\partial \Pi_{3n-k}}{\partial y_i} \\ m_i \frac{\mathrm{d}^2 z_i}{\mathrm{d}t^2} &= Z_i + \lambda_1 \frac{\partial \Pi_1}{\partial z_i} + \lambda_2 \frac{\partial \Pi_2}{\partial z_i} + \cdots + \lambda_{3n-k} \frac{\partial \Pi_{3n-k}}{\partial z_i} \end{aligned} \tag{4}$$

其中, $\Pi_1 = 0, \Pi_2 = 0, \cdots, \Pi_{3n-k} = 0$ 为约束方程, $\lambda_1, \lambda_2, \cdots, \lambda_{3n-k}$ 为待定乘子. 以及第二类拉格朗日方程:

$$\begin{aligned} \frac{\mathrm{d}}{\mathrm{d}t} \frac{\partial T}{\partial q_1'} - \frac{\partial T}{\partial q_1} &= Q_1 \\ \frac{\mathrm{d}}{\mathrm{d}t} \frac{\partial T}{\partial q_2'} - \frac{\partial T}{\partial q_2} &= Q_2 \\ &\vdots \\ \frac{\mathrm{d}}{\mathrm{d}t} \frac{\partial T}{\partial q_k'} - \frac{\partial T}{\partial q_k} &= Q_k \end{aligned} \tag{5}$$

式 (4), 式 (5) 由 J. Bertrand 给出, 将拉格朗日方程表示得更清楚了.

拉格朗日力学能够解决牛顿力学所能解决的问题, 拉格朗日力学也能解决牛顿力学不能解决的问题. 例如, 对完整系统的方程

$$\frac{\mathrm{d}}{\mathrm{d}t} \frac{\partial L}{\partial \dot{q}_s} - \frac{\partial L}{\partial q_s} = 0 \quad (s = 1, 2, \cdots, n) \tag{6}$$

如果某个坐标, 例如 q_1, 不出现在 L 中, 则有积分

$$\frac{\partial L}{\partial \dot{q}_1} = \beta$$

它代表广义动量守恒, 可以是动量守恒、动量矩守恒或别的什么. 这个 “别的什么” 是牛顿力学找不到的. 由方程 (6) 还可以找到积分

$$\sum_{i=1}^{n} \frac{\partial L}{\partial \dot{q}_s} \dot{q}_s - L = h$$

它可以是机械能守恒, 也可以是别的什么. 拉格朗日力学发展了牛顿力学. 拉格朗日力学可以解决一系列重要的力学问题, 包括小振动理论、刚体动力学等 [12]. 中国发射的嫦娥二号卫星于 2011 年 6 月 9 日开始飞离月球奔向第二拉格朗日点.

2.2 问题

(1) 关于虚位移原理的证明

虚位移原理的必要性证明很容易, 充分性的证明需要用到实位移是虚位移之一的条件, 这限制了原理的适用范围. 目前尚未有一个完备的证明. 其实, 原理可当作公理, 而公理是不需要证明的.

(2) 关于平衡稳定性

拉格朗日关于平衡稳定性的结论, 有如下一段文字: "刚刚看到, 当系统的位置是平衡位置时, 函数 II 取极小或极大; 现在证明, 如果这个函数是极小, 则平衡是稳定的……反之, 在这个函数是极大的情形, 平衡将是不稳定的" [11]. 上面所指函数 II 就是势能函数, 它与力函数符号相反.

李亚普诺夫提出如下问题: "如果力函数在平衡位置上不是极大, 平衡位置是不稳定的吗?" 换成势能的提法是: "如果势能在平衡位置上不是极小, 平衡位置是不稳定的吗?" 答案是不一定. 但在一定限制下, 可以是不稳定的. 李亚普诺夫给出 2 个定理, 回答了上述问题, 见文献 [13].

(3) 关于旋转对称刚体在完全粗糙水平面上的纯滚动

1895 年芬兰著名数学家 E. Lindelöf 在解上述问题时, 将约束方程嵌入到动能中, 用第二类拉格朗日方程, 得到 [14]

$$\frac{\mathrm{d}}{\mathrm{d}t}\frac{\partial \tilde{L}}{\partial \dot{q}_\sigma} - \frac{\partial \tilde{L}}{\partial q_\sigma} = 0$$

并给出解. Lindelöf 表面精美但不正确的解如此地令 Appell 高兴, 以致他将其作为第二类拉格朗日方程的应用例子写进《理性力学》第 1 版中 [15]. 在拉格朗日时代, 人们还不知道非完整约束是什么, 还不知道他的方程仅适合完整约束系统.

2.3 启示

(1) 拉格朗日力学逆问题

对于完整保守系统, 只用一个函数, 即动能减势能, 就可列写系统的运动微分方程. 对具有 n 个自由度系统, 给出 n 个二阶微分方程 (6). 反过来, 人们去想, 对给定的 n 个二阶方程, 能否构造出函数 L, 使得可以表为式 (6). 这就是所谓拉格朗日力学逆问题. 当然, 一般来说, 构造出来的函数 L 已不再是动能减势能了. 这个问题从 Jacobi 1837 年的工作到 Santilli 1978 年的著作《理论力学基础 I 》[16], 算告一段落, 但是, 还没有终结.

(2) 几何动力学

拉格朗日的著作重分析而轻几何. 20 世纪 60~70 年代兴起几何动力学, 将微分几何与拉格朗日力学结合起来 [12,17−19], 使拉格朗日力学焕然一新. 在几何动力学中出现拉格朗日流形、拉格朗日映射、拉格朗日等价性、拉格朗日奇点等提法.

(3) 拉格朗日对称性

文献 [20] 中有一例子, 指出下面的拉格朗日函数

$$L = \frac{1}{2}(\dot{q}^2 - q^2)$$

$$L_1^* = \frac{1}{6}\dot{q}^3 \cos t + \frac{1}{2}q\dot{q}^2 \sin t - q^2\dot{q}\cos t$$

$$L_2^* = 2\frac{\dot{q}}{q}\arctan\frac{\dot{q}}{q} - \ln(\dot{q}^2 + q^2)$$

都表示一维谐振子

$$\ddot{q} + q = 0$$

函数 L 有直接解析表达

$$\frac{\mathrm{d}}{\mathrm{d}t}\frac{\partial L}{\partial \dot{q}} - \frac{\partial L}{\partial q} = (\ddot{q} + q)_{SA}$$

其余 2 个有间接解析表达

$$\frac{\mathrm{d}}{\mathrm{d}t}\frac{\partial L^*}{\partial \dot{q}} - \frac{\partial L^*}{\partial q} = [I(t, q, \dot{q})(\ddot{q} + q)_{SA}]_{SA}$$

此时 I 是积分

$$I_1 = \dot{q}\cos t + q\sin t = C_1$$

$$I_2 = (\dot{q}^2 + q^2)^{-1} = C_2$$

这样, 就说 L_1^* 与 L, L_2^* 与 L 具有拉格朗日对称性, 并由这种对称性得到了守恒量 I_1, I_2.

1966 年 Currie 和 Saletan 研究了单自由度系统的等价拉格朗日函数问题 [21]. 1981 年 Hojman 和 Harleston 将此结果推广到多自由度系统 [22]. 文献 [23] 给出完整非保守系统拉格朗日对称性的定义, 判据以及导致的守恒量形式. 文献 [24] 研究了非完整系统的拉格朗日对称性并导出了守恒量.

3. 哈密顿力学

3.1 贡献

哈密顿 (William Rowan Hamilton, 1805~1865) 发展了拉格朗日的分析力学, 1834 年建立了著名的哈密顿原理, 使各种动力学定律可由一个变分式导出. 这个原

理不仅适用于力学, 还可适用于光学、电磁学等. 他将广义坐标和广义动量作为独立变量, 建立了正则方程.

拉格朗日方程 (6) 是 n 个二阶微分方程, 怎样化成 $2n$ 个一阶方程? 当然, 可简单地取广义坐标和广义速度为变量, 但并未带来好处. 哈密顿想到用广义坐标和广义动量为变量, 这对变量称为正则变量; 用他提出的函数替代拉格朗日函数. 广义动量为

$$p_s = \frac{\partial L}{\partial \dot{q}_s}$$

哈密顿函数为

$$H = \sum_{s=1}^{n} p_s \dot{q}_s - L$$

正则方程为

$$\dot{q}_s = \frac{\partial H}{\partial p_s}, \quad \dot{p}_s = -\frac{\partial H}{\partial q_s} \quad (s = 1, 2, \cdots, n) \tag{7}$$

哈密顿的另一重要贡献是建立了一个积分变分原理, 即哈密顿原理, 表示为

$$\begin{gathered} \delta \int_{t_0}^{t_1} L(t, \boldsymbol{q}, \dot{\boldsymbol{q}}) \mathrm{d}t = 0 \\ \delta q_s|_{t=t_0} = \delta q_s|_{t=t_1} = 0, \quad \mathrm{d}\delta = \delta d \end{gathered} \tag{8}$$

雅可比 (Carl Gustar Jacob Jacobi, 1804~1851) 改进和发展了哈密顿的工作, 提出了求解正则方程的哈密顿–雅可比方法.

哈密顿的观点使人们能完全解用其他方法不能解决的一系列力学问题, 例如, 两个恒定中心的吸引问题; 又如, 三轴椭球上的测地线问题. 对于天体力学摄动理论的近似方法, 以及了解复杂力学系统运动的一般性质, 以及与其他数学物理领域 (光学、量子力学等) 的联系上, 哈密顿的观点有更大的价值 [12].

哈密顿力学是经典力学发展的第 3 阶段.

3.2 问题

(1) 哈密顿力学适用于完整保守系统, 一般来说不适用于非保守系统和非完整系统.

(2) 对某些非保守系统, 其运动微分方程能否表为正则形式? 或者说, 对一般的一阶方程组在怎样的条件下可哈密顿化? 文献 [16] 给出一种构造哈密顿函数的方法.

(3) 正则方程 (7) 可以表示为更方便的形式

$$\sum_{\nu=1}^{2n}\omega_{\mu\nu}\dot{a}^{\nu}-\frac{\partial H}{\partial a^{\mu}}=0\quad(\mu=1,2,\cdots,2n)\tag{9}$$

其中

$$\omega^{\mu\nu}=\begin{pmatrix}0_{n\times n} & 1_{n\times n}\\ -1_{n\times n} & 0_{n\times n}\end{pmatrix},\quad \sum_{\rho=1}^{2n}\omega_{\mu\rho}\omega^{\rho\nu}=\delta_{\mu}^{\nu}$$

$$a^{\mu}=\begin{cases}q_{\mu} & (\mu=1,2,\cdots,n)\\ p_{\mu-n} & (\mu=n+1,n+2,\cdots,2n)\end{cases}$$

以及

$$\dot{a}^{\mu}-\sum_{\nu=1}^{2n}\omega^{\mu\nu}\frac{\partial H}{\partial a^{\nu}}=0\tag{10}$$

式 (9) 称为相空间中解析方程的协变标准形式, 式 (10) 称为逆变标准形式 [20]. 这些形式便于进行代数讨论与几何讨论.

3.3 *启示*

(1) 哈密顿原理的推广与应用

哈密顿原理的前提是具有完整、有势的力学系统. 这个原理可以推广到完整、非势力系统, 有形式

$$\delta\int_{t_0}^{t_1}L(t,\boldsymbol{q},\dot{\boldsymbol{q}})\mathrm{d}t+\int_{t_0}^{t_1}\sum_{s=1}^{n}Q_s\delta q_s\mathrm{d}t=0\tag{11}$$

其中 Q_s 为非势广义力. 哈密顿原理是一个极值原理, 或称为稳定作用量原理, 因此, 它特别适用于近似计算.

(2) 对称性与守恒量

德国数学家诺特 (Amalie Emmy Noether, 1882~1935) 于 1918 年发表论文 “不变变分问题” [25]. 在这篇著名论文中, 诺特研究了哈密顿作用量 $\int_{t_0}^{t_1}L\mathrm{d}t$ 在群的无限小变换下的不变性. 这种不变性, 后人称为诺特对称性. 由诺特对称性导致的守恒量, 称为诺特守恒量. 20 世纪 70 年代以来诺特对称性的研究取得重要进展, 如文献 [26–30].

(3) KAM 定理

20 世纪 60 年代, KAM 定理对近乎可积哈密顿系统的解性质给出一些重要的结论. 这个定理与 Lorenz 方程一起标志着混沌理论的开端. Lorenz 根据 Lorenz 方

程并借助计算机模拟在耗散系统中首先发现了混沌运动, 而 KAM 定理则是在哈密顿系统数学理论方面揭示了不可积系统的混沌运动的发生机制并被国际混沌学界公认为这一新学科的第一开端. KAM 定理是定性性质的, 它没有说明 "近乎可积" 中近到什么程度才成立. Arnold 扩散的速度定量估计是什么? 目前这些还都只能借助数值实验确定. 然而这个定理指明了可能的结果使人不致在一大堆数字结果中迷失方向 [31].

(4) 辛几何

哈密顿力学促进了辛几何的形成和发展. 反之, 用辛几何描述分析力学也取得重要进展. 文献 [12], [17–19], [32, 33] 将辛几何的成果充分应用于描述分析力学.

(5) 广义哈密顿系统

广义哈密顿系统的基本思想是, 构造一个哈密顿系统, 在这个系统中, 正则的共轭变量被非正则变量替代, 而这些非正则变量通常是系统的物理变量 [34]. 20 世纪 50 年代以来, 广义哈密顿力学取得了重要进展, 如文献 [35–37]. 哈密顿系统理论是在偶数维相空间上定义的, 这种结构有很好的性质, 为使哈密顿观点能够应用于奇数维常微分方程组及无穷维系统. 可采用广义泊松括号来定义广义哈密顿系统 [37].

在经典力学做出重要贡献的除拉格朗日、达朗贝尔、哈密顿、雅可比之外, 还应提到庞加莱 (Henri Poincaré, 1854~1912) 和李亚普诺夫 (Александр Михаилович Ляпунов, 1857~1918). 庞加莱是法国科学家, 运动稳定性理论的奠基人之一和非线性动力学的先驱. 李亚普诺夫是俄国力学家、数学家, 运动稳定性理论的奠基人之一.

拉格朗日、哈密顿、雅可比、庞加莱、李亚普诺夫等的工作如此完美以致众多后人认为再没有什么本质的东西可以补充到有限自由度动力系统中. 就像德国数学家克莱因 (Felix Klein, 1849~1925) 在《十九世纪数学发展史讲义》所描述的分析动力学 "……一个物理学家想要解决自己的问题, 从这些理论中所得无几, 而工程师将一无所得". 但之后的科学发展否定了这个评论 [12].

4. 非完整力学

4.1 贡献

赫兹 (Heinrich Hertz, 1857~1894) 于 1894 年首次将约束和系统分成完整的和非完整的两大类. 1894 年被认为是非完整力学研究的开端. 当然, 在此前也有学者导出了带乘子的拉格朗日方程.

至少有一个不可积分的微分约束系统称为非完整系统. 对非完整系统, 第二类拉格朗日方程已经不再适用. 在非完整力学做出重要贡献的有恰普雷金 Сергей Алексеевич Чаплыгин, 1869~1942), 沃尔泰位 (V. Volterra, 1860~1940), 阿佩尔

(Paul Appell, 1855~1930), 哈茂尔 (Georg Hame1, 1877~1954), 沃洛涅茨 (Петр Василеьевич Воронец, 1871~1923) 等. 专著 [15], [38–41] 较全面论述了非完整力学.

非完整力学可用来研究滚轮系统, 如自行车、汽车、飞机起落架等; 可用来研究电机; 也可用来研究线路稳定性问题 [38]. 非完整力学是经典力学发展的第 4 阶段.

4.2 问题

(1) 关于非完整约束的物理实现问题

线性非完整约束一般借助接触和摩擦来实现, 如冰刀不允许横滑、滚球、滚盘等. 非线性非完整约束的物理实现是个问题. 阿佩尔—哈茂尔椅子轮问题是用取极限来实现非线性非完整约束的 [40], 但文献 [38] 指出了极限过程的不正确性.

(2) 关于虚位移的阿佩尔—切塔耶夫定义

对于一般双面理想非完整约束

$$f_\beta(t, \boldsymbol{q}, \dot{\boldsymbol{q}}) = 0 \quad (\beta = 1, 2, \cdots, g) \tag{12}$$

它对虚位移 δq_s 的限制表为阿佩尔—切塔耶夫定义

$$\sum_{s=1}^{n} \frac{\partial f_\beta}{\partial \dot{q}_s} \delta q_s = 0 \tag{13}$$

将动力学普遍方程 (3) 写成广义坐标形式

$$\sum_{s=1}^{n} \left(Q_s + \frac{\partial T}{\partial q_s} - \frac{\mathrm{d}}{\mathrm{d}t} \frac{\partial T}{\partial \dot{q}_s} \right) \delta q_s = 0 \tag{14}$$

由式 (13), 式 (14) 可导出非完整系统的方程

$$\frac{\mathrm{d}}{\mathrm{d}t} \frac{\partial T}{\partial \dot{q}_s} - \frac{\partial T}{\partial q_s} = Q_s + \sum_{\beta=1}^{g} \lambda_\beta \frac{\partial f_\beta}{\partial \dot{q}_s} \quad (s = 1, 2, \cdots, n) \tag{15}$$

非完整约束对虚位移 δq_s 的限制条件 (13) 曾遭到怀疑, 并引起争议 [42,43].

(3) 运动稳定性

非完整系统稳定性研究长时间发生很大困难. Bettema 在 1949 年首次正确地解释了系统的非完整性对稳定性的影响. 文献 [44, 45] 介绍了非完整系统运动稳定性的研究进展. 近代微分几何工具的应用、滚轮系统的线路稳定性、随机稳定性等都是重要问题.

4.3 启示

(1) 哈密顿原理

对完整保守系统建立的哈密顿原理 (8) 能否应用与怎样应用于非完整系统, 是一个颇有争议的问题. 将有势力情形的动力学普遍方程

$$\sum_{s=1}^{n}\left(\frac{\partial L}{\partial q_s}-\frac{\mathrm{d}}{\mathrm{d}t}\frac{\partial L}{\partial \dot{q}_s}\right)\delta q_s=0$$

从 t_0 至 t_1 积分并利用端点条件

$$\delta q_s|_{t=t_0}=\delta q_s|_{t=t_1}=0$$

得到

$$\int_{t_0}^{t_1}\left\{\delta L+\sum_{s=1}^{n}\frac{\partial L}{\partial \dot{q}_s}\left[\frac{\mathrm{d}}{\mathrm{d}t}(\delta q_s)-\delta\dot{q}_s\right]\right\}\mathrm{d}t=0 \tag{16}$$

设非完整约束方程表为

$$\dot{q}_{\varepsilon+\beta}=\varphi_\beta(q_s,\dot{q}_\sigma,t)\quad (s=1,2,\cdots,n;\quad \sigma=1,2,\cdots,\varepsilon;\quad \varepsilon=n-g;\quad \beta=1,2,\cdots,g) \tag{17}$$

对 d, δ 运算交换关系的 Suslov 观点

$$\delta\dot{q}_\sigma=\frac{\mathrm{d}}{\mathrm{d}t}\delta q_\sigma$$

$$\delta\dot{q}_{\varepsilon+\beta}=\frac{\mathrm{d}}{\mathrm{d}t}(\delta q_{\varepsilon+\beta})-\sum_{\sigma=1}^{\varepsilon}T_\sigma^{\varepsilon+\beta}\delta q_\sigma$$

$$T_\sigma^{\varepsilon+\beta}=\frac{\mathrm{d}}{\mathrm{d}t}\frac{\partial\varphi_\beta}{\partial\dot{q}_\sigma}-\frac{\partial\varphi_\beta}{\partial q_\sigma}-\sum_{\gamma=1}^{g}\frac{\partial\varphi_\beta}{\partial q_{\varepsilon+\gamma}}\frac{\partial\varphi_\gamma}{\partial\dot{q}_\sigma}$$

式 (16) 给出

$$\int_{t_0}^{t_1}\left\{(\delta L)_s+\sum_{\beta=1}^{g}\frac{\partial L}{\partial\dot{q}_{\varepsilon+\beta}}\sum_{\sigma=1}^{\varepsilon}T_\sigma^{\varepsilon+\beta}\delta q_\sigma\right\}\mathrm{d}t=0 \tag{18}$$

而 Hölder 观点给出

$$\int_{t_0}^{t_1}(\delta L)_H\mathrm{d}t=0$$

$$\delta\dot{q}_s=\frac{\mathrm{d}}{\mathrm{d}t}\delta q_s \tag{19}$$

非完整系统哈密顿原理的两种形式 (18) 和 (19) 是等价的, 一般说都不是稳定作用量原理 [46,47].

(2) 积分方法

完整保守系统的一整套积分方法, 如降阶法、Poisson 方法、哈密顿—雅可比方法、对称性方法等, 能否应用与怎样应用于非完整系统, 是一个困难问题. 例如, R V Dooren 提出的积分非完整系统的广义哈密顿—雅可比方法, 仅对个别的非完整系统才适用 [48].

(3) 非完整系统的分叉与混沌

非完整系统一般都是高维的, 高维系统的分叉与混沌问题本身就很难研究. 文献 [49] 对滚盘、滚球、Celt 石头等不太复杂的非完整问题给出了一些结果. 计算机实验用来研究这类问题被认为是一个新动向.

(4) 非完整系统的分数维动力学

分数维动力学已在理论物理、力学和应用数学诸多领域中开展研究. 文献 [50] 研究了分数维非完整约束以及分数维运动微分方程. 这些研究的物理实质和力学意义有待进一步深入探讨.

5. 伯克霍夫力学

5.1 贡献

伯克霍夫 (George D Birkhoff, 1884~1944) 被认为是庞加莱的继承人. 在他的著作《动力系统》中提出一类新型积分变分原理和一类新型运动微分方程 [51]. 美国强子物理学家散提黎 (R M Santilli) 将伯克霍夫的结果推广到包含时间的情形, 并于 1983 年提出“伯克霍夫力学”一词 [20]. 伯克霍夫力学是在量子力学出现以后发展起来的新力学.

伯克霍夫力学的基础是普法夫—伯克霍夫 (Pfaff-Birkhoff) 原理和伯克霍夫方程. 普法夫—伯克霍夫原理表示为

$$\delta \int_{t_0}^{t_1} \left\{ \sum_{\mu=1}^{2n} R_\mu(t, \boldsymbol{a}) \dot{a}^\mu - B(t, \boldsymbol{a}) \right\} \mathrm{d}t = 0 \tag{20}$$

$$\delta a^\mu |_{t=t_0} = \delta a^\mu |_{t=t_1} = 0, \quad \mathrm{d}\delta = \delta \mathrm{d}$$

其中函数 $B = B(t, \boldsymbol{a})$ 称为伯克霍夫函数, $2n$ 个函数 $R_\mu = R_\mu(t, \boldsymbol{a})$ 称为伯克霍夫函数组. 由原理 (20) 可导出伯克霍夫方程

$$\sum_{\nu=1}^{2n} \left(\frac{\partial R_\nu}{\partial a^\mu} - \frac{\partial R_\mu}{\partial a^\nu} \right) \dot{a}^\nu - \frac{\partial B}{\partial a^\mu} - \frac{\partial R_\mu}{\partial t} = 0 \quad (\mu, \nu = 1, 2, \cdots, 2n) \tag{21}$$

当取

$$a^\mu = \begin{cases} q_\mu & (\mu = 1, 2, \cdots, n) \\ p_{\mu-n} & (\mu = n+1, n+2, \cdots, 2n) \end{cases}$$

$$B = H$$

则原理 (20) 成为哈密顿原理

$$\delta \int_{t_0}^{t_1} \left(\sum_{s=1}^{n} p_s \dot{q}_s - H \right) \mathrm{d}t = 0$$

而方程 (21) 成为哈密顿正则方程

$$\dot{q}_s = \frac{\partial H}{\partial p_s}, \quad \dot{p}_s = -\frac{\partial H}{\partial q_s}$$

因此, 伯克霍夫力学是哈密顿力学的自然推广.

文献 [20] 研究了伯克霍夫方程、变换理论、伽利略相对论的推广, 并证明伯克霍夫方程是由正则方程经过非正则变换来得到的.

伯克霍夫方程有一系列很好的性质, 如自治和半自治伯克霍夫系统具有李代数结构, 恰当辛形式; 伯克霍夫方程具有自伴随性质等. 伯克霍夫力学可应用于强子物理、统计力学、工程、空间力学、生物物理等领域 [20].

伯克霍夫力学是经典力学发展的第 5 阶段.

5.2 问题

(1) 奇数维系统

文献 [20] 指出, 所有局部、解析、规则、有限维、无约束或有完整约束, 保守或非保守, 自伴随或非自伴随一阶方程组总有伯克霍夫表示, 即总可以化成伯克霍夫方程. 但是, 对奇数维微分方程就有困难.

(2) 非完整系统

怎样将非完整系统的方程化成伯克霍夫方程, 是一个困难问题. 一般地, 将非完整系统化成相应的完整系统, 再研究相应完整系统的伯克霍夫表示, 最后施加非完整约束对初始条件的限制来研究非完整系统的运动 [52].

(3) 运动稳定性

李亚普诺夫一次近似理论和李亚普诺夫直接法都可用来研究伯克霍夫系统的运动稳定性 [52]. 与此相关可研究伯克霍夫系统的分岔与混沌 [53].

(4) 对称性与守恒量

伯克霍夫系统的对称性与守恒量研究, 包括诺特对称性 [20,53−55], 李对称性 [53−55], 形式不变性 [53−55], 共形不变性 [54], 以及等价伯克霍夫函数问题 [56].

(5) 与广义哈密顿系统的关系

伯克霍夫系统的方程是偶数维的, 广义哈密顿系统的方程可以是奇数维的. 在什么情况下两个系统一样, 在什么情况下两个系统不一样, 是个值得研究的问题.

5.3 启示

(1) 算法

哈密顿系统具有自然辛结构, 因此, 有辛算法. 伯克霍夫系统是哈密顿系统的自然推广, 因此, 可以研究系统的算法. 文献 [57, 58] 给出了一些结果.

(2) 几何动力学

哈密顿力学的微分几何方法已取得重要进展, 如文献 [12],[17–19],[59]. 对伯克霍夫系统的微分几何方法也有一定进展, 如文献 [20],[60].

(3) 广义伯克霍夫系统

对所有局部、解析、规则、有限维、无约束或有完整约束, 保守或非保守, 自伴随或非自伴随偶数维一阶方程组, 理论上总有伯克霍夫表示, 但在技术上确有困难. 如果在伯克霍夫方程 (21) 右端添加一个补充项, 则构造起来就变得很容易. 文献 [61] 从普法夫作用量在无限小变换的广义准对称性研究方面生成了这个补充项, 并称之为广义伯克霍夫方程. 文献 [62] 从广义普法夫—伯克霍夫原理方面也生成了这个补充项. 文献 [63–65] 分别研究了广义伯克霍夫系统的动力学逆问题、共形不变性、时间积分定理等.

6. 展望

经典力学发展的 5 个阶段中, 许多大学问家做出了光辉的历史贡献. 从这些历史贡献中看到科学思想的发现与发展, 更重要的是能够发现问题并从中得到启示: 经典力学并没有终结, 还会发展.

参考文献

[1] 朱照宣. 牛顿《原理》三百年祭. 力学与实践, 1987, 9(5): 1–2

[2] 中国大百科全书编委会. 中国大百科全书 • 力学. 北京: 中国大百科全书出版社, 1985

[3] Appell P. Traité de mécanique rationnelle tome 1. Paris: Gautier-Villars et Cie, 1953

[4] Галиуллин А С.Методы решения обрадных задач динамики. Москва: Наука, 1986

[5] Мещерский И В. Работы по механике тел переменной Массы. Москва: Гостехиздат, 1950

[6] 梅凤翔. 动力学逆问题. 北京: 国防工业出版社, 2009
Mei Fengxiang. Inverse Problems of Dynamics. Beijing: National Defense Industry Press, 2009

[7] D'Alembert J. Traité de Dynamique. Paris: Éditions Jacques Gabay, 1990

[8] 朱照宣, 周起钊, 殷金生. 理论力学: 下册. 北京: 北京大学出版社, 1982

Zhu Zhaoxuan, Zhou Qizhao, Yin Jinsheng. Theoretical Mechanics: The last of two volumes. Beijing: Peking University Press, 1982

[9] Rosenberg R M. Analytical Dynamics of Discrete Systems. New York: Plenum Press, 1977

[10] Hamel G. Theoretische Mechanik. Berlin: Springer-Verlag, 1949

[11] Lagrange J L. Mécanique Analytique Ⅰ, Ⅱ. Quatrième Édition. Paris: Éditions. Jacquer Gabay, 1990

[12] Arnold V I. Mathematical Methods of Classical Mechanics. New York: Springer-Verlag, 1978

[13] 高为炳. 运动稳定性基础. 北京: 高等教育出版社, 1987

Gao Weibing. Foundations of Stability of Motion. Beijing: Higher Education Press, 1987

[14] Lindelöf E. Sur le mouvement d'un corps de revolution roulant sur un plan horizontal. Acta Soc Sci Fenrzicae, 1895, 20(10): 1–18

[15] 杰格日达 C A, 索尔塔哈诺夫 Ш X, 尤士科夫 M П. 非完整系统的运动方程和力学的变分原理. 新一类控制问题. 梅凤翔译. 北京: 北京理工大学出版社, 2007

[16] Santilli R M. Foundations of Theoretical Mechanics I. New York: Springer-Verlag, 1978

[17] Abraham R, Marsden J E. Foundations of Mechanics. MA: Benjamin/ Cummings, 1978

[18] Godbillon C. Géometrie Différentielle et Mécanique Analytique. Paris: Hermann, 1969

[19] 郭永新, 罗绍凯, 梅凤翔. 非完整约束系统几何动力学研究进展: Lagrange 理论及其他. 力学进展, 2004, 34(4): 477–492

Guo Yongxin, Luo Shaokai, Mei Fengxiang. Advances in Mechanics, 2004, 34(4): 477–492

[20] Santilli R M. Foundations of Theoretical Mechanics Ⅱ. New York: Springer-Verlag, 1983

[21] Currie D F, Saletan E J. Q-equivalent particle Hamiltonians. The classical one-dimensional case. J Math Phys, 1966, 7(6): 967–974

[22] Hojman S, Harteston H. Equivalent Lagrangians: Multidimensional case. J Math Phys, 1981, 22(7): 1414–1419

[23] 赵跃宇, 梅凤翔. 力学系统的对称性与不变量. 北京: 科学出版社, 1999

Zhao Yueyu, Mei Fengxiang. Symmetries and Invariances of Mechanical Systems. Beijing: Science Press, 1999

[24] Mei F X, Wu H B. Symmetry of Lagrangians of nonholonomic systems. Phys Lett A, 2008, 372(13): 2141–2147

[25] Noether E. Invariante variationsprobleme. Nachr Kön Ges Wiss Göttingen, Math Phys, 1918, 1(2): 235–257

[26] Djukić Dj S, Vajanović B D. Noether's theory in classical nonconservative mechanics. Acta Mech, 1975, 23(1–2): 17–27.

[27] 罗勇, 赵跃宇. 非线性非完整约束系统的广义 Noether 定理. 北京工业学院学报, 1986, 6(3): 41–47

[28] 李子平. 经典和量子约束系统及其对称性质. 北京: 北京工业大学出版社, 1993

[29] Liu D. Noether's theorem and its inverse of nonholonomic nonconservative dynamical systems. Science in China, Series A, 1991, 34(4): 419–429

[30] 梅凤翔. 李群和李代数对约束力学系统的应用. 北京: 科学出版社, 1999
Mei Fengxiang. Applications of Lie Groups and Lie Algebras to Constrained Mechanical Systems. Beijing: Science Press, 1999

[31] 朱照宣. 浑沌. 北京: 北京大学力学系, 1984

[32] Libermann P, Marle C M. Symplectic Geometry and Analytical Mechanics. New York: Kluwer Academic, 1987

[33] Marsden J E, Ratiu T S. Introduction to Mechanics and Symmetry. New York: Springer-Verlag, 1994

[34] 刘端, 梅凤翔, 陈滨. 分析力学的数学方法//陈滨. 现代数学理论与方法在动力学、振动与控制中的应用. 北京: 科学出版社, 1992.

[35] Pauli W. On the Hamiltonian structure of non-local field theories. Il Nuovo Cimento, 1953, 10: 648–667

[36] Martin J L. Generalized classical dynamics and the "classical analogue" of a Fermi oscillation. Proc Roy Soc London, 1959, A251: 536

[37] 李继彬, 赵晓华, 刘正荣. 广义哈密顿系统理论及其应用. 北京: 科学出版社, 1994

[38] Неймарк ЮИ, Фуфаев Н А. Динамика неголономных циетем. Москва: Наука, 1967

[39] Добронравов В В.Основы механики неголономных систем. Москва: Высшая Школа, 1970

[40] 梅凤翔. 非完整系统力学基础. 北京: 北京工业学院出版社, 1985

[41] Papastavridis J G. Analytical Mechanics. New York: Oxford Univ Press, 2002

[42] 郭仲衡, 高普云. 关于经典非完整力学. 力学学报, 1990, 22(2): 185–190

[43] 陈滨. 关于非完整力学的一个争议. 力学学报, 1991, 23(3): 379–384

[44] Румянцев В В, Карапетян А В. Устойчивость движений неголономных систем. Итоги науки и Техники.Обшая механика. Т3. Москва: ВИНИТИ, 1976, с5–42

[45] 朱海平, 梅凤翔. 非完整系统稳定性的若干进展. 力学进展, 1998, 28(1): 17–29
Zhu Haiping, Mei Fengxiang. Advances in Mechanics, 1998, 28(1): 17–29

[46] Новосёлов В С. Вариационные методы в механике. Ленинград: Изд-во Ленингр, ун-та, 1966

[47] 梅凤翔, 刘端, 罗勇. 高等分析力学. 北京: 北京理工大学出版社, 1991

[48] Rumyantsev V V, Sumbatov A S. On the problem of a generalization of the Hamilton-Jacobi method for nonholonomic systems. ZAMM, 1978, 58: 477–481
[49] Брисов А В, Мамаев И С. Неголономные динамические системы. Интегрируемость. Хаос. Странные аттракторы. Москва: ИКИ, 2002
[50] Tarasov E V. Fractional Dynamics. Beijing: Higher Education Press, 2010
[51] Birkhoff B D. Dynamical Systems. Providence RI: AMS College Publ, 1927
[52] 梅凤翔, 史荣昌, 张永发, 等. Birkhoff 系统动力学. 北京: 北京理工大学出版社, 1996
[53] 陈向炜. Birkhoff 系统的全局分析. 开封: 河南大学出版社, 2002
[54] Галиуллин А С, Гафаров Г Г, Малайшка Р П, et, al. Аналитическая динамика систем гельмгольца,биркгофа намбу. Москва: РЖУФН, 1997
[55] 梅凤翔. 约束力学系统的对称性与守恒量. 北京: 北京理工大学出版社, 2004
[56] Mei F X, Gang T Q, Xie J F. A symmetry and a conserved quantity far the Birkhoff system. Chin Phys, 2005, 15(8): 1678–1681
[57] 朱海平. 自治 Birkhoff 系统的计算方法//陈滨. 动力学、振动与控制研究. 长沙: 湖南大学出版社, 1998: 30–33
[58] Su H L, Qin M Z. Symplectic schemes for Birkhoffian system. Commun Theor Phys, 2004, 41(3): 329–334
[59] de León M, Rodrigues P R. Methods of Differential Geometry in Analytical Mechanics. Amsterdam: North-Holland, 1989
[60] Guo Y X, Luo S K, Shang M, et al. Birkhoffian formulation of nonholonomic constrained systems. Rep Math Phys, 2001, 47(3): 313–322
[61] Mei F X. The Noether's theory of Birkhoffian systems. Science in China, Series A, 1993, 36(12): 1456–1467
[62] 梅凤翔, 张永发, 何光, 等. 广义 Birkhoff 系统动力学的基本框架. 北京理工大学学报, 2007, 27(12): 1035–1038
[63] 梅凤翔, 解加芳, 江铁强. 广义 Birkhoff 系统动力学的一类逆问题. 物理学报, 2008, 57(8): 4649–4651
[64] Mei F X, Xie J F, Gang T Q. A conformal invariance for generalized Birkhoff equations. Acta Mech Sin, 2008, 24: 583–585
[65] 葛伟宽. 梅凤翔. 广义 Birkhaff 系统的时间积分定理. 物理学报, 2009, 58(2): 699–702

(原载《科技导报》, 2012, 30(11): 61–68)

第二章　非完整力学进展

§2.1　非完整系统力学的历史与现状

非完整系统力学是分析力学中的一个重要分支."非完整" 一词的法文是 "non-holonome", 在我国也有人译为 "不完整""非全定". 1788 年法国学者 Lagrange 发表了名著 *Mécanique Analytique* (《分析力学》), 从而奠定了分析力学的基础. 但在 Lagrange 时代, 还不知道有独立坐标数目与坐标的独立变分数目不相同的系统 —— 非完整约束系统的存在. 直到 1894 年, 德国学者 Hertz 才第一次把约束和力学系统分成完整的和非完整的两大类. 从此对非完整系统力学才有了较系统的研究.

研究非完整系统力学是有理论价值和实际意义的, 冰刀运动时, 它与冰面相接触的点的速度方向, 被限制在冰刀平面与冰面的交线上. 这种对系统中点的速度的限制, 就是一个简单的非完整约束条件. 这就是著名的 Чаплыгин-Caratheodory 问题, 是在 1898~1933 年完成的. 这个简单模型得到了广泛的应用, 例如在求积仪中就利用一种边缘锋利的刀轮. 凡是带有滚动轮子的系统, 几乎都是非完整系统. 因此非完整系统力学可应用于研究自行车、摩托车、火车车厢和飞机起落架的运动. 众所周知, 自行车向右倾倒时, 需向右转动手把才不致摔倒. 这一日常现象, 也只有用非完整系统力学中的线路稳定性理论, 才能得到圆满的解释. 由于电学与力学的某些相似, 分析力学的方法也用到电机一般理论的研究中. 例如有所谓完整机与非完整机的差别 [1]. 也有人把非完整系统力学的理论用于流体机和飞机的研究中 [1]. 近几年来, 在研究一般链式系统 (如人体模型、操纵器、开路机构以及电缆和天线的有限节模型等) 时, 也要用到非完整系统力学的理论 [2]. 可见, 研究非完整系统力学有很重要的实际意义.

由于非完整系统具有不可积分的微分约束, 因此通常的第二类 Lagrange 方程已经不能应用, 而需要更复杂的微分方程来描述. 在 19 世纪末和 20 世纪初的 20 年间, 建立了一阶线性非完整系统的各种形式的运动微分方程. 但是, 因为非完整系统比起完整系统来说要复杂得多、困难得多, 因此许多问题的研究与讨论一直延续到今天.

目前在国外, 特别是在苏联、罗马尼亚、保加利亚、美、法等国都有许多人从事这方面的研究, 发表了许多论文. 世界上第一本较系统、全面地介绍非完整系统力学的书《非完整系统动力学》[3] 发表于 1967 年, 第二本书《非完整系统力学基础》出版于 1970 年. 在 1976 年的第十四届国际理论力学与应用力学会议上, 还有人专门介绍非完整系统力学的新方法.

1. 关于非完整系统力学的基本概念

约束和虚位移是分析力学的重要基本概念.

一、约束: 约束按其各种特征可分为单面的和双面的, 理想的和不理想的, 稳定的和不稳定的, 完整的和非完整的; 非完整约束又分为线性的和非线性的, 一阶的与高阶的, 等等. 如在力学系统中点的位置和速度上事先加上一些几何的或运动学特性的限制, 我们就把这种限制称为约束. 按照这个通常的定义, 约束只能是完整的或是一阶非完整的, 即约束方程中仅包含时间、坐标和速度而不包含加速度或坐标对时间的高阶导数. 但是随着科学技术的发展, 约束概念的本身有了推广和扩充. 这种扩充主要有以下四个方面:

① 把运动方程的第一积分当作非完整约束;

② 可控系统作为非完整约束系统;

③ 高阶非完整约束 [4];

④ 把加在动力学特性改变上的限制当作约束.

二、虚位移: 我们把在某固定时刻、在一定位置上为约束所允许的假想的无限小位移称为虚位移. 约束方程加在虚位移上的条件叫作虚位移方程. 为由约束方程得到虚位移方程, 可将约束方程写成微分形式, 再将微分记号 d 用变分记号 δ 替代, 并令 $\delta t = 0$. 这一方法通称 Hölder 方法. Hölder 方法对完整约束和一阶线性非完整约束都是适合的. 但是对一阶非线性非完整约束来说, 这一方法将得到坐标变分之间的非线性关系, 因此便不能应用与虚位移密切相关的变分原理来推导系统的运动微分方程. 为了解决这一困难, 就需对虚位移方程实行线性化. 目前, 线性化方法有两种:

1. Четаев 方法 [5]

设力学系统受有一阶非线性非完整约束

$$f_\beta(q_s, \dot{q}_s, t) = 0 \quad (s = 1, 2, \cdots, n; \quad \beta = 1, 2, \cdots, g) \tag{1}$$

其中 t 为时间, q_s 为广义坐标, $\dot{q}_s$ 为广义速度. Четаев 定义虚位移方程为

$$\sum_{s=1}^{n} \frac{\partial f_\beta}{\partial \dot{q}_s} \delta q_s = 0 \quad (\beta = 1, 2, \cdots, g) \tag{2}$$

显然, Четаев 定义把一阶线性非完整约束的情形作为特殊情形.

2. Vâlcovici 方法

Vâlcovici 认为, 约束应取无限小形式

$$\sum_{s=1}^{n} L_{\beta s}\mathrm{d}q_s + L_{\beta,n+1}\mathrm{d}t = 0 \quad (\beta = 1, 2, \cdots, g) \tag{3}$$

其中系数 $L_{\beta s}, L_{\beta,n+1}$ 可为坐标、速度和时间的函数. 然后按 Hölder 方法由 (3) 得虚位移方程

$$\sum_{s=1}^{n} L_{\beta s}\delta q_s = 0 \quad (\beta = 1, 2, \cdots, g) \tag{4}$$

因而实现了线性化.

但是如何将有限形式 (1) 化成无限小形式, 仍然存在所谓 "不定性", 即虚位移应满足的关系不能唯一确定. 这种不定性还有待解决.

对于二阶和更高阶非完整约束系统, 需要用 Gauss 原理和万有 D'Alembert 原理来推导运动方程. 与这些原理相关的虚位移概念就必须加以推广.

因为形如 (1) 的一阶非完整约束实质上是对系统中点的速度的限制, 因而我们只考虑速度 $\dot{q}_s$ 的变分, 而时间 t 和坐标 q_s 固定不变. 当速度发生无限小变更 $\delta\dot{q}_s$ 时, 有

$$\sum_{s=1}^{n} \frac{\partial f_\beta}{\partial \dot{q}_s}\delta\dot{q}_s = 0 \quad (\beta = 1, 2, \cdots, g) \tag{5}$$

这就是 "速度空间的虚位移"[6] $\delta\dot{q}_s$ 所满足的方程. 这里的 $\delta\dot{q}_s$ 与 Четаев 定义中的 δq_s 有同样的作用.

如果系统受有二阶非完整约束

$$f_\beta(q_s, \dot{q}_s, \ddot{q}_s, t) = 0 \quad (s = 1, 2, \cdots, n; \quad \beta = 1, 2, \cdots, g) \tag{6}$$

因它是对加速度的限制, 那么可令其中的 $q_s, \dot{q}_s, t$ 固定不变, 只考虑 $\ddot{q}_s$ 的变更. 类似于 (5), 我们得到

$$\sum_{s=1}^{n} \frac{\partial f_\beta}{\partial \ddot{q}_s}\delta\ddot{q}_s = 0 \quad (\beta = 1, 2, \cdots, g) \tag{7}$$

其中 $\delta\ddot{q}_s$ 为 "加速度空间的虚位移"[6]. 关系 (7) 就是二阶非完整约束加在虚位移上的条件.

类似地, 对于 m 阶非完整约束

$$f_\beta(q_s, \dot{q}_s, \ddot{q}_s, \cdots, \overset{(m)}{q}_s, t) = 0 \quad (s = 1, 2, \cdots, n; \quad \beta = 1, 2, \cdots, g) \tag{8}$$

其中 $\overset{(m)}{q}_s$ 是广义坐标 q_s 对时间 t 的 m 阶导数, 我们有

$$\sum_{s=1}^{n} \frac{\partial f_\beta}{\partial \overset{(m)}{q}_s} \delta \overset{(m)}{q}_s = 0 \quad (\beta = 1, 2, \cdots, g) \tag{9}$$

关系 (9) 是 m 阶非完整约束加在 "虚位移"$\delta \overset{(m)}{q}_s$ 上的条件.

与虚位移 (5)、(7)、(9) 相应的微分原理分别为 Bertrand 原理、Gauss 原理和万有 D'Alembert 原理.

三、交换关系: 所谓交换关系是指微分运算 d 和变分运算 δ 的交换性问题. 力学中的交换关系是分析力学的基本问题之一, 而一阶非线性非完整约束系统的交换关系又是非线性非完整系统力学尚待解决的问题之一. 历史上, 对交换关系的形式有两种观点. 一种认为对系统的所有坐标, 运算 d, δ 都可以交换, 不论完整与否 (如 Volterra, Hölder, Hamel[7]); 另一种则认为运算 d, δ 之交换性仅对完整系统才成立 (如 Суслов, Levi-Civita). 这后一种观点得到广泛的支持. 利用交换关系可以推导运动方程, 可以说明关于 Hamilton 原理能否应用于非完整系统的争论的实质.

一阶线性非完整约束系统的交换关系已有人研究过. 我们也可给出一阶非线性非完整约束系统的交换关系.

2. 关于变分原理

可分为微分变分原理和积分变分原理两大类. 所有微分原理不仅适用于完整系统, 而且适用于非完整系统. 但是积分原理, 例如 Hamilton 原理能否应用于非完整系统中的问题, 还有争论, 尚需深入探讨.

一、微分变分原理: 最常见的微分变分原理是 D'Alembert-Lagrange 原理, 或称动力学普遍方程, 在理想约束下有

$$\sum_{i=1}^{N} \{(-m_i \ddot{x}_i + X_i)\delta x_i + (-m_i \ddot{y}_i + Y_i)\delta y_i + (-m_i \ddot{z}_i + Y_i)\delta z_i\} = 0 \tag{10}$$

其中 m_i 为点的质量; $\ddot{x}_i, \ddot{y}_i, \ddot{z}_i$ 为点的加速度; $\delta x_i, \delta y_i, \delta z_i$ 为点的虚位移; X_i, Y_i, Z_i 为主动力分量. 利用原理 (10) 及虚位移方程的 Четаев 定义可以推导一阶非完整系统的运动方程.

第二个微分变分原理是 Bertrand 原理 [6], 可写成

$$\sum_{i=1}^{N} \{(-m_i \ddot{x}_i + X_i)\delta \dot{x}_i + (-m_i \ddot{y}_i + Y_i)\delta \dot{y}_i + (-m_i \ddot{z}_i + Z_i)\delta \dot{z}_i\} = 0 \tag{11}$$

利用原理 (11) 及 "速度空间的虚位移" 定义可以推导一阶非完整系统的各种形式的运动方程 [6].

第三个微分变分原理是 Gauss 原理, 可写成

$$\sum_{i=1}^{N}\{(-m_i\ddot{x}_i+X_i)\delta\ddot{x}_i+(-m_i\ddot{y}_i+Y_i)\delta\ddot{y}_i+(-m_i\ddot{z}_i+Z_i)\delta\ddot{z}_i\}=0 \tag{12}$$

利用 Gauss 原理及 "加速度空间的虚位移" 定义, 可以推导一阶、二阶非完整系统的各种形式的运动方程.

最一般的微分变分原理是万有 D'Alembert 原理 [4]

$$\sum_{i=1}^{N}\{(-m_i\ddot{x}_i+X_i)\delta\overset{(m)}{x_i}+(-m_i\ddot{y}_i+Y_i)\delta\overset{(m)}{y_i}+(-m_i\ddot{z}_i+Z_i)\delta\overset{(m)}{z_i}\}=0 \tag{13}$$

当 $m=0$ 时为 D'Alembert-Lagrange 原理 (10); 当 $m=1$ 时为 Bertrand 原理 (11); 当 $m=2$ 时为 Gauss 原理 (12). 由原理 (13) 利用虚位移定义 (9) 便可推导带任意阶非完整约束系统的运动方程.

二、积分变分原理: 积分变分原理中最主要的是 Hamilton 原理. 众所周知, 对于完整保守系统来说, Hamilton 原理可写成:

$$\delta\int_{t_0}^{t_1}L\mathrm{d}t=0 \tag{14}$$

其中 $\int_{t_0}^{t_1}L\mathrm{d}t$ 为作用量, $L=T-V$ 为系统的 Lagrange 函数, T 为动能, V 为势能.

如果系统是完整的, 但非保守的, 则 Hamilton 原理可写成

$$\int_{t_0}^{t_1}(\delta T+\delta' A)\mathrm{d}t=0 \tag{15}$$

其中 δT 为动能的变分, $\delta' A$ 为主动力的元功, 并非某个函数的变分.

那么, Hamilton 原理能否应用于非完整系统呢? 有两种回答, 一种认为能用, 一种认为不能用. 其实, 这种争论的实质是与交换关系密切相联系的. 将原理 (10) 写成广义坐标形式并由 t_0 至 t_1 积分, 并注意到 $(\delta q_s)_{t_0}=(\delta q_s)_{t_1}=0$ 易得

$$\int_{t_0}^{t_1}\left\{\delta T+\delta' A+\sum_{s=1}^{n}\frac{\partial T}{\partial\dot{q}_s}\left[\frac{\mathrm{d}}{\mathrm{d}t}(\delta q_s)-\delta\dot{q}_s\right]\right\}\mathrm{d}t=0 \tag{16}$$

由此可见, 对于真实运动来说能否取形 (15) 是与对交换关系的看法密切相关的.

3. 关于运动方程

1895 年芬兰学者 Lindlöf 在解刚体沿水平面滚动问题时错误地应用了第二类 Lagrange 方程. 他的这个错误是相当著名的, 因为由此吸引了当时许多学者对非完

整系统力学的注目. 此后 20 年间获得了一阶线性非完整约束系统的各种形式的运动方程. 对一阶非线性非完整系统建立运动方程的研究工作一直延续到 20 世纪 50 年代. 在 60 年代和 70 年代里, 人们又研究了二阶和更高阶非完整系统的运动方程. 我们将各种方程分成六类:

一、Routh 方程: Routh 在 1884 年得到含有约束乘子的运动方程, 系统所受约束是一阶线性非完整的. 此种方程的优点在于物理意义十分明显, 带有不定乘子的项实际上是约束反力. 利用 Routh 方程不仅可求运动, 而且可计算约束反力. 它的缺点在于, 如果不需求约束反力时方程数目太多.

对于一阶非线性非完整约束系统可以建立 Routh 方程 [5]. 对于二阶和更高阶非完整系统也可建立 Routh 方程.

二、与动轴理论相应的运动方程.

三、Mac-Millan 方程: 1936 年 Mac-Millan 得到一阶线性非完整约束系统的一种运动方程. 有人说, Mac-Millan 方程不能推广到一阶非线性非完整系统. 但这种说法是不对的.

四、Чаплыгин 方程: 1898 年俄国学者 Чаплыгин 在指出 Lindlöf 的错误之后建立了一种一阶线性非完整系统的运动方程 [8]. 其限制条件为: 系统是保守的, 有与约束方程同等数目的循环坐标; 约束是一阶线性齐次稳定的, 且约束系数不依赖于循环坐标. 尽管 Чаплыгин 方程有上述限制, 但是许多非完整系统都是 Чаплыгин 系统. 继 Чаплыгин 之后的许多工作可认为是 Чаплыгин 方程在以下几方面的推广:

(1) 约束是一阶线性, 且是不稳定的. 系统是非保守且没有循环坐标 (Воронец 方程).

(2) 约束是一阶非线性, 坐标是广义坐标 (广义坐标下的广义 Чаплыгин 方程 [9]).

(3) 约束是一阶非线性, 坐标是准坐标 (准坐标下的广义 Чаплыгин 方程 [9]).

五、Boltzmann-Hamel 方程: 德国学者 Boltzmann 于 1902 年推导出准坐标下的完整系统的运动方程. 德国学者 Hamel 于 1904 年得到准坐标下的一阶线性非完整约束系统的运动方程, 后来又将这种方程推广到一阶非线性非完整约束系统 [7].

六、Appell 方程: 法国学者 Appell 在 1899 年得到了形式上不同于其他人的力学系统的运动方程 [10]. 这方程不仅适用于完整系统, 而且适用于非完整系统; 不仅适用于广义坐标, 而且适用于准坐标; 还可包含 Gauss 原理. Appell 方程可以推广到一阶非线性非完整系统, 也可以推广到二阶非完整系统.

保加利亚学者 Ценов 得到的方程也可归为 Appell 类型.

特别值得注意的是, 有关 Volterra 方程的结论是否正确, 推导过程有无错误等问题, 长期以来争论甚烈, 还有待于深入研究.

4. 关于运动方程的积分理论

如何将完整系统的一整套积分理论逐步推广到非完整系统中的问题, 还有待充实和发展.

非完整系统在一定的条件下可以有循环积分和广义能量积分, 可以建立正则方程 [3], 可以应用所谓 “不完全积分法” 进行积分等.

5. 关于非完整系统力学的若干专门问题

属于非完整系统力学的专门问题的有: 非完整系统的打击运动; 非完整系统的小振动和运动稳定性 [3]; 带有变质量的非完整系统的运动; 带有非完整约束的刚体定点转动问题; 带滚动的系统的线路稳定性问题; 非完整系统力学和电机的一般理论 [3], 等等.

参考文献

[1] 近藤一夫, 等. 工程力学系统. 刘亦珩译. 上海: 上海科技出版社, 1962

[2] Huston R L, Passerello C E. 力学译丛, 1978, 2: 11–15

[3] Неймарк Ю И, Фуфаев Н А. Динамика неголономных систем, М, Наука, 1967

[4] Dolaptchiew B. Comptes Rendus, Paris, 1966, 262(11): 631–634

[5] Новоселов В С. Вестн, ЛГУ, 19, 1957

[6] 牛青萍. 力学学报, 7, 2, 1964

[7] Hamel G. Theoretischc Mechanik. Springer-Verlag, Berlin, 1949

[8] C A 查浦雷金. 非全定系统的动力学研究. 张燮译. 北京: 科学出版社, 1956

[9] Новоселов В С. Сб.механика, уг.зап. ЛГУ, 217, 1957

[10] Appell P. Traité de mécanique rationnelle, T II, Paris, 1953

(原载《力学与实践》, 1979, 1(4): 6–10)

§2.2 非完整系统力学积分方法的某些进展

1. 引言

具有非完整约束的力学系统, 其运动方程的积分理论还远远不如完整约束情形那样完全. 究其原因主要有二. 其一, 非完整力学的方程结构, 要比通常完整系统的 Lagrange 方程的结构复杂得多 [1−3]. 特别是, 非完整系统不能用状态和时间的单一函数来表征 [4](指在广义坐标下). 其二, 非完整方程在一般情况下没有不变度量 [5].

积分非完整动力学方程的最普遍的方法是利用第一积分 —— 守恒律, 包括动量定理、动量矩定理给出的积分, 能量积分以及 Noether 定理等. 非完整系统的另一重要积分方法是所谓 Lagrange 力学逆问题, 以及与此相近的 Чаплыгин 导出乘子法. Hamilton-Jacobi 方法是积分完整保守系统方程的强有力工具, 但对非完整系统推广时却遇到了严重困难. Vujanović 对积分完整非保守系统提出的梯度法、场方法等 [6−8], 可以推广到非完整系统. Козлов 提出的不变度量方法给出了存在第一积分的判据 [9]. 其他如已知半数积分时可解动力学方程 [10], Levi-Civita 定理的推广 [11,12], 常数变易法的推广 [13], 积分不变量的推广 [14] 等, 也属于非完整系统的积分方法. 本文 2.4 节的结果尚属首次公布.

2. 非完整系统积分理论的近代发展

2.1 非完整系统的守恒律

1 动量定理和动量矩定理给出的积分

动量定理和动量矩定理可以推广到动轴上. 下面一串定理可给出非完整系统的积分.

定理 1 (Суслов[15], 1900~1902) 设轴 AL 在空间保持不变方向并总通过某动点 A, 用 $\boldsymbol{v}_A$ 表示 A 的速度, $\boldsymbol{v}_G$ 表示系统质心的速度, $\mathbf{e}$ 表示 AL 方向的单位矢量. 如果系统像刚体一样可绕轴 AL 转动, 所有外力对此轴的矩之和为零, 并满足条件

$$(\boldsymbol{v}_A \times \boldsymbol{v}_G) \cdot \mathbf{e} = 0 \tag{1}$$

那么系统所有点对轴 AL 的动量矩之和为常值.

定理 2 (Чаплыгин[16], 1897) 如果系统像刚体一样可绕轴 AL 转动, 所有外力对该轴之矩的和为零, 并满足条件

$$\boldsymbol{v}_G = \lambda \boldsymbol{v}_A \quad (\lambda\text{为任意常数}) \tag{2}$$

那么系统所有点对轴 AL 的动量矩之和为常值.

定理 3 (Чаплыгин[16], 1897) 设力学系统分成 I 和 II 两部分, 分别有平行轴 BL 和 CL'. 每部分的虚位移可如此研究: 释放另一部分替之以力. 设子系统 I 的约束和外力 (不计子系统相互作用) 满足定理 2 的要求. 设对子系统 II 也成立, 系统 II 中心为 C 而轴为 CL'. 转向子系统 I 对子系统 II 的相互作用力, 设这些力对轴 BL 和 CL' 之矩的和为 H 及 H', 有不变关系

$$H : H' = \mu \quad (\mu\text{为任意常数}) \tag{3}$$

此时系统运动方程有积分

$$K+\mu K'=\text{const.} \tag{4}$$

其中 K 和 K' 分别为子系统 I 及子系统 II 对轴 BL 和 CL' 的动量矩之和.

定理 4 (Чаплыгин[16], 1897) 设带动心 B 的力学系统的一部分 (子系统 I) 和轴 BZ 满足定理 2 所要求的约束和外力 (不计子系统相互作用). 设加在子系统上的约束是这样的: 允许它像刚体一样沿垂直于轴 BZ 的方向平行移动, 作用于这部分的外力平行于 BZ 以及一任意力偶. 系统的一部分的虚位移可由第二部分释放并代之以第二部分对第一部分的作用来研究. 还要求这些对轴 CZ' 的矩之和等于零. 此时, 系统运动方程有积分

$$K_{BZ}+(\boldsymbol{r}\times\boldsymbol{Q})_{BZ}=\text{const.} \tag{5}$$

其中 K_{BZ} 为子系统 I 对轴 CZ' 的动量矩, $\boldsymbol{Q}$ 为子系统 II 的动量, $\boldsymbol{r}$ 为 BC 的矢量.

定理 5 (Богоявленский[17], 1966) 设满足下述条件: 1° 设系统分为 I 和 II 两部分. 与子系统 I 联一轴 AL, 此轴平行移动, 以及以 A 为原点的自由矢量 $\boldsymbol{r}$, 此矢量在固定空间中有常坐标. 对子系统 II 类似的量记作 $A'L'$ 及 $\boldsymbol{r}'$. 子系统 I 可像刚体一样在矢量 $\mathbf{e}'\times\boldsymbol{r}'$ ($\mathbf{e}'$ 为轴 $A'L'$ 方向的单位矢量) 方向上移动, 它的约束、动心 A 及轴 AL 满足定理 2 的相应要求. 作用于子系统 I 的外力, 如加上不变性假设. 在点 A 归为一个力 $\boldsymbol{F}$ 使 $\boldsymbol{F}\cdot(\mathbf{e}'\times\boldsymbol{r}')=\mathbf{0}$ 以及矩为 $\boldsymbol{M}$ 的力偶. 2° 子系统 II 可像刚体一样在矢量 $\mathbf{e}\times\boldsymbol{r}$ ($\mathbf{e}$ 为轴 AL 方向的单位矢量) 方向上移动, 它的约束、动心 A' 及轴 $A'L'$ 满足定理 2 的相应要求. 作用于子系统 II 上的外力, 如加上不变性假设, 在 A' 归为一个力 $\boldsymbol{F}'$ 使 $\boldsymbol{F}'\cdot(\mathbf{e}\times\boldsymbol{r})=0$ 以及矩为 $\boldsymbol{M}'$ 的力偶. 3° 有

$$\boldsymbol{M}\cdot\mathbf{e}+\mu\boldsymbol{M}'\cdot\mathbf{e}'=0 \quad (\mu\text{为常数}) \tag{6}$$

4° 子系统 II 对子系统 I 的作用力在点 A 归为反力 $\boldsymbol{R}$ 以及矩为 $\boldsymbol{H}$ 的力偶, 且有

$$\boldsymbol{R}\cdot(\mu n'\mathbf{e}'\times\boldsymbol{r}'-n\mathbf{e}\times\boldsymbol{r}+\mu\boldsymbol{a}\times\mathbf{e}')+\boldsymbol{H}\cdot(\mathbf{e}-\mu\mathbf{e}')=0 \tag{7}$$

其中 $\boldsymbol{a}$ 为 AA' 的矢量, n 及 n' 为常数. 此时, 系统有第一积分

$$\mathbf{e}\cdot(\boldsymbol{K}+n\boldsymbol{r}\times\boldsymbol{Q}')+\mu\mathbf{e}'\cdot(\boldsymbol{K}'+n'\boldsymbol{r}'\times\boldsymbol{Q})=\text{const.} \tag{8}$$

其中 $\boldsymbol{K}$ 及 $\boldsymbol{K}'$ 分别为子系统 I 对点 A 及子系统 II 对点 A' 计算的动量矩, $\boldsymbol{Q}$ 及 $\boldsymbol{Q}'$ 为子系统 I 及 II 的动量.

定理 6 (Козлов, Колесников[18], 1978) 设轴 AL 具有给定的运动 $\mathbf{e}(t)$, $\mathbf{e}$为轴 AL 方向的单位矢量. 如果系统像刚体一样可沿轴 AL 移动, 外力在此轴上的主矢投影为零, 并满足条件

$$\boldsymbol{V}_G\cdot\mathbf{e}=0 \tag{9}$$

那么系统在轴 AL 上的动量投影为常值.

定理 7 (Козлов, Колесников[18], 1978) 如果系统像刚体一样可绕轴 AL 转动, 外力对此轴之矩的和为零, 并满足条件

$$M_{\boldsymbol{V}_G}\cdot(\boldsymbol{V}_A\times\mathbf{e})+\boldsymbol{K}_A\cdot\mathbf{e}=0 \tag{10}$$

那么, 系统对轴 AL 的动量矩为常值. 这里 $\boldsymbol{K}_A$ 为系统对点 A 的动量矩 (点 A 在转动轴上任意选取), M 为系统的质量.

由定理 5 可得到定理 2~4. 现以 Чаплыгин 平面非完整运动为例来说明定理 1,2,6 的应用 [19]. 刚体在水平面 P 上有 3 个接触点, 其中 2 个是自由滑动的腿, 第 3 个是固联于刚体上的刀轮的接触点 C. 刀轮不能在垂直于它的平面方向上滑动. 取直角坐标系 $C\xi\eta$ 与刚体固联, 质心 G 的坐标为 ξ,η, 轴 $C\xi$ 和 $C\eta$ 平行于平面 P, 轴 $C\xi$ 平行于刀轮. 设 x,y 为接触点 C 在平面 P 上的固定系 Oxy 中的坐标, φ 为轴 $C\xi$ 与 Ox 间的夹角, M 为刚体质量, B 为对平面 P 之垂线的中心惯性矩. 约束方程为

$$\dot{x}\sin\varphi-\dot{y}\cos\varphi=0$$

例 1 设 $\xi=0$, 外主动力归为一合力, 此合力与平面 P 之垂线 GL 相交. 选垂线 GL 作为轴 AL, 则定理 2 全部条件满足. 我们有广义面积积分 $B\dot{\varphi}=\text{const.}$.

例 2 设 $\xi=0,\eta\neq 0$, 外主动力归为一合力, 此合力与平面 P 之垂线 CL 相交, 选 CL 作为轴 AL, 则定理 1 全部条件满足. 我们有广义面积积分

$$(B+M\eta^2)\dot{\varphi}-M\eta\dot{x}/\cos\varphi=\text{const.}$$

例 3 设 $\xi=0$, 外主动力归为一个平行于 $C\eta$ 的力及任一力偶. 取轴 $C\xi$ 作为轴 AL, 则定理 6 全部条件满足. 我们有动量积分

$$M(\dot{x}/\cos\varphi-\eta\dot{\varphi})=\text{const.}$$

定理 7 可用于有尖缘的重力对称圆盘沿水平冰面的滚动运动 [18] 以及匀质重球沿不动球面滚动问题的积分 [19].

评注 以上 7 个定理是动力学普遍定理的近代发展. 它们不仅用于求完整系统的积分, 而且可用于求非完整系统的积分. 其优点在于简明、直观, 而不必列写运动微分方程.

2 循环积分和能量积分

非完整系统的广义 Чаплыгин 方程为 [3,20]

$$\frac{\mathrm{d}}{\mathrm{d}t}\frac{\partial\tilde{L}}{\partial\dot{q}_\sigma}-\frac{\partial\tilde{L}}{\partial q_\sigma}-\sum_{\beta=1}^{g}\frac{\partial L}{\partial\dot{q}_{\varepsilon+\beta}}\left(\frac{\mathrm{d}}{\mathrm{d}t}\frac{\partial\varphi_\beta}{\partial\dot{q}_\sigma}-\frac{\partial\varphi_\beta}{\partial q_\sigma}\right)-\sum_{\beta=1}^{g}\frac{\partial L}{\partial q_{\varepsilon+\beta}}\frac{\partial\varphi_\beta}{\partial\dot{q}_\sigma}=\tilde{Q}''_\sigma\quad(\sigma=1,\cdots,\varepsilon) \tag{11}$$

其中 $L=T+U$. 约束方程为

$$\dot{q}_{\varepsilon+\beta}=\varphi_\beta(q_s,\dot{q}_\sigma,t),\quad (\beta=1,\cdots,g;\quad \varepsilon=n-g;\quad \sigma=1,\cdots,\varepsilon) \tag{12}$$

如果 q_1 不出现于 $\tilde{L}$ 中, 即

$$\partial\tilde{L}/\partial q_1=0 \tag{13}$$

且

$$\sum_{\beta=1}^{g}\frac{\partial L}{\partial\dot{q}_{\varepsilon+\beta}}\left(\frac{\mathrm{d}}{\mathrm{d}t}\frac{\partial\varphi_\beta}{\partial\dot{q}_1}-\frac{\partial\varphi_\beta}{\partial q_1}\right)+\sum_{\beta=1}^{g}\frac{\partial L}{\partial q_{\varepsilon+\beta}}\frac{\partial\varphi_\beta}{\partial\dot{q}_1}-\tilde{Q}_1''=0 \tag{14}$$

则系统有循环积分

$$\partial\tilde{L}/\partial\dot{q}_1=\beta_1=\mathrm{const.} \tag{15}$$

例 4 力学系统受有线性、齐次、稳定的非完整约束

$$\dot{q}_4=\dot{q}_1+\dot{q}_2\sin q_3+\dot{q}_3\sin q_2 \tag{16}$$

系统的动能为 $T=(1/2)(\dot{q}_1^2+\dot{q}_2^2+\dot{q}_3^2+\dot{q}_4^2)$, 势能为 $V=g(q_2+q_3)$, 则有循环积分

$$\partial\tilde{L}/\partial\dot{q}_1=2\dot{q}_1+\dot{q}_2\sin q_3+\dot{q}_3\sin q_2=\beta_1$$

如果方程 (11), (12) 满足下述条件 [20]:

1° φ_β 对 $\dot{q}_\sigma$ 是一阶齐次函数, 即

$$\dot{q}_{\varepsilon+\beta}=\sum_{\sigma=1}^{\varepsilon}\frac{\partial\varphi_\beta}{\partial\dot{q}_\sigma}\dot{q}_\sigma \tag{17}$$

2° 无势力 $\tilde{Q}_\sigma''$ 是陀螺力或不存在, 即

$$\sum_{\sigma=1}^{\varepsilon}\tilde{Q}_\sigma''\dot{q}_\sigma=0 \tag{18}$$

3° Lagrange 函数 L 不显含时间, 即

$$\partial L/\partial t=0 \tag{19}$$

则系统存在广义能量积分

$$\sum_{\sigma=1}^{\varepsilon}\frac{\partial\tilde{L}}{\partial\dot{q}_\sigma}\dot{q}_\sigma-\tilde{L}=\mathrm{const.} \tag{20}$$

例 5 Appell-Hamel 例满足条件 (17)~(19), 故存在能量积分.

利用循环积分或广义能量积分, 可将广义 Чаплыгин 方程降阶 [20,21], 这种研究亦可扩充到事件空间中 [22,23].

另外, 还有所谓局部能量积分 [24].

评注 对循环积分存在的限制条件很强, 一般难以实现. 而广义能量积分则较易实现.

3 Noether 定理给出的守恒律

Noether 定理揭示了力学系统的守恒量与其内在的动力学对称性的潜在关系. 文献 [25–28] 研究了 Noether 定理的逆定理以及对完整非保守系统的推广. 文献 [29–31] 对线性非完整系统和非线性非完整系统推广了 Noether 定理. 这方面的较好结果是文献 [32], 其中给出如下定理: 只要无穷小变换的生成函数 F_1^s 和 f_1 及规范函数 P 满足

$$\sum_{s=1}^{n} \frac{\partial \varphi_\beta}{\partial \dot{q}_s}[F_1^s(t,\boldsymbol{q},\dot{\boldsymbol{q}}) - \dot{q}_s f_1(t,\boldsymbol{q},\dot{\boldsymbol{q}})] = 0 \quad (\beta = 1,\cdots,g) \tag{21}$$

$$\begin{aligned}&\sum_{s=1}^{n} \frac{\partial L}{\partial q_s} F_1^s + \sum_{s=1}^{n} \frac{\partial L}{\partial \dot{q}_s} \dot{F}_1^s + \left(L - \sum_{s=1}^{n} \frac{\partial L}{\partial \dot{q}_s}\dot{q}_s\right)\dot{f}_1 + \frac{\partial L}{\partial t} f_1 + \sum_{s=1}^{n} Q_s(F_1^s - \dot{q}_s f_1)\\ &- \dot{P}(t,\boldsymbol{q},\dot{\boldsymbol{q}}) = 0\end{aligned} \tag{22}$$

其中 $\varphi_\beta = 0$ 为约束方程, 则非完整非保守系统存在守恒量

$$\sum_{s=1}^{n} \frac{\partial L}{\partial \dot{q}_s} F_1^s + \left(L - \sum_{s=1}^{n} \frac{\partial L}{\partial \dot{q}_s}\dot{q}_s\right) f_1 - P(t,\boldsymbol{q},\dot{\boldsymbol{q}}) = C = \text{const.} \tag{23}$$

因此, 可寻找满足广义 Noether 等式 (21),(22) 的 $(n+2)$ 个函数 F_1^s, f_1, P 来得到非完整系统的守恒量 (23).

例 6 Appell-Hamel 例. 利用 F_1^s, f_1 的不同选取由广义 Noether 定理可以得到能量积分以及新的守恒量 $\dot{x}/\dot{y} = C$ [32].

例 7 匀质圆球在粗糙水平面上的滚动. 利用 F_1^s, f_1 的不同选取, 由广义 Noether 定理可以导出能量积分以及新的守恒量 [32].

2.2 Lagrange 力学逆问题

所谓 Lagrange 力学逆问题是指, 对给定的二阶常微分方程组

$$\sum_{i=1}^{n} A_{ki}(t,\boldsymbol{q},\dot{\boldsymbol{q}})\ddot{q}_i + B_k(t,\boldsymbol{q},\dot{\boldsymbol{q}}) = 0 \quad (k = 1,\cdots,n) \tag{24}$$

能否找到与怎样找到一个函数 $L(t,\boldsymbol{q},\dot{\boldsymbol{q}})$, 使得它们可写成完整保守系统的 Lagrange 方程的形式, 即

$$\frac{\mathrm{d}}{\mathrm{d}t}\frac{\partial L}{\partial \dot{q}_k}-\frac{\partial L}{\partial q_k}=\sum_{i=1}^{n}A_{ki}\ddot{q}_i+B_k \quad (k=1,\cdots,n) \tag{25}$$

Santilli 在他的书中较好地总结了完整系统的 Lagrange 力学逆问题 [33,34]. 如果非完整的方程能够表为形式

$$\frac{\mathrm{d}}{\mathrm{d}t}\frac{\partial L}{\partial \dot{q}_s}-\frac{\partial L}{\partial q_s}=0 \quad (s=1,\cdots,n) \tag{26}$$

那么完整保守系统的积分理论就可望推广到非完整系统.

与此相关的有: 非完整力学问题归结为有条件的完整系统力学问题, 对 Чаплыгин 系统的 Helmholtz 势, 以及 Чаплыгин 导出乘子法等.

1 非完整力学问题归结为有条件的完整系统力学问题

设系统受有 g 个 Четаев 型理想非完整约束

$$f_\beta(q_s,\dot{q}_s,t)=0 \tag{27}$$

系统的 Routh 方程为 [3]

$$\frac{\mathrm{d}}{\mathrm{d}t}\frac{\partial T}{\partial \dot{q}_s}-\frac{\partial T}{\partial q_s}=Q_s+\sum_{\beta=1}^{g}\lambda_\beta\frac{\partial f_\beta}{\partial \dot{q}_s} \quad (s=1,\cdots,n) \tag{28}$$

其中

$$\Lambda_s=\sum_{\beta=1}^{g}\lambda_\beta\frac{\partial f_\beta}{\partial \dot{q}_s}$$

为广义约束反力. 利用式 (27), (28) 可求出 Λ_s 为 $\boldsymbol{q},\dot{\boldsymbol{q}},t$ 的函数. 方程 (28) 可作为某个完整系统来研究, 此完整系统有 n 个自由度, 其动能为 T, 广义力为 $Q_s+\Lambda_s$. 可以证明 [35], 如果广义坐标和广义速度的初值 $q_{s0},\dot{q}_{s0}$ 满足约束方程 (27), 即

$$f_\beta(q_{s0},\dot{q}_{s0},0)=0 \tag{29}$$

那么方程 (28) 的相应解就给出所研究非完整系统的运动.

令 $\tilde{Q}_s=Q_s+\Lambda_s$, 如果满足条件

$$\frac{\partial \tilde{Q}_s}{\partial \dot{q}_i}=-\frac{\partial \tilde{Q}_i}{\partial \dot{q}_s},\quad \frac{\partial \tilde{Q}_s}{\partial q_i}=\frac{\partial \tilde{Q}_i}{\partial q_s}-\frac{\mathrm{d}}{\mathrm{d}t}\frac{\partial \tilde{Q}_i}{\partial \dot{q}_s} \quad (i,s=1,\cdots,n) \tag{30}$$

那么方程 (28) 可写成

$$\frac{\mathrm{d}}{\mathrm{d}t}\frac{\partial L'}{\partial \dot{q}_s}-\frac{\partial L'}{\partial q_s}=0 \quad (s=1,\cdots,n) \tag{31}$$

其中

$$L' = T + \sum_{k=1}^{n} q_k \int_0^1 \mathrm{d}\tau \tilde{Q}_k(t, \tau \boldsymbol{q}, \tau \dot{\boldsymbol{q}}) \tag{32}$$

此时, 方程 (31) 可用通常的 Hamilton-Jacobi 方法来积分, 当然, 为得到非完整系统的运动, 还要注意非完整约束对初值条件的限制 (29). 这里所做的是将广义力部分 Lagrange 化.

例 8　设力学系统的位置由广义坐标 q_1, q_2 确定, 动能和势能分别为 $T = (1/2)(\dot{q}_1^2 + \dot{q}_2^2), V = 0$, 约束方程为 $\dot{q}_1 + at\dot{q}_2 - aq_2 + t = 0$. 此时, 条件 (30) 成立, 由 (32) 得

$$L' = (1/2)(\dot{q}_1^2 + \dot{q}_2^2) - q_1(1 + a^2t^2) - q_2 at/(1 + a^2t^2)$$

2　对 Чаплыгин 系统的 Helmholtz 势

对于 Чаплыгин 系统, 方程 (11) 成为

$$\left.\begin{aligned} &\frac{\mathrm{d}}{\mathrm{d}t}\frac{\partial \tilde{L}}{\partial \dot{q}_\sigma} - \frac{\partial \tilde{L}}{\partial q_\sigma} = \varPhi_\sigma \quad (\sigma = 1, \cdots, \varepsilon) \\ &\varPhi_\sigma = \sum_{\beta=1}^{g} \frac{\partial L}{\partial \dot{q}_{\varepsilon+\beta}} \left(\frac{\mathrm{d}}{\mathrm{d}t}\frac{\partial \varphi_\beta}{\partial \dot{q}_\sigma} - \frac{\partial \varphi_\beta}{\partial q_\sigma}\right) \equiv \sum_{\nu=1}^{\varepsilon} A_{\sigma\nu}(t, \boldsymbol{q}, \dot{\boldsymbol{q}})\ddot{q}_\nu + B_\sigma(t, \boldsymbol{q}, \dot{\boldsymbol{q}}) \end{aligned}\right\} \tag{33}$$

而且 $A_{\sigma\nu}, B_\sigma$ 以及约束方程 (12) 中都不含 $q_{\varepsilon+\beta}$. 如 $\varPhi_\sigma$ 满足 Helmholtz 条件, 即

$$\left.\begin{aligned} &\frac{\partial \varPhi_\sigma}{\partial \ddot{q}_\nu} = \frac{\partial \varPhi_\nu}{\partial \ddot{q}_\sigma}, \quad \frac{\partial \varPhi_\sigma}{\partial \dot{q}_\nu} + \frac{\partial \varPhi_\nu}{\partial \dot{q}_\sigma} = \frac{\mathrm{d}}{\mathrm{d}t}\left(\frac{\partial \varPhi_\sigma}{\partial \ddot{q}_\nu} + \frac{\partial \varPhi_\nu}{\partial \ddot{q}_\sigma}\right) \\ &\frac{\partial \varPhi_\sigma}{\partial q_\nu} - \frac{\partial \varPhi_\nu}{\partial q_\sigma} = \frac{1}{2}\frac{\mathrm{d}}{\mathrm{d}t}\left(\frac{\partial \varPhi_\sigma}{\partial \dot{q}_\nu} - \frac{\partial \varPhi_\nu}{\partial \dot{q}_\sigma}\right) \end{aligned}\right\} \tag{34}$$

则方程 (33) 可化成

$$\frac{\mathrm{d}}{\mathrm{d}t}\frac{\partial L'}{\partial \dot{q}_\sigma} - \frac{\partial L'}{\partial q_\sigma} = 0$$

其中

$$\begin{aligned} L' = \tilde{L} &+ \sum_{\sigma=1}^{\varepsilon} q_\sigma \int_0^1 \mathrm{d}\tau \varPhi_\sigma(t, \tau\boldsymbol{q}, \tau\dot{\boldsymbol{q}}, \tau\ddot{\boldsymbol{q}}) \\ &- \sum_{\nu=1}^{\varepsilon}\sum_{\sigma=1}^{\varepsilon} \frac{\mathrm{d}}{\mathrm{d}t}\int_0^1\int_0^1 \mathrm{d}\tau\mathrm{d}\tau'(\tau q_\sigma)A_{\sigma\nu}(t, \tau\boldsymbol{q}, \tau\tau'\dot{\boldsymbol{q}})\dot{q}_\nu \end{aligned} \tag{35}$$

这里所做的是将非完整特性项 Lagrange 化. 在构造 Lagrange 函数时, 亦可采用 Santilli 方法 [33].

例 9　系统动能为 $T = (1/2)(\dot{q}_1^2 + \dot{q}_2^2)$, 势能为零, 非完整约束为 $\dot{q}_1 \sin t + \dot{q}_2 \cos t - q_1 \cos t + q_2 \sin t = 0$, 则有 $L' = (1/2)(\dot{q}_1^2 + \dot{q}_2^2) - (1/2)(q_1 \sin t + q_2 \cos t)^2$.

3 Чаплыгин 导出乘子法

与上述有所不同, Чаплыгин 导出乘子法是借助引入新的独立变量的方法将非完整系统的运动方程引向 Lagrange 形式. 20 世纪初 Appell 提出 [36]: 是否可借助坐标和时间的变换来消除非完整特性项的问题. 为此, 必须使变换函数满足一阶偏微分方程组, 而这些方程的数目远远大于未知函数的数目. 于是 Appell 得出结论: 仅在例外情形才办得到. 稍后, Чаплыгин[37] 详细论证了对二自由度非完整系统不是例外, 总可选取导出乘子 N, 使在变换

$$\mathrm{d}\tau = N\mathrm{d}t$$

下将方程变换为 Lagrange 方程. 在寻求导出乘子时可能有两种情形: 1° 在给定函数间满足某个关系, 此时乘子由积分确定; 2° 关系不满足, 这时问题归结为顺次积分两个一阶偏微分方程. 近年, Чаплыгин 的思想得到了进一步发展 [1,38−40].

例 10 Чаплыгин 平面非完整运动 [3].

评注 Lagrange 力学逆问题的推广能够解决一部分非完整系统的积分问题.

2.3 Hamilton-Jacobi *方法的推广*

Hamilton-Jacobi 方法是积分完整保守系统方程的重要方法. 这个方法不仅可以研究运动的一般性质, 而且有可能更直观地揭示运动方程积分过程所出现的所有困难.

Jacobi[41] 研究了这个方法对带有限约束乘子形式方程的修正. Суслов[42] 推广了 Jacobi 的建议, 基于引入不定乘子并利用广义 Hamilton 偏微分方程的积分而给出了积分方法. Аржаных[43] 对带线性非完整约束乘子的运动方程研究了应用这个方法的可能性, 证明了对非完整系统这个方法给出的轨道一般说与运动定律相矛盾. Сумбатов[44] 指出, 可以找到一些条件, 在这些条件满足时, 非完整系统运动方程的特解 (有时是通解) 可以用上述方法来确定. Van Dooren 在第十四届 ICTAM 会议上的报告给出了 Четаев 型非线性非完整约束系统的广义 Hamilton-Jacobi 方法 [45]. Румянцев 和 Сумбатов 指出 [46], Van Dooren 的方法仅当某些条件满足时才是有效的.

方程 (28) 在广义力有势时可写成形式

$$\frac{\mathrm{d}}{\mathrm{d}t}\frac{\partial L}{\partial \dot{q}_s} - \frac{\partial L}{\partial q_s} = \sum_{\beta=1}^{g} \lambda_\beta \frac{\partial f_\beta}{\partial \dot{q}_s} \quad (s = 1, \cdots, n) \tag{36}$$

引入 Hamilton 函数和广义动量

$$H(\boldsymbol{q}, \boldsymbol{p}, t) = \sum_{s=1}^{n} p_s \dot{q}_s - L, \quad p_s = \frac{\partial L}{\partial \dot{q}_s}$$

方程 (36) 可表示为正则形式

$$\dot{q}_s = \frac{\partial H}{\partial p_s}, \quad \dot{p}_s = -\frac{\partial H}{\partial q_s} + \sum_{\beta=1}^{g} \lambda_\beta \frac{\partial f_\beta}{\partial \dot{q}_s} \quad (s = 1, \cdots, n) \tag{37}$$

引入变量

$$\Pi_s = p_s + \sum_{\beta=1}^{g} \lambda_\beta \frac{\partial f_\beta}{\partial \dot{q}_s} \tag{38}$$

于是

$$L = \sum_{s=1}^{n} \Pi_s \dot{q}_s - H_1 \tag{39}$$

$$H_1(\boldsymbol{q}, \boldsymbol{\Pi}, t) = H(\boldsymbol{q}, \boldsymbol{p}, t) + \sum_{\beta=1}^{g} \sum_{s=1}^{n} \lambda_\beta \frac{\partial f_\beta}{\partial \dot{q}_s} \dot{q}_s \tag{40}$$

这里 H_1 第二项中 p_s, λ_β 应借助约束方程 (27), (38) 和 (37) 的第一组而表示为 $\boldsymbol{q}, \boldsymbol{\Pi}, t$ 的函数. 函数 (40) 用下述方法构造. 将约束方程表示为

$$f_\beta \equiv \dot{q}_{\varepsilon+\beta} - \varphi_\beta(q_s, \dot{q}_\sigma, t) = 0 \quad (\beta = 1, \cdots, g; \quad \sigma = 1, \cdots, \varepsilon; \quad \varepsilon = n - g) \tag{41}$$

令 $\tilde{L}(q_s, \dot{q}_\sigma, t) = L(q_s, \dot{q}_\sigma, \varphi_\beta, t)$, 则广义动量和 Hamilton 函数为

$$P_\sigma = \frac{\partial \tilde{L}}{\partial \dot{q}_\sigma} = p_\sigma + \sum_{\beta=1}^{g} p_{\varepsilon+\beta} \frac{\partial \varphi_\beta}{\partial \dot{q}_\sigma} \tag{42}$$

$$H^*(\boldsymbol{q}, \boldsymbol{P}, t) = \sum_{\sigma=1}^{\varepsilon} P_\sigma \dot{q}_\sigma - \tilde{L} \tag{43}$$

于是

$$H^*(\boldsymbol{q}, \boldsymbol{P}, t) = H(\boldsymbol{q}, \boldsymbol{p}, t) + \sum_{\beta=1}^{g} p_{\varepsilon+\beta} \left(\sum_{\sigma=1}^{\varepsilon} \frac{\partial \varphi_\beta}{\partial \dot{q}_\sigma} \dot{q}_\sigma - \varphi_\beta \right) \tag{44}$$

利用式 (41), 则式 (38) 成为

$$\lambda_\beta = \Pi_{\varepsilon+\beta} - p_{\varepsilon+\beta}, \quad P_\sigma = \Pi_\sigma + \sum_{\beta=1}^{g} \Pi_{\varepsilon+\beta} \frac{\partial \varphi_\beta}{\partial \dot{q}_\sigma}$$

考虑到式 (44), 函数 (40) 取形式

$$H_1(\boldsymbol{q}, \boldsymbol{\Pi}, t) = H^*(\boldsymbol{q}, \boldsymbol{P}, t) + \sum_{\beta=1}^{g} \Pi_{\varepsilon+\beta} \left(\varphi_\beta - \sum_{\sigma=1}^{\varepsilon} \frac{\partial \varphi_\beta}{\partial \dot{q}_\sigma} \dot{q}_\sigma \right)$$

广义 Hamilton-Jacobi 方程

$$\frac{\partial S}{\partial t}+H_1\left(q_s,\frac{\partial S}{\partial q_s},t\right)=0 \tag{45}$$

是一阶偏微分方程, 其特征组是正则组

$$\dot{q}_s=\frac{\partial H_1}{\partial \Pi_s},\quad \dot{\Pi}_s=-\frac{\partial H_1}{\partial q_s}\quad (s=1,\cdots,n) \tag{46}$$

据 Jacobi 定理, 方程

$$\frac{\partial S}{\partial q_s}=\Pi_s,\quad \frac{\partial S}{\partial \alpha_s}=\beta_s\quad (s=1,\cdots,n)$$

表示方程 (46) 的 $2n$ 个积分, $S(q_s,\alpha_s,t)$ 是式 (45) 的完全积分, 而 α_s,β_s 为任意常数. 文献 [47] 证明, 当且仅当满足条件

$$\sum_{\beta=1}^{g}\sum_{s=1}^{n}\lambda_\beta\left(\frac{\partial f_\beta}{\partial q_s}-\frac{\mathrm{d}}{\mathrm{d}t}\frac{\partial f_\beta}{\partial \dot{q}_s}\right)\delta q_s=0 \tag{47}$$

时, 方程 (46) 的解等于方程 (37), (27) 的解. 条件 (47) 是广义 Hamilton-Jacobi 方法可应用于非完整系统的充分必要条件. 这个条件实际上就是 Hamilton 原理是一个稳定作用量原理的条件.

例 11 对 Appell-Hamel 例可应用上述方法.

评注 Hamilton-Jacobi 方法对非完整系统的推广有极严格的限制条件.

2.4 梯度法和场方法的推广

文献 [6–8] 研究了完整非保守系统的一类新的积分方法, 其中有梯度法、单个动量分量法及场方法. 现在我们将这些方法推广到非完整系统.

1 梯度法的推广

首先, 将非完整系统的运动方程 (28) 正则化. 方程 (28) 可写成

$$\frac{\mathrm{d}}{\mathrm{d}t}\frac{\partial L}{\partial \dot{q}_s}-\frac{\partial L}{\partial q_s}=Q_s''+\Lambda_s\quad (s=1,\cdots,n) \tag{48}$$

由约束方程 (27) 和运动方程 (48), 可将广义约束反力 Λ_s 表示为广义坐标、广义速度和时间的函数 [3] $\Lambda_s=\Lambda_s(\boldsymbol{q},\dot{\boldsymbol{q}},t)$, 引入 Hamilton 函数和广义动量

$$H=\sum_{s=1}^{n}p_s\dot{q}_s-L,\quad p_s=\frac{\partial L}{\partial \dot{q}_s}$$

则式 (48) 正则化为

$$\dot{q}_s=\frac{\partial H}{\partial p_s},\quad \dot{p}_s=-\frac{\partial H}{\partial q_s}+\tilde{Q}_s''+\tilde{\Lambda}_s\quad (s=1,\cdots,n) \tag{49}$$

其中 $\tilde{Q}''_s$ 和 $\tilde{\Lambda}_s$ 分别为 Q''_s 和 Λ_s 中 $\dot{q}_k$ 用 $\boldsymbol{q},\boldsymbol{p},t$ 替代所得表达式. 方程 (49) 可作为某个完整系统来研究.

其次, 假设所有广义动量 p_s 表示为所有广义坐标和时间的函数

$$p_s = \Phi_s(q_k, t) \quad (s, k = 1, \cdots, n) \tag{50}$$

将其对时间求导数, 代入式 (49) 的第二组并利用第一组, 得到一组拟线性偏微分方程

$$\frac{\partial \Phi_s}{\partial t} + \sum_{k=1}^{n} \frac{\partial \Phi_s}{\partial q_k}\frac{\partial H}{\partial p_k} + \frac{\partial H}{\partial q_s} - \tilde{Q}''_s - \tilde{\Lambda}_s = 0 \quad (s = 1, \cdots, n) \tag{51}$$

方程 (51) 的完全解表示为

$$p_s = \Phi_s(q_k, t, C_A) \quad (s, k = 1, \cdots, n; \quad A = 1, \cdots, 2n) \tag{52}$$

考虑到初始条件 $q_s(0) = q_{s0}, p_s(0) = p_{s0}$, 将其代入式 (52), 可将 $C_{n+1}, \cdots, C_{2n}$ 用 q_{s0}, p_{s0} 和 C_s 表示出, 于是

$$p_s = \Phi_s(q_k, t, q_{k0}, p_{k0, C_k}) \quad (s, k = q, \cdots, n) \tag{53}$$

可以证明, 相应完整系统 (49) 的解为式 (53) 以及下述关系:

$$\partial \Phi_s / \partial C_k = 0 \quad (k = 1, \cdots, n; \quad s\text{固定}) \tag{54}$$

当然, 将所有广义坐标表示为所有广义速度和时间的函数, 也可建立类似方法.

最后, 欲使 (53), (54) 为非完整系统的解, 还必须考虑到非完整约束对初始条件施加的限制.

例 12 例 8 的问题和 Appell-Hamel 例可用梯度法求解.

2 单个动量分量法的推广

令一个广义动量, 例如 p_1, 作为所有广义坐标、时间和其余广义动量的函数, 即

$$p_1 = \Phi(t, q_s, z_\alpha) \quad (z_\alpha = p_\alpha; \quad \alpha = 2, \cdots, n) \tag{55}$$

将式 (55) 对 t 求导数并利用方程 (49), 得到一个拟线性偏微分方程

$$\frac{\partial \Phi}{\partial t} + \frac{\partial \Phi}{\partial q_1}\frac{\partial H}{\partial \Phi} + \sum_{\alpha=2}^{n} \frac{\partial \Phi}{\partial q_\alpha}\frac{\partial H}{\partial z_\alpha} + \sum_{\alpha=2}^{n} \frac{\partial \Phi}{\partial z_\alpha}\left(-\frac{\partial H}{\partial q_\alpha} + \tilde{Q}''_\alpha + \tilde{\Lambda}_\alpha\right) + \frac{\partial H}{\partial q_1} - \tilde{Q}''_1 - \Lambda_1 = 0 \tag{56}$$

考虑到初始条件, 其完全解表示为

$$p_1 = \Phi(t, q_s, z_\alpha, q_{s0}, p_{s0}, C_A) \quad (s = 1, \cdots, n; \quad \alpha = 2, \cdots, n; \quad A = 2, \cdots, 2n) \tag{57}$$

可以证明, 相应完整系统 (49) 的解为式 (57) 以及下述关系:

$$\partial \Phi/\partial C_A=0 \quad (A=2,\cdots,2n) \tag{58}$$

为得到非完整系统的运动, 尚需考虑非完整约束加在初始条件上的限制.

例 13　Appell-Hamel 例可用这个方法来解.

3　场方法的推广

首先, 将运动方程表示为一阶标准形式. 方程 (48) 的显式可写成

$$\ddot{q}_s=g_s(t,q_k,\dot{q}_k) \quad (s,k=1,\cdots,n) \tag{59}$$

令 $x_s=q_s, x_{n+k}=\dot{q}_k$ $(s,k=1,\cdots,n)$, 则式 (59) 成为

$$\dot{x}_k=x_{n+k}, \quad \dot{x}_{n+k}=g_k(t,x_s,x_{n+s}) \quad (k,s=1,\cdots,n) \tag{60}$$

其次, 利用场方法将一个变量, 例如 x_1, 表示为时间 t 和其余变量 $x_2,\cdots,x_{2n}$ 的场函数

$$x_1=u(t,x_A) \quad (A=2,\cdots,2n) \tag{61}$$

将其对 t 求导数并利用式 (60) 的后面 $(2n-1)$ 个方程, 得到一个拟线性偏微分方程

$$\frac{\partial u}{\partial t}+\sum_{a=2}^{n}\frac{\partial u}{\partial x_a}x_{n+a}+\sum_{b=1}^{n}\frac{\partial u}{\partial x_{n+b}}g_b(t,u,x_A)-x_{n+1}=0 \tag{62}$$

注意到初始条件 $x_\alpha(0)=x_{\alpha 0}$, 其完全解表示为

$$x_1=u(t,x_A,x_{\alpha 0},C_A) \quad (\alpha=1,\cdots,2n; \quad A=2,\cdots,2n) \tag{63}$$

可以证明, 相应完整系统 (60) 的解为式 (63) 以及下述关系:

$$\partial u/\partial C_A=0 \quad (A=2,\cdots,2n) \tag{64}$$

最后, 还要考虑非完整约束的限制.

例 14　例 8 和 Appell-Hamel 例可用场方法求解.

评注　上述诸方法形式上类似于 Hamilton-Jacobi 方法, 但差别很大. Hamilton-Jacobi 方法一般是非线性偏微分方程, 而上述方法中的基本偏微分方程 (51), (56) 和 (62) 都是拟线性偏微分方程, 后者求解较前者容易. 梯度法、单个动量分量法和场方法的主要困难在于求解基本偏微分方程.

2.5　不变度量方法

文献 [5,9] 中提出判断非完整系统存在第一积分的某些判据.

1　有不变度量 (mepa) 的微分方程

研究微分方程

$$\dot{x} = f(x), \quad x \in \bar{R}^n \tag{65}$$

设 g^t 为其相流. 设方程 (65) 有带某光滑密度 $M(x)$ 的不变度量, 即对任何可测域 $D \subset \bar{R}^n$ 以及对所有 t 满足等式

$$\int_{g^t(D)} M(x)\mathrm{d}x = \int_D M(x)\mathrm{d}x \tag{66}$$

一光滑函数 $M : \bar{R}^n \longrightarrow \bar{R}$ 是不变量 $\int M(x)\mathrm{d}x$ 的密度, 当且仅当 $\mathrm{div}(Mf) = 0$. 如果对所有 x, $M(x) > 0$, 那么公式 (66) 在 $\bar{R}^n$ 上确定对作用 g^t 不变的度量. 有不变度量就使微分方程容易积分, 例如, 当 $n = 2$ 时总是可积分的.

定理 1　设有不变度量 (66) 的方程组 (65) 有 $(n-2)$ 个第一积分 $F_1, \cdots, F_{n-2}$. 设在不变集合 $E_c = \{x \in \bar{R}^n : F_s(x) = c_s,\ 1 \leqslant s \leqslant n-2\}$ 上, 函数分 $F_1, \cdots, F_{n-2}$ 是独立的. 此时, 1° 方程 (65) 处于 E_c 上的解是可积分的. 如果 L_c 为集合 E_c 的关联紧致分量, 且在 L_c 上 $f \neq 0$, 那么 2° L_c 是光滑曲面, 与二维环同胚. 3° 在 L_c 上可选角坐标 $x, y, \mathrm{mod} 2\pi$, 使得方程 (65) 在这些变量中在 L_c 上取下述形式:

$$\dot{x} = \lambda/\varPhi(x,y), \quad \dot{y} = \mu/\varPhi(x,y) \tag{67}$$

其中 $\lambda, \mu = \mathrm{const.}, |\lambda| + |\mu| \neq 0$, 而 $\varPhi$ 为光滑正函数, 2π 是 x 和 y 的周期.

例 15　均衡但非动力对称的球沿粗糙水平面的滚动问题. 球的运动方程在 $\bar{R}^6 = \bar{R}^3\{\boldsymbol{\omega}\} \times \bar{R}^3(\boldsymbol{\varUpsilon})$ 中为

$$\dot{\boldsymbol{k}} + \boldsymbol{\omega} \times \boldsymbol{k} = 0, \quad \dot{\boldsymbol{\varUpsilon}} + \boldsymbol{\omega} \times \boldsymbol{\varUpsilon} = 0, \quad \boldsymbol{k} = \boldsymbol{l} \cdot \boldsymbol{\omega} + ma^2\boldsymbol{\varUpsilon} \times (\boldsymbol{\omega} \times \boldsymbol{\varUpsilon}) \tag{68}$$

其中 $\boldsymbol{\omega}$ 为角速度矢量, $\boldsymbol{\varUpsilon}$ 为铅垂方向单位矢量, $\boldsymbol{l}$ 为对中心的惯量张量, m 为球的质量, a 为球的半径. 这些方程有密度为

$$M = 1/\left\{(ma^2)^{-1} - \boldsymbol{\varUpsilon} \cdot [(\boldsymbol{l} + ma^2\boldsymbol{E}) \cdot \boldsymbol{\varUpsilon}]\right\}^{1/2}, \quad E = ||\delta_{ij}|| \tag{69}$$

的不变度量. 方程 (68) 有 4 个独立的第一积分: $F_1 = \boldsymbol{k} \cdot \boldsymbol{\omega}, F_2 = \boldsymbol{k} \cdot \boldsymbol{\varUpsilon}, F_3 = \boldsymbol{\varUpsilon} \cdot \boldsymbol{\varUpsilon} = 1, F_4 = \boldsymbol{k} \cdot \boldsymbol{k}$. 据定理 1, 这些方程可积分到底.

2 广义 Чаплыгин 问题

将 Чаплыгин 问题 (例 15) 作如下推广: 球上质点被平面以与距离成比例的力所吸引. 因球质心与其几何中心重合, 故势能有形式

$$V(\boldsymbol{\Upsilon})=\frac{\varepsilon}{2}\int(\boldsymbol{\Upsilon}\cdot\boldsymbol{\Upsilon})^2\mathrm{d}m=\frac{\varepsilon}{2}(\boldsymbol{l}\cdot\boldsymbol{\Upsilon})\cdot\boldsymbol{\Upsilon} \tag{70}$$

其中 $\boldsymbol{\Upsilon}$ 为质点的矢径. 吸引力构造转动力矩 $\varepsilon\boldsymbol{\Upsilon}\times\boldsymbol{l}\cdot\boldsymbol{\Upsilon}$, 运动方程为

$$\dot{\boldsymbol{k}}+\boldsymbol{\omega}\times\boldsymbol{k}=\varepsilon\boldsymbol{\Upsilon}\times\boldsymbol{l}\cdot\boldsymbol{\Upsilon},\quad \dot{\boldsymbol{\Upsilon}}+\boldsymbol{\omega}\times\boldsymbol{\Upsilon}=\boldsymbol{0} \tag{71}$$

定理 2 微分方程 (71) 可用求积分法来积分.

文献 [5] 还研究了 Суслов 问题的推广, 第一积分作为约束以及非完整系统的对称性等问题.

评注 不变度量判据问题很难, 需要许多近代数学知识.

2.6 *其他积分方法*

① 已知半数积分时非完整动力学方程的解 [10].

② Lcvi-Civita 定理的推广 [11,12].

③ 常数变易法的推广 [13].

④ 积分不变量的推广 [14].

⑤ 由已知积分求另外的第一积分 [20].

⑥ 据已知积分求作用力的方法 [20].

评注 这些方法对非完整系统的积分也很有意义.

3 非完整力学积分方法的进一步发展

对非完整力学积分理论的未来发展, 提供以下两个看法: ① 理论完善化, 将完整系统的一整套积分理论全面地推广到非完整系统. ② 方法现代化. 用近代分析和近代几何对非完整系统的积分方法进行深入的研究. 自然, 与微分方程的积分相关的还有计算机这一重要工具的利用问题.

参 考 文 献

[1] Неймарк Ю И, Фуфаев Н А. Динамика неголономных систем, М, 1967
[2] Добронравов В В. Основы механики неголономных систем, М, Высшая школа, 1970
[3] 梅凤翔. 非完整系统力学基础. 北京: 北京工业学院出版社, 1985
[4] Appell P. Traite de mecanique raticnelle. T. 2, Paris, 1953
[5] Козлов В В. Успехи механпки, 8, 3, 1985
[6] Vujanovic B. Acta Mechanica, 1979(34): 167–179

[7] Vujanovic B. Int. J. Engng Sci., 1981, 19(12): 1739–1747
[8] Vujanovic B. Int. J. Non-Linear Mechanics, 1984, 19(4): 383–396
[9] Козлов В В. П.М.М., 1987, 51(4): 538–545
[10] 刘端, 梅凤翔. 北京工业学院学报, 1987, 7(3): 23–31
[11] Калоланно П. П.М.М., 1981, 45(3): 456–465
[12] Ghori Q K, Naseer A. Arch. Ration. Mech. and Anal., 1984, 85(1): 1–13
[13] 刘成群. 重庆大学学报, 1981, 2
[14] 刘成群, 徐铭陶. 非完整保守系统的积分不变量及其应用, 第 16 届 ICTAM 中国学者论文集锦, 大连: 大连工学院出版社, 1986
[15] Суслов Г К.Основы аналитической механики, Киев, 1900–1902
[16] Чаплнгин С А. Матем. сб., 1897, 20(1): 1–32
[17] Богоявленский А А. П.М.М., 1966, 30(1): 203–208
[18] Козлов В В, Колесников Н Н.П.М.М., 1978, 42(1): 28–33
[19] Сумбатов А С. Интегралы,лиьейные отпоснтельно скоростей. Обобшения теоремы Якоби Итогн науки и техники, М, 1979
[20] 梅凤翔. 非完整动力学研究, 北京: 北京工业学院出版社, 1987
[21] 梅凤翔. 应用数学和力学, 1984, 5(1): 61–66
[22] 吕哲勤. 北京工业学院学报, 1988, 8(1): 24–30
[23] 梅凤翔. 北京工业学院学报, 1988, 8(3): 22–29
[24] 罗勇, 刘桂林. 北京工业学院学报, 1987, 7(3): 91–94
[25] Candotti E, Palmieri C, Vitale B. Am. J. Phys., 1972, 44: 424–429
[26] Djukic Dj S, Vujanovic B. Acta Mechanica, 1975, 23: 17–27
[27] Vujanovic B. Int. J. Non-Linear Mech., 1978, 13: 185–197
[28] Vujanovic B. Acta Mechanica, 1986, 65: 63–80
[29] 李子平. 物理学报, 1981, 12: 1659–1671
[30] 罗勇, 赵跃宇. 北京工业学院学报, 1986, 3
[31] Bahar L Y, Kwatny H G. Int. J. Non-Linear Mech., 1989, 22(2): 125–138
[32] Liu Duan. Acta Mechanica Sinica, 1989, 2
[33] Santilli R M. Foundations of Theoretical Mechanics. T. I, S-V, 1978
[34] 梅凤翔. 分析力学专题. 北京: 北京工业学院出版社, 1988
[35] Новоселов В С. Вариациопные методы в механике.Л., 1966
[36] Appell P. J. Math, Pure et Appl., 1901, 5(7): 5–12
[37] Чаплыгин С А. Матем.сб., 1911, 28(2): 304–314
[38] Ефимов М И. Уравиения Чаплыгипа для неголономных еистем и метод лриводящего множителя. Автореф.дисс.ханд.,М., 1953
[39] Забелина Е И. Тр.Донецк.индустр, ин-та, 1957, 20(1): 69–75
[40] Ghori Q K. ZAMM. 1976, 56(4): 147–152

[41] Jacobi C G. Vorlesungen uber Dynamik von Jacobi nebst funf hinterlassenen Abhandlungen, Berlin, 1866

[42] Суслов Г К. Об Уравнениях с частными производными для несвободного движ ениях, СП., 1888

[43] Аржаных И С. Поле импульсов. Тащкент. Наука, 1965

[44] Сумбатов А С. П.М.М., 1972, 36(1): 153–171

[45] Dooren R Van. Generalized methods for nonholonomic systems with applications in various fields of classical mechanics. Prec. 14th IUTAM Congr., Delft, 1976: 373–391

[46] Rumyantsev V V, Sumbatov A C. ZAMM, 1978, 58: 477–481

[47] Румяпов В В. Теор. и прикл мех., 1978, 9(1): 7–15

(原载《力学进展》, 1991, 21(1): 83–95)

§2.3 非完整系统稳定性的若干进展

1. 引言

自从 Whittaker[1] 于 1904 年首先提出非完整系统的平衡位置稳定性以来, 许多学者在这一领域做了大量的研究, 得到不少有意义的结果 [2−37].

不同于完整系统, 由于非完整约束的影响, 非完整系统的平衡位置往往不是孤立的, 而组成维数与非完整约束方程有关的流形, 特别是对于受有线性或非线性齐次非完整约束的力学系统, 其维数不小于齐次约束方程的数目; 非完整系统的特征行列式一般是非对称的, 且特征方程有数目与系统所受非完整约束有关的零根. 另外, 非完整系统的运动方程可能存在平稳解, 但却没有循环积分, 且非完整约束方程中显含循环坐标.

根据非完整系统平衡位置的特性, 以往对非完整系统平衡稳定性的研究分为两个方面: 第一方面为平衡位置在 Ляпунов 意义下的稳定性, 包括关于全部变量稳定性和关于部分变量稳定性等. Bottema[2], Айзерман 和 Гантмахер[3], Карапетян[4], Румянцев[5,6] 和 Козлов[7] 等的研究属于此类问题. 第二部分为平衡状态流形的稳定性. 此类稳定性的特点是, 考虑充分接近未扰运动的扰动运动, 当 $t \to \infty$ 时, 在平衡状态流形附近的运动特性. Неймарк 和 Фуфаев[8,9], Lilov[10] 等研究了此类问题. 1965 年以来, Семенова[11], Сумбатов[12], Неймарк 和 Фуфаев[13], Карапетян[14−16] 等考虑了非完整系统平稳运动的稳定性及镇定, 得到不少重要结果. 近 10 年以来, 非完整控制系统的镇定问题受到极大关注, 许多学者在理论、计算和实验等方面做了大量的工作. 同时, 在非完整系统稳定性的应用方面, 也取得了不少进展.

2. 非完整系统稳定性理论的近代发展

2.1 平衡位置关于全部变量的稳定性

设力学系统所受完整约束是定常的, 其位形由 n 个广义坐标 $q_s(s=1,\cdots,n)$ 确定, 系统的运动受有 g 个定常的非完整约束

$$\dot{q}_{\varepsilon+\beta}=\varphi_\beta(q_s,\dot{q}_\sigma)\quad (s=1,\cdots,n;\quad \beta=1,\cdots,g;\quad \sigma=1,\cdots,\varepsilon;\quad \varepsilon=n-g) \tag{1}$$

系统的运动方程可表为改进后的 Чаплыгин 方程形式 [17]

$$E_\sigma(T^*)-\sum_{\beta=1}^{g}\left(\frac{\partial T}{\partial \dot{q}_{\varepsilon+\beta}}\right)^* E_\sigma(\varphi_\beta)-\sum_{\beta=1}^{g}\left(\frac{\partial T}{\partial q_{\varepsilon+\beta}}\right)^*\frac{\partial \varphi_\beta}{\partial \dot{q}_\sigma}=\frac{\partial U}{\partial q_\sigma}+\sum_{\beta=1}^{g}\frac{\partial U}{\partial q_{\varepsilon+\beta}}\frac{\partial \varphi_\beta}{\partial \dot{q}_\sigma}+Q_\sigma^*$$
$$(\sigma=1,\cdots,\varepsilon) \tag{2}$$

其中 $E_\sigma=\dfrac{\mathrm{d}}{\mathrm{d}t}\dfrac{\partial}{\partial \dot{q}_\sigma}-\dfrac{\partial}{\partial q_\sigma}$ 为 Euler 算子, f^* 表示函数 $f=f(q_s,\dot{q}_s)$ 中嵌入约束 (1), T 为系统的动能, U 为力函数, Q_σ 为系统的非有势力. 设

$$q_s=q_{s0},\quad \dot{q}_\sigma=0 \tag{3}$$

为系统 (1)、(2) 的平衡位置. 令

$$q_\sigma=q_{\sigma 0}+x_\sigma,\quad q_{\varepsilon+\beta}=q_{\varepsilon+\beta,0}+x_{\varepsilon+\beta}+\sum_{\sigma=1}^{\varepsilon}\left\{\frac{\partial \varphi_\beta}{\partial \dot{q}_\sigma}\right\}_0 x_\sigma \tag{4}$$

其中 $\{\}_0$ 表示将式 (3) 代入括号中的表达式. 将式 (4) 分别代入 (2)、(1) 中, 可以得到非完整系统的扰动方程. 去掉扰动方程中二阶及二阶以上小项, 得到其近似方程

$$\sum_{h=1}^{\varepsilon}A_{\sigma h}\ddot{x}_h+\sum_{h=1}^{\varepsilon}B_{\sigma h}\dot{x}_h+\sum_{h=1}^{\varepsilon}C_{\sigma h}x_h\sum_{\gamma=1}^{g}D_{\sigma,\varepsilon+\gamma}x_{\varepsilon+\gamma}=0 \tag{5}$$

$$\dot{x}_{\varepsilon+\beta}+\sum_{h=1}^{\varepsilon}C_{\varepsilon+\beta,h}x_h+\sum_{\gamma=1}^{g}D_{\varepsilon+\beta,\varepsilon+\gamma}x_{\varepsilon+\gamma}=0 \tag{6}$$

方程 (5)、(6) 的特征方程为

$$\Delta=\det\begin{pmatrix} A_{\sigma h}\lambda^2+B_{\sigma h}\lambda+C_{\sigma h} & D_{\sigma,\varepsilon+\gamma} \\ C_{\varepsilon+\beta,h} & \lambda+D_{\varepsilon+\beta,\varepsilon+\gamma}\end{pmatrix}=0 \tag{7}$$

若系统仅受线性、齐次非完整约束

$$\dot{q}_{\varepsilon+\beta}=\sum_{\sigma=1}^{\varepsilon}b_{\varepsilon+\beta,\sigma}(\boldsymbol{q})\dot{q}_\sigma \tag{8}$$

其中 $\boldsymbol{q}=(q_1,\cdots,q_n)^{\mathrm{T}}$. 则系统的平衡位置 (3) 不是孤立的, 而组成维数不小于约束方程数目的流形 [8,9]. 这时, 方程 (6) 中, $C_{\varepsilon+\beta,h}=D_{\varepsilon+\beta,\varepsilon+\gamma}=0$, 从而特征方程 (7) 有 g 个零根. 1904 年, Whittaker 在其著作中研究了此类系统的小振动和平衡稳定性问题 [1], 这个结果虽然缺乏普遍性, 但却是非完整系统平衡稳定性研究方面的最先成果. 后来, 文献 [3] 给出非完整系统平衡稳定性的一个充分条件.

定理 2.1.1 (М. А. Айзерман, Ф. Р. Гантмахер[3]) 对于线性、齐次、定常的非完整系统, 如果在其平衡位置邻域内特征方程 (7) 的所有根, 除数目等于非完整约束数目的零根外, 都处于左半平面, 那么平衡位置是稳定的 (但非渐近稳定). 此时, 任意充分接近未扰运动的扰动运动, 当 $t\to\infty$ 时, 趋于平衡状态流形上的一点.

Карапетян[4] 等对线性、齐次、定常的非完整系统给出了定理 2.1.1 的一些推论, 把非完整系统平衡稳定性的原始问题转化为完整系统平衡稳定性问题, 利用 Ляпунов-Малкин 定理, Айзерман-Гантмахер 定理 [3] 以及 Ляпунов 按一次近似的不稳定定理, 进一步发展了以往的结果.

由定理 2.1.1 知, 判断线性齐次非完整系统平衡位置的稳定性时, 只需考虑以下方程的根

$$\det(A_{\sigma h}\lambda^2+B_{\sigma h}\lambda+C_{\sigma h})=0 \tag{9}$$

定理 2.1.2 (А. В. Карапетян[4]) 如果 $\det(C_{\sigma h})<0$ 那么无论有无耗散力作用, 线性齐次非完整系统的平衡位置都是不稳定的.

如果系统满足条件

$$\begin{gathered}\left\{\sum_{\beta=1}^{g}\frac{\partial U}{\partial q_{\varepsilon+\beta}}\left(\frac{\partial b_{\varepsilon+\beta,\sigma}}{\partial q_\nu}+\sum_{\gamma=1}^{g}b_{\varepsilon+\gamma,\nu}\frac{\partial b_{\varepsilon+\beta,\sigma}}{\partial q_{\varepsilon+\gamma}}\right)\right\}_0\\=\left\{\sum_{\beta=1}^{g}\frac{\partial U}{\partial q_{\varepsilon+\beta}}\left(\frac{\partial b_{\varepsilon+\beta,\nu}}{\partial q_\sigma}+\sum_{\gamma=1}^{g}b_{\varepsilon+\gamma,\sigma}\frac{\partial b_{\varepsilon+\beta,\nu}}{\partial q_{\varepsilon+\gamma}}\right)\right\}_0\\(\sigma,\nu=1,\cdots,\varepsilon)\end{gathered} \tag{10}$$

显然, 当 U 中不显含广义坐标 $q_{\varepsilon+\beta}(\beta=1,\cdots,g)$, 或者 $\left\{\dfrac{\partial U}{\partial q_{\varepsilon+\beta}}\right\}_0=0$ 时, 条件 (10) 成立. 这时, 方程 (9) 中, $(C_{\sigma h})=(C_{\sigma h})^{\mathrm{T}}$.

定理 2.1.3 (А. В. Карапетян[4]) 如果矩阵 $(C_{\sigma h})$ 的所有特征值是正的, 那么在条件 (10) 下, 线性保守非完整系统的平衡位置在一次近似下是稳定的.

定理 2.1.4 (А. В. Карапетян[4]) 如果矩阵 $(C_{\sigma h})$ 至少有一个负的特征值, 那么在条件 (10) 下, 无论有无耗散力作用, 非完整系统的平衡位置都是不稳定的.

文献 [5] 考虑将 Lagrange 定理推广到非完整系统. 假设坐标原点为平衡位置, 并设约束系数和力函数在平衡位置为零. 按 Ляпунов 稳定性定理, 得到:

定理 2.1.5 (В. В. Румянцев[5]) 对于线性、齐次、定常的非完整系统, 如果在平衡位置邻域内力函数是负定的, 那么无论有无耗散力作用, 平衡位置都是稳定的.

类似完整系统, 按 Четаев 不稳定性定理可以得到

定理 2.1.6 (В. В. Румянцев[5]) 对于线性、齐次、定常的非完整系统, 如果在平衡位置无论多么小的邻域内, 力函数 U 可取正值, 并且在区域

$$T^* - U < 0, \quad \sum_{\sigma=1}^{\varepsilon} q_\sigma \frac{\partial T^*}{\partial \dot{q}_\sigma} > 0$$

表达式

$$\sum_{\sigma=1}^{\varepsilon} q_\sigma \left(\frac{\partial U}{\partial q_\sigma} + \sum_{\beta=1}^{g} \frac{\partial U}{\partial q_{\varepsilon+\beta}} b_{\varepsilon+\beta,\sigma} \right)$$

是变量 $q_\sigma(\sigma = 1, \cdots, \varepsilon)$ 的正定函数, 那么平衡位置是不稳定的.

文献 [7] 给出一种研究一定条件下的 “不稳定性定理” 的方法. 对于线性、齐次、定常的非完整系统, 用 $-t$ 代替 t 后, 系统的运动方程不变, 所以当系统存在渐近轨线 $\boldsymbol{q}(t), \dot{\boldsymbol{q}}\ (t) \to 0\ (t \to \infty)$ 时, 平衡位置是不稳定的. 从而, 可以利用求完整系统特殊渐近轨线的方法考虑一定条件下的不稳定性定理.

假设力函数 $U(\boldsymbol{q})$, 动能矩阵 (a_{sk}) 和 $b_{\varepsilon+\beta,\sigma}$ 在原点邻域是解析的, $U(\boldsymbol{q})$ 满足 $\mathrm{d}U(\boldsymbol{0}) = 0$, 且在原点邻域 $U(\boldsymbol{q})$ 能展开为

$$U = U_{m+1} + U_{m+2} + \cdots, \quad m \geqslant 1 \tag{11}$$

这里 U_{m+1} 为 $(m+1)$ 阶齐次式. 定义集合

$$\Pi_1 = \left\{ \boldsymbol{q} | q_{\varepsilon+\beta} = \sum_{\sigma=1}^{\varepsilon} b_{\varepsilon+\beta,\sigma}(\boldsymbol{0}) q_\sigma; \quad \beta = 1, \cdots, g \right\} \tag{12}$$

并假设 $\hat{U}_{m+1}$ 表示 U_{m+1} 仅在集合 Π_1 上取值, $\hat{U}_{m+1} : \Pi_1 \to R$.

定理 2.1.7 (В. В. Козлов[7]) 假设函数 $\hat{U}_{m+1}$ 在点 $\boldsymbol{q} = 0 \in \Pi_1$ 上没有极大值, 那么线性齐次约束的保守系统的平衡位置 $\boldsymbol{q} = 0, \dot{\boldsymbol{q}} = 0$ 是不稳定的.

文献 [7] 还得到其他一些特殊结果. 后来, 这一问题得到进一步研究 [18].

文献 [19] 研究了 Чаплыгин 系统, 其中指出完整系统平衡稳定性的大部分结论都可推广到 Чаплыгин 系统. 另外, Николенко[20], Risito[21], Николенко 和 Коваленко[22], Laloy[23] 及 Красинский 等学者得到线性、齐次、定常非完整系统

平衡位置稳定与不稳定的一些更特殊的结果. 近来, 一般广义力对非完整系统平衡位置的影响也受到关注 [25].

文献 [26] 将定理 2.1.1 的结论推广到一类非线性非完整系统. 若非线性约束方程 (1) 中有 $m\ (0 \leqslant m \leqslant g)$ 个 φ_β 满足 $\varphi_\beta(q_s, 0) \equiv 0$, 那么系统的平衡位置组成维数不小于 m 的流形, 且特征方程 (7) 中有 m 个零根. 这时, 有类似定理 2.1.1 的结果, 即: 若在平衡位置邻域内特征方程 (7) 的所有根, 除 m 个零根外, 都处于左半平面, 那么平衡位置是稳定的.

若系统所受非完整约束都不满足 $\varphi_\beta|_{\dot{\boldsymbol{q}}=0} \equiv 0$, 则平衡位置可能是孤立的. 这时, 可直接利用 Ляпунов 稳定性的有关定理 [38−43] 来判断系统的稳定性.

注记 1 定理 2.1.5 对所有非完整系统都有很强的局限性. 此定理中要求力函数在平衡位置的邻域内负定, 这一条件只对平衡状态流形上的个别点可能成立, 不可能对所有点都成立.

注记 2 类似完整系统, 耗散力及陀螺力对非完整系统平衡位置的稳定性也有较大影响. 但是, 由于非完整系统的复杂性, 对于一般定常非完整系统, 特别是非齐次非完整约束系统, 耗散力与陀螺力对稳定性的影响这一课题的研究结果还不多. 对于 Чаплыгин 系统, 耗散力及陀螺力对完整系统平衡位置的稳定性影响的许多结论都可做相应的推广; 对于线性、齐次、定常的非完整约束系统, 在条件 (10) 成立时, 关于完整系统的一些定理也已得到推广, 这些工作可参看文献 [33].

例 1[29] 一单位质量质点在空间中运动, 其动能为 $T = \dfrac{1}{2}(\dot{x}^2 + \dot{y}^2 + \dot{z}^2)$, 力函数为 $U = -\dfrac{1}{2}(x^2 + y^2)$, 非完整约束方程为 $\dot{z} = y\dot{x} + x^2\dot{y}$, 耗散函数为 $F = \dfrac{1}{2}(\mu_1\dot{x}^2 + \mu_2\dot{y}^2 + \mu_3\dot{z}^2)$. 平衡位置为

$$x = 0, \quad y = 0, \quad z = \text{const}.$$

所有平衡位置组成维数为 1 的流形. 由方程 (7), 给出特征方程

$$\lambda\left[\lambda^4 + (\mu_1 + \mu_2)\lambda^3 + (\mu_1\mu_2 + 2)\lambda^2 + (\mu_1 + \mu_2)\lambda + 1\right] = 0$$

由 Routh-Hurwitz 判据及定理 2.1.1 知, 只要 $\mu_1 > 0, \mu_2 > 0$, 每个平衡位置都是稳定的.

例 2 若将上例中的力函数 U 改为 $U = \dfrac{1}{2}(x^2 - y^2)$, 则由定理 2.1.2 知, 系统平衡位置不稳定.

例 3 非匀质圆球在绝对粗糙水平面上的滚动 [9,17].

2.2 平衡状态流形的稳定性

Неймарк 和 Фуфаев[8,9] 最先提出非完整系统平衡状态流形稳定性的概念, 并把 Айзерман-Гантмахер 的结果移植到平衡状态流形. 假设 (3) 式中 q_{s0} 为平衡状态流形上的任意点, 它依赖 g 个参数.

定理 2.2.1 (Ю. Н. Неймарк, Н. А. Фуфаев[8,9]) 对于线性、齐次、定常的非完整系统, 如果特征方程 (7) 的所有根, 除 g 个零根外, 都在左半平面上, 那么系统的平衡状态流形是渐近稳定的; 如果方程 (7) 至少一个根在右半平面上, 那么它是不稳定的.

适当加一些限制, Карапетян[4,19], Lolay[23] 等的结果大多可应用于系统的平衡状态流形. 对于广义 Чаплыгин 系统, 可以得到较好的结果. 广义 Чаплыгин 系统中约束方程、动能及力函数不显含广义坐标 $q_{\varepsilon+\beta}$, 其运动方程为

$$E_\sigma(T^*) = \sum_{\beta=1}^{g} \left(\frac{\partial T}{\partial \dot{q}_{\varepsilon+\beta}}\right)^* E_\sigma(\varphi_\beta) = \frac{\partial U}{\partial q_\sigma} \tag{13}$$

(13) 中不含 $q_{\varepsilon+\beta}, \dot{q}_{\varepsilon+\beta}$, 故可看成某一完整系统的运动方程. 假设 $q_\sigma = q_{\sigma 0}$ 为 (13) 的平衡位置. 那么, 当且仅当约束方程满足条件: $\varphi_\beta(q_{\sigma 0}, 0) = 0$ 时, 上面的广义 Чаплыгин 系统存在平衡位置, 有形式

$$q_\sigma = q_{\sigma 0}, \quad \dot{q}_\sigma = 0, \quad q_{\varepsilon+\beta} = \text{const.} \tag{14}$$

我们有结论: 广义 Чаплыгин 系统平衡状态流形稳定 (渐近稳定, 不稳定) 当且仅当广义 Чаплыгин 方程 (13) 的平衡位置关于 $q_\sigma, \dot{q}_\sigma$ 稳定 (渐近稳定, 不稳定). 可以类似完整系统考虑 (13) 的稳定性. 以此为依据, 文献 [27] 分别利用第一近似方法及构造 Ляпунов 函数的方法, 得到广义 Чаплыгин 系统平衡状态流形的一些稳定性判据.

定理 2.2.2[27] 对于广义 Чаплыгин 系统, 若其约束方程满足 $\varphi_\beta(q_\sigma, 0) \equiv 0$, 且力函数 U 在点 $q_\sigma = q_{\sigma 0}$ 的充分小邻域负定, 那么在关于独立广义速度为完全耗散的耗散力作用下, 平衡状态流形是渐近稳定的.

定理 2.2.3[27] 对于广义 Чаплыгин 系统, 若其约束方程满足 $\varphi_\beta(q_\sigma, 0) \equiv 0$, 且力函数 U 在点 $q_\sigma = q_{\sigma 0}$ 的充分小邻域内非常负, 那么在关于独立广义速度为完全耗散的耗散力作用下, 其平衡状态流形是不稳定的.

取 Ляпунов 函数为 $V = T^* - U$, 利用 Красовский 渐近稳定与不稳定性定理 [30], 可以证明上面两个定理.

文献 [28] 将定理 2.2.1 的结果推广到非线性非完整系统相对平衡状态流形的稳定性. 对于某些力学系统, 文献 [44–46] 建立了关于平衡位置集合的稳定性理论.

文献 [10] 将 Ляпунов 稳定性理论推广到非自治系统关于点集的稳定性, 并通过构造 Ляпунов 函数将此结论应用于一个特殊的非完整系统. 文献 [30] 将非完整系统平衡状态流形的稳定性转化为相应完整系统在约束流形上的稳定性, 得到一些稳定性判据, 这些结果仅适用于广义坐标能反映运动整体性的系统.

非完整系统平衡状态流形稳定性是个十分困难的课题, 还有许多问题, 如: 在大范围意义下, 其严格的数学描述等.

例 4 考虑例 1 中的系统. 由定理 2.2.1 知, 当 $\mu_1, \mu_2 > 0$ 时, 平衡状态流形是渐近稳定的.

例 5 非匀质圆球在绝对粗糙水平面上的滚动 [9,17].

例 6 设力学系统的动能为 $T = \dfrac{1}{2}(\dot{q}_1^2 + \dot{q}_2^2 + \dot{q}_3^2 - \dot{q}_2\dot{q}_3 \sin q_1)$, 力函数为 $U = -\dfrac{1}{2}(q_1^2 + q_2^2)$, 耗散函数为 $F = \dfrac{1}{2}(2\dot{q}_1^2 + \dot{q}_2^2 + \dot{q}_3^2 \sin^2 q_1 - 2\dot{q}_1\dot{q}_3 \sin q_1)$, 系统的运动受有非完整约束

$$\dot{q}_3 = \dot{q}_1^2 \sin q_2 + \dot{q}_2^2 \cos q_1$$

此系统满足定理 2.2.2 的条件, 故系统的平衡状态流形是渐近稳定的.

2.3 平衡位置关于部分变量稳定性

非完整系统的平衡位置往往不是孤立的, 因此其关于部分变量的稳定性就显得尤为重要. 类似完整系统关于部分变量稳定性的研究方法, 可以得到:

定理 2.3.1 (В. В. Румянцев[5]) 对于线性、齐次、定常的非完整系统, 如果在平衡位置邻域内力函数关于变量 q_σ $(\sigma = 1, \cdots, \varepsilon)$ 是负定的, 那么无论有无耗散力作用, 平衡位置关于部分变量 $q_\sigma, \dot{q}_\sigma$ 都是稳定的.

定理 2.3.2 (В. В. Румянцев[5]) 对于线性、齐次、定常的非完整系统, 如果在平衡位置上 $\mathrm{grad}U = 0$, 并且在平衡位置的无论多么小的邻域内, 力函数 U 的二次部分和表达式

$$\sum_{\sigma=1}^{\varepsilon} q_\sigma \left(\frac{\partial U}{\partial q_\sigma} + \sum_{\beta=1}^{g} \frac{\partial U}{\partial q_{\varepsilon+\beta}} b_{\varepsilon+\beta,\sigma} \right)$$

对于变量 $q_\sigma(\sigma = 1, \cdots, \varepsilon)$ 是负定的, 那么在对独立广义速度为完全耗散的耗散力作用下, 平衡位置关于部分变量 $q_\sigma, \dot{q}_\sigma$ 是渐近稳定的.

文献 [5,6] 还给出一系列关于部分变量稳定, 不稳定及渐近稳定的判据. 文献 [27] 将上面的结果推广到非线性非完整系统. 文献 [31] 指出, 非完整系统平衡位置关于部分变量的稳定性等价于相应完整系统平衡位置在约束流形上关于部分变量的稳定性, 利用 Ляпунов 关于部分变量的稳定性理论, 得到线性和非线性非完整系统的一些稳定性判据.

对于某些非完整系统. 其关于全部变量稳定性与关于部分变量的稳定性具有等价关系, 文献 [31,32] 考虑了这类问题.

假设 $\boldsymbol{q}=\bar{\boldsymbol{q}}, \dot{\boldsymbol{q}}=0$ 为系统的平衡位置. 如果非完整约束 (1) 的前 g' 个方程能表示为以下形式

$$\dot{q}_{\varepsilon+\beta'}=\sum_{\sigma'=1}^{\varepsilon'}\varphi_{\beta'}^{\sigma'}(\boldsymbol{q},\dot{\boldsymbol{q}}'')\dot{q}_{\sigma'}\quad(\beta'=1,\cdots,g') \tag{15}$$

其中 $\boldsymbol{q}=(q_1,\cdots,q_n)^{\mathrm{T}}$, $\dot{\boldsymbol{q}}''=(\dot{q}_1,\cdots,\dot{q}_\varepsilon)^{\mathrm{T}}$, $\varepsilon'\leqslant\varepsilon$, $g'\leqslant g$. 要求 $\varphi_{\beta'}^{\sigma'}$ 在以下区域 Q 内连续有界

$$Q=\{(\boldsymbol{q},\dot{\boldsymbol{q}}'')|\|(\boldsymbol{q}'-\bar{\boldsymbol{q}}',\dot{\boldsymbol{q}}'')\|<H,\quad\|\boldsymbol{q}'''-\bar{\boldsymbol{q}}'''\|<+\infty\} \tag{16}$$

其中 $H>0, \boldsymbol{q}'=(q_1,\cdots,q_{\varepsilon'},q_{\varepsilon+g'+1},\cdots,q_n)^{\mathrm{T}}, \boldsymbol{q}'''=(q_{\varepsilon'+1},\cdots,q_\varepsilon,q_{\varepsilon+1},\cdots,q_{\varepsilon+g'})^{\mathrm{T}}$. 即存在 $A>0$, 使得 $\varphi_{\beta'}^{\sigma'}$ 在 Q 内满足 $\|\varphi_{\beta'}^{\sigma'}\|<A$.

定理 2.3.3[30]　对于受有非完整约束 (15) 的定常力学系统, 其平衡位置关于部分变量 $\boldsymbol{q}',\dot{\boldsymbol{q}}''$ 稳定的充要条件是此平衡位置关于变量 $\tilde{\boldsymbol{q}}',\dot{\boldsymbol{q}}''$ 稳定. 这里 $\tilde{\boldsymbol{q}}'=(q_1,\cdots,\dot{q}_\varepsilon,q_{\varepsilon+1},\cdots,q_n)^{\mathrm{T}}$.

显然, 如果 $\varepsilon'=\varepsilon, g'=g$ 那么定理 2.3.3 给出一类非完整系统关于全部变量和关于部分变量 $q_\sigma,\dot{q}_\sigma$ 稳定的等价关系. 假设非完整约束 (1) 中不含变量 $q_{\varepsilon+1},\cdots,q_n$, 且能表示为

$$\dot{q}_{\varepsilon+\beta}=\sum_{\sigma=1}^{\varepsilon}f_\beta^\sigma(\boldsymbol{q}'',\dot{\boldsymbol{q}}'')\dot{q}_\sigma\quad(\beta=1,\cdots,g) \tag{17}$$

要求 f_β^σ 在点 $\boldsymbol{q}''=\bar{\boldsymbol{q}}'',\dot{\boldsymbol{q}}''=0$ 的附近连续. 这是 (15) 的一个特殊情况, 故由定理 2.3.3 知:

推论 2.3.1[32]　对于受有非完整约束 (17) 的定常力学系统, 其平衡位置关于部分变量 $\boldsymbol{q}'',\dot{\boldsymbol{q}}''$ 稳定的充要条件是此平衡位置关于全部变量 $\boldsymbol{q},\dot{\boldsymbol{q}}''$ 稳定.

假设系统的约束方程, Lagrange 函数及广义力中不显含广义坐标 $q_{\varepsilon+\beta}$ $(\beta=1,\cdots,g)$. 这时, 称系统存在循环坐标 $q_{\varepsilon+\beta}$. 此系统的广义 Чаплыгин 方程中不显含 $q_{\varepsilon+\beta},\dot{q}_{\varepsilon+\beta}$.

推论 2.3.2　如果受有非完整约束 (17) 的定常力学系统存在循环坐标 $q_{\varepsilon+\beta}$, 则此系统的平衡位置 $\boldsymbol{q}=\bar{\boldsymbol{q}},\dot{\boldsymbol{q}}=0$ 稳定的充要条件是系统的广义 Чаплыгин 方程在其平衡位置 $\boldsymbol{q}''=\bar{\boldsymbol{q}}'',\dot{\boldsymbol{q}}''=0$ 稳定.

证明　必要性显然成立, 只需证明充分性. 系统的广义 Чаплыгин 方程在 $\boldsymbol{q}''=\bar{\boldsymbol{q}}'',\dot{\boldsymbol{q}}''=0$ 稳定, 那么系统的平衡位置 $\boldsymbol{q}=\bar{\boldsymbol{q}},\dot{\boldsymbol{q}}=0$ 关于部分变量 $\boldsymbol{q}'',\dot{\boldsymbol{q}}''$ 稳定. 由推论 2.3.1 知, 系统的平衡位置关于全部变量 $\boldsymbol{q},\dot{\boldsymbol{q}}''$ 稳定.

Чаплыгин 系统是保守的, 且有循环坐标 $q_{\varepsilon+\beta}$ 的非完整系统, 且其约束是一阶线性, 齐次和定常的. 由推论 2.3.2 知:

推论 2.3.3 Чаплыгин 系统的平衡位置 $\boldsymbol{q}=\bar{\boldsymbol{q}},\dot{\boldsymbol{q}}=0$ 稳定的充要条件是它的 Чаплыгин 方程在其平衡位置 $\boldsymbol{q}''=\bar{\boldsymbol{q}}'',\dot{\boldsymbol{q}}''=0$ 稳定.

例 7 例 1 中的系统满足定理 2.3.1 的条件, 此系统的每一个平衡位置关于变量 $x,y,\dot{x},\dot{y}$ 是稳定的. 更进一步, 此系统还满足定理 2.3.2 的条件, 故平衡位置关于部分变量 $x,y,\dot{x},\dot{y}$ 是渐近稳定的.

例 8[4] 一力学系统受有如下非完整约束

$$\dot{z}=cy\dot{x}$$

其中 c 为常数. 系统的动能为 $T=\dfrac{1}{2}(\dot{x}^2+\dot{y}^2+\dot{z}^2)$, 力函数为 $U=z+\dfrac{1}{2}(ax^2+by^2)$,其中 a,b 为非零常数. 系统的平衡位置为

$$x=y=0,\quad z=\text{const}.$$

可以推得 [4], 当 $a>0$ 或 $b>0$ 时, 平衡位置关于部分变量 $x,y,\dot{x},\dot{y}$ 不稳定; 当 $b<\pi^2a<0$ 时, 平衡位置关于 $x,y,\dot{x},\dot{y}$ 稳定. 所以, 由推论 2.3.1 知, 当 $a>0$ 或 $b>0$ 时, 系统的平衡位置关于全部变量不稳定; 当 $b<\pi^2a<0$ 时, 系统的平衡位置关于全部变量稳定.

2.4 平稳运动的稳定性

平稳运动一般是指非循环坐标以及相应于循环坐标的速度保持为常值的一类运动 [33]. 根据循环坐标是否依赖于运动方程 (包括约束方程和广义 Чаплыгин 方程) 和运动方程是否存在循环积分, 可将以往非完整系统平稳运动归纳为四类. 第一类, 运动方程存在循环积分, 但它可能显含循环坐标. 1965 年, Семенова[11] 首先考虑这类系统的平稳运动, 他认为, 非完整系统的平稳运动不是孤立的, 而组成流形, 其维数不低于约束方程数目与循环坐标数目之和. 后来, Сумбатов[12] 推广了 Семенова 的定义. 第二类, 运动方程中不显含循环坐标, 但它可能不存在循环积分. 1966 年, Неймарк 和 Фуфаев[9,13] 首先讨论这类系统的平稳运动, 他们指出, 非完整系统的平稳运动不是孤立的, 而组成维数不小于 1 的一个流形. 后来, Емельянова 和 Фуфаев 等推广了这类定义. 第三类, 运动方程不显含循环坐标, 且存在循环积分. Шульгин, Карапетян 等研究了这类系统的平稳运动, 通过引入 Routh 函数, 他们将非完整系统的运动方程降阶, 把原系统平稳运动的稳定性问题转化为降阶后的系统平衡位置的稳定性问题. 第四类, 运动方程显含循环坐标, 且不存在循环积分. Карапетян[14,15] 首先研究这类系统, 将非完整系统平稳运动的稳定性

问题转化为完整系统平衡位置的稳定性问题. 后来, Карапетян[16], Атажанов 和 Красинская[35,36] 等进一步考虑了这类平稳运动的稳定性.

以上四类问题中, 第一类的研究结果较少, 第三类可类似完整系统考虑, 下面简介第二类及第四类的研究结果. 这四类问题之间实际上存在一些关系 [33].

假设系统除有势力外, 还受有耗散力的作用, 系统的 Lagrange 函数 L 及耗散函数 F 中不显含后 l 个广义坐标, 且 F 不含后 l 个广义速度. 设系统所受非完整约束的形式为

$$\sum_{s=1}^{n} B_{\beta s}(q_1,\cdots,q_{n-l})\dot{q}_s = 0 \quad (\beta=1,\cdots,g) \tag{18}$$

此系统的运动方程可表示为 Routh 方程的形式

$$\frac{\mathrm{d}}{\mathrm{d}t}\frac{\partial L}{\partial \dot{q}_i} - \frac{\partial L}{\partial q_i} = \sum_{\beta=1}^{g}\lambda_\beta B_{\beta i} - \frac{\partial F}{\partial \dot{q}_i}, \quad \frac{\mathrm{d}}{\mathrm{d}t}\frac{\partial L}{\partial \dot{q}_{n-l+\rho}} = \sum_{\beta=1}^{g}\lambda_\beta B_{\beta,n-l+\rho}$$

$$(i=1,\cdots,n-l;\quad \rho=1,\cdots,l) \tag{19}$$

系统存在平稳运动

$$q_i = q_{i0},\quad \dot{q}_i = 0,\quad \dot{q}_{n-l+\rho} = \dot{q}_{n-l+\rho,0} \tag{20}$$

系统平稳运动满足方程

$$\frac{\partial L}{\partial q_i} + \sum_{\beta=1}^{g}\lambda_{\beta 0}B_{\beta i} = 0,\quad \sum_{\beta=1}^{g}\lambda_{\beta 0}B_{\beta,n-l+\rho} = 0,\quad \sum_{\rho=1}^{l}B_{\beta,n-l+\rho}\dot{q}_{n-l+\rho,0} = 0 \tag{21}$$

方程 (21) 组成为确定 $(n+g)$ 个量 $q_{i0}, \lambda_{\beta 0}, \dot{q}_{n-l+\rho,0}$ 的 $(n+g)$ 个方程的系统. 可以推出, 方程 (21) 中至少有一个方程不是独立的, 于是, 平稳运动组成维数不小于 1 的流形. 这时, 对非完整系统平稳运动稳定性的研究, 类似于对非完整系统平衡位置稳定性的研究 [9,13].

对于某些存在平稳运动的非完整系统, 其运动方程可能不存在循环积分, 且非完整约束方程中显含循环坐标. 下面考虑线性、齐次、定常的非完整系统. 假设系统的 Lagrange 函数 L, 耗散函数 F 和约束方程 (8) 对于广义速度 $\dot{q}_\sigma$ 的所有系数都不显含广义坐标 q_α $(\alpha=n-m+1,\cdots,n;\ 0\leqslant m\leqslant g)$. 这时, 约束方程的前 $(g-m)$ 个方程和嵌入约束后的 Воронец 方程中都不显含广义坐标 q_α 及广义速度 $\dot{q}_\alpha$. 这样, 可把约束方程的前 $(g-m)$ 个方程和嵌入约束后的 Воронец 方程结合, 作为系统的一个子系统, 与其余方程区分开来. 此子系统的运动方程为

$$\dot{q}_{\varepsilon+\beta'} = \sum_{\sigma=1}^{\varepsilon} b_{\varepsilon+\beta',\sigma}(q_1,\cdots,q_{n-m})\dot{q}_\sigma \quad (\beta'=1,\cdots,g-m) \tag{22}$$

$$\frac{\mathrm{d}}{\mathrm{d}t}\frac{\partial L^*}{\partial \dot{q}_\sigma} - \frac{\partial L^*}{\partial q_\sigma} - \sum_{\beta'=1}^{g-m}\frac{\partial L^*}{\partial q_{\varepsilon+\beta'}}b_{\varepsilon+\beta',\sigma} - \sum_{\mu,\nu=1}^{\varepsilon}\sum_{\beta=1}^{g}K_{\sigma\mu\nu}^{\beta}\dot{q}_\mu\dot{q}_\nu = -\frac{\partial F^*}{\partial \dot{q}_\sigma} \tag{23}$$

假设 $L^*, F^*, b_{\varepsilon+\beta,\sigma}$ 及 $\sum\limits_{\beta=1}^{g}K_{\sigma\mu\nu}^{\beta}=0$ 中不显含广义坐标 q_ρ $(\rho=k+1,\cdots,\varepsilon;\ 0\leqslant k\leqslant\varepsilon)$, 且

$$\frac{\partial F^*}{\partial \dot{q}_\rho}=0, \qquad \sum_{\alpha=g-m+1}^{g}K_{\rho\rho_1\rho_2}^{\alpha}=0, \quad b_{\varepsilon+\beta',\rho}=0 \quad (\rho,\rho_1,\rho_2=k+1,\cdots,\varepsilon) \tag{24}$$

这时系统存在如下的平稳运动

$$q_r=q_{r0}, \quad \dot{q}_\rho=\dot{q}_{\rho0}, \quad q_{\varepsilon+\beta'}=q_{\varepsilon+\beta',0}$$

$$(r=1,\cdots,k; \quad \rho=k+1,\cdots,\varepsilon; \quad \beta'=1,\cdots,g-m) \tag{25}$$

平稳运动 (25) 不是孤立的, 而组成维数不小于约束方程 (22) 的数目与循环坐标数目之和的流形 [15].

令

$$q_r=x_r+q_{r0}, \quad \dot{q}_\rho=y_\rho+\dot{q}_{\rho0}, \quad q_{\varepsilon+\beta'}=z_{\varepsilon+\beta'}+q_{\varepsilon+\beta',0} \tag{26}$$

将 (26) 代入 (22)、(23) 中, 可得扰动方程, 其特征方程有如下形式

$$\varDelta=\lambda^{n-m-k}f(\lambda)=0 \tag{27}$$

即特征方程有 $(n-m-k)$ 个零根. 类似 Айзерман-Гантмахер 定理 [3] 的推导方法, 据 Ляпунов-Малкин 定理及 Ляпунов 按一次近似的不稳定性定理, 可以得到

定理 2.4.1 (А. В. Карапетян[15]) 如果特征方程 (27) 的所有根, 除数目等于 $(n-m-k)$ 个零根外, 都具有负实部, 那么平稳运动 (26) 相对变量 $q_r, \dot{q}_\rho, q_{\varepsilon+\beta'}$ 是稳定的. 此时, 所有充分接近未扰运动的扰动运动, 当 $t\to\infty$ 时, 趋于平稳运动流形上的一点; 如果特征方程 (27) 至少有一个具有正实部的根, 那么平稳运动 (26) 是不稳定的.

通过基本变换, 可将去掉 $(n-m-k)$ 个零根后的特征方程 (27) 变为以下形式 [15]

$$\det(A_{ij}\lambda^2+B_{ij}\lambda+C_{ij})=0 \quad (i,j=1,\cdots,k) \tag{28}$$

这可看成某一完整系统运动方程的特征方程. 从而, 非完整系统平稳运动的稳定性转化为含 k 个自由度的完整系统平衡位置的稳定性.

类似定理 2.2.1, 也可把定理 2.4.1 应用于平稳运动流形. 除 $(n-m-k)$ 个零根外, (27) 的所有根都具有负实部, 那么系统的平稳运动流形渐近稳定.

让 $m = g$, 则子系统 (22)、(23) 中只包括嵌入约束后的 Воронец 方程, 文献 [14] 所考虑的系统属于这种情况. 后来, 这些问题得到进一步发展 [35,36]. 文献 [16] 研究了受有黏性摩擦力作用的非完整系统, 讨论了此类系统与原系统同样平稳运动的存在性问题, 并得到一些关于 Ляпунов 稳定性的结果. 文献 [30] 放宽限制条件, 将定理 2.4.1 推广到非线性非完整系统.

近来, 广义力对非完整系统平稳运动稳定性的影响问题也得到研究. 文献 [37] 分析了一些特殊非完整系统平稳运动引入陀螺力后镇定的可能性问题. 文献 [34] 指出, 对于某些非完整系统, 通过引入关于部分或全部循环坐标的控制力, 可使不稳定的平稳运动变成稳定.

例 9　匀质圆盘在重力作用下沿绝对粗糙水平面的滚动 [9,17]. 系统的 Lagrange 函数为 $L = \frac{1}{2}m(\dot{x}^2 + \dot{y}^2 + a^2\dot{\theta}^2\cos^2\theta) + \frac{1}{2}\{A\dot{\theta}^2 + A\dot{\psi}^2\sin^2\theta + C(\dot{\psi}\cos\theta + \dot{\varphi})^2\} - mga\sin\theta$, 耗散函数为 $F = \frac{1}{2}h\dot{\theta}^2$. 此系统存在平稳运动

$$\theta = \theta_0, \quad \dot{\psi} = \dot{\psi}_0, \quad \dot{\varphi} = \dot{\varphi}_0$$

此平稳运动组成维数为 2 的流形. 可利用定理 2.4.1 分析此系统平稳运动的稳定性.

2.5　非完整控制系统的镇定

非完整控制系统的研究可追溯到 20 世纪 60 年代, 由于问题的复杂性, 其后的 20 多年进展缓慢, 所得结果大多停留在建立基本的运动方程, 这些工作的主要内容在文献 [17] 中做了概括. 近 10 年以来, 由于大量的实际问题的需要, 非完整控制系统引起了广泛的关注, 在系统的镇定、控制及非完整运动规划等方面得到了很多的重要结果, 在许多的重要学术期刊和国际会议上发表了大量的学术论文. 这些研究的部分早期工作已在文献 [47,48] 中给出. 下面仅介绍非完整控制系统镇定问题的有关结果.

以往主要研究了受线性、齐次、定常的非完整约束的控制系统的镇定问题, 此类系统的运动方程可表示为以下形式

$$\sum_{k=1}^{n} M_{sk}(\boldsymbol{q})\ddot{q}_k + F_s(\boldsymbol{q}, \dot{\boldsymbol{q}}) = \sum_{\beta=1}^{g} a_{s\beta}(\boldsymbol{q})\lambda_\beta + \sum_{i=1}^{r} B_{is}(\boldsymbol{q})u_i \quad (s = 1, \cdots, n) \tag{29}$$

$$\sum_{k=1}^{n} a_{k\beta}(\boldsymbol{q})\dot{q}_k = 0 \quad (\beta = 1, \cdots, g) \tag{30}$$

且假定方程 (30) 能转化为

$$\dot{q}_{\varepsilon+\beta} = \sum_{\sigma=1}^{\varepsilon} b_{\varepsilon+\beta,\sigma}(\boldsymbol{q})\dot{q}_\sigma \tag{31}$$

系统 (29)、(30) 可统一表示为

$$\dot{x}_l = f_l(x) + \sum_{i=1}^{r} u_i g_{il}(\boldsymbol{x}) \quad (l = 1, \cdots, 2n-g) \tag{32}$$

其中 $\boldsymbol{x} = (x_1, \cdots, x_{2n-g})^{\mathrm{T}} = (q_1, \cdots, q_\varepsilon, \dot{q}_1, \cdots, \dot{q}_\varepsilon, q_{\varepsilon+1}, \cdots, q_n)^{\mathrm{T}}$. 系统 (29)、(30) 在 $u = 0$ 时的平衡位置不是孤立的, 而组成维数不小于约束方程数目的流形. 鉴于此特性, 可研究系统平衡状态流形, 单个的平衡位置及一般运动的稳定性. 对于平衡状态流形 $\mathcal{L}$ 的镇定, 有结论

定理 2.5.1 (A. M. Bloch[49]) 若将方程 (32) 在 $\mathcal{L}$ 上每一点处线性化, 所得线性方程的能控阵的秩都为 $(2n-2g)$, 则可通过光滑状态反馈使非完整控制系统 (29)、(30) 的平衡状态流形 $\mathcal{L}$ 渐近稳定.

设

$$\mathcal{L}' = \{(\boldsymbol{q}, \dot{\boldsymbol{q}}) | \dot{\boldsymbol{q}} = 0, \quad f_\sigma(\boldsymbol{q}) = 0, \quad \sigma = 1, \cdots, \varepsilon\}$$

为系统 (29)、(30) 在 $\boldsymbol{u} = 0$ 时的 g 维光滑平衡了流形, 且设 $r \geqslant n - g$. 这时, 有

定理 2.5.2 (A. M. Bloch, M. Reyhanoglu, N. H. McClamroch[50]) 假设非完整约束 (30) 满足:

(i) 若 $q_\sigma(t), \dot{q}_\sigma(t)$ 是指数衰减函数, 则 $\dot{q}_{\varepsilon+\beta} = \sum\limits_{\nu=1}^{\varepsilon} b_{\varepsilon+\beta,\nu}(q_\sigma(t), q_{\varepsilon+\gamma})\dot{q}_\nu(t)$ 的解有界;

(ii) 矩阵 $\left(\dfrac{\partial f_\sigma}{\partial q_\nu}\right)$ 和 $\left(\dfrac{\partial f_\sigma}{\partial q_\nu} + \sum\limits_{\beta=1}^{g} \dfrac{\partial f_\sigma}{\partial q_{\varepsilon+\beta}} b_{\varepsilon+\beta,\nu}\right)$ 是满秩的.

那么, 可以通过光滑状态反馈使平衡子流形 $\mathcal{L}'$ 渐近稳定.

对于系统的单个平衡位置, 由 Brockett 关于稳定性的必要条件 [51] 知, 不可能通过光滑状态反馈使其渐近稳定. 但系统 (29)、(30) 的平衡位置是强可达和小时间局部可控的, 可通过非连续状态反馈使其渐近稳定 [50]. 分别针对一些特殊的非完整控制系统, 文献 [52,53] 考虑了利用时变光滑状态反馈, 文献 [54] 考虑利用非光滑状态反馈, 使平衡位置镇定. 近几年, 平衡位置的指数收敛性也得到研究, 文献 [55] 利用分段光滑纯反馈, 文献 [56] 利用非光滑时变反馈, 分别讨论了几类非完整控制系统平衡位置按指数镇定的问题. 另外, 非完整控制系统的非平衡解的镇定问题也已引起关注 [57].

3. 应用

非完整系统稳定性理论不断发展的同时, 其应用也受到广泛的关注, 特别是近 10 年来, 在对非完整控制系统的研究中, 绝大多数工作是结合具体的实际问题进行的. 比较突出的应用有

(1) 滚轮系统的线路稳定性　滚轮系统, 如自行车、摩托车、汽车、火车车厢、飞机起落架、带轮的机器人等, 一般都是非完整系统. 文献 [9] 研究了滚轮系统的线路稳定性问题. 许多具体现象涉及线路稳定性, 如: 在一定速度下, 即使轮胎制造非常好, 在极平坦的路面上行驶, 汽车也会失去稳定, 这只能用非完整力学的线路稳定性理论解释.

(2) 航天结构的运动稳定性　许多航天结构的运动与非完整力学有关. 如: 卫星对接问题中, 为避免使联结件发生扭转而破坏, 常常要求两卫星以同样角速度转动, 这一问题需利用非完整动力学理论; 航天结构自由漂浮时守恒律对操作的影响, 这是一个非完整运动规划问题; 等等. 对于某些非完整系统, 可能有完全不同于完整系统的失稳现象 [47], 这对航天结构的运动控制会有较大影响, 此问题已引起一些学者的注意.

(3) 机器人的运动规划　近 10 年来, 在非完整力学的应用中, 滚轮机器人是国际上研究最多的非完整系统, 针对各种不同的情形, 许多学者对其镇定、控制及运动规划等方面做了大量的研究, 得到不少有意义的结果 [52−61]. 另外, 受有非完整约束的机器人操作器也得到研究 [62]. 由于系统的复杂性, 至今对滚轮机器人的研究还停留在仅考虑在平面等较简单的环境下作纯滚动的情况, 对更复杂的问题研究较少. 若考虑到机器人的又滚又滑运动, 则需加上单面约束, 对受单面约束的机器人系统进行研究很有必要, 至今未发现这方面的成果.

4. 结束语

尽管从 Whittaker 提出非完整系统稳定性问题以来, 不少学者做出了很大的努力, 已得到一些重要成果, 但是, 与完整系统相比还很不完善, 有不少问题还有待进一步研究. 下面提出几个问题, 供研究参考.

(1) 对以往课题作进一步研究, 将完整系统的结论推广到非完整系统.

(2) 应用现代数学理论, 特别是现代微分几何知识. 非完整系统平衡位置一般不孤立, 故对其稳定性作大范围的研究很有必要, 以往在这方面的结果有很强的局限性. 对一般非完整系统, 其稳定性的几何提法及判断方法是一个十分困难的课题.

(3) 动力学中随机过程的研究是科学和工程中的重要课题, 已取得重要进展. 近几年来, 非完整系统的随机问题已引起一些学者的关注. 受非完整约束的系统, 其随机性可能表现在约束方程中, 这类系统的随机响应十分复杂, 随机稳定性也是非常困难的课题, 其提法及解法有待深入研究.

(4) 分叉, 混沌问题是现代非线性科学中的重要课题. 非完整系统的定性分析中, 也少不了要考虑分叉与混沌问题. 近几年来, 一些学者研究过一些特殊非完整系统的分叉现象, 如在水平面上滚动的重刚体. 这一方面的结果还不多.

(5) 非完整系统有着广泛的应用背景, 国际上近 10 年来在控制、机器人等领域关于这方面的成果很多, 稳定性问题是研究的热点之一. 国内对非完整系统的应用问题研究得很少, 还未见有重要价值的成果.

参 考 文 献

[1] Whittaker E T. A Treatise on the Analytical Dynamics of Particles and Rigid Bodies. Eng: Cambridge Univ Press, 1904

[2] Bottema O. On the small vibrations of nonholonomic systems. Proc Kon Ned Akad Wet, 1949, 52(8): 848–850

[3] Aiserman M A, Gantmacher F R. Stabilitat der Gleichgewichtslage in einem nichtholonomen system. ZAMM, 1957, 37(1–2): 74–75

[4] Карапетян А В. Об устойчивости равновесия неголономных систем, ПММ, 1975, 39(6): 1135–1140

[5] Румянцев В В. Об устойчивости движения неголономных систем. ПММ, 1967, 31(2): 261–271

[6] Карапетян А В, Румянцев В В. Устойчивость консервативных и диссипативных систем, М: ВИНИТИ, 1983

[7] Козлов В В. Об устойчивости равновесий неголономных систем. ДАН СССР, 1986, 288(2): 289–291

[8] Неймарк Ю И, Фуфаев Н А. Устойчивость состояний равновесия неголономных систем. ПММ, 1965, 29(1): 46–53

[9] Неймарк Ю И, Фуфаев Н А. Динамика неголономных систем. М: Наука, 1967

[10] Lilov L. Die stabilitat einer Bewegung bezuglich einer menge. ZAMM, 1974, 54: 789–793

[11] Семенова Л Н. О теореме Рауса для неголономных систем ПММ, 1965, 29(1): 156–157

[12] Сумбатов А С. О линейных интегралах неголономных систем. Becnuk МГУ Мат Мех, 1972, (6): 77–83

[13] Неймарк Ю И, Фуфаев Н А. Об устойчивости стационарных движений голономных и неголономных систем. ПММ, 1966, 30(2): 236–242

[14] Карапетян А В. Об устойчивости стационарных движений неголономных систем Чаплыгина. ПММ, 1978, 42(5): 801–807

[15] Карапетян А В Квопросу об устойчивостеи стационарных движений неголономных систем. ПММ, 1980, 44(3): 418–426

[16] Karapetyan A V. On the stability of the stationary motions of systems with friction. J Appl Math Mech, 1987, 51(4): 431–436

[17] 梅凤翔. 非完整系统力学基础. 北京: 北京工业学院出版社, 1985

[18] Furta S D. Instability of the equilibrium positions of restricted mechanical systems. Soviet Appl Mech, 1991, 27(2): 204–208

[19] Карапетян А В. О распространений теоремы лагранжа на неголономных системы Чаплыгина. ТПМ, 1979, 10(2): 11–16

[20] Николенко И В. Об устойчивости равновесия неголономных систем. П. В. Воронeua, Укр Мат Журн 1968, 20(1): 127–131

[21] Risito C. On the Lyapunov stability of a system with known first integrals. Meccanica, 1967, 2(4): 197–200

[22] Николенко И В, Коваленко А П. Два теоремы про устойчивости равновесия некоторый механических систем Весниk Kиевс' koco Yhuвepcumemy Серuя Мат Мех, 1977, 19(1): 85–88

[23] Laloy M. On the first approximation stability of nonholonomic systems. Ann Fac Sci de Kinshasa, Section Math Phys, 1976, 2(1): 91–107

[24] Сосницкий С П. Об устойчивости равновесия неголономных систем в одном частном случае.Укр Мам Журн, 1991, 43(4): 440–447

[25] Krasinskii A Ya. The stability and stabilization of the equilibrium positions of nonholonomic systems. J Appl Math Mech, 1988, 52(2): 152–158

[26] 梅凤翔. 关于非线性非完整系统平衡状态的稳定性, 科学通报, 1992, 37(1): 82–85

[27] 朱海平, 史荣昌, 梅凤翔. Чаплыгин 系统平衡状态的稳定性. 应用数学和力学, 1995, 16(7): 595–602

[28] 朱海平, 梅凤翔. 非线性非完整系统相对平衡状态流形的稳定性. 见: MMM-V1 会议论文集. 苏州: 苏州大学出版社, 1995, 448–454

[29] 梅凤翔. 非完整系统的平衡位置及其稳定性. 见: 舒仲周. 稳定振动分叉与混沌研究. 北京: 中国科学技术出版社, 1992, 25–33

[30] 朱海平. 约束力学系统的稳定性和随机问题研究 (博士论文). 北京: 北京理工大学, 1994

[31] 朱海平, 梅凤翔. 关于非完整系统相对部分变元的稳定性. 应用数学和力学, 1995, 16(3): 225–234

[32] 朱海平, 梅凤翔. 一类非完整系统关于部分变元与关于全部变元稳定性的关系. 科学通报, 1994, 39(2): 129–132

[33] Mikhailov G K, Parton V Z. Applied Mechanics, Soviet Reviews, Vol 1. New York: Hemishere Publishing Corporation, 1990

[34] Ataznanov B, Krasinskaya E M. Stabilization of the stationary motions of non-holonomic mechanical systems. J Appl Math Mech, 1988, 52(6): 705–714

[35] Атажанов Б, Красинская Э М. К стойчивости стационарных движений неголономных систем Изв АН УзССР, Сер Техн Наук, 1985, (1): 41–46

[36] Атажанов Б, Красинская Э М. К стойчивости стационарных движений неголономных систем Изв АН УзССР, Сер Техн Наук, 1985, (6): 39–43

[37] Krasinskaia E M. On the stabilization of steady-state motions of mechanical systems. J Appl Math Mech, 1983, 47(2): 253–259

[38] Rouche N, Habets P, Laloy M. Stability Theory by Liapunov's Direct Method. Berlin: S-V, 1977

[39] 秦元勋, 王慕秋, 王联. 运动稳定性理论与应用. 北京: 科学出版社, 1981

[40] 廖晓昕. 稳定性的数学理论及应用. 武汉: 华中师范大学出版社, 1988

[41] 舒仲周. 运动稳定性. 成都: 西南交通大学出版社, 1989

[42] 陆启韶. 常微分方程的定性方法和分叉. 北京: 北京航空航天大学出版社, 1989

[43] 王照林. 运动稳定性及其应用. 北京: 高等教育出版社, 1992

[44] Lasalle J P. The Stability of Dynamical Systems. Phila: Society for Industrial and Applied Mathematics, 1976

[45] Ahmad K H. Stability relative to a set and to the whole space revisited. Appl Math Comput, 1987, 24(2): 91–99

[46] Kulev G K, Bainov D D. On the global stability of sets for impulsive differential systems by Lyapunov's direct method. Dynamics Stability Systems, 1990, 5(3): 149–162

[47] Li Z, Canny J F. Nonholonomic Motion Planning. Boston: Kluwer Academic Publishers, 1993

[48] Kolmanovsky I, McClamroch N H. Developments in nonholonomic control problems. Control Systems Magazine, Dec, 1995

[49] Bloch A M. Stabilizability of nonholonomic control systems. Automatica, 1992, 28(2): 431–435

[50] Bloch A M, Reyhanoglu M, McClamroch N H. Control and stabilization of nonholonomic dynamic systems. IEEE Trans Automat Contr, 1992, 37(11): 1746–1757

[51] Brockett R W. Asymptotic stability and feedback stabilization. In: Brockett R W, Millman R S, Sussman H J eds. Differential Geometric Control Theory. Boston: Birkhauser, 1983, 181–191

[52] Samson C. Time-varying feedback stabilization of car-like wheeled mobile robots. Int J Robotics Research, 1993, 12(1): 55–64

[53] Teel A R, Murray R M, Walsh G. Nonholonomic control systems: From steering to stabilization with sinusoids. In: IEEE CDC. Arizona, Dec, 1992, 1603–1609

[54] de Wit C C, Sϕrdalen O J. Exponential stabilization of mobile robots with nonholonomic constraints. In: IEEE CDC. 1991, 692–697

[55] de Wit C C, Sϕrdalen O J. Exponential stabilization of mobile robots with nonholonomic constraints. IEEE Trans Automat Contr, 1992, 37(11): 1791–1797

[56] Egeland O, Berglund E, Sϕrdalen O J. Exponential stabilization of a nonholonomic underwater vehicle with constant desired configuration. In: Gruver W A. Proc IEEE ICRA. Los Alamitos: IEEE Computer Society Press, 1994, 20–25

[57] Walsh G, Tilbury D, Sastry S, Murray R, Laumond J P. Stabilization of trajectories for systems with nonholonomic constraints. In: Menga G ed. Proc IEEE ICRA. Los Alamitos: IEEE Computer Society Press, 1992. 1999–2004

[58] Hirose S, Fukushima E F, Tsukagoshi S. Basic steering control methods for the articulated body mobile robot. In: Gruver W A ed. Proc IEEE ICRA. Los Alamitos: IEEE Computer Society Press, 1994, 2384–2390

[59] Zhao Y, BeMent S L. Kinematics,denamics and control of wheeled mobile robot. In: Menga G ed. Proc IEEE ICRA. Los Alamitos: IEEE Computer Society Press, 1992, 91–96

[60] Krishnan H, McClamroch N H. Tracking in nonlinear differential-algebraic control systems with applications to constrained robot systems. Automatica, 1994, 30(12): 1885–1897

[61] Laumond J P, Jacobs P E, Taix M, Murray R M. A motion planner for nonholonomic mobile robots. IEEE Trans Robot Automat, 1994, 10(5): 577–593

[62] Sϕrdalen O J, Nakamura Y, Chung W J. Design of a nonholonomic manipulator. In: Gruver W A ed. Proc IEEE ICRA. Los Alamitos: IEEE Computer Society Press, 1994, 8–13

(原载《力学进展》, 1998, 28(1): 17–29)

§2.4 Nonholonomic mechanics

1. INTRODUCTION

In 1894, Hertz divided the constraints and mechanical systems into holonomic and nonholonomic ones. A lot of first rate mathematicians, eg, Lindlöf, Appell, Volterra, Poincaré, physicists, eg, Gibbs, Boltzmann, mechanicians, eg, Routh, Maggi, Chaplygin, Voronets, Suslov, and Hamel, developed the nonholonomic mechanics. Recently, a panoramic overview of the principles and equations of motion of nonholonomic systems was given by Papastavridis (1998). The nonholonomic mechanical systems are revised by Ostrovskaya and Angeles (1998).

An outline of this review follows: In Section 2, we study some concepts, including the constraints, generalized coordinates, quasi-coordinates, virtual displacements, and transitivity relations. In Section 3, we consider the differential variational principles and the integral variational principles. In Section 4, we study the equations of motion. In Section 5, we discuss some special problems in nonholonomic mechanics, including the dynamics of relative motion, impulsive motion, variable mass systems, inverse problem of dynamics, dynamics in the event space, and stability of motion. In Section 6, we give some integration methods, including the generalizations of the Whittaker,

Routh, and Poisson methods, generalizations of the field method, and generalizations of Noether and Lie symmetries. In Section 7, we give the algebraic structure of the systems, including the algebraic structures of particular nonholonomic systems, the Chaplygin systems, and general nonholonomic systems. In Section 8, we present simply the geometrical methods in nonholonomic mechanics. In Section 9, we propose some topics for future research.

2. ON FUNDAMENTAL CONCEPTS

It is well known that there are three fundamental concepts in analytical mechanics; that is, the constraint, the generalized coordinates, and the virtual displacements. The fundamental concepts in nonholonomic mechanics include the constraint, the generalized coordinates and the quasi-coordinates, the virtual displacements, the transitivity relations, and so on. These fundamental concepts are the theoretical basis of nonholonomic mechanics.

2.1 Constraints

Let us consider a discrete mechanical system having N particles. The Cartesian coordinates of the i-th particle are x_i, y_i, z_i, The motion of the system is subjected to the following constraints

$$\sum_{i=1}^{N}(A_{\beta i}\dot{x}_i + B_{\beta i}\dot{y}_i + C_{\beta i}\dot{z}_i) + D_\beta = 0 \quad (\beta = 1, \cdots, g) \tag{1}$$

or

$$F_\beta(x_i, y_i, z_i, \dot{x}_i, \dot{y}_i, \dot{z}_i, t) = 0 \tag{2}$$

If the constraints are integrable, we call the constraints holonomic constraints or semi-holonomic constraints by Lur'e (1961), otherwise nonholonomic constraints. If the system has at least one constraint that is nonintegrable, then we call the system a nonholonomic system.

There exist many nonholonomic constraints in our everyday environments and in engineering practice; for example, the Chaplygin-Caratheodory sled [Neimark and Fufaev (1967)], the sphere rolling on a rough plane, the car with four wheels [Lur'e (1961)], the table with three wheels [Wittenburg (1977)], the 2-dof rolling robot [Ostrovskaya and Angeles (1998)], the Appell-Hamel problem [Appell (1899), Hamel (1949)] and so on.

2.2 Generalized coordinates, generalized velocities and generalized accelerations

The Cartesian coordinates can be represented by the generalized coordinates and time

$$x_i = x_i(q_s, t), \quad y_i = y_i(q_s, t), \quad z_i = z_i(q_s, t) \quad (s = 1, \cdots, n)$$

or

$$\boldsymbol{r}_i = \boldsymbol{r}_i(q_s, t)$$

The velocity of the i-th particle is

$$\boldsymbol{v}_i = \frac{\mathrm{d}\boldsymbol{r}_i}{\mathrm{d}t} = \sum_{s=1}^{n} \frac{\partial \boldsymbol{r}_i}{\partial q_s}\dot{q}_s + \frac{\partial \boldsymbol{r}_i}{\partial t}$$

and its acceleration is

$$\boldsymbol{a}_i = \sum_{s=1}^{n} \frac{\partial \boldsymbol{r}_i}{\partial q_s}\ddot{q}_s + \sum_{s=1}^{n}\sum_{k=1}^{n} \frac{\partial^2 \boldsymbol{r}_i}{\partial q_s \partial q_k}\dot{q}_s\dot{q}_k + 2\sum_{s=1}^{n} \frac{\partial^2 \boldsymbol{r}_i}{\partial q_s \partial t}\dot{q}_s + \frac{\partial^2 \boldsymbol{r}_i}{\partial t^2}$$

therefore, we have the Lagrange relation

$$\frac{\partial \boldsymbol{a}_i}{\partial \ddot{q}_s} = \frac{\partial \boldsymbol{v}_i}{\partial \dot{q}_s} = \frac{\partial \boldsymbol{r}_i}{\partial q_s}, \quad \frac{\mathrm{d}}{\mathrm{d}t}\frac{\partial \boldsymbol{r}_i}{\partial q_s} = \frac{\partial \boldsymbol{v}_i}{\partial q_s} \tag{3}$$

and the Nielsen relation

$$\frac{\partial \boldsymbol{a}_i}{\partial \dot{q}_s} = 2\frac{\partial \boldsymbol{v}_i}{\partial q_s} \tag{4}$$

The equations of nonholonomic constraints can be represented by generalized coordinates and generalized velocities. The constraints (1) become

$$\sum_{s=1}^{n} a_{\varepsilon+\beta,s}\dot{q}_s + a_{\varepsilon+\beta} = 0 \quad (\varepsilon = n - g) \tag{5}$$

where

$$a_{\varepsilon+\beta,s} = \sum_{i=1}^{N} \left(A_{\beta i}\frac{\partial x_i}{\partial q_s} + B_{\beta i}\frac{\partial y_i}{\partial q_s} + C_{\beta i}\frac{\partial z_i}{\partial q_s} \right)$$

$$a_{\varepsilon+\beta} = D_\beta + \sum_{i=1}^{N} \left(A_{\beta i}\frac{\partial x_i}{\partial t} + B_{\beta i}\frac{\partial y_i}{\partial t} + C_{\beta i}\frac{\partial z_i}{\partial t} \right)$$

and the constraints (2) become

$$f_\beta(q_s, \dot{q}_s, t) = 0 \tag{6}$$

2.3 Quasi-velocities, quasi-coordinates and quasi-accelerations

When the motion of a mechanical system is subjected to the constraints (6), we introduce the n quasi-velocities as

$$\omega_s \quad (s = 1, \cdots, n)$$

where

$$\omega_{\varepsilon+\beta} = f_\beta(q_s, \dot{q}_s, t) = 0$$

in such a way that the first ε components satisfy Eq (6) automatically and identically. [See Mei *et al* (1991a), Papastavridis (1998)].

Consider a dynamical function $F(\boldsymbol{q}, \dot{\boldsymbol{q}}, t)$ and let

$$F^*(q_s, \omega_s, t) = F(q_s, \dot{q}_s(\boldsymbol{q}, \boldsymbol{\omega}, t), t)$$

we have

$$\frac{\partial F^*}{\partial \omega_s} = \sum_{k=1}^{n} \frac{\partial F}{\partial \dot{q}_k} \frac{\partial \dot{q}_k}{\partial \omega_s}$$

The partial derivation with respect to the generalized velocity and the quasi-velocity has the following relation

$$\frac{\partial}{\partial \omega_s} = \sum_{k=1}^{n} \frac{\partial \dot{q}_k}{\partial \omega_s} \frac{\partial}{\partial \dot{q}_k} \tag{7}$$

eg, see Mei *et al* (1991a) and Papastavridis (1998).

We introduce the partial derivation with respect to quasicoordinates π_s

$$\frac{\partial}{\partial \pi_s} = \sum_{k=1}^{n} \frac{\partial \dot{q}_k}{\partial \omega_s} \frac{\partial}{\partial q_k} \tag{8}$$

and we have

$$\frac{\partial \dot{\boldsymbol{r}}_i^*}{\partial \omega_s} = \frac{\partial \boldsymbol{r}_i}{\partial \pi_s} \tag{9}$$

where $\dot{\boldsymbol{r}}_i^*$ is $\dot{\boldsymbol{r}}_i$ in which $\dot{\boldsymbol{q}}$ expressing by $\boldsymbol{\omega}$. We introduce the quasi-accelerations ε_s, as

$$\varepsilon_s = \varepsilon_s(q_k, \omega_k, \dot{\omega}_k, t) \tag{10}$$

which invert to

$$\dot{\omega}_s = \dot{\omega}_s(q_k, \omega_k, \varepsilon_k, t)$$

Consider a dynamical function $S^* = S^*(q_s, \omega_s, \dot{\omega}_s, t)$, let $S^{**}(q_s, \omega_s, \varepsilon_s, t) = S^*(q_s, \omega_s, \dot{\omega}_s(q_k, \omega_k, \varepsilon_k, t), t)$, and we have

$$\frac{\partial S^{**}}{\partial \varepsilon_s} = \sum_{k=1}^{n} \frac{\partial S^*}{\partial \dot{\omega}_k} \frac{\partial \dot{\omega}_k}{\partial \varepsilon_s} \tag{11}$$

2.4 Virtual displacements

The restriction of the constraints (6) to the virtual displacements δq_s is the Appell-Chetaev condition [Novoselov (1966), Papastavridis (1998)]

$$\sum_{s=1}^{n} \frac{\partial f_\beta}{\partial \dot{q}_s} \delta q_s = 0 \tag{12}$$

It is suitable automatically to linear nonholonomic constraints. The virtual displacements $\dot{\delta} q_s$ in the velocity space [Niu (1964)] satisfy the following condition

$$\sum_{s=1}^{n} \frac{\partial f_\beta}{\partial \dot{q}_s} \delta \dot{q}_s = 0 \tag{13}$$

Using the d'Alembert-Lagrange principle and condition (12) or using the Jourdain principle and condition (13), one can find the equations of motion of nonholonomic mechanics.

2.5 Transitivity relations

There are four points of view in studying the transitivity relations of nonholonomic mechanics. The first point of view, proposed by Hölder is that the operations d and δ can be changed for all coordinates, eg, see Novoselov (1966), Mei (1985). The second one, proposed by Suslov (1946), is that the operations can be changed for partial coordinates. The third one, proposed by Lur'e (1961), is that the operations can be changed or not, because the operation of variation has a man-made factor. The fourth one is proposed by Vujanović (1975), where the transitivity relations do depend also on the generalized forces.

The result of the study of the transitivity relations is provided in many sources, eg, see Hamel (1949), Mei (1979, 1985), and Papastavridis (1998).

Using the transitivity relations, one can deduce the equations of motion and diverse forms of the Hamilton principle of nonholonomic mechanics.

3. ON VARIATIONAL PRINCIPLES

The variational principles can be divided into two kinds: the differential variational principles and the integral variational principles. The Hamilton principle is the most important principle in the integral variational principles.

3.1 Differential variational principles

There are three differential variational principles in analytical mechanics, that is, the d'Alembert-Lagrange principle

$$\sum_{i=1}^{N}(\boldsymbol{F}_i - m_i\ddot{\boldsymbol{r}}_i)\cdot\delta\boldsymbol{r}_i = 0 \tag{14}$$

the Jourdain principle

$$\sum_{i=1}^{N}(\boldsymbol{F}_i - m_i\ddot{\boldsymbol{r}}_i)\cdot\delta\dot{\boldsymbol{r}}_i = 0 \tag{15}$$

and the Gauss principle

$$\sum_{i=1}^{N}(\boldsymbol{F}_i - m_i\ddot{\boldsymbol{r}}_i)\cdot\delta\ddot{\boldsymbol{r}}_i = 0 \tag{16}$$

where m_i, is the mass of the i-th particle, $\boldsymbol{r}_i$ is its radius vector, $\boldsymbol{F}_i$ is the active force acted on it, $\delta\boldsymbol{r}_i$ is the virtual displacement in the configuration space, $\delta\dot{\boldsymbol{r}}_i$ is the virtual displacement in the velocity space, and $\delta\ddot{\boldsymbol{r}}_i$ is the virtual displacement in the acceleration space, eg, see Niu (1964) and Mei *et al* (1991a). The above principles hold under the hypothesis of ideal constraints. The conditions of ideal constraints are respectively

$$\sum_{i=1}^{N}\boldsymbol{R}_i\cdot\delta\boldsymbol{r}_i = 0 \tag{17}$$

$$\sum_{i=1}^{N}\boldsymbol{R}_i\cdot\delta\dot{\boldsymbol{r}}_i = 0 \tag{18}$$

$$\sum_{i=1}^{N}\boldsymbol{R}_i\cdot\delta\ddot{\boldsymbol{r}}_i = 0 \tag{19}$$

where $\boldsymbol{R}_i$ is the constraint reaction acted on the i-th particle.

These differential variational principles can be applied to nonholonomic systems provided one imposes the restriction of constraints to the virtual displacements. The principle (14) can be written in the generalized coordinates, and we have d'Alembert-Lagrange form

$$\sum_{s=1}^{n}\left(Q_s - \frac{\mathrm{d}}{\mathrm{d}t}\frac{\partial T}{\partial\dot{q}_s} + \frac{\partial T}{\partial q_s}\right)\delta q_s = 0 \tag{20}$$

Nielsen form

$$\sum_{s=1}^{n}\left(Q_s - \frac{\partial\dot{T}}{\partial\dot{q}_s} + 2\frac{\partial T}{\partial q_s}\right)\delta q_s = 0 \tag{21}$$

Appell form

$$\sum_{s=1}^{n}\left(Q_s-\frac{\partial S}{\partial \ddot{q}_s}\right)\delta q_s=0 \tag{22}$$

Where

$T=\frac{1}{2}\sum_{i=1}^{N}m_i\dot{\boldsymbol{r}}_i\cdot\dot{\boldsymbol{r}}_i$: kinetic energy,

$Q_s=\sum_{i=1}^{N}\boldsymbol{F}_i\cdot\frac{\partial \boldsymbol{r}_i}{\partial q_s}$: generalized force,

$S=\frac{1}{2}\sum_{i=1}^{N}m_i\dot{\boldsymbol{r}}_i\ddot{\boldsymbol{r}}_i$: Appell function or acceleration energy.

Using the Appell-Chetaev condition and considering principles (20)~(22), we can obtain the equations of motion with multipliers of nonholonomic systems

$$\frac{\mathrm{d}}{\mathrm{d}t}\frac{\partial T}{\partial \dot{q}_s}-\frac{\partial T}{\partial q_s}=Q_s+\sum_{\beta=1}^{g}\lambda_\beta\frac{\partial f_\beta}{\partial \dot{q}_s} \tag{23}$$

$$\frac{\partial \dot{T}}{\partial \dot{q}_s}-2\frac{\partial T}{\partial q_s}=Q_s+\sum_{\beta=1}^{g}\lambda_\beta\frac{\partial f_\beta}{\partial \dot{q}_s} \tag{24}$$

$$\frac{\partial S}{\partial \ddot{q}_s}=Q_s+\sum_{\beta=1}^{g}\lambda_\beta\frac{\partial f_\beta}{\partial \dot{q}_s} \tag{25}$$

where λ_β: multiplier; for other forms, eg, see Hamel (1949), Neimark and Fufaev (1967), Dobronravov (1970), Mei (1985), and Papastavridis (1998).

3.2 Integral variational principles

We now study the Hamilton principle of nonholonomic mechanics.

Let the motion of a system be subjected to the g nonholonomic constraints of Chetaev type

$$\dot{q}_{\varepsilon+\beta}-\varphi_\beta(q_s,\dot{q}_\sigma,t)=0\quad(\beta=1,\cdots,g;\quad \sigma=1,\cdots,\varepsilon;\quad \varepsilon=n-g). \tag{26}$$

The Suslov form of the Hamilton principle of nonholonomic systems has the following form [Novoselov (1966)]

$$\int_{t_0}^{t_1}\left\{(\delta L)_c+\sum_{\beta=1}^{g}\frac{\partial L}{\partial \dot{q}_{\varepsilon+\beta}}\sum_{\sigma=1}^{\varepsilon}T_\sigma^{\varepsilon+\beta}\delta q_\sigma\right\}\mathrm{d}t=0 \tag{27}$$

where $L = T - V$: Lagrangian function, V: potential, and

$$T_\sigma^{\varepsilon+\beta} = \frac{\mathrm{d}}{\mathrm{d}t}\frac{\partial \varphi_\beta}{\partial \dot{q}_\sigma} - \frac{\partial \varphi_\beta}{\partial q_\sigma} - \sum_{\gamma=1}^{g} \frac{\partial \varphi_\beta}{\partial q_{\varepsilon+\gamma}} \frac{\partial \varphi_\gamma}{\partial \dot{q}_\sigma} \tag{28}$$

and $(\delta L)_c$ is δL in the Suslov sense, and we have [Mei *et al* (1991a)]

$$\begin{aligned}(\delta L)_c = &\sum_{s=1}^{n} \frac{\partial L}{\partial q_s}\delta q_s + \sum_{\sigma=1}^{\varepsilon} \frac{\partial L}{\partial \dot{q}_\sigma}\frac{\mathrm{d}}{\mathrm{d}t}(\delta q_\sigma) \\ &+ \sum_{\beta=1}^{g} \frac{\partial L}{\partial \dot{q}_{\varepsilon+\beta}}\left[\frac{\mathrm{d}}{\mathrm{d}t}(\delta q_{\varepsilon+\beta}) - \sum_{\sigma=1}^{\varepsilon} T_\sigma^{\varepsilon+\beta}\delta q_\sigma\right]\end{aligned} \tag{29}$$

The Hölder form of the Hamilton principle of nonholonomic systems is

$$\int_{t_0}^{t_1} (\delta L)_H \mathrm{d}t = 0 \tag{30}$$

where $(\delta L)_H$ is δL in the Hölder sense, and we have [Mei *et al* (1991a)]

$$\begin{aligned}(\delta L)_H = &\sum_{s=1}^{n} \frac{\partial L}{\partial q_s}\partial q_s + \sum_{\sigma=1}^{\varepsilon} \frac{\partial L}{\partial \dot{q}_\sigma}\frac{\mathrm{d}}{\mathrm{d}t}(\delta q_\sigma) \\ &+ \sum_{\beta=1}^{g} \frac{\partial L}{\partial \dot{q}_{\varepsilon+\beta}}\frac{\mathrm{d}}{\mathrm{d}t}(\delta q_{\varepsilon+\beta})\end{aligned} \tag{31}$$

Using the Hamilton principle of nonholonomic systems, we can deduce the equations of motion of the systems, eg, see Novoselov (1966), Mei (1985).

One can construct the vakomic dynamics provided the Hamilton principle is a stationary action principle; see Kozlov (1982, 1983).

There are other variational principles and applications, for example, by Mangeron and Deleanu (1962), Novoselov (1966), Yushkov (1984), Papastavridis and Chen (1986), Chen (1987), Vujanović and Jones (1989), and Mei *et al* (1991a).

4. EQUATIONS OF MOTION

There are many forms of the equations of motion of nonholonomic systems. The equations of motion can be divided into four types: the Euler-Lagrange type, the Nielsen type, the Appell type, and the mixed type, eg, see Mei *et al* (1991a).

4.1 Euler-Lagrange type equations

The Routh equations, the Mac-Millan equations, the Volterra equations, the Chaplygin equations, and the Boltzmann-Hamel equations belong to the Euler-Lagrange type. For example, the generalized Chaplygin equations can be written in the form [Novoselov (1966)]

$$\frac{\mathrm{d}}{\mathrm{d}t}\frac{\partial \tilde{L}}{\partial \dot{q}_\sigma}-\frac{\partial \tilde{L}}{\partial q_\sigma}-\sum_{\beta=1}^{g}\frac{\partial L}{\partial \dot{q}_{\varepsilon+\beta}}\left(\frac{\mathrm{d}}{\mathrm{d}t}\frac{\partial \varphi_\beta}{\partial \dot{q}_\sigma}-\frac{\partial \varphi_\beta}{\partial q_\sigma}\right)-\sum_{\beta=1}^{g}\frac{\partial L}{\partial q_{\varepsilon+\beta}}\frac{\partial \varphi_\beta}{\partial \dot{q}_\sigma}=0 \quad (\sigma=1,\cdots,\varepsilon) \tag{32}$$

where

$$\tilde{L}(q_s,\dot{q}_\sigma,t)=L(q_s,\dot{q}_\sigma,\varphi_\beta(q_\sigma,\dot{q}_\sigma,t),t) \tag{33}$$

The Boltzmann-Hamel equations in the quasi-coordinates are

$$\frac{\mathrm{d}}{\mathrm{d}t}\frac{\partial T^*}{\partial \omega_\sigma}-\frac{\partial T^*}{\partial \pi_\sigma}+\sum_{k=1}^{n}\sum_{r=1}^{n}\frac{\partial T^*}{\partial \omega_k}\left(\frac{\mathrm{d}}{\mathrm{d}t}\frac{\partial \omega_k}{\partial \dot{q}_r}-\frac{\partial \omega_k}{\partial q_r}\right)\frac{\partial \dot{q}_r}{\partial \omega_\sigma}=P_\sigma^* \quad (\sigma=1,\cdots,\varepsilon) \tag{34}$$

where

$$T^*(\boldsymbol{q},\boldsymbol{\omega},t)=T(\boldsymbol{q},\dot{\boldsymbol{q}}(\boldsymbol{q},\boldsymbol{\omega},t),t) \tag{35}$$

$$P_\sigma^*=\sum_{k=1}^{n}Q_k\frac{\partial \dot{q}_k}{\partial \omega_\sigma}$$

4.2 Nielsen type equations

The generalized Nielsen equations in the generalized coordinates are

$$N_\sigma(\tilde{L})-\sum_{\beta=1}^{g}\frac{\partial L}{\partial \dot{q}_{\varepsilon+\beta}}N_\sigma(\varphi_\beta)-2\sum_{\beta=1}^{g}\frac{\partial L}{\partial q_{\varepsilon+\beta}}\frac{\partial \varphi_\beta}{\partial \dot{q}_\sigma}=0 \tag{36}$$

where

$$N_\sigma=\frac{\partial}{\partial \dot{q}_\sigma}\frac{\mathrm{d}}{\mathrm{d}t}-2\frac{\partial}{\partial q_\sigma} \tag{37}$$

The generalized Nielsen equations in the quasicoordinates are

$$N_\sigma^*(T^*)+\sum_{k=1}^{n}\sum_{r=1}^{n}\frac{\partial T^*}{\partial \omega_k}N_r(\omega_k)\frac{\partial \dot{q}_r}{\partial \omega_\sigma}=P_\sigma^* \tag{38}$$

where

$$N_\sigma^*=\frac{\partial}{\partial \omega_\sigma}\frac{\mathrm{d}}{\mathrm{d}t}-2\frac{\partial}{\partial \pi_\sigma} \tag{39}$$

see Mei (1982).

4.3 Appell type equations

Letting the Appell function after embed constraints (26) be $\tilde{S}$, we have

$$\tilde{S}(q_s, \dot{q}_s, \ddot{q}_\sigma, t) = S(q_s, \dot{q}_s, \ddot{q}_\sigma, \dot{\varphi}_\beta(q_s, \dot{q}_s, \ddot{q}_\sigma, t), t) \tag{40}$$

and the Appell equations of nonholonomic systems in the generalized coordinates are

$$\frac{\partial S}{\partial \ddot{q}_\sigma} = \tilde{Q}_\sigma \quad (\sigma = 1, \cdots, \varepsilon) \tag{41}$$

where

$$\tilde{Q}_\sigma = Q_\sigma + \sum_{\beta=1}^{g} Q_{\varepsilon+\beta} \frac{\partial \varphi_\beta}{\partial \dot{q}_\sigma}$$

The Appell equations in the quasi-velocities can be written in the form

$$\frac{\partial \tilde{S}^*}{\partial \dot{\omega}_\sigma} = P_\sigma^* \tag{42}$$

where

$$S^*(q_s, \omega_\sigma, \dot{\omega}_\sigma, t) = S(q_s, \dot{q}_s(q_k, \omega_\sigma, t), \ddot{q}_s(q_k, \omega_\sigma, \dot{\omega}_\sigma, t), t)$$

4.4 Mixed type equations

The mix of two arbitrary types of the above three types becomes a new mixed type. For example, mixing the Euler-Lagrange type and the Appell type, we obtain the generalized Tzenoff equations

$$\frac{\mathrm{d}}{\mathrm{d}t} \frac{\partial T}{\partial \dot{q}_\sigma} - \frac{\partial T}{\partial q_\sigma} + \frac{\partial \tilde{S}_1}{\partial \ddot{q}_\sigma} = \tilde{Q}_\sigma \tag{43}$$

where

$$S = S_0(q_s, \dot{q}_s, \ddot{q}_\sigma, t) + S_1(q_s, \dot{q}_s, \ddot{q}_{\varepsilon+\beta}, t), \quad \tilde{S}_1(q_s, \dot{q}_s, \ddot{q}_\sigma, t) = S_1(q_s, \dot{q}_\sigma, \varphi_\beta, \ddot{q}_\sigma, \dot{\varphi}_\beta, t)$$

eg, see Mei *et al* (1991a). For the case of linear constraints, Eqs (43) become the Tzenoff equations (1924).

The Poincaré equations, the Chetaev equations, and their extensions are also important in nonholonomic mechanics, see Poincaré (1902), Chetaev (1927), Ghori and Hussain (1973), Rumyantsev (1994), and others.

5. SPECIAL PROBLEMS

We study some special problems in nonholonomic mechanics: the dynamics of relative motion, impulsive motion, variable mass systems, the inverse problems of dynamics, dynamics in the event space, and the stability of motion.

5.1 Dynamics of relative motion

Along with the development of science and technology, the study of the complex dynamical systems is more and more important. The motion of a complex dynamical system can be resolved into one of the carrier body and relative one of the carried body to the carrier body. The motion of the carried body can be discussed in the inertial reference system or in the noninertial reference system, and the study in the noninertial reference system has the advantage over one in the inertial reference system. In the study, we suppose that the motion of the carried body has no influence over the motion of the carrier body.

Lur'e (1961) studied the dynamics of relative motion of holonomic systems. We now study the dynamics of relative motion of nonholonomic systems. Let $\boldsymbol{v}_0 = \boldsymbol{v}_0(t)$ and $\boldsymbol{\omega} = \boldsymbol{\omega}(t)$ be respectively the velocity of a basic point O fixed on the carrier body and the angular velocity of the carrier body. A carried body is composed by the N points. The position of the carried body in the carrier body is determined by the n generalized coordinates q_s $(s = 1, \cdots, n)$ and we have

$$\boldsymbol{r}_i{}' = \boldsymbol{r}_i{}'(q_s) \quad (i = 1, \cdots, N; \quad s = 1, \cdots, n)$$

where $\boldsymbol{r}_i{}'$ is the relative radius vector of the i-th point to the moving reference system fixed on the carrier body.

In a noninertial frame, Eqs (23) can be written in the form

$$\frac{\mathrm{d}}{\mathrm{d}t}\frac{\partial T_r}{\partial \dot{q}_s} - \frac{\partial T_r}{\partial q_s} = Q_s - \frac{\partial}{\partial q_s}(V^0 + V^\omega) + Q_s^{\dot{\omega}} + \Gamma_s + \sum_{\beta=1}^{g} \lambda_\beta \frac{\partial f_\beta}{\partial \dot{q}_s} \quad (s = 1, \cdots, n) \quad (44)$$

where

$$T_r = \frac{1}{2}\sum_{i=1}^{N} m_i \boldsymbol{r}_i^{*\prime} \cdot \boldsymbol{r}_i^{*\prime} \text{ with the relative derivation } \boldsymbol{r}_i^{*\prime} = \sum_{s=1}^{n} \frac{\partial \boldsymbol{r}_i{}'}{\partial q_s}\dot{q}_s :$$

kinetic energy of the system in the relative motion,

$$V^0 = \sum_{i=1}^{N} m_i(\boldsymbol{v}_0^* + \boldsymbol{\omega} \times \boldsymbol{v}_0) \cdot \boldsymbol{r}_c'$$

with the relative radius vector of center of mass $\boldsymbol{r}_c^{*\prime}$: potential energy of the homogeneous field of forces,

$$V^\omega = -\frac{1}{2}\boldsymbol{\omega} \cdot \boldsymbol{\theta} \cdot \boldsymbol{\omega} \text{ with the tensor of inertia } \boldsymbol{\theta} \text{ of the system at}$$

O: potential energy of centrifugal forces,

$$Q_s^{\dot{\omega}} = -\sum_{i=1}^{N}(\dot{\boldsymbol{\omega}} \times m_i \boldsymbol{r}_i') \cdot \frac{\partial \boldsymbol{r}_i'}{\partial q_s} : \text{generalized force of inertia of rotation,}$$

$$\Gamma_s = \sum_{k=1}^{N} 2\boldsymbol{\omega} \cdot \sum_{i=1}^{N} m_i \frac{\partial \boldsymbol{r}'_i}{\partial q_s} \times \frac{\partial \boldsymbol{r}'_i}{\partial q_k} \dot{q}_k : \text{generalized gyroscopic force},$$

Q_s : generalized forces, and λ_β : multiplier of constraint, eg, see Lur'e (1961) and Mei *et al* (1991a).

From Eqs (44), we obtain the equations of energy

$$\frac{\mathrm{d}}{\mathrm{d}t}\left(\sum_{s=1}^{n} \frac{\partial L_r}{\partial \dot{q}_s}\dot{q}_s - L_r\right) = \sum_{s=1}^{n} Q_s^{\dot{\omega}} \dot{q}_s + \sum_{s=1}^{n} Q'_s \dot{q}_s - \frac{\partial L_r}{\partial t} + \sum_{s=1}^{n}\sum_{\beta=1}^{g} \lambda_\beta \frac{\partial f_\beta}{\partial \dot{q}_s}\dot{q}_s \tag{45}$$

where

$$\begin{aligned} L_r &= T_r - V - V^0 - V^\omega \\ Q_s &= Q'_s + Q_s'', \quad Q_s'' = -\frac{\partial V}{\partial q_s} \end{aligned}$$

and we have

Proposition 5.1 If L_r does not depend explicitly on t, the nonpotential forces are gyroscopic forces or they do not exist, and $\dot{\boldsymbol{\omega}} = 0$, then there exists the generalized integral of energy of the dynamical systems of relative motion as

$$\sum_{s=1}^{n} \frac{\partial L_r}{\partial \dot{q}_s}\dot{q}_s - L_r = h = \text{const.} \tag{46}$$

One can study the stability of relative equilibrium, eg, see Zhu and Mei (1998).

Example 5.1 The motion of the Chaplygin sled on a plane which rotates around a fixed axis with angular velocity $\boldsymbol{\omega} = \boldsymbol{\omega}(t)$. The carrier body is the plane A and the carried body is the sled. Suppose that the motion of the sled has no influence over the motion of the plane. The center of mass C of the sled and the *knife-edge* are on the symmetrical plane B. The projection of the center of mass C on the plane A is C' and $\overline{PC'} = a$; P is the contact point of the *knife-edge* with the plane A (Fig. 1).

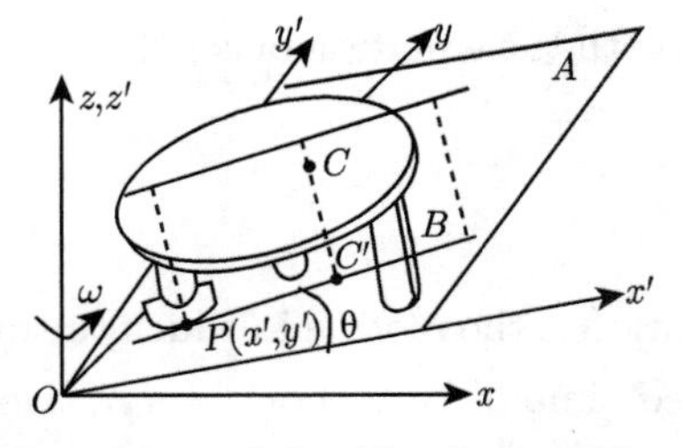

Fig.1 The motion of the Chaplygin sled on a plane

Let the mass and the moment of inertia around the axis CC' of the sled be m and J_c respectively. The relative position of the sled is determined by x', $y'$and θ, and the moving reference system $Ox'y'z'$ rotates around the axis Oz' with angular velocity $\boldsymbol{\omega}$.

The equation of nonholonomic constraint is

$$\dot{y}' - \dot{x}'\tan\theta = 0$$

The kinetic energy in the relative motion is

$$T_r = \frac{1}{2}m[(\dot{x}' - a\dot{\theta}\sin\theta)^2 + (\dot{y}' + a\dot{\theta}\cos\theta)^2] + \frac{1}{2}J_c\dot{\theta}^2$$

Calculating the terms in Eqs (44), we have

$$\begin{aligned}
V^0 &= 0 \\
V^\omega &= -\frac{1}{2}\{J_c + m[(x' + a\cos\theta)^2 + (y' + a\sin\theta)^2]\}\omega^2 \\
Q_s^{\dot{\omega}} &= 0 \\
\Gamma_{x'} &= 2m\omega a\dot{\theta}\cos\theta + 2m\omega\dot{x}'\tan\theta \\
\Gamma_\theta &= -2ma\omega\frac{\dot{x}'}{\cos\theta} \\
\Gamma_{y'} &= -2m\omega\dot{x}' + 2ma\omega\dot{\theta}\sin\theta
\end{aligned}$$

Equations (44) become

$$\begin{aligned}
&\frac{\mathrm{d}}{\mathrm{d}t}[m(\dot{x}' - a\dot{\theta}\sin\theta)] = m(x' + a\cos\theta)\omega^2 + 2ma\omega\dot{\theta}\cos\theta + 2ma\omega\dot{x}'\tan\theta - \lambda\tan\theta \\
&\frac{\mathrm{d}}{\mathrm{d}t}[m(\dot{y}' + a\dot{\theta}\cos\theta)] = m(y' + a\sin\theta)\omega^2 - 2ma\omega\dot{x}' + 2ma\omega\dot{\theta}\sin\theta + \lambda \\
&(J_c + ma^2)\ddot{\theta} + ma\dot{\theta}(x'\cos\theta + y'\sin\theta) = -2ma\omega\frac{\dot{x}'}{\cos\theta}
\end{aligned}$$

Combining these equations with the equation of constraint, we can obtain the solution of the problem.

5.2 Impulsive motion

What is called impulsive motion is the motion in which the quantity of impulsive forces is very large and their acted time is very short. Impulsive motion in nonholonomic mechanics includes important and practical special problems. We now study the impulsive motion when the impulsive forces are given.

Suppose that an impulsive force $\boldsymbol{F}_i^d$, acts on the i-th particle in a period of time $t_0 < t < t_1$ $(t_1 \to t_0)$. The d'Alembert-Lagrange principle (14) becomes

$$\sum_{i=1}^{N}(\boldsymbol{F}_i + \boldsymbol{F}_i^d - m_i\ddot{\boldsymbol{r}}_i) \cdot \delta\boldsymbol{r}_i = 0$$

Integrating this and considering

$$\lim_{t_1 \to t_0} \int_{t_0}^{t_1} \boldsymbol{F}_i \mathrm{d}t = 0, \quad \lim_{t_1 \to t_0} \int_{t_0}^{t_1} \boldsymbol{F}_i^d \mathrm{d}t = \hat{\boldsymbol{F}}_i$$

we have

$$\sum_{i=1}^{N}\{\hat{\boldsymbol{F}}_i - m_i(\dot{\boldsymbol{r}}_{i1} - \dot{\boldsymbol{r}}_{i0})\} \cdot \delta\boldsymbol{r}_i = 0 \tag{47}$$

where $\hat{\boldsymbol{F}}_i$ is the impulse acted on the i-th point, $\dot{\boldsymbol{r}}_{i0}$ is its velocity before the impulse and $\dot{\boldsymbol{r}}_{i1}$ is its velocity after the impulse. This is the d'Alembert-Lagrange principle for the impulsive motion.

Let the motion of the system be subjected to the g linear nonholonomic constraints

$$\dot{q}_{\varepsilon+\beta} = \sum_{\sigma=1}^{\varepsilon} B_{\varepsilon+\beta,\sigma}\dot{q}_\sigma \quad (\beta = 1, \cdots, g) \tag{48}$$

and we have

$$\delta q_{\varepsilon+\beta} = \sum_{\sigma=1}^{\varepsilon} B_{\varepsilon+\beta,\sigma}\delta q_\sigma \tag{49}$$

Substituting (49) into (47) and considering the independence of δq_σ, we obtain the following algebraic equations of impulsive motion of nonholonomic systems:

$$\left(\frac{\partial \tilde{T}}{\partial \dot{q}_\sigma}\right)_1 - \left(\frac{\partial \tilde{T}}{\partial \dot{q}_\sigma}\right)_0 = \tilde{\hat{Q}}_\sigma \tag{50}$$

where

$$\tilde{T}(q_s, \dot{q}_\sigma, t) = T\left(q_s, \dot{q}_\sigma, \sum_{\sigma=1}^{\varepsilon} B_{\varepsilon+\beta,\sigma}\dot{q}_\sigma, t\right)$$

$$\tilde{\hat{Q}}_\sigma = \hat{Q}_\sigma + \sum_{\beta=1}^{g} \hat{Q}_{\varepsilon+\beta}B_{\varepsilon+\beta,\sigma}$$

$$\hat{Q}_s = \sum_{i=1}^{N} \hat{\boldsymbol{F}}_i \cdot \frac{\partial \boldsymbol{r}_i}{\partial q_s}$$

and $\hat{Q}_s$ is called the generalized impulse.

If the motion of the system is subjected to the g nonlinear nonholonomic constraints (6), then Eqs (23) give

$$\frac{\mathrm{d}}{\mathrm{d}t}\frac{\partial T}{\partial \dot{q}_s}-\frac{\partial T}{\partial q_s}=Q_s+Q_s^d+\sum_{\beta=1}^{g}\lambda_\beta\frac{\partial f_\beta}{\partial \dot{q}_s}\quad (t_0<t<t_1) \tag{51}$$

Multiplying it by $\mathrm{d}t$, integrating it from t_0 to t_1, and taking a limit, we obtain

$$\left(\frac{\partial T}{\partial \dot{q}_s}\right)_1-\left(\frac{\partial T}{\partial \dot{q}_s}\right)_0=\hat{Q}_s+\lim_{t_1\to t_0}\int_{t_0}^{t_1}\sum_{\beta=1}^{g}\lambda_\beta\frac{\partial f_\beta}{\partial \dot{q}_s}\mathrm{d}t \tag{52}$$

To find the above limit, we solve λ_β from Eqs (6) and (51) as

$$\lambda_\beta=\sum_{l=1}^{n}a_{\beta l}(t,\boldsymbol{q},\dot{\boldsymbol{q}})Q_l^d+a_\beta(t,\boldsymbol{q},\dot{\boldsymbol{q}})$$

and we here

$$\begin{aligned}\lim_{t_1\to t_0}\int_{t_0}^{t_1}\sum_{\beta=1}^{g}\lambda_\beta\frac{\partial f_\beta}{\partial \dot{q}_s}\mathrm{d}t&=\lim_{t_1\to t_0}\int_{t_0}^{t_1}\sum_{\beta=1}^{g}\sum_{l=1}^{n}a_{\beta l}\frac{\partial f_\beta}{\partial \dot{q}_s}Q_l^d\mathrm{d}t\\&\quad+\lim_{t_1\to t_0}\int_{t_0}^{t_1}\sum_{\beta=1}^{g}a_\beta\frac{\partial f_\beta}{\partial \dot{q}_s}\mathrm{d}t\\&=\sum_{\beta=1}^{g}\sum_{l=1}^{n}\left\{\lim_{t_1\to t_0}\left(a_{\beta l}\frac{\partial f_\beta}{\partial \dot{q}_s}\right)_\varsigma\cdot\lim_{t_1\to t_0}\int_{t_0}^{t_1}Q_l^d\mathrm{d}t\right\}\\&=\sum_{\beta=1}^{g}\sum_{l=1}^{n}\left(a_{\beta l}\frac{\partial f_\beta}{\partial \dot{q}_s}\right)_0\hat{Q}_l\qquad (t_0\leqslant\varsigma\leqslant t_1)\end{aligned}$$

Equations (52) become

$$\left(\frac{\partial T}{\partial \dot{q}_s}\right)_1-\left(\frac{\partial T}{\partial \dot{q}_s}\right)_0=\hat{Q}_s+\sum_{\beta=1}^{g}\sum_{l=1}^{n}\left(a_{\beta l}\frac{\partial f_\beta}{\partial \dot{q}_s}\right)_0\hat{Q}_l\quad (s=1,\cdots,n) \tag{53}$$

Equations (53) are the equations of impulsive motion for nonlinear nonholonomic systems, eg, see Shi and Mei (1986).

Example 5.2 The front B of the sled on a horizontal plane is acted by an impulse $\hat{\boldsymbol{F}}$. Study its impulsive motion.

Let $P(x,y)$ be the contact point of the *knife-edge* with the plane, and θ be the angle between the direction PB and the fixed axis Ox, $PC=a$, $CB=b$, $\hat{\boldsymbol{F}}\perp PB$ (Fig. 2).

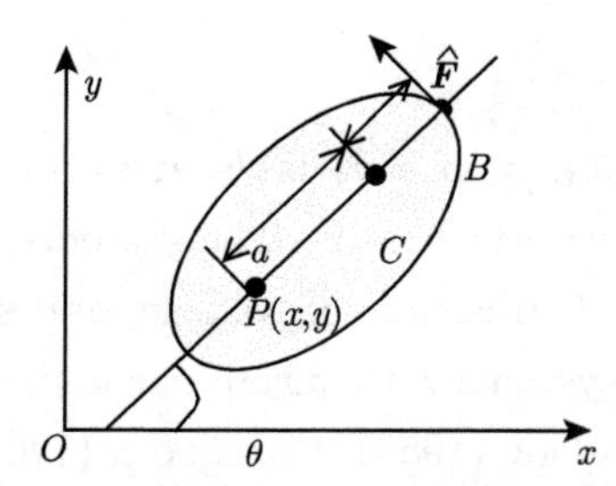

Fig.2 The impulse motion of the sled

The equation of constraint is

$$\dot{y} = \dot{x}\tan\theta$$

and the kinetic energy is

$$T = \frac{1}{2}m[(\dot{x} - a\dot{\theta}\sin\theta)^2 + (\dot{y} + a\dot{\theta}\cos\theta)^2] + \frac{1}{2}J_c\dot{\theta}^2$$

where m and J_c are the mass and the moment of inertia around C respectively. Therefore, we have

$$\tilde{T} = \frac{1}{2}m\left\{\frac{\dot{x}^2}{\cos^2\theta} + \left(\frac{J_c}{m} + a^2\right)\dot{\theta}^2\right\}$$

The elementary work of $\hat{\boldsymbol{F}}$ is

$$\delta' A = -\hat{F}\sin\theta\delta x + \hat{F}\cos\theta\delta y + (a+b)\hat{F}\delta\theta$$

Therefore, we have

$$\hat{Q}_x = -\hat{F}\sin\theta, \quad \hat{Q}_y = \hat{F}\cos\theta, \quad \hat{Q}_\theta = (a+b)\hat{F}$$

$$\tilde{\hat{Q}}_x = \hat{Q}_x + \hat{Q}_y\tan\theta = 0, \quad \tilde{\hat{Q}}_\theta = \hat{Q}_\theta = (a+b)\hat{F}$$

Suppose that the sled is at rest before the impulse, ie,

$$(\dot{x})_0 = (\dot{\theta})_0 = 0$$

Equations (50) give the velocity and the angular velocity of the sled after the impulse

$$\begin{aligned}
&(\dot{x})_1 = 0 \\
&(J_c + ma^2)(\dot{\theta})_1 = (a+b)\hat{F}
\end{aligned}$$

5.3　Variable mass systems

The study of mechanical systems with variable mass not only has important theoretical significance, but also practical value. The systems, such as spacecraft, guided missile, jet plane, rocket car, fuel-consumed vehicle, and so on, are often those with variable mass. The study of systems with variable mass has made good progress [see, eg, Metscherski (1952), Novoselov (1959), Karagodin (1963), Gantmacher and Levin (1964), Yang and Mei (1989), and Ge (1998)].

The d'Alembert-Lagrange principle of variable mass systems can be written in the form

$$\sum_{i=1}^{N}(\boldsymbol{F}_i+\boldsymbol{R}_i'-m_i\ddot{\boldsymbol{r}}_i)\cdot\delta\boldsymbol{r}_i=0 \tag{54}$$

where

$$\boldsymbol{R}_i'=\frac{\mathrm{d}m_i}{\mathrm{d}t}\boldsymbol{u}_i$$

is the thrust acted on the i-th particle, and $\boldsymbol{u}_i$ is the relative velocity of the small point to the particle. In the generalized coordinates, the principle has the form

$$\sum_{s=1}^{n}\left(-\frac{\mathrm{D}}{\mathrm{D}t}\frac{\Lambda T}{\Lambda\dot{q}_s}+\frac{\Lambda T}{\Lambda q_s}+Q_s+\Psi_s\right)\delta q_s=0 \tag{55}$$

where D and Λ are the derivation and the partial derivation signs, respectively, when the mass is considered as constant, and

$$\Psi_s=\sum_{i=1}^{N}\dot{m}_i\boldsymbol{u}_i\cdot\frac{\partial\boldsymbol{r}_i}{\partial q_s}$$

When the mass m_i does depend on the generalized coordinates, the generalized velocities, and time, ie, see Novoselov (1959),

$$m_i=m_i(q_s,\dot{q}_s,t)$$

the principle (55) can be expressed by the ordinary derivation as

$$\sum_{s=1}^{n}\left(-\frac{\mathrm{d}}{\mathrm{d}t}\frac{\partial T}{\partial\dot{q}_s}+\frac{\partial T}{\partial q_s}+Q_s+P_s\right)\delta q_s=0 \tag{56}$$

where

$$P_s=\sum_{i=1}^{N}\left\{(\boldsymbol{R}_i'+\dot{m}_i\dot{\boldsymbol{r}}_i)\cdot\frac{\partial\boldsymbol{r}_i}{\partial q_s}-\frac{1}{2}\dot{\boldsymbol{r}}_i^2\frac{\partial m_i}{\partial q_s}+\frac{\mathrm{d}}{\mathrm{d}t}\left(\frac{1}{2}\dot{\boldsymbol{r}}_i^2\frac{\partial m_i}{\partial\dot{q}_s}\right)\right\}$$

By virtue of the equations of constraints (6) and the principles (55) and (56), we obtain the equations of motion of nonholonomic variable mass systems

$$\frac{\mathrm{D}}{\mathrm{D}t}\frac{\Lambda T}{\Lambda \dot{q}_s} - \frac{\Lambda T}{\Lambda q_s} = Q_s + \Psi_s + \sum_{\beta=1}^{g} \lambda_\beta \frac{\partial f_\beta}{\partial \dot{q}_s} \quad (s = 1, \cdots, n) \tag{57}$$

$$\frac{\mathrm{d}}{\mathrm{d}t}\frac{\partial T}{\partial \dot{q}_s} - \frac{\partial T}{\partial q_s} = Q_s + P_s + \sum_{\beta=1}^{g} \lambda_\beta \frac{\partial f_\beta}{\partial \dot{q}_s} \tag{58}$$

When the mass is constant, then we have $\Psi_s = P_s = 0$, and Eqs (57) and (58) become Eq (23).

We define a particular variation sign δ^* when the mass is considered as constant, and we have

$$\delta^* T \stackrel{\mathrm{def}}{=} \sum_{s=1}^{n} \frac{\Lambda T}{\Lambda q_s}\delta q_s + \sum_{s=1}^{n} \frac{\Lambda T}{\Lambda \dot{q}_s}\delta \dot{q}_s$$

The Hamilton principle has the form [see Mei (1985)]

$$\int_{t_0}^{t_1} \left\{ \delta^* T + \sum_{s=1}^{n} \frac{\Lambda T}{\Lambda \dot{q}_s}\left(\frac{\mathrm{d}}{\mathrm{d}t}\delta q_s - \delta \dot{q}_s \right) + \sum_{s=1}^{n} (Q_s + \Phi_s)\delta q_s \right\} \mathrm{d}t = 0 \tag{59}$$

where

$$\Phi_s = \sum_{i=1}^{N} \dot{m}_i (\boldsymbol{u}_i + \dot{\boldsymbol{r}}_i) \cdot \frac{\partial \boldsymbol{r}_i}{\partial q_s}$$

In the Suslov sense, we have

$$\int_{t_0}^{t_1} \left\{ (\delta^* T)_c + \sum_{\beta=1}^{g} \frac{\Lambda T}{\Lambda \dot{q}_{s+\beta}} \sum_{\sigma=1}^{\varepsilon} T_\sigma^{\varepsilon+\beta} \delta q_\sigma + \sum_{\sigma=1}^{\varepsilon} (\tilde{Q}_\sigma + \tilde{\Phi}_\sigma)\delta q_\sigma \right\} \mathrm{d}t = 0$$

When the mass is constant and $Q_s = 0$, then we have $\Phi_s = 0$, $\delta^* \to \delta, \Lambda \to \partial$; it becomes principle (27).

In the Hölder sense, we have

$$\int_{t_0}^{t_1} \left\{ (\delta^* T)_H + \sum_{s=1}^{n} (Q_s + \Phi_s)\delta q_s \right\} \mathrm{d}t = 0$$

When the mass is constant and $Q_s = 0$, then we have $\Phi_s = 0$, $\delta^* \to \delta$, it becomes principle (30).

There were more detailed discussions on the holonomic and nonholonomic variable mass systems, eg, see Novoselov (1959), Yang and Mei (1989), Qiao (1990), Chen (1990), and Ge (1997).

Example 5.3 A simplified model of a Chaplygin sled with variable mass. Two particles with masses $\frac{1}{2}M$, $\frac{1}{2}M$ respectively, are connected by a rigid rod whose mass is ignored and length is $2b$. A small particle P with mass $m = m(t)$ is fixed on one of the ends of the rod. A *knife-edge* is fixed on the middle of the rod. Take the coordinates x, y of the middle of the rod, and the angle θ between the direction of the rod and the horizontal axis x, as the generalized coordinates (Fig. 3).

Let

$$q_1 = x, \quad q_2 = y, \quad q_3 = \theta$$

The "knife-edge" constraint can be expressed by

$$f = \dot{q}_2 - \dot{q}_1 \tan q_3 = 0$$

Assume the relative velocity to P of the small particle separating from P is

$$\boldsymbol{u} = -(\dot{q}_1 - b\dot{q}_3 \sin q_3)\boldsymbol{i} - (\dot{q}_2 + b\dot{q}_3 \cos q_3)\boldsymbol{j}$$

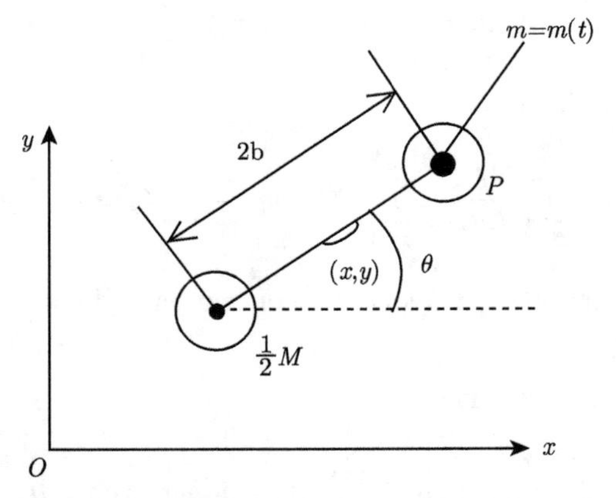

Fig.3 A simplified model of Chaplygin sled with a variable mass

The kinetic energy of the system is

$$T = \frac{1}{2}M(\dot{q}_1^2 + \dot{q}_2^2) + \frac{1}{2}Mb^2\dot{q}_3^2 + \frac{1}{2}m(t)[(\dot{q}_1 - b\dot{q}_3 \sin q_3)^2 + (\dot{q}_2 + b\dot{q}_3 \cos q_3)^2]$$

and the potential energy is constant. Eqs (58) give

$$\begin{aligned}
&\frac{\mathrm{d}}{\mathrm{d}t}[M\dot{q}_1 + m(t)(\dot{q}_1 - b\dot{q}_3 \sin q_3)] = -\lambda \tan q_3 \\
&\frac{\mathrm{d}}{\mathrm{d}t}[M\dot{q}_2 + m(t)(\dot{q}_2 + b\dot{q}_3 \cos q_3)] = \lambda \\
&\frac{\mathrm{d}}{\mathrm{d}t}\{[M + m(t)]b^2\dot{q}_3 + m(t)b(\dot{q}_2 \cos q_3 - \dot{q}_1 \sin q_3)\} \\
&+m(t)b\dot{q}_3(\dot{q}_2 \sin \dot{q}_3 + \dot{q}_1 \cos q_3) = 0
\end{aligned}$$

Eliminating the multiplier λ from the first and second equations and using the equation of constraints, we obtain

$$\frac{M + m(t)}{\cos q_3}(\ddot{q}_1 + \dot{q}_1\dot{q}_3 \tan\dot{q}_3) - m(t)b\dot{q}_3^2 + \frac{\dot{m}\dot{q}_1}{\cos q_3} = 0$$

Let

$$V = \frac{\dot{q}_1}{\cos q_3}$$

we have

$$[M + m(t)]\dot{V} - m(t)b\dot{q}_3^2 + \dot{m}V = 0$$

We can find its integral

$$I = \frac{1}{2}[M + m(t)]^2V^2 + \frac{1}{2}[M + m(t)]^2b\dot{q}_3^2 = \frac{1}{2}C^2$$

therefore we have

$$\frac{\mathrm{d}V}{\mathrm{d}t} = \frac{C^2m(t)}{[M + m(t)]^2b} - \frac{1}{[M + m(t)]}\frac{\mathrm{d}m}{\mathrm{d}t}V - \frac{m(t)}{M + m(t)}V^2$$

This is a Riccati equation; it has a particular integral

$$V = \frac{C}{M + m(t)}$$

Let

$$W = V - \frac{C}{M + m(t)}$$

we obtain the following Bernoulli equation

$$\frac{\mathrm{d}W}{\mathrm{d}t} = P(t)W + Q(t)W^2$$

where

$$P(t) = -\frac{1}{M + m(t)}\frac{\mathrm{d}m}{\mathrm{d}t} - \frac{2Cm(t)}{[M + m(t)]^2b}$$

$$Q(t) = -\frac{m(t)}{[M + m(t)]b}$$

The Bernoulli equation can be solved as

$$W = W(t)$$

then we can obtain

$$V = V(t), \quad q_3 = q_3(t), \quad q_1 = q_1(t), \quad q_2 = q_2(t)$$

The result is proposed by Mei (1982).

5.4 Inverse problem of dynamics

The inverse problem of dynamics is always considered as one of the main problems of classical mechanics. One of the fundamental problems in dynamics of mechanical systems is the problem of determination of forces and moments of force according to given kinematic elements of motion or given properties of motion. Newton discovered his law of universal gravitation based on the Kepler laws of planet motion; this is the most classical and ancient inverse problem of dynamics. In the period of the 1960s and 1970s, the general formulation of the inverse problem of dynamics was established; see Galiullin (1986). At present, the inverse problem of dynamics becomes a fundamental problem in space navigation, rocket dynamics, motion planning, and so on. Therefore, the study of the inverse problem of dynamics has theoretical and practical significance.

We now study the inverse problem of dynamics of nonholonomic systems. There are three formulations in the inverse problem of dynamics of nonholonomic systems:

a. Construction of equations of motion

Let the motion of a system be subjected to the g ideal nonholonomic constraints of Chetaev type

$$\omega_\beta(q_s, \dot{q}_s, t) = 0 \quad (\beta = 1, \cdots, g) \tag{60}$$

and let the motion of the system have the $(m - g)$ first integrals

$$\omega_\nu(q_s, \dot{q}_s, t) = C_\nu \quad (\nu = g + 1, \cdots, m) \tag{61}$$

Suppose that the functions ω_β, ω_ν are independent of each other and have the continuous partial derivations for $\boldsymbol{q}, \dot{\boldsymbol{q}}, t$.

Formulation 1 Construct the equations of motion from the known equations of constraints (60) and integrals (61) (see Mei, 1991b).

To solve this inverse problem, we rewrite Eqs (60) and (61) as

$$\omega_\mu(q_s, \dot{q}_s, t) = C_\mu \quad (\mu = 1, \cdots, m)$$

Differentiating this with respect to t, we have

$$\sum_{s=1}^{n} \frac{\partial \omega_\mu}{\partial q_s} \dot{q}_s + \sum_{s=1}^{n} \frac{\partial \omega_\mu}{\partial \dot{q}_s} \ddot{q}_s + \frac{\partial \omega_\mu}{\partial t} = \Phi_\mu(\omega, \boldsymbol{q}, \dot{\boldsymbol{q}}, t) \tag{62}$$

where Φ_μ is called the Erugin function [see Erugin (1952), Galiullin (1986), and Mei *et al* (1991a)], and we have

$$\Phi_\mu = \left\{ \begin{array}{ll} 0 & C_\mu \neq 0, \\ \Phi_\mu(0, \boldsymbol{q}, \dot{\boldsymbol{q}}, t) & C_\mu = 0. \end{array} \right\} \tag{63}$$

The inverse problem of nonholonomic dynamics has no unique solution. When $m < n$, we cannot find all accelerations. When $m = n$, we find all accelerations from (62)

$$\ddot{q}_k = \sum_{l=1}^{k} \frac{\Delta_{lk}}{\Delta} \left(\Phi_l - \sum_{s=1}^{n} \frac{\partial \omega_l}{\partial q_s} \dot{q}_s - \frac{\partial \omega_l}{\partial t} \right) \quad (k = 1, \cdots, n) \tag{64}$$

where

$$\Delta = \det \left(\frac{\partial \omega_l}{\partial \dot{q}_r} \right)_{n \times n} \neq 0$$

and Δ_{lr} is the algebraic complement of the element (l, r) of Δ. But when $C_\mu = 0$, the Erugin function Φ_μ is still arbitrary.

b. Reconstruction of equations of motion

Formulation 2 Determine the generalized forces Q_s and the multipliers λ_β from the known kinetic energy T, equations of constraints (60), and integrals (61).

This problem is called the reconstruction of the equations of motion, eg, see Mei *et al* (1991a). To solve the inverse problem, we expand Eqs (23) and obtain

$$\begin{aligned} \ddot{q}_l = \sum_{s=1}^{n} \frac{\Delta_{sl}}{\Delta} \Bigg\{ & -\sum_{r=1}^{n} \sum_{k=1}^{n} [k, r; s] \dot{q}_k \dot{q}_r + \sum_{k=1}^{n} \left(\frac{\partial B_k}{\partial q_s} - \frac{\partial B_s}{\partial q_k} \right) \dot{q}_k + Q_s \\ & - \frac{\partial B_s}{\partial t} + \frac{\partial T_0}{\partial q_s} - \sum_{k=1}^{n} \frac{\partial A_{ks}}{\partial t} \dot{q}_k + \sum_{\beta=1}^{g} \lambda_\beta \frac{\partial f_\beta}{\partial \dot{q}_s} \Bigg\} \quad (l = 1, \cdots, n) \end{aligned} \tag{65}$$

where $\Delta = \det(A_{sk})_{n \times n} \neq 0$, A_{sk} is the coefficient of the second form in the kinetic energy, Δ_{sl} is the algebraic complement of the element (s, l) of Δ, B_s is the coefficient of the first form in the kinetic energy, T_0 is the terms in which there are no generalized velocities, and

$$[k, r; s] = \frac{1}{2}\left(\frac{\partial A_{ks}}{\partial q_r} + \frac{\partial A_{rs}}{\partial q_k} - \frac{\partial A_{kr}}{\partial q_s}\right)$$

is the Christoffel symbol of A_{sk}.

Substituting (65) into (62), we obtain n algebraic equations for Q_s, λ_β. If we can find Q_s and λ_β, then substituting these parameters into Eq (23), we will accomplish the reconstruction of the equations. In general, this inverse problem has no unique solution.

c. Closure of equations of motion

Let the motion of a system be subjected to the g ideal nonholonomic constraints of Chetaev type

$$\begin{gathered}\omega_\beta = \dot{q}_{\varepsilon+\beta} - \varphi_\beta(q_s, \dot{q}_\sigma, t) = 0 \\ (\sigma = 1, \cdots, \varepsilon; \quad \beta = 1, \cdots, g; \quad \varepsilon = n - g; \quad s = 1, \cdots, n)\end{gathered} \tag{66}$$

The equations of motion can be written in the form [see Niu (1964)]

$$\begin{aligned}&\frac{\mathrm{d}}{\mathrm{d}t}\frac{\partial \tilde{T}}{\partial \dot{q}_\sigma} - \frac{\partial \tilde{T}}{\partial q_\sigma} - \sum_{\beta=1}^{g}\frac{\partial T}{\partial \dot{q}_{\varepsilon+\beta}}\left(\frac{\mathrm{d}}{\mathrm{d}t}\frac{\partial \varphi_\beta}{\partial \dot{q}_\sigma} - \frac{\partial \varphi_\beta}{\partial q_\sigma}\right) \\ &- \sum_{\beta=1}^{g}\frac{\partial T}{\partial q_{\varepsilon+\beta}}\frac{\partial \varphi_\beta}{\partial \dot{q}_\sigma} = \tilde{Q}_\sigma \qquad (\sigma = 1, \cdots, \varepsilon)\end{aligned} \tag{67}$$

where

$$\begin{aligned}&\tilde{T}(q_s, \dot{q}_\sigma, t) = T(q_s, \dot{q}_\sigma, \varphi_\beta(q_s, \dot{q}_\sigma, t), t) \\ &\tilde{Q}_\sigma = Q_\sigma + \sum_{\beta=1}^{g} Q_{\varepsilon+\beta}\frac{\partial \varphi_\beta}{\partial \dot{q}_\sigma}\end{aligned}$$

Expanding (67), we can find all $\ddot{q}_\sigma$ as

$$\ddot{q}_\sigma = g_\sigma(q_s, \dot{q}_\nu, t) \quad (\sigma, \nu = 1, \cdots, \varepsilon) \tag{68}$$

Let

$$x_s = q_s, \quad x_{n+s} = \dot{q}_s$$

Eqs (66) and (68) have the following form

$$\dot{x}_\sigma = x_{n+\sigma} \tag{69}$$

$$\dot{x}_{\varepsilon+\beta} = x_{n+\varepsilon+\beta} = \varphi_\beta(x_s, x_{n+\sigma}, t) \tag{70}$$

$$\dot{x}_{n+\sigma} = g_\sigma(x_s, x_{n+\nu}, t) \tag{71}$$

Differentiating Eqs (66) with respect to t and introducing the Erugin function Φ_β, we have

$$\begin{aligned}\dot{x}_{n+\varepsilon+\beta} =& \sum_{\sigma=1}^{\varepsilon}\frac{\partial\varphi_\beta}{\partial x_\sigma}x_{n+\sigma} + \sum_{\gamma=1}^{g}\frac{\partial\varphi_\beta}{\partial q_{\varepsilon+\gamma}}\varphi_\gamma(x_s, x_{n+\sigma}, t)\\&+\sum_{\sigma=1}^{\varepsilon}\frac{\partial\varphi_\beta}{\partial x_{n+\sigma}}g_\sigma(x_s, x_{n+\nu}, t) + \frac{\partial\varphi_\beta}{\partial t} + \Phi_\beta(\dot{u}, \boldsymbol{q}, \dot{\boldsymbol{q}}, t)\end{aligned} \tag{72}$$

Equations (69)~(72) are called the equations of motion of nonholonomic systems obtained by the Erugin method.

Formulation 3 Close equations (69)~(72), if the equations of constraints (66), the equations (69), (70), and $(m-g)$ first integrals

$$\omega_\mu(q_s, \dot{q}_s, t) = C_\mu \qquad (\mu = g+1, \cdots, m) \tag{73}$$

are given.

The integrals (73) can be written in the form

$$\omega_\mu(x_s, \dot{x}_{n+s}, t) = C_\mu$$

Differentiating this with respect to t, using Eqs (69)~(72) and introducing the Erugin function, we obtain

$$\begin{aligned}&\sum_{\sigma=1}^{\varepsilon}\frac{\partial\omega_\mu}{\partial x_\sigma}x_{n+\sigma} + \sum_{\beta=1}^{g}\frac{\partial\omega_\mu}{\partial x_{\varepsilon+\beta}}\varphi_\beta + \sum_{\sigma=1}^{\varepsilon}\frac{\partial\omega_\mu}{\partial x_{n+\sigma}}g_\sigma + \sum_{\beta=1}^{g}\frac{\partial\omega_\mu}{\partial x_{n+\varepsilon+\sigma}}\left(\sum_{\sigma=1}^{\varepsilon}\frac{\partial\varphi_\mu}{\partial x_\sigma}x_{n+\sigma}\right.\\&\left.+\sum_{\gamma=1}^{g}\frac{\partial\varphi_\mu}{\partial x_{\varepsilon+\gamma}}\varphi_\gamma + \sum_{\sigma=1}^{\varepsilon}\frac{\partial\varphi_\beta}{\partial x_{n+\sigma}}g_\sigma + \frac{\partial\varphi_\beta}{\partial t} + \Phi_\beta\right) = \Phi_\mu\\&(\mu = g+1, \cdots, m)\end{aligned}$$

or

$$\sum_{\sigma=1}^{\varepsilon}\left(\frac{\partial\omega_\mu}{\partial x_{n+\sigma}} + \sum_{\beta=1}^{g}\frac{\partial\omega_\mu}{\partial x_{n+\varepsilon+\beta}}\frac{\partial\varphi_\beta}{\partial x_{n+\sigma}}\right)g_\sigma = \Phi_\mu^* - \varphi_\mu \tag{74}$$

where

$$\Phi_\mu^* = \Phi_\mu - \sum_{\beta=1}^{g}\frac{\partial\omega_\mu}{\partial x_{n+\varepsilon+\beta}}\Phi_\beta,$$

$$\varphi_\mu = \sum_{\sigma=1}^{\varepsilon}\frac{\partial\omega_\mu}{\partial x_\sigma}x_{n+\sigma} + \sum_{\beta=1}^{g}\frac{\partial\omega_\mu}{\partial x_{\varepsilon+\beta}}\varphi_\beta + \sum_{\beta=1}^{g}\frac{\partial\omega_\mu}{\partial x_{n+\varepsilon+\beta}}\left(\sum_{\sigma=1}^{\varepsilon}\frac{\partial\varphi_\beta}{\partial x_\sigma}x_{n+\sigma}\right.$$

$$+\sum_{\gamma=1}^{g}\frac{\partial\varphi_\beta}{\partial x_{\varepsilon+\gamma}}\varphi_\gamma+\frac{\partial\varphi_\beta}{\partial t}\Bigg)+\frac{\partial\omega_\mu}{\partial t}$$

From (74) we can find $(m-g)$ g_r as

$$g_r=\sum_{l=g+1}^{m}\frac{\Delta_{lr}}{\Delta}(\Phi_l^*-\varphi_l)-\sum_{k=m+1}^{n}\frac{\Delta^{rk}}{\Delta}g_k\quad(r=1,\cdots,m-g)\tag{75}$$

where

$$\Delta=\det\left(\frac{\partial\omega_\mu}{\partial x_{n+r}}+\sum_{\beta=1}^{g}\frac{\partial\omega_\mu}{\partial x_{n+\varepsilon+\beta}}\frac{\partial\varphi_\beta}{\partial x_{n+r}}\right)_{(m-g)\times(m-g)}$$

and Δ_{lr} is the algebraic complement of the element(l,r) of Δ, Δ^{rk} is the determinant which generates from Δ, whose r-th column is replaced by the k-th column of the matrix in (74). This inverse problem still has no unique solution, eg, see (71) Mei (1991c), and Liu and Mei (1993).

Example 5.4　The kinetic energy of the Appell-Hamel problem is

$$T=\frac{1}{2}m(\dot q_1^2+\dot q_2^2+\dot q_3^2)$$

the equation of constraint is

$$\omega_1=\dot q_3-\frac{b}{a}(\dot q_1^2+\dot q_2^2)^{\frac{1}{2}}=0\tag{76}$$

where a,b are constants, and the given integrals are

$$\omega_2=\frac{1}{2}m(\dot q_1^2+\dot q_2^2+\dot q_3^2)+mgq_3=h\neq 0\tag{77}$$

$$\omega_3=\frac{\dot q_2}{\dot q_1}=C\neq 0\tag{78}$$

Study the reconstruction of the equations of motion of the system. Eqs (23) give

$$\begin{aligned}m\ddot q_1&=Q_1-\lambda\frac{b}{a}\dot q_1(\dot q_1^2+\dot q_2^2)^{-\frac{1}{2}}\\m\ddot q_2&=Q_2-\lambda\frac{b}{a}\dot q_2(\dot q_1^2+\dot q_2^2)^{-\frac{1}{2}}\\m\ddot q_3&=Q_3+\lambda\end{aligned}\tag{79}$$

Differentiating (76)~(78) with respect to t and introducing the Erugin function, we find

$$\ddot q_3-\frac{b}{a}(\dot q_1\ddot q_1+\dot q_2\ddot q_2)(\dot q_1^2+\dot q_2^2)^{-\frac{1}{2}}=\Phi_1$$

$$m(\dot{q}_1\ddot{q}_1 + \dot{q}_2\ddot{q}_2 + \dot{q}_3\ddot{q}_3) + mg\dot{q}_3 = \Phi_2$$
$$\frac{\dot{q}_1\ddot{q}_2 - \dot{q}_2\ddot{q}_1}{\dot{q}_1^2} = \Phi_3 \tag{80}$$

By virtue of $h \neq 0,\ c \neq 0$, we have

$$\Phi_2 = \Phi_3 = 0 \tag{81}$$

If we consider only the motion of the system on the surface of constraint (76), then we also have

$$\Phi_1 = 0 \tag{82}$$

Substituting (81) and (82) into Eqs (80), we obtain $\ddot{q}_1, \ddot{q}_2, \ddot{q}_3$ and then substitute them into Eqs (79); we find

$$-\frac{b}{a}\dot{q}_1(\dot{q}_1^2 + \dot{q}_2^2)^{-\frac{1}{2}}\frac{Q_1}{m} - \frac{b}{a}\dot{q}_2(\dot{q}_1^2 + \dot{q}_2^2)^{-\frac{1}{2}}\frac{Q_2}{m} + \frac{Q_3}{m} = \frac{\lambda}{m}\left(1 + \frac{b^2}{a^2}\right) \tag{83}$$
$$\dot{q}_1 Q_1 + \dot{q}_2 Q_2 + \dot{q}_3 Q_3 = -mg\dot{q}_3$$
$$-\dot{q}_2 Q_1 + \dot{q}_1 Q_2 = 0$$

From Eqs (83), we still cannot find Q_1, Q_1, Q_3, and λ. Particularly, we take $Q_1 = 0$, by virtue of Eqs (83), and we obtain

$$Q_2 = 0, \quad Q_3 = -mg, \quad \lambda = -\frac{mg}{1 + (b^2/a^2)}$$

5.5 Dynamics in the event space

Synge in his work studied the dynamics in various spaces (see Synge 1960). The study of dynamics in the event space has not only geometric significance, but also the importance of mechanics.

We study a mechanical system whose configuration is determined by the n generalized coordinates q_s $(s = 1, \cdots, n)$ and construct a space R^{n+1} (event space) in which the coordinates of a point are q_s and t. We introduce the notion $x_s = q_s$ $(s = 1, \cdots, n)$, $x_{n+1} = t$, then all the variables x_α $(\alpha = 1, \cdots, n+1)$ may be given as a function of some parameter τ. A choice of it has no special meaning, eg, see Synge (1960). Let $x_\alpha = x_\alpha(\tau)$ be some curves of class C^2 such that $\mathrm{d}x_\alpha/\mathrm{d}\tau = x'\alpha$ are not all zero simultaneously. We set

$$\dot{x}_\alpha = \frac{x'_\alpha}{x'_{n+1}} \tag{84}$$

The equations of constraints (6) in the event space can be written in the form

$$F_\beta(x_\alpha, x'_\alpha) = 0 \tag{85}$$

where

$$F_\beta(x_\alpha, x'_\alpha) = f_\beta\left(x_1, \cdots, x_{n+1}, \frac{x'_1}{x'_{n+1}}, \cdots, \frac{x'_n}{x'_{n+1}}\right) \tag{86}$$

Obviously, the functions F_β are zero order homogenous for x'_α. Let

$$\Lambda(x_\alpha, x'_\alpha) = x'_{n+1} L\left(x_1, \cdots, x_{n+1}, \frac{x'_1}{x'_{n+1}}, \cdots, \frac{x'_n}{x'_{n+1}}\right) \tag{87}$$

and we have

$$\sum_{\alpha=1}^{n+1} \frac{\partial \Lambda}{\partial x'_\alpha} x'_\alpha = \Lambda(x_\alpha, x'_\alpha) \tag{88}$$

Hamilton's principle has the form

$$\begin{aligned} &\int_{\tau_0}^{\tau_1} \Delta\Lambda(x_\alpha, x'_\alpha)\mathrm{d}\tau = 0 \\ &\Delta x_\alpha|_{\tau=\tau_0} = \Delta x_\alpha|_{\tau=\tau_1} = 0 \end{aligned} \tag{89}$$

The d'Alembert-Lagrange principle can be written in the form

$$\sum_{\alpha=1}^{n+1} \left(\frac{\mathrm{d}}{\mathrm{d}\tau}\frac{\partial \Lambda}{\partial x'_\alpha} - \frac{\partial \Lambda}{\partial x_\alpha}\right) \Delta x_\alpha = 0 \tag{90}$$

and the parameter equations of motion are

$$\frac{\mathrm{d}}{\mathrm{d}\tau}\frac{\partial \Lambda}{\partial x'_\alpha} - \frac{\partial \Lambda}{\partial x_\alpha} = \sum_{\beta=1}^{g} \lambda_\beta \frac{\partial F_\beta}{\partial x'_\alpha} \tag{91}$$

For the given generalized nonpotential forces $Q'_s(t, q_k, \dot{q}_k)$ in R^n, the generalized forces P_α in R^{n+1} are defined by the equations

$$\begin{aligned} &P_s(x_\alpha, x'_\alpha) = x'_{n+1} Q'_s\left(x_1, \cdots, x_{n+1}, \frac{x'_1}{x'_{n+1}}, \cdots, \frac{x'_n}{x'_{n+1}}\right) \quad (s = 1, \cdots, n) \\ &P_{n+1}(x_\alpha, x'_\alpha) \overset{\text{def}}{=} -\sum_{s=1}^{n} Q'_s x'_s \end{aligned} \tag{92}$$

and Eqs (91) become

$$\frac{\mathrm{d}}{\mathrm{d}\tau}\frac{\partial \Lambda}{\partial x'_\alpha} - \frac{\partial \Lambda}{\partial x_\alpha} = P_\alpha + \sum_{\beta=1}^{g} \lambda_\beta \frac{\partial F_\beta}{\partial x'_\alpha} \tag{93}$$

eg, see Mei (1990).

For the parametric equations (91) and (93) in the event space, we can choose an independent variable such that the integration of the problem becomes easier.

Example 5.5 In the Appell-Hamel problem, the Lagrangian and the equations of constraints in R^3 are respectively

$$\begin{aligned} L &= \frac{1}{2}m(\dot{q}_1^2+\dot{q}_2^2+\dot{q}_3^2)-mgq_3 \\ f &= \dot{q}_1^2+\dot{q}_2^2-\frac{a^2}{b^2}\dot{q}_3^2=0 \end{aligned} \tag{94}$$

we have in R^4

$$\Lambda = \frac{1}{2}m\left[\frac{1}{x_4'}(x_1'^2+x_2'^2+x_3'^2)\right]-mgx_3x_4' \tag{95}$$

$$F = \frac{1}{x_4'^2}\left(x_1'^2+x_2'^2-\frac{a^2}{b^2}x_3'^2\right)=0 \tag{96}$$

Equations (91) give

$$\begin{aligned} &m\left(\frac{x_1'}{x_4'}\right)' = \lambda\frac{2x_1'}{(x_4')^2}, \quad m\left(\frac{x_2'}{x_4'}\right)' = \lambda\frac{2x_2'}{(x_4')^2} \\ &m\left(\frac{x_3'}{x_4'}\right)' + mgx_4' = \lambda\left(-\frac{2a^2x_3'}{b^2(x_4')^2}\right) \end{aligned} \tag{97}$$

From (96) and (97), we obtain

$$\lambda = -\frac{mgx_4'^3}{2\left(1+\dfrac{a^2}{b^2}\right)x_3'} \tag{98}$$

Substituting (98) into (97) and setting $\tau = x_3$, we obtain

$$\frac{\mathrm{d}^2x_1}{\mathrm{d}x_3^2}=0, \quad \frac{\mathrm{d}^2x_2}{\mathrm{d}x_3^2}=0, \quad \frac{\mathrm{d}^2x_4}{\mathrm{d}x_3^2}=\frac{g\left(\dfrac{\mathrm{d}x_4}{\mathrm{d}x_3}\right)^3}{1+\dfrac{a^2}{b^2}} \tag{99}$$

The integration of these equations is very easy.

5.6 Stability of motion

The problem of stability for nonholonomic systems is one of the most important subjects in nonholonomic mechanics.

Since Whittaker first set forth the results of the study of small vibrations and the stability for equilibrium states of nonholonomic systems in 1904, see Whittaker

(1937), many scholars have been paying close attention to the problem of stability of systems and have obtained some valuable results, eg, see Bottema (1949), Aiserman and Gantmacher (1957), Rumyantsev (1967), Neimark and Fufayev (1967), and Karapetyan and Rumyantsev (1990). The above results are applicable for linear nonholonomic systems.

We now present some results of the study of nonlinear nonholonomic systems.

a. Stability for equilibrium state of Chaplygin system

Let us consider a mechanical system whose motion is subjected to the g ideal nonlinear nonholonomic constraints of Chetaev type

$$\dot{q}_{\varepsilon+\beta} = \varphi_\beta(q_\sigma, \dot{q}_\sigma) \tag{100}$$

Suppose that the kinetic energy and force function are respectively

$$T = \frac{1}{2}\sum_{s=1}^{n}\sum_{k=1}^{n} A_{sk}(q_\sigma)\dot{q}_s\dot{q}_k, \quad U = U(q_\sigma)$$

and the equation of motion are

$$E_\sigma(\tilde{T}) - \sum_{\beta=1}^{g} \frac{\partial T}{\partial \dot{q}_{\varepsilon+\beta}} E_\sigma(\varphi_\beta) = \frac{\partial U}{\partial q_\sigma} \tag{101}$$

where

$$E_\sigma = \frac{\mathrm{d}}{\mathrm{d}t}\frac{\partial}{\partial \dot{q}_\sigma} - \frac{\partial}{\partial q_\sigma}$$

When the system is at the equilibrium state, the variation of the force function is zero, ie,

$$\delta U = 0$$

therefore

$$\frac{\partial U}{\partial q_\sigma} = 0 \quad (\sigma = 1, \cdots, \varepsilon) \tag{102}$$

Equations (102) are ε equations with ε unknown quantities q_σ. Let the solution of Eqs (102) be

$$q_\sigma = q_{\sigma 0} \tag{103}$$

The equality (103) is only the equilibrium state of Eqs (101). Under the limitation of nonholonomic constraints, the equality (103) must satisfy the equations of constraints (100); therefore, it is possible that the Chaplygin system has an equilibrium state only if the equations of constraints satisfy

$$\varphi_\beta(q_{\sigma 0}, 0) = 0 \tag{104}$$

The equilibrium state of the system (100), (101) should be $q_\sigma = q_{\sigma 0}, \dot{q}_\sigma = 0, q_{\varepsilon+\beta} =$ const.. Thus, all equilibrium states comprise a manifold in R^n

$$\Omega = \{(q_s, \dot{q}_\sigma) | q_\sigma = q_{\sigma 0}, \quad \dot{q}_\sigma = 0, \quad q_{\varepsilon+\beta} \in R\} \tag{105}$$

Let

$$q_\sigma = q_{\sigma 0} + x_\sigma \tag{106}$$

where x_σ denotes the perturbation of motion. Substituting (106) into Eqs (101), we obtain the equations of perturbation

$$\sum_{h=1}^{\varepsilon} A_{\sigma h} \ddot{x}_h + \sum_{h=1}^{\varepsilon} B_{\sigma h} \dot{x}_h + \sum_{h=1}^{\varepsilon} C_{\sigma h} x_h = X_\sigma \tag{107}$$

where

$$A_{\sigma h} = \left(\frac{\partial^2 \tilde{T}}{\partial \dot{q}_\sigma \partial \dot{q}_h} \right)_0$$

$$B_{\sigma h} = \left\{ \frac{\partial^2 \tilde{T}}{\partial q_h \partial \dot{q}_\sigma} - \frac{\partial^2 \tilde{T}}{\partial q_\sigma \partial \dot{q}_h} + \sum_{\beta=1}^{g} \frac{\partial}{\partial \dot{q}_h} \left(\frac{\partial T}{\partial \dot{q}_{\varepsilon+\beta}} \right) \frac{\partial \varphi_\beta}{\partial q_\sigma} \right\}_0$$

$$C_{\sigma h} = \left\{ -\frac{\partial^2 \tilde{T}}{\partial q_h \partial q_\sigma} + \sum_{\beta=1}^{g} \frac{\partial}{\partial q_h} \left(\frac{\partial T}{\partial \dot{q}_{\varepsilon+\beta}} \right) \frac{\partial \varphi_\beta}{\partial q_\sigma} - \frac{\partial^2 U}{\partial q_\sigma \partial q_h} \right\}_0$$

Here $\{\}_0$ denotes the expression in the bracket in which q_σ, $\dot{q}_\sigma$ are substituted by $q_\sigma = q_{\sigma 0}$, $\dot{q}_\sigma = 0$, and X_σ is a member of a not less second order infinitesimal of $\ddot{x}_h, \dot{x}_h, x_h$. The approximate equations of Eqs (107) are

$$\sum_{h=1}^{\varepsilon} A_{\sigma h} \ddot{x}_h + \sum_{h=1}^{\varepsilon} B_{\sigma h} \dot{x}_h + \sum_{h=1}^{\varepsilon} C_{\sigma h} x_h = 0 \tag{108}$$

The characteristic equation of Eqs (108) is

$$\Delta = \det(A_{\sigma h} \lambda^2 + B_{\sigma h} \lambda + C_{\sigma h}) = 0 \tag{109}$$

Using the Lyapunov theorem of stability on first approximation, we have

Proposition 5.2 If all the eigenvalues of the characteristic equation (109) have negative real parts, the manifold (105) of the equilibrium state is asymptotically stable. If the characteristic equation (109) has at least one eigenvalue with positive real part, the manifold (105) of the equilibrium state is unstable, eg, see Zhu *et al* (1995b).

b. Stability of nonholonomic systems with respect to partial variables, eg, see Zhu and Mei (1995a).

c. Stability of stationary motion of nonholonomic systems, eg, see Zhu and Mei (1998).

Example 5.6 The kinetic energy of a system is

$$T=\frac{1}{2}(\dot{q}_1^2+\dot{q}_2^2+\dot{q}_3^2)$$

the force function is

$$U=-\frac{1}{2}(q_1^2+q_2^2)e^{-q_3}$$

and the dissipative function is

$$F=\frac{1}{2}(\mu_1\dot{q}_1^2+\mu_2\dot{q}_2^2+\mu_3\dot{q}_3^2)$$

where $\mu_1>0$, $\mu_2>0$, $\mu_3\geqslant 0$. The motion of the system is subjected to a nonholonomic constraint

$$\dot{q}_3+\frac{1}{3}a_1(\boldsymbol{q})\dot{q}_1^3+\frac{1}{3}a_2(\boldsymbol{q})\dot{q}_2^3=0$$

The equations of motion are

$$\begin{aligned}
\ddot{q}_1&=-q_1e^{-q_3}-\mu_1\dot{q}_1+a_1\dot{q}_1^2\lambda\\
\ddot{q}_2&=-q_2e^{-q_3}-\mu_2\dot{q}_2+a_2\dot{q}_2^2\lambda\\
\ddot{q}_3&=\frac{1}{2}(q_1^2+q_2^2)e^{-q_3}-\mu_3\dot{q}_3+\lambda
\end{aligned}$$

where

$$\begin{aligned}
\lambda&=\frac{J_1+J_2}{1+a_1^2\dot{q}_1^4+a_2^2\dot{q}_2^4}\\
J_1&=-\frac{1}{2}(q_1^2+q_2^2)e^{-q_3}+\mu_3\dot{q}_3+a_1q_1\dot{q}_1^2e^{-q_3}+a_2q_2\dot{q}_2^2e^{-q_3}\\
J_2&=\mu_1a_1\dot{q}_1^3+\mu_2a_2\dot{q}_2^3-\frac{1}{3}\dot{a}_1\dot{q}_1^3-\frac{1}{3}\dot{a}_2\dot{q}_2^3
\end{aligned}$$

The manifold of the equilibrium state

$$\Omega=\{(\boldsymbol{q},\dot{\boldsymbol{q}})|q_1=q_2=0,\ q_3\in R,\ \dot{q}=0\}$$

is stable with respect to $q_1, q_2, \dot{q}_1, \dot{q}_2$.

5.7 Birkhoffian system

The Birkhoffian mechanics proposed by Santilli in 1983 is a new mechanics. We study the Birkhoffian mechanics of holonomic and nonholonomic systems, its integration methods, its inverse problem, and its stability of motion, eg, see Mei (1993a,b; 1996).

6. INTEGRATION METHODS

It is well known that the integration methods of conservative holonomic systems include the Whittaker order reduction method, the Hamilton-Jacobi method, the Poisson method, the transformation theory, the integration invariant, the Levi-Civita theorem, and so on, eg, see Whittaker (1937). The integration methods of nonconservative holonomic systems include the gradient method and the field method, etc, eg, see Vujanović (1984) and Vujanović and Jones (1989).

The structure of the equations of motion of nonholonomic systems is more complex than that of holonomic systems., Therefore, the integration methods for the holonomic systems, in general, cannot be completely applied to the nonholonomic systems, eg, see Mei (2000). Below we give some generalizations of integration methods for nonholonomic systems.

6.1 Generalization of Whittaker method

For a conservative holonomic system, using the integral of energy, Whittaker has given an order reduction method [see Whittaker (1937)]. This method is called the Whittaker method. We now give a generalization of the Whittaker method to nonholonomic systems. The equations of motion and the equations of constraints of a system are respectively

$$\frac{\mathrm{d}}{\mathrm{d}t}\frac{\partial \tilde{L}}{\partial \dot{q}_\sigma}-\frac{\partial \tilde{L}}{\partial q_\sigma}-\sum_{\beta=1}^{g}\frac{\partial L}{\partial \dot{q}_{\varepsilon+\beta}}\left(\frac{\mathrm{d}}{\mathrm{d}t}\frac{\partial \varphi_\beta}{\partial \dot{q}_\sigma}-\frac{\partial \varphi_\beta}{\partial q_\sigma}\right)=0\quad(\sigma=1,\cdots,\varepsilon)\tag{110}$$

$$\dot{q}_{\varepsilon+\beta}=\varphi_\beta(q_\sigma,\dot{q}_\sigma)\tag{111}$$

where

$$\sum_{\sigma=1}^{\varepsilon}\frac{\partial \varphi_\beta}{\partial \dot{q}_\sigma}-\varphi_\beta=0\tag{112}$$

The system has the integral of energy as

$$\sum_{\sigma=1}^{\varepsilon}\frac{\partial \tilde{L}}{\partial \dot{q}_\sigma}\dot{q}_\sigma-\tilde{L}=h\tag{113}$$

Let

$$q'_v=\frac{\mathrm{d}q_v}{\mathrm{d}q_\varepsilon}\quad(v=1,\cdots,\varepsilon-1)$$

$$\Omega(q'_v,\dot{q}_\varepsilon,q_\sigma)=\tilde{L}(\dot{q}_\varepsilon q'_v,\dot{q}_\varepsilon,q_\sigma)$$

$$L^*(q'_v,q_\sigma)=\frac{\partial \Omega}{\partial \dot{q}_\varepsilon}$$

$$\omega_\beta(q'_v, \dot{q}_\varepsilon, q_\sigma) = \varphi_\beta(\dot{q}_\varepsilon q'_v, \dot{q}_\varepsilon, q_\sigma)$$
$$\varphi^*_\beta(q'_v, q_\sigma) = \frac{\partial \omega_\beta}{\partial \dot{q}_\varepsilon}$$

Then we have

$$\frac{\partial L^*}{\partial q'_v} = \frac{\partial \tilde{L}}{\partial \dot{q}_v}, \quad \frac{\partial L^*}{\partial q_\sigma} = \frac{1}{\dot{q}_\varepsilon}\frac{\partial \tilde{L}}{\partial q_\sigma} \tag{114}$$

$$\frac{\partial \varphi^*_\beta}{\partial q'_v} = \frac{\partial \varphi_\beta}{\partial \dot{q}_v}, \quad \frac{\partial \varphi^*_\beta}{\partial q_\sigma} = \frac{1}{\dot{q}_\varepsilon}\frac{\partial \varphi_\beta}{\partial \dot{q}_\sigma} \tag{115}$$

Substituting (114) and (115) into Eqs (110), we obtain the generalized Whittaker equations of nonholonomic systems [see Mei (1985)]

$$\frac{\mathrm{d}}{\mathrm{d}q_\varepsilon}\frac{\partial L^*}{\partial q'_v} - \frac{\partial L^*}{\partial q_v} - \sum_{\beta=1}^{g}\left(\frac{\partial L}{\partial \dot{q}_{\varepsilon+\beta}}\right)\left(\frac{\mathrm{d}}{\mathrm{d}q_\varepsilon}\frac{\partial \varphi^*_\beta}{\partial q'_v} - \frac{\partial \varphi^*_\beta}{\partial q_v}\right) = 0 \quad (v = 1, \cdots, \varepsilon - 1) \tag{116}$$

Proposition 6.1 For the generalized Chaplygin system having the integral of energy, the order of equations of nonholonomic systems can be reduced and the generalized Whittaker equations (116) hold.

If there are no nonholonomic constraints, Eqs (116) will become the Whittaker equations (Whittaker, 1937).

6.2 Generalization of Routh method

Using the cyclic integral and the Routh method, the order of the equations of nonholonomic systems can be reduced and the generalized Routh equations are obtained, eg, see Mei *et al* (1991a).

6.3 Generalization of Poisson method

It is well known that there are two main contents in the Poisson integration theory of conservative holonomic systems. One is the Poisson condition on the first integral. The other is the Poisson theorem. This theorem points out that the Poisson bracket of two first integrals which are not in involution is still a first integral. We now give a generalization of the Poisson method to nonholonomic systems. Let us consider a system whose motion is subjected to the g ideal nonholonomic constraints of Chetaev type (6) and suppose that there are no nonpotential forces; then the equations of motion are

$$\frac{\mathrm{d}}{\mathrm{d}t}\frac{\partial L}{\partial \dot{q}_s} - \frac{\partial L}{\partial q_s} = \sum_{\beta=1}^{g}\lambda_\beta \frac{\partial f_\beta}{\partial \dot{q}_s} \tag{117}$$

Introducing the Hamiltonian and the generalized momentum

$$H = \sum_{s=1}^{n} p_s \dot{q}_s - L, \quad p_s = \frac{\partial L}{\partial \dot{q}_s}$$

then Eqs (117) have the form

$$\dot{q}_s = \frac{\partial H}{\partial p_s}, \quad \dot{p}_s = -\frac{\partial H}{\partial q_s} + \sum_{\beta=1}^{g} (\lambda_\beta) \left(\frac{\partial f_\beta}{\partial \dot{q}_s} \right) \tag{118}$$

where λ_β can be expressed by the functions of $q_s, \dot{q}_s, t$, before integrating the equations of motion, (λ_β) and $(\partial f_\beta / \partial \dot{q}_s)$ are respectively λ_β and $\partial f_\beta / \partial \dot{q}_s$ expressing by q_s, p_s, t. We have

Proposition 6.2 The necessary and sufficient condition under which $I(t, \boldsymbol{q}, \boldsymbol{p})$ is a first integral of the nonholonomic system (6), (117) is

$$\frac{\partial I}{\partial t} + (I, H) + \sum_{\beta=1}^{g} (\lambda_\beta) \sum_{s=1}^{n} \left(\frac{\partial f_\beta}{\partial \dot{q}_s} \right) \frac{\partial I}{\partial p_s} = 0 \tag{119}$$

where

$$(I, H) = \sum_{s=1}^{n} \left(\frac{\partial I}{\partial q_s} \frac{\partial H}{\partial p_s} - \frac{\partial I}{\partial p_s} \frac{\partial H}{\partial q_s} \right) \tag{120}$$

is the Poisson bracket.

Corollary If the Hamiltonian does not depend explicitly on t, and f_β are homogeneous for $\dot{q}_s$, then $H = h$ is a first integral of the system.

For nonholonomic systems, in general, the Poisson theorem does not hold. But we have

Proposition 6.3 For the nonholonomic system (6), (117), if it possesses a first integral $I(t, \boldsymbol{q}, \boldsymbol{p})$ containing t, but L and f_β do not depend explicitly on t, then $\partial I / \partial t, \partial^2 I / \partial t^2, \cdots$, are also first integrals of the system.

Proposition 6.4 For the nonholonomic system (6), (117), if it possesses a first integral $I(t, \boldsymbol{q}, \boldsymbol{p})$ containing q_ρ, but L and f_β do not depend explicitly on q_ρ, then $\partial I / \partial q_\rho, \partial^2 I / \partial q_\rho^2, \cdots$, are also first integrals of the system.

Example 6.1 The nonholonomic system whose Lagrangian is

$$L = \frac{1}{2}(\dot{q}_1^2 + \dot{q}_2^2)$$

and equation of constraint is $f = \dot{q}_1 - t\dot{q}_2 = 0$, has the integral of energy

$$H = \frac{1}{2}(p_1^2 + p_2^2) = h$$

where $p_1 = \dot{q}_1, p_2 = \dot{q}_2$.

6.4 Generalization of field method

It is common knowledge that the Hamilton-Jacobi method is a very effective tool for integrating the equations of motion of conservative holonomic systems, but the extension of this method to nonholonomic systems is extremely difficult and has very strict restrictions. The field method proposed by Vujanović [see Vujanović (1984), Vujanović and Jones (1989)] is an important method for integrating the equations of motion of nonconservative holonomic systems. We now give a generalization of the field method to nonholonomic systems.

We rewrite Eqs (65) as

$$\ddot{q}_s = g_s(t, q_k, \dot{q}_k) \quad (s, k = 1, \cdots, n) \tag{121}$$

They are the equations of motion of the corresponding holonomic system to the nonholonomic system (23), (6).

At first, we study the solution of Eqs (121) by the field method. Let

$$x_s = q_s, \quad x_{n+k} = \dot{q}_k \tag{122}$$

Equations(121) can be written in the form

$$\dot{x}_k = x_{n+k}, \quad \dot{x}_{n+k} = g_k(t, x_s, x_{n+s}) \tag{123}$$

Consider one variable, say x_1, as a field function depending on time and the rest of variables $x_2, \cdots, x_{2n}$, ie,

$$x_1 = u(t, x_A) \qquad (A = 2, \cdots, 2n) \tag{124}$$

By differentiating (124) with respect to t and using the last $(2n-1)$ equations (123), we obtain

$$\frac{\partial u}{\partial t} + \sum_{a=2}^{n} \frac{\partial u}{\partial x_a} x_{n+a} + \sum_{b=1}^{n} \frac{\partial u}{\partial x_{n+b}} g_b(t, u, x_A) - x_{n+1} = 0 \tag{125}$$

The quasi-linear partial differential equation of the first order (125) is called the basic partial differential equation. Suppose that we find a complete solution of Eq (125) in the form

$$x_1 = u(t, x_A, C_\alpha) \quad (A = 2, \cdots, 2n; \quad \alpha = 1, \cdots, 2n) \tag{126}$$

Let the initial conditions of the motion be

$$x_\alpha(0) = x_{\alpha 0} \tag{127}$$

Substituting (127) into (126) and expressing one of the constants, say C_1, by means of $x_{\alpha 0}$ and C_A, we obtain

$$x_1 = u(t, x_A, x_{\alpha 0}, C_A) \tag{128}$$

One can prove that the initial value problem (123), (127) has the solution by (128) and the following $(2n-1)$ algebraic equations

$$\frac{\partial u}{\partial C_A} = 0 \quad (A = 2, \cdots, 2n) \tag{129}$$

See Vujanović (1984).

Secondly, we study the solution of the nonholonomic system (23), (6). By Novoselov (1966), we know that if initial values satisfy the equations of nonholonomic constraints, ie,

$$f_\beta(x_{s0}, x_{n+s,0}, 0) = 0 \tag{130}$$

then the solution of Eqs (123) will give the motion of the nonholonomic system. This solution contains $(2n-g)$ arbitrary constants. See Mei (1989, 1990, 1991a, b)

The principal advantages of the field method are as follows: 1) Generality. The field method is, in principle, applicable for solving the integration problem of the equations of motion of general nonholonomic systems. It has no restriction such as those in the Hamilton-Jacobi method. 2) Flexibility. The basic partial differential equation can be written in any one of the field coordinates $(x_1, \cdots, x_n)$ or in any one of the field momenta $(x_{n+1}, \cdots, x_{2n})$. For a concrete problem, we can choose a more convenient variable. 3) The basic difficulty of this method is to find a complete solution of the basic partial differential equation, but if we can fmd the complete solution, it means that we can obtain the solution of the motion without any integration.

Example 6.2 The nonholonomic system is

$$L = \frac{1}{2}(\dot{q}_1^2 + \dot{q}_2^2), f = \dot{q}_1 + bt\dot{q}_2 - bq_2 + t = 0$$

see Novoselov (1966).

The equations of corresponding holonomic system become

$$\ddot{q}_1 = -\frac{1}{1+b^2t^2}, \quad \ddot{q}_2 = -\frac{bt}{1+b^2t^2}$$

or

$$\dot{x}_1 = x_3, \quad \dot{x}_2 = x_4, \quad \dot{x}_3 = -\frac{1}{1+b^2t^2}, \quad \dot{x}_4 = -\frac{bt}{1+b^2t^2}$$

Let

$$x_1 = u(t, x_2, x_3, x_4)$$

the basic partial differential equation (125) of the field method gives

$$\frac{\partial u}{\partial t}+\frac{\partial u}{\partial x_2}x_4+\frac{\partial u}{\partial x_3}\left(-\frac{1}{1+b^2t^2}\right)+\frac{\partial u}{\partial x_4}\left(-\frac{bt}{1+b^2t^2}\right)-x_3=0$$

The equation has the solution

$$\begin{aligned}x_1=u=&(x_{10}-C_2x_{20}-C_3x_{30}-C_4x_{40})\\&+C_2\left(\frac{1}{b^2}\mathrm{arctan}bt-\frac{t}{b}\right)+\frac{C_3}{b}\mathrm{arctan}bt+\frac{C_4}{2b}\ln(1+b^2t^2)\\&+\frac{1}{2b^2}\ln(1+b^2t^2)+C_2x_2+(C_3+t)x_3+(C_4-C_2t)x_4\end{aligned}$$

Equations (129) give

$$\begin{aligned}\frac{\partial u}{\partial C_2}&=-x_{20}+\left(\frac{1}{b^2}\mathrm{arctan}bt-\frac{t}{b}\right)+x_2-tx_4=0\\\frac{\partial u}{\partial C_3}&=-x_{30}+\frac{1}{b}\mathrm{arctan}bt+x_3=0\\\frac{\partial u}{\partial C_4}&=-x_{40}+\frac{1}{2b}\ln(1+b^2t^2)+x_4=0\end{aligned}$$

and then we have

$$\begin{aligned}x_2&=x_{20}+x_{40}t-\frac{t}{b}-\frac{1}{b^2}\mathrm{arctan}bt-\frac{t}{2b}\ln(1+b^2t^2)\\x_3&=x_{30}-\frac{1}{b}\mathrm{arctan}bt\\x_4&=x_{40}-\frac{1}{2b}\ln(1+b^2t^2)\\x_1&=x_{10}+x_{30}t+\frac{1}{2b^2}\ln(1+b^2t^2)-\frac{t}{b}\mathrm{arctan}bt\end{aligned}$$

The four constants $x_{10}, x_{20}, x_{30}, x_{40}$ are not independent, and the restriction of constraint to the initial conditions (130) becomes

$$x_{30}-bx_{20}=0$$

6.5 Generalization of Noether symmetry

The Noether symmetry is an invariance of the Hamilton action under infinitesimal transformations. A Noether symmetry of mechanical systems can lead to a conserved quantity. Therefore, the Noether symmetry method is a modern and important integration method.

The generalization of Noether theory to mechanical systems is making progress, eg, see Djukić and Vujanović (1975), Li (1981), Bahar and Kwatny (1987), Liu (1991), and Li (1993). We now study a further generalization of Noether theory to nonholonomic systems.

Introducing the infinitesimal transformations

$$t^* = t + \Delta t, q_s^*(t^*) = q_s(t) + \Delta q_s \tag{131}$$

or

$$\begin{aligned} t^* &= t + \sum_{\alpha=1}^{r} \varepsilon_\alpha \xi_0^\alpha(t, \boldsymbol{q}, \dot{\boldsymbol{q}}) \\ q_s^*(t^*) &= q_s(t) + \sum_{\alpha=1}^{r} \varepsilon_\alpha \xi_s^\alpha(t, \boldsymbol{q}, \dot{\boldsymbol{q}}) \end{aligned} \tag{132}$$

where ε is an infinitesimal parameter and ξ_0^α, ξ_s^α are generators, then the complete variation of the Hamilton action is

$$\begin{aligned} \Delta S &= \Delta \int_{t_1}^{t_2} L(t, \boldsymbol{q}, \dot{\boldsymbol{q}}) \mathrm{d}t \\ &= \int_{t_1}^{t_2} \left\{ \frac{\partial L}{\partial t} \Delta t + \sum_{s=1}^{n} \left(\frac{\partial L}{\partial q_s} \Delta q_s + \frac{\partial L}{\partial \dot{q}_s} \Delta \dot{q}_s \right) + L \frac{\mathrm{d}}{\mathrm{d}t}(\Delta t) \right\} \mathrm{d}t \end{aligned} \tag{133}$$

or

$$\begin{aligned} \Delta S = \int_{t_1}^{t_2} \sum_{\alpha=1}^{r} \varepsilon_\alpha \Bigg\{ & \frac{\mathrm{d}}{\mathrm{d}t} \left(L\xi_0^\alpha + \sum_{s=1}^{n} \frac{\partial L}{\partial \dot{q}_s} \bar{\xi}_s^\alpha \right) \\ & + \sum_{s=1}^{n} \left(\frac{\partial L}{\partial q_s} - \frac{\mathrm{d}}{\mathrm{d}t} \frac{\partial L}{\partial \dot{q}_s} \right) \bar{\xi}_s^\alpha \Bigg\} \mathrm{d}t \end{aligned} \tag{134}$$

where

$$\bar{\xi}_s^\alpha = \xi_s^\alpha - \dot{q}_s \xi_0^\alpha$$

Definition 6.1 If the Hamilton action is a generalized quasi-invariant under the infinitesimal transformations of group, for every infinitesimal transformation (131), the following relation

$$\Delta S = -\int_{t_1}^{t_2} \left\{ \frac{\mathrm{d}}{\mathrm{d}t}(\Delta G) + \sum_{s=1}^{n} (Q_s \delta q_s) \right\} \mathrm{d}t \tag{135}$$

always holds, where $G = G(t, \boldsymbol{q}, \dot{\boldsymbol{q}})$ is gauge function and

$$\sum_{s=1}^{n} Q_s \delta q_s$$

is the sum of virtual work of the generalized nonpotential forces. The transformations are called the generalized quasisymmetrical transformations in the sense of Noether.

Criterion 6.1 For the infinitesimal transformations (131), if the following condition

$$\begin{aligned}&\frac{\partial L}{\partial t}\Delta t+\sum_{s=1}^{n}\frac{\partial L}{\partial q_s}\Delta q_s+\sum_{s=1}^{n}\frac{\partial L}{\partial \dot q_s}\Delta \dot q_s+L\frac{\mathrm{d}}{\mathrm{d}t}(\Delta t)\\&+\sum_{s=1}^{n}Q_s(\Delta q_s-\dot q_s\Delta t)=-\frac{\mathrm{d}}{\mathrm{d}t}(\Delta G)\end{aligned}\tag{136}$$

holds, then the transformations (131) are generalized quasisymmetrical transformations in the sense of Noether.

Proof Substituting (136) into (133), we obtain (135).

Criterion 6.2 For the infinitesimal transformations (132), if the r equations

$$\begin{aligned}&\frac{\mathrm{d}}{\mathrm{d}t}\left(L\xi_0^\alpha+\sum_{s=1}^{n}\frac{\partial L}{\partial \dot q_s}\bar\xi_s^\alpha\right)+\sum_{s=1}^{n}\left(\frac{\partial L}{\partial q_s}-\frac{\mathrm{d}}{\mathrm{d}t}\frac{\partial L}{\partial \dot q_s}+Q_s\right)\bar\xi_s^\alpha=-\frac{\mathrm{d}G^\alpha}{\mathrm{d}t}\\&(\alpha=1,\cdots,r)\end{aligned}\tag{137}$$

hold, then the transformations are generalized quasisymmetrical transformations in the sense of Noether.

Proof Substituting (137) into (134) and considering

$$\Delta G=\sum_{\alpha=1}^{r}\varepsilon_\alpha G^\alpha,\quad \delta q_s=\Delta q_s-\dot q_s\Delta t=\sum_{\alpha=1}^{r}\varepsilon_\alpha\bar\xi_s^\alpha$$

we obtain (135).

Proposition 6.5 For the given nonholonomic system (6), (23), if the infinitesimal transformations (132) are generalized quasi-symmetrical transformations in the sense of Noether and the conditions

$$\sum_{\beta=1}^{g}\sum_{s=1}^{n}\lambda_\beta\frac{\partial f_\beta}{\partial \dot q_s}\bar\xi_s^\alpha=0\quad(\alpha=1,\cdots,r)\tag{138}$$

hold, then the system possesses r independent first integrals as

$$I^\alpha=L\xi_0^\alpha+\sum_{s=1}^{n}\frac{\partial L}{\partial \dot q_s}\bar\xi_s^\alpha+G^\alpha=C_\alpha\quad(\alpha=1,\cdots,r)\tag{139}$$

Proof In virtue of (137) and (139), we have

$$\frac{\mathrm{d}I^\alpha}{\mathrm{d}t}=\dot L\xi_0^\alpha+L\dot\xi_0^\alpha+\sum_{s=1}^{n}\frac{\mathrm{d}}{\mathrm{d}t}\frac{\partial L}{\partial \dot q_s}\bar\xi_s^\alpha+\sum_{s=1}^{n}\frac{\partial L}{\partial \dot q_s}\dot{\bar\xi}_s^\alpha+\dot G^\alpha$$

$$
= \sum_{s=1}^{n} - \left(-\frac{\mathrm{d}}{\mathrm{d}t}\frac{\partial L}{\partial \dot{q}_s} + \frac{\partial L}{\partial q_s} + Q_s \right) \bar{\xi}_s^{\alpha}
$$

Adding (138) to the above formula, we obtain

$$
\frac{\mathrm{d}I^{\alpha}}{\mathrm{d}t} = \sum_{s=1}^{n} - \left(-\frac{\mathrm{d}}{\mathrm{d}t}\frac{\partial L}{\partial \dot{q}_s} + \frac{\partial L}{\partial q_s} + Q_s + \sum_{\beta=1}^{g} \lambda_{\beta} \frac{\partial f_{\beta}}{\partial \dot{q}_s} \right) \bar{\xi}_s^{\alpha} = 0
$$

Corollary For the nonholonomic system (6), (23), if the infinitesimal transformations (132) are generalized quasisymmetrical transformations in the sense of Noether and satisfy the Appell-Chetaev condition

$$
\sum_{s=1}^{n} \frac{\partial f_{\beta}}{\partial \dot{q}_s} \bar{\xi}_s^{\alpha} = 0 \tag{140}
$$

then the system possesses integrals (139) [see Liu (1991)].

Example 6.3 Study the motion of a sphere on a rough plane. Choosing the coordinates of the center of the sphere x, y, and the Euler angles ψ, θ, φ as the generalized coordinates, the Lagrangian and the equations of constraints are respectively

$$
L = \frac{1}{2} m(\dot{q}_1^2 + \dot{q}_2^2) + \frac{1}{2}\frac{2}{5} ma^2 (\dot{q}_3^2 + \dot{q}_4^2 + \dot{q}_5^2 + 2\dot{q}_3\dot{q}_5 \cos q_4)
$$

and

$$
\dot{q}_1 = -a(\dot{q}_5 \cos q_3 \sin q_4 - \dot{q}_4 \sin q_3)
$$

$$
\dot{q}_2 = -a(\dot{q}_5 \sin q_3 \sin q_4 + \dot{q}_4 \cos q_3)
$$

where

$$
q_1 = x, \quad q_2 = y, \quad q_3 = \psi, \quad q_4 = \theta, \quad q_5 = \varphi
$$

By virtue of Criterion 6.1, we find the following generators and gauge functions

$$
\xi_0 = -1, \ \xi_s = 0, \quad G = 0 \tag{141}
$$

$$
\xi_0 = 0, \ \xi_1 = 1, \ \xi_s = 0 \ (s = 2, 3, 4, 5), \ G = 0 \tag{142}
$$

$$
\xi_0 = 0, \ \xi_2 = 1, \ \xi_r = 0 \ (r = 1, 3, 4, 5), \ G = 0 \tag{143}
$$

$$
\xi_0 = 0, \ \xi_3 = 1, \ \xi_k = 0 \ (k = 1, 2, 4, 5), \ G = 0 \tag{144}
$$

$$
\xi_0 = 0, \ \xi_5 = 1, \ \xi_l = 0 \ \ (l = 1, 2, 3, 4), \ G = 0 \tag{145}
$$

The condition (140) gives

$$
\bar{\xi}_1 = -a(\bar{\xi}_5 \cos q_3 \sin q_4 - \bar{\xi}_4 \sin q_3)
$$

$$\bar{\xi}_2 = -a(\bar{\xi}_5 \sin q_3 \sin q_4 + \bar{\xi}_4 \cos q_3) \tag{146}$$

We can verify that (141) and (144) satisfy (146), but (142), (143), and (145) do not satisfy (146). We have proven that the problem belongs to the free motion of nonholonomic systems; therefore $\lambda_\beta = 0$ $(\beta = 1, 2)$. See Mei (1994). Thus (141)~(145) satisfy the condition (138); they correspond to the generalized quasi-symmetrical transformations in the sense of Noether. The integrals (139) give respectively

$$\begin{aligned}
I_1 &= \frac{1}{2}m(\dot{q}_1^2 + \dot{q}_2^2) + \frac{1}{2}\frac{2}{5}ma^2(\dot{q}_3^2 + \dot{q}_4^2 + \dot{q}_5^2 + 2\dot{q}_3\dot{q}_5 \cos q_4) = C_1 \\
I_2 &= m\dot{q}_1 = C_2 \\
I_3 &= m\dot{q}_2 = C_3 \\
I_4 &= \frac{2}{5}ma^2(\dot{q}_3 + \dot{q}_5 \cos q_4) = C_4 \\
I_5 &= \frac{2}{5}ma^2(\dot{q}_5 + \dot{q}_3 \cos q_4) = C_5
\end{aligned}$$

6.6 Generalization of Lie symmetry

The Lie symmetry is an invariance of the differential equations under the infinitesimal transformations. A Lie symmetry can lead to a conserved quantity under certain conditions. On the part of mathematics, the monographs are very important; eg, see Olver (1986), Bluman and Kumei (1989), and Ibragimov (1994). On the part of mechanics, Lutzky (1979), Zhao (1993, 1994), Zhao and Mei (1999), and Mei (1999) give some important results.

We now study the Lie symmetries and conserved quantities of nonholonomic systems. When $\alpha = 1$, the transformations (132) become

$$\begin{aligned}
t^* &= t + \varepsilon\xi_0(t, \boldsymbol{q}, \dot{\boldsymbol{q}}) \\
q_s^*(t) &= q_s(t) + \varepsilon\xi_s(t, \boldsymbol{q}, \dot{\boldsymbol{q}})
\end{aligned} \tag{147}$$

it is one parameter Lie group of transformations. Taking the infinitesimal generator vector

$$X^{(0)} = \xi_0 \frac{\partial}{\partial t} + \sum_{s=1}^{n} \xi_s \frac{\partial}{\partial q_s} \tag{148}$$

and its first extended vector

$$X^{(1)} = X^{(0)} + \sum_{s=1}^{n} (\dot{\xi}_s - \dot{q}_s \dot{\xi}_0) \frac{\partial}{\partial \dot{q}_s} \tag{149}$$

By virtue of Eqs (23) and (6), we can find all accelerations as

$$\ddot{q}_s = g_s(t, \boldsymbol{q}, \dot{\boldsymbol{q}}) \tag{150}$$

The invariance of Eqs (150) under the infinitesimal transformations (147) leads to the satisfaction of the following determining equations

$$\ddot{\xi}_s - \dot{q}_s\ddot{\xi}_0 - 2\dot{\xi}_0 g_s = X^{(1)}(g_s) \quad (s = 1, \cdots, n) \tag{151}$$

and the invariance of the equations of constraints (6) under the infinitesimal transformations (147) leads to the satisfaction of the following restriction equations

$$X^{(1)}(f_\beta(t, \boldsymbol{q}, \dot{\boldsymbol{q}})) = 0 \tag{152}$$

Considering the Appell-Chetaev condition (12) and $\delta q_s = \varepsilon(\xi_s - \dot{q}_s\xi_0)$, we have the following supplementary restriction equations

$$\sum_{s=1}^{n} \frac{\partial f_\beta}{\partial \dot{q}_s}(\xi_s - \dot{q}_s\xi_0) = 0 \tag{153}$$

and they are condition (140).

Definition 6.2 If the generator ξ_0, ξ_s, satisfies the determining equations (151), then the transformations are called the Lie symmetrical transformations of the corresponding holonomic system (150).

Definition 6.3 If the generator ξ_0, ξ_s satisfies the determining equations (151) and restriction equations (152), then the transformations are called the weakly Lie symmetrical transformations of the nonholonomic system (23), (6).

Definition 6.4 If the generator ξ_0, ξ_s satisfies the determining equations (151), restriction equations (152), and supplementary restriction equations (153), then the transformations are called the strongly Lie symmetrical transformations of the nonholonomic system (23), (6).

The following two propositions give the condition of existence and the form of conserved quantities of the Lie symmetries.

Proposition 6.6 For the infinitesimal generator ξ_0, ξ_s satisfying the determining equations (151) and restriction equations (152), if there exists a gauge function $G = G(t, \boldsymbol{q}, \dot{\boldsymbol{q}})$ satisfying the following structure equation

$$L\dot{\xi}_0 + X^{(1)}(L) + \sum_{s=1}^{n}(Q_s' + \Lambda_s)(\xi_s - \dot{q}_s\xi_0) + \dot{G} = 0 \tag{154}$$

where

$$\Lambda_s = \Lambda_s(t, \boldsymbol{q}, \dot{\boldsymbol{q}}) = \sum_{\beta=1}^{g} \lambda_\beta \frac{\partial f_\beta}{\partial \dot{q}_s} \tag{155}$$

then the nonholonomic system (23), (6) possesses the following conserved quantity of the weakly Lie symmetry

$$I = L\xi_0 + \sum_{s=1}^{n} \frac{\partial L}{\partial \dot{q}_s}(\xi_s - \dot{q}_s\xi_0) + G = \text{const.} \tag{156}$$

Proof In virtue of (156) and (154), we have

$$\begin{aligned}
\frac{\mathrm{d}I}{\mathrm{d}t} &= \dot{L}\xi_0 + L\dot{\xi}_0 + \sum_{s=1}^{n} \frac{\mathrm{d}}{\mathrm{d}t}\frac{\partial L}{\partial \dot{q}_s}(\xi_s - \dot{q}_s\xi_0) \\
&\quad + \sum_{s=1}^{n} \frac{\partial L}{\partial \dot{q}_s}(\dot{\xi}_s - \ddot{q}_s\xi_0 - \dot{q}_s\dot{\xi}_0) + \dot{G} \\
&= \sum_{s=1}^{n} \left(\frac{\mathrm{d}}{\mathrm{d}t}\frac{\partial L}{\partial \dot{q}_s} - \frac{\partial L}{\partial q_s} - Q'_s - \Lambda_s \right)(\xi_s - \dot{q}_s\xi_0) = 0
\end{aligned}$$

Proposition 6.7 For the infinitesimal generator ξ_0, ξ_s satisfying the determining equations (151), restriction equations (152), and supplementary restriction equations (153), if there exists a gauge function $G = G(t, \boldsymbol{q}, \dot{\boldsymbol{q}})$ satisfying the structure equation (154), then the nonholonomic system (23), (6) possesses the conserved quantity (156) of the strongly Lie symmetry.

Example 6.4 In the Chaplygin sled problem with a moment of force of restitution, the Lagrangian and the equation of constraint are respectively

$$\begin{aligned}
L &= \frac{1}{2}m(\dot{q}_1^2 + \dot{q}_2^2) + \frac{1}{2}J\dot{q}_3^2 - \frac{1}{2}kq_3^2 \\
f &= \dot{q}_2 - \dot{q}_1 \tan q_3 = 0
\end{aligned}$$

The equations of motion of the corresponding holonomic system are

$$\begin{aligned}
\ddot{q}_1 &= -\dot{q}_1\dot{q}_3 \tan q_3 \\
\ddot{q}_2 &= \dot{q}_1\dot{q}_3 \\
\ddot{q}_3 &= -\frac{k}{J}q_3
\end{aligned}$$

The determining equations (151) give

$$\begin{aligned}
&\ddot{\xi}_1 - \dot{q}_1\ddot{\xi}_0 - 2\dot{\xi}_0(-\dot{q}_1\dot{q}_3 \tan q_3) = -(\dot{\xi}_1 - \dot{q}_1\dot{\xi}_0)\dot{q}_3 \tan q_3 - (\dot{\xi}_3 - \dot{q}_3\dot{\xi}_0)\dot{q}_1 \tan q_3 - \frac{\dot{q}_1\dot{q}_3}{\cos^2 q_3}\xi_3 \\
&\ddot{\xi}_2 - \dot{q}_2\ddot{\xi}_0 - 2\dot{\xi}_0(\dot{q}_1\dot{q}_3) = (\dot{\xi}_1 - \dot{q}_1\dot{\xi}_0)\dot{q}_3 + (\dot{\xi}_3 - \dot{q}_3\dot{\xi}_0)\dot{q}_1 \\
&\ddot{\xi}_3 - \dot{q}_3\ddot{\xi}_0 - 2\dot{\xi}_0\left(-\frac{k}{J}q_3\right) = -\frac{k}{J}\xi_3
\end{aligned} \tag{157}$$

The restriction equations (152) give

$$\dot{\xi}_2 - \dot{q}_2\dot{\xi}_0 - (\dot{\xi}_1 - \dot{q}_1\dot{\xi}_0)\tan q_3 - \dot{q}_1\frac{\xi_3}{\cos^2 q_3} = 0 \tag{158}$$

and the supplementary restriction equations (153) give

$$\xi_2 - \dot{q}_2\xi_0 - (\xi_1 - \dot{q}_1\xi_0)\tan q_3 = 0 \tag{159}$$

Equations (157) have the following solutions

$$\xi_0 = -1, \quad \xi_1 = \xi_2 = \xi_3 = 0 \tag{160}$$

$$\xi_0 = 0, \quad \xi_s = \dot{q}_s \ (s = 1, 2, 3) \tag{161}$$

The solutions (160) and (161) satisfy (158) and (159), therefore, they correspond to the strongly Lie symmetry of a nonholonomic system. Substituting (160) and (161) into the structure equation (154), we obtain respectively

$$G_1 = 0$$
$$G_2 = -\frac{1}{2}m(\dot{q}_1^2 + \dot{q}_2^2) - \frac{1}{2}J\dot{q}_3^2 + \frac{1}{2}kq_3^2$$

and the corresponding conserved quantities are

$$I_1 = \frac{1}{2}m(\dot{q}_1^2 + \dot{q}_2^2) + \frac{1}{2}J\dot{q}_3^2 + \frac{1}{2}kq_3^2 = C_1$$
$$I_2 = I_1$$

They are the integral of energy of the system.

7. ALGEBRAIC STRUCTURE

It is well known that the conservative holonomic systems have a Lie algebraic structure. One can establish the Poisson integration method for the systems. We now study the algebraic structure of the nonholonomic systems and give a generalization of the Poisson theory.

7.1 Algebraic structure of particular nonholonomic systems

The particular nonholonomic systems can be divided into three types:

1) The equations of motion of the corresponding holonomic systems have the Lagrange form; 2) the Chaplygin systems have the Helmholtz potential; and 3) the conservative nonholonomic systems in which the free motion is realized, eg, see Novoselov (1966), Mei (1985, 1994).

We consider the nonholonomic system (23), (6). Before integrating the equations of motion, we can find the multipliers that satisfy the following equations

$$\sum_{s=1}^{n}\sum_{l=1}^{n}\sum_{\beta=1}^{g}\frac{\Delta_{sl}}{\Delta}\frac{\partial f_\gamma}{\partial \dot{q}_l}\frac{\partial f_\beta}{\partial \dot{q}_s}\lambda_\beta+\sum_{l=1}^{n}\frac{\partial f_\gamma}{\partial q_l}\dot{q}_l+\frac{\partial f_\gamma}{\partial t}$$
$$+\sum_{s=1}^{n}\sum_{l=1}^{n}\frac{\partial f_\gamma}{\partial \dot{q}_l}\frac{\Delta_{sl}}{\Delta}\left\{-\sum_{m=1}^{n}\sum_{k=1}^{n}[k,m;s]\dot{q}_k\dot{q}_m+\sum_{k=1}^{n}\left(\frac{\partial B_k}{\partial q_s}-\frac{\partial B_s}{\partial q_k}\right)\dot{q}_k\right.$$
$$\left.+Q_s+\frac{\partial T_0}{\partial q_s}-\frac{\partial B_s}{\partial t}-\sum_{k=1}^{n}\frac{\partial A_{ks}}{\partial t}\dot{q}_k\right\}=0\quad(\gamma=1,\cdots,g)\tag{162}$$

where Δ is the determinant of A_{sk}, Δ_{st} is the algebraic complement of the element (s,l) of Δ, B_s is the coefficient of first order for $\dot{q}_s$ in the kinetic energy, and T_0 is the term which does not contain $\dot{q}$ in the kinetic energy.

Let

$$\Lambda_s=\sum_{\beta=1}^{g}\lambda_\beta\frac{\partial f_\beta}{\partial \dot{q}_s}\tag{163}$$

Equation (23) becomes

$$\frac{\mathrm{d}}{\mathrm{d}t}\frac{\partial T}{\partial \dot{q}_s}-\frac{\partial T}{\partial q_s}=Q_s+\Lambda_s\tag{164}$$

Equation (164) can be considered as a holonomic system whose degrees of freedom are n, the kinetic energy is T, and the generalized forces are $Q_s+\Lambda_s$. We call Eq (164) the equation of motion of the corresponding holonomic system of the nonholonomic system. The motion of the nonholonomic system can be found in the motion of Eq (164), provided the initial conditions satisfy the equations of constraints (6), ie,

$$f_\beta(q_{s0},\dot{q}_{s0},t_0)=0\tag{165}$$

Suppose that there exists a function U such that

$$Q_s+\Lambda_s=\frac{\partial U}{\partial q_s}-\frac{\mathrm{d}}{\mathrm{d}t}\frac{\partial U}{\partial \dot{q}_s}$$
$$U=\sum_{s=1}^{n}A_s(t,\boldsymbol{q})\dot{q}_s+A(t,\boldsymbol{q})\tag{166}$$

then Eqs (164) have the form

$$\frac{\mathrm{d}}{\mathrm{d}t}\frac{\partial L}{\partial \dot{q}_s}-\frac{\partial L}{\partial q_s}=0\quad(s=1,\cdots,n)\tag{167}$$

where $L=T+U$. We call this system the particular nonholonomic system of the first type.

The equations of motion and the equations of constraints of the generalized Chaplygin system are respectively

$$\frac{\mathrm{d}}{\mathrm{d}t}\frac{\partial \widetilde{L}}{\partial \dot{q}_\sigma}-\frac{\partial \widetilde{L}}{\partial q_\sigma}-\sum_{\beta=1}^{g}\left(\frac{\partial L}{\partial \dot{q}_{\varepsilon+\beta}}\right)\left(\frac{\mathrm{d}}{\mathrm{d}t}\frac{\partial \varphi_\beta}{\partial \dot{q}_\sigma}-\frac{\partial \varphi_\beta}{\partial q_\sigma}\right)=0 \quad (\sigma=1,\cdots,\varepsilon) \tag{168}$$

$$\dot{q}_{\varepsilon+\beta}=\varphi_\beta(q_\sigma,\dot{q}_\sigma,t) \quad (\sigma=1,\cdots,\varepsilon) \tag{169}$$

where

$$L=T-V, \quad \widetilde{L}=\widetilde{T}-V$$
$$\widetilde{T}(q_\sigma,\dot{q}_\sigma,t)=T(q_\sigma,\dot{q}_\sigma,\varphi_\beta(q_\sigma,\dot{q}_\sigma,t),t)$$

Equations (168) can be written in the form

$$E_\sigma(\widetilde{L})=\Phi_\sigma, \quad \Phi_\sigma=\sum_{\beta=1}^{g}\left(\frac{\partial L}{\partial \dot{q}_{\varepsilon+\beta}}\right)E_\sigma(\varphi_\beta) \tag{170}$$

If the functions Φ_σ satisfy the Helmholtz condition

$$\begin{aligned}
&\frac{\partial \Phi_\sigma}{\partial \ddot{q}_\nu}=\frac{\partial \Phi_\nu}{\partial \ddot{q}_\sigma}\\
&\frac{\partial \Phi_\sigma}{\partial \dot{q}_\nu}+\frac{\partial \Phi_\nu}{\partial \dot{q}_\sigma}=\frac{\mathrm{d}}{\mathrm{d}t}\left(\frac{\partial \Phi_\sigma}{\partial \ddot{q}_\nu}+\frac{\partial \Phi_\nu}{\partial \ddot{q}_\sigma}\right)\\
&\frac{\partial \Phi_\sigma}{\partial q_\nu}-\frac{\partial \Phi_\nu}{\partial q_\sigma}=\frac{1}{2}\frac{\mathrm{d}}{\mathrm{d}t}\left(\frac{\partial \Phi_\sigma}{\partial \dot{q}_\nu}-\frac{\partial \Phi_\nu}{\partial \dot{q}_\sigma}\right)
\end{aligned} \tag{171}$$

Then one can calculate the function Ψ such that

$$\Phi_\sigma=\frac{\partial \Psi}{\partial q_\sigma}-\frac{\mathrm{d}}{\mathrm{d}t}\frac{\partial \Psi}{\partial \dot{q}_\sigma} \tag{172}$$

eg, see Novoselov (1966) and Mei (1985). In this case, Eqs (170) have the form

$$\frac{\mathrm{d}}{\mathrm{d}t}\frac{\partial L'}{\partial \dot{q}_\sigma}-\frac{\partial L'}{\partial q_\sigma}=0 \tag{173}$$

where $L'=\widetilde{L}+\Psi$. This system is called the particular nonholonomic system of the second type.

For some nonholonomic systems in which the free motion is realized, in this case, we have $\lambda_\beta=0$ $(\beta=1,\cdots,g)$. Thus we have

Proposition 7.1 The nonholonomic system can realize free motion, if and only if the following conditions satisfy

$$\sum_{l=1}^{n}\frac{\partial f_\gamma}{\partial q_l}\dot{q}_l+\frac{\partial f_\gamma}{\partial t}+\sum_{s=1}^{n}\sum_{l=1}^{n}\frac{\partial f_\gamma}{\partial \dot{q}_l}\frac{\Delta_{sl}}{\Delta}\left\{-\sum_{m=1}^{n}\sum_{k=1}^{n}[k,m;s]\dot{q}_k\dot{q}_m\right.$$

$$
+\sum_{k=1}^{n}\left(\frac{\partial B_k}{\partial q_s}-\frac{\partial B_s}{\partial q_k}\right)\dot{q}_k+Q_s+\frac{\partial T_0}{\partial q_s}-\frac{\partial B_s}{\partial t}-\sum_{k=1}^{n}\frac{\partial A_{ks}}{\partial t}\dot{q}_k\Bigg\}
$$
$$
=0\quad(\gamma=1,\cdots,g) \tag{174}
$$

For this system, Eqs (23) become

$$
\frac{\mathrm{d}}{\mathrm{d}t}\frac{\partial T}{\partial \dot{q}_s}-\frac{\partial T}{\partial q_s}=Q_s \tag{175}
$$

and if the generalized forces have the generalized potential, ie,

$$
Q_s=\frac{\partial U}{\partial q_s}-\frac{\mathrm{d}}{\mathrm{d}t}\frac{\partial U}{\partial \dot{q}_s} \tag{176}
$$

then the equations of motion have the form (167), where $L=T+U$. This system is called the particular nonholonomic system of the third type.

Proposition 7.2 The equations of motion of the above three particular nonholonomic systems possess a Lie algebraic structure and the Poisson integration method can be applied.

Example 7.1 The nonholonomic system is

$$
L=\frac{1}{2}(\dot{q}_1^2+\dot{q}_2^2),\quad V=0,\quad f=\dot{q}_1+bt\dot{q}_2-bq_2+t=0
$$

The equations of motion of corresponding holonomic system are

$$
\ddot{q}_1=-\frac{1}{1+b^2t^2},\quad \ddot{q}_2=-\frac{bt}{1+b^2t^2}
$$

Setting

$$
\begin{aligned}
&U=\frac{1}{b}\dot{q}_1\mathrm{arctan}bt+\frac{1}{2b}\dot{q}_2\ln(1+b^2t^2)\\
&L=T+U
\end{aligned}
$$

we have

$$
\frac{\mathrm{d}}{\mathrm{d}t}\frac{\partial L}{\partial \dot{q}_s}-\frac{\partial L}{\partial q_s}=0\quad(s=1,2)
$$

This system is a particular nonholonomic system of the first type.

Example 7.2 The problem of the free motion of a sphere on a rough plane is a particular nonholonomic system of the third type.

7.2 Algebraic structure of Chaplygin equations

The Chaplygin equations have the form

$$\frac{\mathrm{d}}{\mathrm{d}t}\frac{\partial \widetilde{L}}{\partial \dot{q}_\sigma} - \frac{\partial \widetilde{L}}{\partial q_\sigma} + \sum_{\beta=1}^{g}\left(\frac{\partial L}{\partial \dot{q}_{\varepsilon+\beta}}\right)\left(\frac{\partial B_{\varepsilon+\beta,\nu}}{\partial q_\sigma} - \frac{\partial B_{\varepsilon+\beta,\sigma}}{\partial q_\nu}\right)\dot{q}_\nu = 0 \tag{177}$$

where

$$\widetilde{L} = \widetilde{T} - V$$

$$\widetilde{T}(q_\sigma, \dot{q}_\sigma) = T\left(q_\sigma, \dot{q}_\sigma, \sum_{\sigma=1}^{\varepsilon} B_{\varepsilon+\beta,\sigma}\dot{q}_\sigma\right)$$

Setting

$$p_\sigma = \frac{\partial \widetilde{L}}{\partial \dot{q}_\sigma}, \quad \widetilde{H} = \sum_{\sigma=1}^{\varepsilon} p_\sigma \dot{q}_\sigma - \widetilde{L}$$

Eqs (177) become

$$\dot{q}_\sigma = \frac{\partial \widetilde{H}}{\partial p_\sigma}, \quad \dot{p}_\sigma = -\frac{\partial \widetilde{H}}{\partial q_\sigma} - \sum_{\beta=1}^{g}\sum_{\nu=1}^{\varepsilon} C_{\varepsilon+\beta}\omega_{\sigma\nu}^{\varepsilon+\beta}\frac{\partial \widetilde{H}}{\partial p_\nu} \quad (\sigma = 1, \cdots, \varepsilon) \tag{178}$$

where

$$C_{\varepsilon+\beta} = \left[\left(\frac{\partial L}{\partial \dot{q}_{\varepsilon+\beta}}\right)\right], \quad \omega_{\sigma\nu}^{\varepsilon+\beta} = \frac{\partial B_{\varepsilon+\beta,\nu}}{\partial q_\sigma} - \frac{\partial B_{\varepsilon+\beta,\sigma}}{\partial q_\nu}$$

Setting

$$a^\nu = q_\nu, \quad a^{\varepsilon+\nu} = p_\nu$$

Eqs (178) can be written in the form

$$\dot{a}^\alpha - \sum_{\beta=1}^{2\varepsilon} \Omega^{\alpha\beta}\frac{\partial \widetilde{H}}{\partial a^\beta} = 0 \tag{179}$$

where

$$(\Omega^{\alpha\beta}) = \begin{pmatrix} 0_{\varepsilon\times\varepsilon} & I_{\varepsilon\times\varepsilon} \\ -I_{\varepsilon\times\varepsilon} & (\alpha^{\sigma\nu})_{\varepsilon\times\varepsilon} \end{pmatrix} \tag{180}$$

$$\alpha^{\sigma\nu} = -\sum_{\tau=1}^{g} C_{\varepsilon+\tau}\omega_{\sigma\nu}^{\varepsilon+\tau}, \quad \alpha^{\sigma\nu} = -\alpha^{\nu\sigma} \tag{181}$$

We define the derivation of a function $A(a)$ with respect to t by Eqs (179) as an algebraic product, ie

$$\dot{A} = \sum_{\alpha=1}^{2\varepsilon}\sum_{\beta=1}^{2\varepsilon} \frac{\partial A}{\partial a^\alpha}\Omega^{\alpha\beta}\frac{\partial \widetilde{H}}{\partial a^\beta} \overset{\text{def}}{=} A \circ \widetilde{H} \tag{182}$$

This product satisfies

$$A \circ (B + C) = A \circ B + A \circ C$$
$$(A + B) \circ C = A \circ C + B \circ C$$
$$(\alpha A) \circ B = A \circ (\alpha B) = \alpha (A \circ B)$$

and we have

Proposition 7.3 The Chaplygin equations possess a consistent algebraic structure.

The condition under which the product possesses a Lie algebra is

$$\Omega^{\alpha\beta} + \Omega^{\beta\alpha} = 0 \tag{183}$$

$$\sum_{\delta=1}^{2\varepsilon} \left\{ (\Omega^{\alpha\delta} - \Omega^{\delta\alpha}) \frac{\partial}{\partial a^\delta} (\Omega^{\beta\gamma} - \Omega^{\gamma\beta}) + (\Omega^{\beta\delta} - \Omega^{\delta\beta}) \frac{\partial}{\partial a^\delta} (\Omega^{\gamma\alpha} - \Omega^{\alpha\gamma}) \right.$$
$$\left. + (\Omega^{\gamma\delta} - \Omega^{\delta\gamma}) \frac{\partial}{\partial a^\delta} (\Omega^{\alpha\beta} - \Omega^{\beta\alpha}) \right\} = 0 \tag{184}$$

Considering (180) and (181), the condition (183) holds and the condition (184) becomes

$$\sum_{\delta=1}^{2\varepsilon} \left(\Omega^{\alpha\delta} \frac{\partial \Omega^{\beta\gamma}}{\partial a^\delta} + \Omega^{\beta\delta} \frac{\partial \Omega^{\gamma\alpha}}{\partial a^\delta} + \Omega^{\gamma\delta} \frac{\partial \Omega^{\alpha\beta}}{\partial a^\delta} \right) = 0 \quad (\alpha, \beta, \gamma = 1, \cdots, 2\varepsilon) \tag{185}$$

We have

Proposition 7.4 The condition under which the Chaplygin equations possess a Lie algebra is (185).

Corollary If the Chaplygin system has one degreefreedom, then it possesses a Lie algebraic structure.

The generalization of the Poisson theory to the Chaplygin system has the following results.

Proposition 7.5 $I(a^\alpha, t) = C$ is a first integral of the system (179), if and only if the following condition

$$\frac{\partial I}{\partial t} + I \circ \widetilde{H} = 0 \tag{186}$$

holds.

Proposition 7.6 $\widetilde{H} = h$ is a first integral of the system (179).

Proposition 7.7 If the system (179) has an integral $I(a^\alpha, t) = C$ containing t, then $\partial I / \partial t, \partial^2 I / \partial t^2, \cdots$ are also first integrals.

Proposition 7.8 If the system (179) has an integral $I(a^\alpha, t) = C$ containing a^ρ, but $\Omega^{\alpha\beta}$and $\widetilde{H}$ do not depend explicitly on a^ρ, then $\partial I/\partial a^\rho, \partial^2 I/\partial a^{\rho^2}$, are also first integrals.

Example 7.3 The nonholonomic system of a Chaplygin sled has

$$T = \frac{1}{2}(\dot{x}^2 + \dot{y}^2) + \frac{1}{2}J\dot{\theta}^2, \quad V = 0, \quad f = \dot{y} - \dot{x}\tan\theta = 0$$

Setting

$$q_1 = x, \quad q_2 = \theta, \quad q_3 = y$$

we have

$$\begin{aligned}
&\widetilde{L} = \frac{1}{2}m\dot{q}_1^2(1 + \tan^2 q_2) + \frac{1}{2}J\dot{q}_2^2\\
&p_1 = \frac{\partial \widetilde{L}}{\partial \dot{q}_1} = m\dot{q}_1(1 + \tan^2 q_2), \quad p_2 = \frac{\partial \widetilde{L}}{\partial \dot{q}_2} = J\dot{q}_2\\
&\widetilde{H} = \frac{1}{2m}p_1^2\cos^2 q_2 + \frac{1}{2J}p_2^2\\
&B_{31} = \tan q_2, \quad B_{32} = 0\\
&\omega_{11}^3 = \omega_{22}^3 = 0, \quad \omega_{12}^3 = -\omega_{21}^3 = -\frac{1}{\cos^2 q_2}
\end{aligned}$$

Let

$$a^1 = q_1, \quad a^2 = q_2, \quad a^3 = p_1, \quad a^4 = p_2$$

Eqs (179) have the form

$$\dot{a}^\alpha - \sum_{\beta=1}^{4} \Omega^{\alpha\beta}\frac{\partial \widetilde{H}}{\partial a^\beta} = 0 \quad (\alpha = 1, 2, 3, 4)$$

where

$$(\Omega^{\alpha\beta}) = \begin{pmatrix} 0 & 0 & 1 & 0 \\ 0 & 0 & 0 & 1 \\ -1 & 0 & 0 & a^3\tan a^2 \\ 0 & -1 & -a^3\tan a^2 & 0 \end{pmatrix}$$

Using (186), we know that the system has the following integrals

$$\begin{aligned}
I_1 &= a^2 - \frac{a^4}{J}t = C_1\\
I_2 &= (a^1)^2 - \frac{2J}{m}\frac{a^3a^1}{a^4}\cos a^2\sin a^2\\
&\quad + \left(\frac{J}{m}\frac{a^3}{a^4}\right)^2\cos^2 a^2\sin^2 a^2\\
&= C_2
\end{aligned}$$

By virtue of Proposition 7.6, we obtain the integral

$$I_3 = \widetilde{H} = C_3$$

Using Proposition 7.7, from I_1 we obtain the integral

$$I_4 = \frac{\partial I_1}{\partial t} = -\frac{a^4}{J} = C_4$$

Using Proposition 7.8, from I_2 we obtain the integral

$$I_5 = \frac{\partial I_2}{\partial a^1} = 2a^1 - \frac{2J}{m}\frac{a^3}{a^4}\cos a^2 \sin a^2 = C_5$$

From I_1, I_2, I_3, I_4, I_5, we obtain at once the solution of the problem.

7.3　Algebraic structure of general nonholonomic systems

Eqs (23) can be written in the form

$$\frac{\mathrm{d}}{\mathrm{d}t}\frac{\partial L}{\partial \dot{q}_s} - \frac{\partial L}{\partial q_s} = Q_s' + \Lambda_s \tag{187}$$

where Q_s' are generalized nonpotential forces and Λ_s are generalized reactions of nonholonomic constraints. Let

$$p_s = \frac{\partial L}{\partial \dot{q}_s}, \quad H = \sum_{s=1}^{n} p_s \dot{q}_s - L$$

Eqs (187) have the form

$$\dot{q}_s = \frac{\partial H}{\partial p_s}, \quad \dot{p}_s = -\frac{\partial H}{\partial q_s} + \Lambda_s' \tag{188}$$

where

$$\Lambda_s'(\boldsymbol{q}, \boldsymbol{p}, t) = Q_s'(\boldsymbol{q}, \dot{\boldsymbol{q}}(\boldsymbol{q}, \boldsymbol{p}, t), t) + \Lambda_s(\boldsymbol{q}, \dot{\boldsymbol{q}}(\boldsymbol{q}, \boldsymbol{p}, t), t)$$

Let

$$a^s = q_s, \quad a^{n+s} = p_s$$

then Eqs (188) can be written in the contravariant algebraic form

$$\dot{a}^\mu - \sum_{\nu=1}^{2n} S^{\mu\nu}\frac{\partial H}{\partial a^\nu} = 0 \tag{189}$$

eg, see Santilli (1983), where

$$S^{\mu\nu} = \omega^{\mu\nu} + T^{\mu\nu}$$

$$(\omega^{\mu\nu}) = \begin{pmatrix} 0_{n\times n} & I_{n\times n} \\ -I_{n\times n} & 0_{n\times n} \end{pmatrix}$$

$$(T^{\mu\nu}) = \begin{pmatrix} 0_{n\times n} & 0_{n\times n} \\ 0_{n\times n} & (-\Omega_{kk})_{n\times n} \end{pmatrix}$$

$$\Lambda'_s = -\sum_{k=1}^{n} \Omega_{sk}\frac{\partial H}{\partial p_k}, \quad (\Omega_{sk}) = \begin{pmatrix} \Omega_{11} & 0 & \cdots & 0 \\ 0 & \Omega_{22} & \cdots & 0 \\ \vdots & \vdots & \ddots & \vdots \\ 0 & \cdots & \cdots & \Omega_{nn} \end{pmatrix}$$

We define the derivation of a function $A(a)$ with respect to t by Eqs (189) as a product

$$\dot{A} = \sum_{\mu=1}^{2n}\sum_{\nu=1}^{2n} \frac{\partial A}{\partial a^\mu} S^{\mu\nu} \frac{\partial H}{\partial a^\nu} \overset{\text{def}}{=} A \circ H \tag{190}$$

It satisfies the right and left distributive laws

$$A \circ (B + C) = A \circ B + A \circ C$$
$$(A + B) \circ C = A \circ C + B \circ C$$

and the scalar laws

$$(\alpha A) \circ B = A \circ (\alpha B) = \alpha (A \circ B)$$

then we have

Proposition 7.9 All the equations of motion of corresponding holonomic systems of nonholonomic systems have a consistent algebraic structure, eg, see Mei (1998).

In general, the product (190) has not a Lie algebraic structure. We define a new product by (190) as

$$[A, B] \overset{\text{def}}{=} A \circ B - B \circ A \tag{191}$$

We can verify that it satisfies the Lie algebra axiom, ie,

$$[A, B] + [B, A] = 0 \tag{192}$$

$$[A, [B, C]] + [B, [C, A]] + [C, [A, B]] = 0 \tag{193}$$

Therefore, we have

Proposition 7.10 All the equations of motion of corresponding holonomic systems of nonholonomic systems have a Lie-admissible algebraic structure, eg, see Mei (1999).

We now study the generalization of Poisson integration theory to nonholonomic systems. The equations of motion of nonholonomic systems do not have a Lie algebraic structure; therefore, the Poisson integration method cannot be applied. But we have the following generalization.

Proposition 7.11 $I(a^\mu, t) = C$ is a first integral of the system (189), if and only if the following condition

$$\frac{\partial I}{\partial t} + I \circ H = 0 \tag{194}$$

holds.

Proposition 7.12 If the Hamiltonian H does not depend explicitly on t, the generalized nonpotential forces are gyroscopic forces or they do not exist and the equations of constraints are homogeneous for $\dot{q}$, then $H = C$ is a first integral of the nonholonomic system.

Proposition 7.13 If the system (189) has a first integral $I(a^\mu, t) = C$ containing t, but $S^{\mu\nu}$ and H do not depend explicitly on t, then

$$\frac{\partial I}{\partial t}, \quad \frac{\partial^2 I}{\partial t^2}, \quad \cdots$$

and so on are also first integrals of the system.

Proposition 7.14 If the system (189) has a first integral $I(a^\mu, t) = C$ containing a^ρ, but $S^{\mu\nu}$ and H do not depend explicitly on a^ρ, then

$$\frac{\partial I}{\partial a^\rho}, \quad \frac{\partial^2 I}{\partial a^{\rho 2}}, \quad \cdots$$

and so on are also first integrals of the system.

Example 7.4 The nonholonomic system is

$$L = \frac{1}{2}(\dot{q}_1^2 + \dot{q}_2^2), \quad f = \dot{q}_2 - t\dot{q}_1 = 0$$

Eqs (189) give

$$\dot{a}^\mu - \sum_{\nu=1}^{4} S^{\mu\nu} \frac{\partial H}{\partial a^\nu} = 0$$

where

$$a^1 = q_1, \quad a^2 = q_2, \quad a^3 = p_1 = \dot{q}_1, \quad a^4 = p_2 = \dot{q}_2, \quad H = \frac{1}{2}\left\{(a^3)^2 + (a^4)^2\right\}$$

$$(S^{\mu\nu}) = \begin{pmatrix} 0 & 0 & 1 & 0 \\ 0 & 0 & 0 & 1 \\ -1 & 0 & 0 & 0 \\ 0 & -1 & 0 & 0 \end{pmatrix} + \begin{pmatrix} 0 & 0 & 0 & 0 \\ 0 & 0 & 0 & 0 \\ 0 & 0 & -\dfrac{t}{1+t^2} & 0 \\ 0 & 0 & 0 & \dfrac{a^3}{(1+t^2)a^4} \end{pmatrix}$$

Using Proposition 7.11, we can verify that the system has the following first integrals

$$I_1 = a^3 + ta^4 - a^2 = C_1$$

$$I_2 = a^3(1+t^2)^{\frac{1}{2}} = C_2$$

8. GEOMETRIC STRUCTURE

Mechanics lays in differential geometry naturally and reciprocally. This "marriage" has allowed not only a more rigorous formulation from the mathematical point of view, but also a better understanding of its physical content. See De León and Rodrigues (1985). There are three "Bibles": Godbillon (1969), Arnold (1974), and Abraham and Marsden (1978) and many important literatures, eg, see Bloch *et al* (1996), Cushman and Sniatycki (1998), Benenti (1983), Marsden and Ratiu (1994), Souriau (1969), Weber (1986), Tulczyjew (1976), Cantrijn *et al* (1986), Sarlet *et al* (1995), Guo *et al* (1999), De León and Rodrigues (1989), and Vershik and Gershkovich (1994).

The complexity of constraints, for example, the equations of constraints, depend on time t and generalized velocities, making them difficult to describe geometrically.

9. OPEN PROBLEMS

Below, we summarize some problems for future research in the area of nonholonomic mechanics:

1. Physical realization of nonlinear nonholonomic constraint.
2. Dynamics with unilateral constraints.
3. Geometric methods on nonlinear nonholonomic systems.
4. Global analysis of nonholonomic systems.
5. Vacco dynamics and classical nonholonomic dynamics.

6. Birkhoff mechanics and nonholonomic mechanics.
7. Application of nonholonomic mechanics to engineering practice.

ACKNOWLEDGEMENT

The author would like to thank: i) the unknown reviewers for their helpful comments on an earlier version of this memoir; ii) Prof F Pfeiffer for his support; and iii) Dr M Shang, Dr X W Chen, and Dr RC Zhang for their expert typing of the manuscript.

REFERENCES

[1] Abraham R and Marsden J E (1978), Foundations of Mechanics, Benjamin/ Curnmings Publ Co, London
[2] Aiserman M A and Gantmacher F R (1957), Stabilitat der Gleichgewichtslage in einem nichtholonomen System, ZAMM, 37(1-2), 74–75
[3] Appell P (1899), Les mouvements de roulement en dynamique, Avec deux notes de M Hadamard, Scientia, Paris
[4] Arnold V I (1978), Mathematical Methods of Classical Mechanics, Springer-Verlag, New York
[5] Bahar L Y and Kwatny H G (1987), Extension of Noether's theorem to constrained nonconserative dynamical systems, J Non-Linear Mech, 22, 125–138
[6] Benenti S (1983), Sympletic relation in analytical mechanics, in Modern Developments in Analytical Mechanics, Proc of IUTAM-ISIMM Symp, 39–91
[7] Bloch A M, Kishnaprasad PS, Marsden JE and Murray RM (1996), Nonholonomic mechanical systems with symmetry, Arch Rational Mech Anal, 136, 21–99
[8] Bluman G W and Kumei S (1989), Symmetries and Differential Equations, Springer-Verlag, New York
[9] Bottema O (1949), On the small vibrations of nonholonomic systems, Proc kon ned akad wet, 52(8), 848–850
[10] Cantrijn F, Cariñena J, Crampin M and Ibort L (1986), Reduction de degenerate Lagrange systems, J. Geom Phys, 3, 353–400
[11] Chen B (1987), Analytical Dynamics (in Chinese), Peking Univ Press, Beijing
[12] Chen L Q (1990), Extension of generalized Mac-Millan equations to variable mass nonholonomic mechanical systems (in Chinese), Acta Mechanica Solida Sinica, 11(3), 278–283
[13] Chetaev N (1927), Sur les équations de Poincaré, CR Acad Sci Paris, 185, 1577–1578
[14] Cushmann R and Sniatycki J (1997), Proc of the Pacific Institute of Mathematical Sciences Workshop on Nonholonomic Constraints in Dynamics, Calgary, Canada

[15] De León M and Rodrigues P R (1985), Generalized Classical Mechanics and Field Theory, North-Holland, Amsterdam

[16] De León M and Rodrigues P R (1989), Methods of Differential Geometry in Analytical Mechanics, North-Holland, Amsterdam

[17] Dobronravov V V (1970), Elements of Mechanics of Nonholonomic Systems (in Russian), Vischaya Shkola, Moscow

[18] Djukić Dj D and Vujanović B (1975), Noether's theory in classical nonconservative mechanics, Acta Mechanica, 23, 17–27

[19] Erugin N P (1952), Constructions of all set of system of differential equations, having given integral curve (in Russian), PMM, 10(6), 659–670

[20] Galiullin A S (1986), Methods of Solution of Inverse Problems of Dynamics (in Russian), Nauka, Moscow

[21] Gantmacher F R and Levin L M (1964), The Fight of Uncontrolled Rockets, The Macmillan Co, New York

[22] Ge Z-M (1997), Advanced Dynamics for Variable Mass Systems, Gau Lih Book Company, Taipeh

[23] Ghori Q K and Hussain M (1973), Poincaré equations for nonholonomic dynamical systems, ZAMM, 53, 391–396

[24] Godbillon C (1969), Géométrie Differentiate et Mecanique Analytique, Hermann, Paris

[25] Guo YX, Shang M and Mei F-X (1999), Poincaré-Cartan integral invariants of nonconservative dynamical systems, Int J Theo Phys, 38(3), 1017–1027

[26] Hamel G (1949), Theoretische Mechanik, Springer-Verlag, Berlin

[27] Ibragimov N H (1994), CRC Handbook of Lie Group Analysis of Differential Equations, CRC Press, Boca Raton

[28] Karagodin V M(1963), Theoretical Elements of Mechanics of Body of Variable Composition (in Russian), GNTT, Moscow

[29] Karapetyan A V and Rumyantsev V V (1990), Stability of conservative and dissipative systems, in Applied Mechanics: Soviet Review 1, Hemisphere, New York

[30] Kozlov V V (1982, 1983), Dynamics of systems with nonintegrable constraints 1, 2, 3, Mosc Univ Mech Bull, 37, 27–34, 70–76, 102–111

[31] Li Z-P (1981), Transformation property of constrained system (in Chinese), Acta Physica Sinica, 30(12), 1659–1671

[32] Li Z-P (1993), Classical and Quantal Dynamics of Constrained Systems and Their Symmetrical Properties (in Chinese), Beijing Polytechnic Univ Press, Beijing

[33] Liu D (1991), Noether's theorem and its inverse of nonholonomic nonconservative dynamical systems, Science in China, 34, 419–429

[34] Liu F-L and Mei F-X (1993), Formulation and solution for inverse problem of nonholonomic dynamics, Appl Math Mech, 14(4), 327–332

[35] Lutzky M (1979), Dynamical symmetries and conserved quantities, J PhyA: Math Gen, 12, 973–981

[36] Lur'e A I (1961), Analytical Mechanics (in Russian), Gostechizdat, Moscow

[37] Mangeron D and Deleanu S (1962). Sur une classe d'equations de mécanique analytique au sens de I. Tzénoff, Dokl Bulg AN, 15(1), 9–12

[38] Marsden J E and Ratiu T S (1994), An Introduction to Mechanics and Symmetry, Springer-Verlag, New York

[39] Mei F-X (1979), Transitivity relations of nonholonomic systems (in Chinese), Mechanics and Practice, 1(3), 37–38

[40] Mei F-X (1982), Nouvelles équations du mouvement des systèmes mécaniques non holonomes, Thèse d'Etat, ENSM, Nantes

[41] Mei F-X (1985), Foundations of Mechanics of Nonholonomic Systems (in Chinese), Beijing Institute of Technology Press, Beijing

[42] Mei F-X (1989), A field method for solving the equations of motion of nonholonomic systems, Acta Mechanica Sinica, 5(3), 260–268

[43] Mei F-X (1990), Parametric equations of nonholonomic nonconservative systems in the event space and their integration method, Acta Mechanica Sinica, 6(2), 160–168

[44] Mei F-X, Liu D and Luo Y (1991a). Advanced Analytical Mechanics (in Chinese), BIT Press, Beijing

[45] Mei F-X (1991b), On an integration mediod of equations of motion of nonholonomic systems with high order constraints (in Russian), PMM, 55(4), 691–695

[46] Mei F-X (1991c), Basic methods of solution for inverse problem of nonholonomic dynamics (in Chinese), Acta Mechanica Sinica, 23(2), 252–256

[47] Mei F-X (1993a), Stability of equilibrium for the autonomous Birkhoff systems, Chinese Science Bulletin, 38(10), 816–819

[48] Mei F-X (1993b), The Noether's theory of Birkhoff systems, Science in China, 36(12), 1456–1467

[49] Mei F-X (1994), The free motion of nonholonomic systems and disappearance of the nonholonomic property (in Chinese), Acta Mechanica Sinica, 26(4), 470–476

[50] Mei F-X, Shi R-C, Zhang Y-F and Wu H-B (1996), Dynamics of Birkhoffian Systems (in Chinese), BIT Press, Beijing

[51] Mei F-X (1998), The algebraic structure and Poisson's theory of the equations of motion of nonholonomic systems (in Russian), PMM, 62(1), 162–165

[52] Mei F-X (1999), Applications of Lie Groups and Lie Algebras to Constrained Mechanical Systems (in Chinese), Science Press, Beijing

[53] Mei F-X (2000), On the integration method of nonholonomic dynamics, J Non-Linear Mech, 35(2): 229–238

[54] Metscherski I A (1952), Works on Mechanics of Body of Variable Mass (in Russian), GiTTL, Moscow

[55] Neimark Ju I and Fufaev N A (1967), Dynamics of Nonholonomic Systems (in Russian), Nauka, Moscow

[56] Niu Q P (1964), Fundamental differential principles and equations of motion of nonholonomic systems (in Chinese), Acta Mechanica Sinica, 7(2), 139–148

[57] Novoselov V S (1959), Equations of motion of nonlinear nonholonomic systems with variable mass (in Russian), Vestn, LGU, Ser Math. Meck Astr. 7, 112–117

[58] Novoselov V S (1966), Variational Methods in Mechanics (in Russian), Leningrad UP, Leningrad

[59] Olver P J (1986), Applications of Lie Groups to Differential Equations, Springer-Verlag, New York

[60] Ostrovskaya S and Angeles J (1998), Nonholonomic systems revisited within the framework of analytical mechanics, Appl Mech Rev, 51(7), 415–433

[61] Papastavridis J G and Chen G (1986), The principle of least action in nonlinear and/or nonconservative oscillations. J Sound Vib, 109(2), 225–235

[62] Papastavridis J G (1998), A panoramic overview of the principles and equations of motion of advanced engineering dynamics, Appl Mech Rev, 51(4), 239–265

[63] Poincaré H (1902), Sur une forme nouvelle des équations de la mécanique, CR Acad Sci Paris, 132, 369–371

[64] Qiao Y F (1990), The Gibbs-Appell equations of variable mass nonlinear nonholonomic systems, Appl Math Mech, 11(10), 911–920

[65] Rumyantsev V V (1967), On the stability of motion of nonholonomic systems (in Russian), PMM, 42(3), 387–399

[66] Rumyantsev V V (1983), On some problems of analytical dynamics of nonholonomic systems, Proc of IUTAM-ISIMM Symp on Modern Developments in Analytical Mechanics, 697–716

[67] Rumyantsev V V (1994), On the Poincaré-Chetaev equations (in Russian), PMM, 58(4), 3–16

[68] Santilli R M (1983), Foundations of Theoretical Mechanics, Vol II, Springer-Verlag, New York

[69] Sarlet W, Cantrijn F and Suanders D J (1995), A geometrical framework for the study of nonholonomic Lagrangian systems, J Phys A: Math Gen, 28, 3253–3268

[70] Shi R-C and Mei F-X (1986), Percussion problems for nonholonomic mechanical systems (in Chinese), J of BIT, 6(1), 95–105

[71] Souriau J M (1969), Structure des Systèmes Dynamiques, Dunod, Paris

[72] Suslov G K (1946), Theoretical Mechanics (in Russian), Gostechizdat, Moscow

[73] Synge J L (1960), Classical Dynamics, in Handbuch der Physik, 111/1, 1–225, Springer-Verlag, Berlin

[74] Tulczyjew W M (1976), Lagrangian Submanifolds and Hamiltonian dynamics, CR Acad Paris, 283, 15–18

[75] Tzenoff I (1924), Sur les équations du mouvement des systèmes matériels non holonomes, Math Annalen Leipzig, 91

[76] Vershik A M and Gershkovich V Y A (1994), Nonholonomic dynamics, geometry of distributions and variational problems, Dynamical Systems 7, V Arnold and P Novikov (eds), 1–81, Springer-Verlag, New York

[77] Vujanović B (1975), A variational principle for non-conservative dynamical systems, ZAMM, 55(6), 321–331

[78] Vujanović B (1984), A field method and its application to the theory of vibration, Int J Non-Linear Mech, 19(4), 383–386

[79] Vujanović B and Jones SE (1989), Variational Methods in Nonconservative Phenomena, Academic Press, Boston

[80] Weber R M (1986), Hamiltonian systems with constraints and their meaning in mechanics, Arch Rational Mech Anal, 91, 309–335

[81] Whittaker E T (1937), A Treatise on the Analytical Dynamics of Particles and Rigid Bodies, Fourth Edition, Cambridge UP, Cambridge

[82] Wittenburg J (1977), Dynamics Systems of Rigid Bodies, Teubner, Stuttgart

[83] Yang L-W and Mei F-X (1989), Mechanics of Variable Mass Systems (in Chinese), BIT Press, Beijing

[84] Yushkov M P (1984), Construction of approximate solutions of equations of nonlinear vibrations based on the Gauss principle (in Russian), Vestn LGU, 13, 121–123

[85] Zhao Y-Y and Mei F-X (1993), On symmetry and invariant of dynamical systems (in Chinese), Adv in Mech, 23(3), 360–372

[86] Zhao Y-Y (1994), Conservative quantities and Lie symmetries of nonconservative dynamical systems (in Chinese), Acta Mechanica Sinica, 26, 380–384

[87] Zhao Y-Y and Mei F-X (1999), Symmetries and Invariants of Mechanical Systems (in Chinese), Science Press, Beijing

[88] Zhu H-P and Mei F-X (1995a), On the stability of nonholonomic mechanical systems with respect to partial variables, Appl Math Mech, 16(3), 237–245

[89] Zhu H-P, Shi R-C and Mei F-X (1995b), Stability for the equilibrium state of Chaplygin's systems, Appl Math Mech, 16(7), 635–642

[90] Zhu H-P and Mei F-X (1998), Developments in the studies of stability of nonholonomic systems (in Chinese), Adv in Mech, 28(1), 17–29

(原载 ASME, Appl. Mech. Rev. 2000, 53(11): 283–305)

§2.5 非完整约束系统几何动力学研究进展: Lagrange 理论及其他

1. 引言

现代数学和理论物理学中的流形和纤维丛理论渊源于对力学系统相空间结构的研究, 30 多年来, 这种现代数学理论极大地促进了物理学的发展, 并成为规范物理学诸多领域 (如量子力学、广义相对论、规范场论、粒子物理学) 的重要数学工具. 伴随这一几何化进程, 分析力学也实现了几何化, 成为 "规范" 的力学 [1−3]. 分析力学的几何化对非完整力学的现代发展起到了极大的推动作用, 它不仅深化了对非完整力学的理论研究, 而且也极大地推动了其应用研究, 这使得约束系统的几何动力学成为目前该研究领域的主流方向之一. 最早进入这一进程的是 Vershik A M[4] 和 Hermann R[5], 但非完整约束系统的几何动力学的蓬勃发展开始于 20 世纪 90 年代初. 10 年来, 从最初的构造约束流形的纤维丛结构, 到今天对约束系统的 Lagrange 理论、Hamilton 理论、对称性和不变量、动量映射与对称约化、非完整运动规划、约束系统的 Vakonomic 动力学等诸多专题的研究, 积累了丰富的文献资料, 形成了各种各样的理论, 并在控制与规划等领域得到了广泛应用.

本文主要评述非完整约束系统几何动力学的 Lagrange 理论的 10 年来发展, 并对上述所列专题作简要评述. 非完整约束系统的 Lagrange 理论是发展最早, 也是最完善的理论. 这个理论的基本原理是 D'Alembert-Lagrange 原理, 借助实现理想约束的 Chetaev 条件, 可以得到非完整约束力学系统的运动微分方程, 这是一种 Lagrange 描述方法. 利用这种方法所求得的运动方程大体上分为两类, 一类是带有 Lagrange 乘子的 Routh 方程, 另一类则是嵌入约束的 Chaplygin 方程, 这两种方程等价地描述了约束系统的运动规律 [6−9]. 在非完整约束系统几何动力学的 Lagrange 理论中, 也大致分为相应的两大类, 文中要分别加以综述. 为了得到一般性结果, 我们运用射丛 (jet bundles) 几何学研究非定常约束力学系统, 定常约束力学系统的辛几何方法和非定常约束系统的预辛几何学 (presymplectic) 方法可以看成其特例, 有兴趣的读者可参考文献 [10–13]. 关于辛几何学的内容可参考文献 [2, 3, 14], 关于切丛和射丛上 Ehresmann 联络的经典理论及其最新研究进展可参考文献 [15–20]. 全文采用 Einstein 求和约定. 为节省篇幅, 文中对定理、命题的证明以及应用实例一概省略.

2. 约束 Lagrange 系统的外附型几何理论

所谓约束 Lagrange 系统的外附型 (extrinsic) 几何理论是一种由自由系统动力学借助投影来获得约束系统动力学的理论 [21−26].

2.1 射丛按约束的直和分解与 Chetaev 丛

1. 1-射丛上的基本几何量

设 $\pi : M \to R$ 为绝对时间轴上的位形纤维丛, 其典型纤维为 n 维位形空间 Q, M 和 Q 的局部坐标分别为 $\{t, q^i\}$ 和 $\{q^i\}$. $\pi_1 : J_1M \to M$ 和 $\pi_2 : J_2M \to M$ 分别为 M 上的 1-射丛和 2-射丛, J_1M、J_2M 的局部坐标分别为 $\{t, q^i, \dot{q}^i\}$ 和 $\{t, q^i, \dot{q}^i, \ddot{q}^i\}$. $VM = \{X|X \in TM,\ i_X\mathrm{d}t = 0\}$ 和 $VJ_1M = \{X|X \in TJ_1M,\ \mathrm{d}\pi_1 \cdot X = 0\}$ 分别为 M 上关于 $\pi : M \to R$ 和 $\pi_1 : J_1M \to M$ 的竖直子丛, 其纤维空间的坐标基分别为 $\{\partial/\partial q^i\}$ 和 $\{\partial/\partial \dot{q}^i\}$. 显见, VM 和 VJ_1M 分别是 M 和 J_1M 上的仿射丛 J_1M 和 J_2M 的模.

后面将用到 1-射丛上两个基本的几何量: 竖直自同态、Ehresmann 联络, 以及由动力学函数确定的 1-射丛上的度规张量. 在局部坐标下, J_1M 上的竖直自同态 $S : TJ_1M \to VJ_1M$ 可表示为

$$S = \theta^i \otimes \partial/\partial \dot{q}^i = (\mathrm{d}q^i - \dot{q}^i\mathrm{d}t) \otimes \partial/\partial \dot{q}^i \tag{1}$$

这里, $\theta^i = \mathrm{d}q^i - \dot{q}^i\mathrm{d}t$ 是 Cartan 1-形式. 作用在微分形式上的 S 的伴随算符表示为 S^*, 显然

$$\begin{aligned} &S(\partial/\partial q^i) = \partial/\partial \dot{q}^i \\ &S(\partial/\partial \dot{q}^i) = 0 \\ &S^*(\mathrm{d}\dot{q}^i) = \theta^i \\ &S^*(\mathrm{d}q^i) = S^*(\mathrm{d}t) = 0 \end{aligned} \tag{2}$$

可见, 竖直自同态确定了 M 上的向量场至 J_1M 上的向量场的竖直提升.

1-射丛 J_1M 上的 Ehresmann 联络由下述矢量丛同态的正合序列

$$0 \to VJ_1M \to TJ_1M \to J_1M \times_M TM \to 0 \tag{3}$$

确定, 即存在关于投影 $\pi_1 : J_1M \to M$ 的水平提升 $H : J_1M \times_M TM \to TJ_1M$, 使得 $\pi_{1*}H = Id_{J_1M}$. 在局部坐标下

$$\begin{aligned} &H(\partial/\partial q^i) = \partial/\partial q^i - \Gamma_i^j \partial/\partial \dot{q}^j \dot{q} = H_i \\ &H(\partial/\partial t) = \partial/\partial t - \Gamma_0^i \partial/\partial \dot{q}^i \dot{q} = H_0 \end{aligned} \tag{4}$$

显见, 向量场 $T = \partial/\partial t + \dot{q}^i\partial/\partial q^i$ 的水平提升为

$$H(T) = T^H = \partial/\partial t + \dot{q}^i\partial/\partial \dot{q}^i - (\Gamma_0^i + \dot{q}^j\Gamma_j^i)\partial/\partial \dot{q}^i \tag{5}$$

定义 2.1　J_1M 上的动力学向量场 (二阶微分方程向量场) $Z : J_1M \to TJ_1M$ 为满足如下条件的向量场 $S(Z) = 0, i_Z\mathrm{d}t = 1$, 局部坐标下

$$Z = \partial/\partial t + \dot{q}^i\partial/\partial q^i + Z^i(t, q^i, \dot{q}^j)\partial/\partial \dot{q}^i \tag{6}$$

1-射丛的预辛形式与其上的动力学函数有关. 设 $\mathcal{L}: J_1M \to R$, 则 J_1M 上的基本 2-形式 $\omega_{\mathcal{L}} = \mathrm{d}(S^*(\mathrm{d}\mathcal{L})) + \mathrm{d}\mathcal{L} \wedge \mathrm{d}t$ 可以定义竖直丛 VJ_1M 上的纤维度规 $\bar{g}$.

定义 2.2 竖直丛 VJ_1M 上的纤维度规 $\bar{g}$ 为

$$\bar{g}(SX, SY) = \omega_{\mathcal{L}}(SX, Y), \quad \forall X, Y \in TJ_1M \tag{7}$$

若在 J_1M 上定义了联络, 则可将 VJ_1M 上的纤维度规 $\bar{g}$ 扩展为 TJ_1M 上的度规 g, 当 $\mathcal{L}$ 为 VJ_1M 的纤维坐标的二次函数时, 这个度规便简化为 M 上的 Riemann 度规, 此时它表示了力学系统的惯性性质, 即 $g_{ij} = \partial^2\mathcal{L}/(\partial\dot{q}^i\partial\dot{q}^j)$. 当上述 Ehresmann 联络为动力学联络时, 即 $\Gamma = -\mathcal{L}_Z S$, 基本 2-形式为度规 g 的 Kähler 形式, 即 $\omega_{\mathcal{L}} = g^k$. 对上述几何量的详细讨论见文献 [27, 28].

1-射丛 J_1M 的切丛不仅可以按着联络分解为水平分布和竖直分布的直和, 而且可以按着约束进行直和分解, 这种分解对于研究约束力学系统的几何结构非常重要, 下面就线性约束和非线性约束分别对 J_1M 和 J_2M 进行直和分解.

2. J_1M 按线性约束的直和分解

设力学系统受到如下一般的线性非完整约束

$$a_i^\beta(t,q)\dot{q}^i + a^\beta(t,q) = 0 \quad (i = 1, 2, \cdots, n; \quad \beta = 1, 2, \cdots, g) \tag{8}$$

将它表示为 J_1M 上的半基微分形式

$$A^\beta = a^\beta(t,q)\mathrm{d}t + a_i^\beta(t,q)\mathrm{d}q^i = A_t^\beta + A_q^\beta \tag{9}$$

并满足正则性条件: $A_q^1 \wedge A_q^2 \wedge \cdots \wedge A_q^g \neq 0$. 关于这个约束条件的非完整性的深入讨论见文献 [29, 30]. 由式 (8) 可以诱导出 J_1M 上的余分布

$$d^\beta = [T(a_i^\beta)\dot{q}^i + T(a^\beta)]\mathrm{d}t + \left(\dot{q}^j\frac{\partial a_j^\beta}{\partial q^i} + \frac{\partial a^\beta}{\partial q^i}\right)\theta^i + a_i^\beta \mathrm{d}\dot{q}^i \tag{10}$$

其中 $T = \mathrm{d}\pi_1 \cdot Z$. 利用竖直自同态 S^*, 可得

$$d_S^\beta = S^*(d^\beta) = a_i^\beta\theta^i \tag{11}$$

由它张成的线性空间为 $d_S = \mathrm{Span}\{d_S^\beta | d_S^\beta = a_i^\beta\theta^i\}$, 约束的独立性可表示为 $\mathrm{dim} d_S = \mathrm{rank}(a_i^\beta)$. 利用度规可以得到与式 (11) 对偶的向量场表示

$$r^\beta = g^{-1}(d_S^\beta) = g^{ij}a_i^\beta\partial/\partial q^i \tag{12}$$

定义 2.3 以 g 个线性独立的 r^β 为基的 VM 的 g 维向量子丛: $\mathcal{C} \to M$ 称为 M 上的 Chetaev 丛.

关于 Chetaev 丛的对偶定义及其性质, 见文献 [21–23, 31]. 记 $\mathcal{C}^\perp \subset VM$, 且对于截面 $u: M \to \mathcal{C}^\perp$ 满足: $g(u, r^\beta) = 0$(截面 u 相当于虚速度), 则 $VM = \mathcal{C} \oplus \mathcal{C}^\perp$.

定义 2.4　设 A_0^β 为 A^β 的零化子, 定义约束子流形为 1-射丛 J_1M 折仿射子丛: $j_1M = J_1M \cap A_0^\beta$.

j_1M 以 $\mathcal{C}^\perp$ 为模, 其纤维空间为 $n-g$ 维仿射空间. $J_1M, j_1M, VM, \mathcal{C}^\perp$ 之间的关系可用下面的可交换图表示

$$\begin{array}{ccc} J_1M & \xrightarrow{P_1} & j_1M \\ {\scriptstyle \text{mod}}\downarrow & & \downarrow{\scriptstyle \text{mod}} \\ VM & \xrightarrow{P_2} & \mathcal{C}^\perp \end{array}$$

至此, 可以引出 1-射丛 J_1M 按线性约束的分解定理如下:

定理 2.5 [25]　1-射丛 J_1M 可分解为仿射丛 j_1M (约束子流形) 和 Chetaev 丛的直和

$$J_1M = j_1M \oplus_M \mathcal{C} \tag{13}$$

这个分解可称为 J_1M 关于线性非完整约束 (9) 的 Chetaev 直和分解. 要证明这个定理, 除了上述条件之外, 需要如下引理:

引理 2.6　设向量空间 V 是仿射空间 A 的模, 且 $V = V_1 \oplus V_2$, A 的仿射子空间 $A_1 \subset A$ 以 V_1 为模, 则 $A = A_1 \oplus V_2$.

3. J_2M 按非线性约束的直和分解

通常, 力学系统所受到的非线性约束为 $f^\beta(t, q^i, \dot{q}^i) = 0$. 为一般性讨论之便, 定义力学系统所受到的非线性非完整约束为 1-射丛 J_1M 上的余分布

$$D = \mathrm{Span}\{D^\beta | D^\beta = A_0^\beta \mathrm{d}t + B_i^\beta \mathrm{d}q^i + C_i^\beta \mathrm{d}\dot{q}^i\} \tag{14}$$

其中 $A_0^\beta, B_i^\beta, C_i^\beta \in C^\infty(J_1M)$ 且 (C_i^β) 具有最大秩. 利用竖直自同态 S 可定义 J_1M 上的半基 1-形式 $D_S^\beta = S^*(D^\beta) = C_i^\beta \theta^i$, 它张成了 g 维线性子空间 D_S. D_S^β 的对偶为 $R^\beta = g^{ij} C_i^\beta \partial/\partial \dot{q}^j$.

定义 2.7　J_1M 上的余分布 (14) 所诱导的 VJ_1M 的向量子丛: $C \to J_1M$ 称为 J_1M 上的 Chetaev 丛, 其纤维空间由 $\{R^\beta | \beta = 1, 2, \cdots, g\}$ 张成.

设 VJ_1M 的截面 $\dot{u}: J_1M \to VJ_1M$ 满足正交关系: $g(R^\beta, \dot{u}) = 0$, 则由 $\dot{u}$ 的全体构成了向量子丛 $C^\perp \subset VJ_1M$, 满足直和分解: $VJ_1M = C^\perp \oplus C$.

定义 2.8　设 D_0^β 为 D^β 的零化子, 则由余分布 (14) 所确定的 J_2M 的仿射子丛 $j_2M = J_2M \cap D_0^\beta$ 称为 J_2M 的约束子流形.

$J_2M, j_2M, VJ_1M, C^\perp$ 之间的关系可用下面的可交换图表示

$$\begin{array}{ccc} J_2M & \xrightarrow{P} & j_2M \\ \text{mod}\Big\downarrow & & \Big\downarrow\text{mod} \\ VJ_1M & \xrightarrow{P'} & C^{\perp} \end{array}$$

由上述关系和引理 2.6 可得如下关于 J_2M 的直和分解定理.

定理 2.9 2-射丛 J_2M 可按非线性约束分解为如下直和

$$J_2M = j_2M \oplus_{J_1M} C \tag{15}$$

这个分解可称为 J_2M 关于非线性非完整约束 (14) 的 Chetaev 直和分解.

直和分解 (13) 和 (15) 是研究线性和非线性非完整约束力学的几何基础, 与物理学原理结合即可确定非完整约束系统的动力学.

2.2 D'Alembert-Lagrange *原理与约束动力学*

确定非完整约束系统的动力学依据两个因素, 一个是基本原理, 另一个是关于约束条件的实现方式. D'Alembert-Lagrange 原理提供了研究非完整力学的物理基础, 它要求约束是理想的, 这是一个物理要求, 但由于非完整约束的实现方式是不唯一的, 所以仅有这个要求还不足以确定非完整约束力的形式, 还需要规定实现理想约束的方式; 直和分解 (13) 和 (15) 是确定约束力和虚位移 (虚速度、虚加速度), 实现理想约束的一种自然的选择方式.

1. 线性约束情况

定义 2.10 设力学系统受到线性约束 (9), u, r 分别表示虚速度和约束反力. 如果 $g(r, u) = 0$, 则线性约束称为理想的.

如果虚位移为截面 $u : M \to j_1M$, 则根据直和分解 (13) 和上述理想约束条件, 约束力应为 Chetaev 丛的截面 $r : M \to C$. 在局部坐标下

$$r = \lambda_\beta r^\beta = \lambda_\beta a_i^\beta g^{ij}\partial/\partial q^j \tag{16}$$

其对偶的力形式为

$$r^* = \lambda_\beta d_S^\beta = \lambda_\beta a_i^\beta \theta^i \tag{17}$$

其中 λ_β 是约束力 r 在 Chetaev 丛 $\mathcal{C}$ 的纤维空间的基底 r^β 上的分量, 由下述命题确定.

命题 2.11 (D'Alembert-Lagrange 原理) 若线性约束力学系统 $\{M, \mathcal{L}, \omega_{\mathcal{L}}, F, A\}$ 满足下述条件: (1)A_q^g 的 g 次外代数 $\wedge^g A_q^\beta \neq 0$; (2) 约束是理想的; (3) 度规 $g = (\partial^2\mathcal{L}/\partial\dot{q}^i\partial\dot{q}^j)$ 是正定的;(4) 约束与动力学向量场相容, 则由 D'Alembert 方程

$$i_Z\omega_{\mathcal{L}} = F + r^* \tag{18}$$

在条件 $i_Z\mathrm{d}t=1$ 之下, 唯一确定了动力学向量场 Z, 其中 $\omega_{\mathcal{L}}=\mathrm{d}(S^*\mathrm{d}\mathcal{L})+\mathrm{d}\mathcal{L}\wedge\mathrm{d}t$ 为 J_1M 上的 Poincaré-Cartan 基本 2-形式.

利用命题中的条件可唯一确定约束力的分量和动力学向量场

$$\lambda_\alpha=-g_{\alpha\beta}d^\beta(Z_0) \tag{19a}$$

$$Z=Z_{\mathcal{L}}+F-g_{\alpha\beta}d^\beta(Z_0)a_i^\alpha g^{ij}\partial/\partial\dot{q}^j \tag{19b}$$

其中, $(g_{\alpha\beta})$ 为 $(g^{\beta\alpha})$ 的逆矩阵, $g^{\beta\alpha}=a_i^\beta g^{ij}a_j^\alpha$.

设曲线 $\gamma:R\to M$ 为 Z 的积分曲线, 则 $q^i=q^i(t)$ 满足的运动方程为局部坐标表示的 D'Alembert 方程

$$Z\left(\frac{\partial\mathcal{L}}{\partial\dot{q}^i}\right)-\frac{\partial\mathcal{L}}{\partial q^i}=F_i+\lambda_\beta a_i^\beta \tag{20}$$

这正是线性约束下的 Routh 方程 [7], 截面 $J_1M\to i(\mathcal{C})(i:VM\to VJ_1M$ 为纤维空间上的线性同构映射) 在基底 $i(r^\beta)$ 上的分量正是 Lagrange 乘子! 这就是通常的 Lagrange 乘子法的几何意义. 注意, 这里要求度规是正定的, 仅要求度规的正则性不能得到唯一解.

2. 非线性约束情况

定义 2.12　设力学系统受到非线性约束 (14), $\dot{u},R$ 分别表示虚加速度和约束反力. 如果 $g(R,\dot{u})=0$, 则非线性约束 (14) 称为理想的.

如果虚加速度为截面 $\dot{u}:J_1M\to j_2M$, 则根据直和分解 (15), 这个理想约束条件要求约束力应为 J_1M 上的 Chetaev 丛 C 的截面 $R:J_1M\to C$. 在局部坐标下

$$R=\lambda_\beta R^\beta=\lambda_\beta C_i^\beta g^{ij}\partial/\partial\dot{q}^j \tag{21}$$

其对偶的力形式为

$$R^*=\lambda_\beta C_i^\beta\theta^i \tag{22}$$

其中 λ_β 是约束力 R 在 Chetaev 丛 C 的纤维空间的基底 R^β 上的分量, 由下述命题确定.

命题 2.13　(D'Alembert-Lagrange 原理) 若非线性约束力学系统 $\{M,\mathcal{L},\omega_{\mathcal{L}},F,D\}$ 满足下述条件: (1) 约束具有最大秩;(2) 度规正定;(3) 约束是理想的; (4) 约束与动力学向量场相容, 则由 D'Alembert 方程

$$i_Z\omega_{\mathcal{L}}=F+R^* \tag{23}$$

在条件 $i_Z\mathrm{d}t=1$ 之下, 唯一确定了动力学向量场 Z, 其中 R^* 为约束力, $\omega_{\mathcal{L}}$ 为 J_1M 上的 Poincaré-Cartan 基本 2-形式.

由该命题中的条件, 可以求得相应的 Lagrange 乘子和动力学向量场

$$\lambda_\beta = -g_{\beta\alpha}D^\alpha(Z_0) \tag{24a}$$

$$Z = Z_{\mathcal{L}} + F - g_{\alpha\beta}D^\beta(Z_0)C_i^\alpha g^{ij}\partial/\partial\dot{q}^j \tag{24b}$$

其中 $(g_{\beta\alpha})$ 为 $(g^{\beta\alpha})$ 的逆矩阵, 而 $g^{\beta\alpha} = C_i^\beta g^{ij} C_j^\alpha = g^{-1}(S^*(D^\beta), S^*(D^\alpha))$.

定义 2.14 设 Z_0 为无约束系统的动力学向量场, $X \in J_2M, g$ 为 VJ_1M 上正定的纤维度规, 则 $G(X) = g(Z_0 - X, Z_0 - X)$ 称为 Gauss 拘束函数.

定理 2.15 (Gauss 定理) 如果约束力学系统满足命题 2.13 中的 4 个条件, 则描述该系统运动的动力学向量场的 Gauss 拘束函数取极小值.

动力学向量场 Z 的 Gauss 拘束函数为 $G(Z) = g(Z_0 - Z, Z_0 - Z) = g(R, R)$, 所以 Gauss 定理表明, 在满足命题 2.13 中的 4 个条件下, 对于 J_1M 上的度规 g, 理想约束反力的模取极小值. 因此, 在直和分解 (13) 或 (15) 下, 非完整力学的 D'Alembert-Lagrange 原理和 Gauss 原理是以最省力的方式实现非完整约束条件. 后面的分析可以表明, 这两个原理是符合物理学惯性原理的非完整力学的基本原理.

2.3 论 Chetaev 条件

在经典非完整力学的分析方法中, 假定将完整力学的理想约束

$$g(R, \delta q) = 0 \tag{25}$$

"自然" 地推广到非完整力学中, 这种推广保持了理想约束原有的直观性. 但是, 为了使非完整系统满足这个理想约束条件, 需要对仍然沿用的这个完整约束系统的虚位移 δq 和变分运算 δ 施加如下的 Chetaev 条件

$$\frac{\partial f^\beta}{\partial \dot{q}^i}\delta q^i = 0 \tag{26}$$

尽管这种做法确实能够确定约束反力的形式, 并能够建立具有唯一解的约束系统的运动方程, 但这个对虚位移的限定性条件存在的合理性和引入的逻辑性一直受到怀疑和争论 [32–34]. 这是对经典非完整力学继续沿用完整力学的变分运算和虚位移概念所应付出的合理代价. 事实上, 应该根据非完整约束条件重新定义 "虚位移" 概念, 根据理想约束条件来确定约束反力的形式.

式 (13) 和 (15) 表明, 1-射丛 J_1M 和 2-射丛 J_2M 的切丛可以分别按着线性非完整约束和非线性非完整约束条件进行 Chetaev 直和分解. 如果取截面 $u: M \to j_1M$(线性约束情况) 或者截面 $\dot{u}: J_1M \to j_2M$(非线性约束情况) 作为 "虚位移", 那么理想约束条件就要求约束反力为 Chetaev 丛的截面 $r: M \to \mathcal{C}$ 或 $R: J_1M \to C$, 从而可以确定 Chetaev 型约束反力的具体形式.

总之, 非完整约束系统的 Lagrange 理论依据三个要素:

(1) D'Alembert 原理, 这是一个基于牛顿力学规律的物理原理;

(2) 1-射丛 J_1M 和 2-射丛 J_2M 按约束条件的 Chetaev 直和分解 (13) 和 (15), 这是一个几何条件, 对应于经典非完整力学中的 Chetaev 条件;

(3) 理想约束条件, 这是实现非完整约束的一种模式, 其中隐含了 "虚位移" 的定义.

以这种模式确立的非完整约束系统动力学称为 Chetaev 型非完整力学. 事实上, 非完整约束条件的实现是不唯一的, 这导致非完整约束系统的动力学的不确定性, 如可以建立非理想约束条件下的动力学理论 [37], 也可以建立基于 Hamilton 原理的 Vakonomic 或 Vacco 动力学 [38−48].

从经典非完整力学的分析方法看, Chetaev 条件是对确定非完整系统的虚位移和变分运算的一种限制条件; 从现代微分几何的观点看, Chetaev 条件提供了以物理学原理来实现理想约束的几何关系, Chetaev 型非完整力学是一种可接受的力学模型. 经典非完整力学的许多 "合理" 但无法理解的概念在现代几何构架中会得到澄清和理解, 这一点在后面的研究中还将得到进一步的证实.

3. 约束 Lagrange 系统的内禀型几何理论

约束 Lagrange 系统的内禀型 (intrinsic) 几何理论是对广义 Chaplygin 方程所描述的非完整约束系统的几何化理论.

3.1 纤维化的约束子流形上的非完整联络及其曲率

1. 线性约束系统

线性约束下的非完整系统几何构造主要参考文献 [49–53]. 同前所述, 考虑 n 维非定常力学系统, 其扩展的位形流形为 $(n+1)$ 维流形 M, 局部坐标为 $\{t, q^i\}(i = 1, 2, \ldots, n)$, 假定该系统受到 g 个线性非完整约束

$$\dot{q}^{\varepsilon+\beta} = B_\sigma^{\varepsilon+\beta}(t, q^i)\dot{q}^\sigma + B^{\varepsilon+\beta}(t, q^i) \quad (\alpha, \beta = 1, 2, g < n; \quad \mu, \sigma = 1, 2, \cdots, \varepsilon = n - g) \tag{27}$$

这种构造区别了两种坐标: $\{q^\sigma\}$ 和 $\{q^{\varepsilon+\beta}\}$. 如果坐标变换保持这个特点, 则位形流形 M 就具有 $(n-g+1)$ 维流形 M_0 上的纤维化结构, M_0 为 M 的仿射子流形, 其局部坐标为 $\{t, q^\sigma\}$.

令 $\tau: M \to M_0, \pi_0: M_0 \to R$, 则 $\pi = \pi_0 \cdot \tau$. $J_1M_0 \in TM_0$ 表示 1-射丛, VM 为 TM 关于投影 τ 竖直子空间, 即微分映射 $\mathrm{d}\tau$ 的核; $T^*(J_1M_0) = M \times_{M_0} J_1M_0$ 表示 M 上的拉回丛 (pull back bundle). 沿 τ 的向量场为截面: $M \to \tau^*(J_1M_0)$, 在局部坐标下, 它由 M_0 上的基向量和标量函数 $f \in C^\infty(M)$ 的积来表示, 这种向量场的集合构成了 $C^\infty(M)$ 上的模, 表示为 $\chi(\tau)$.

定义 3.1 M 上的非完整联络是由下列正合序列的分解所确定的 Ehresmann 联络

$$0 \to VM \to TM \to \tau^*(J_1M_0) \to 0 \tag{28}$$

显见, 这种联络是由约束所确定的, 并确定了 $\chi(\tau)$ 对 TM 的水平提升. 设 $h:\chi(\tau)\to TM$, 则 $\mathrm{d}\tau\cdot h = id_{\chi(\tau)}$, 在局部坐标下

$$h_0 = h(\partial/\partial t) = \partial/\partial t + \Gamma_0^{\varepsilon+\beta}(t,q)\partial/\partial q^{\varepsilon+\beta} \tag{29a}$$

$$h_\sigma = h(\partial/\partial q^\sigma) = \partial/\partial q^\sigma + \Gamma_\sigma^{\varepsilon+\beta}(t,q)\partial/\partial q^{\varepsilon+\beta} \tag{29b}$$

其中 $\Gamma_0^{\varepsilon+\beta}$ 为 $g(\varepsilon+1)$ 个联络系数, $\{\partial/\partial q^{\varepsilon+\beta}\}$ 是关于 τ 的 TM 的竖直子空间的基. $\{h_0,h_\sigma\}$ 张成了 TM 的水平子空间, 即 M 上的水平分布, 可表示为 $h_\tau = h(\tau^*(J_1M_0))$, 它同构于 $\tau^*(J_1M_0)$, 称为约束子流形.

另一方面, 上述联络也可以定义为映射 $h':M\to J_1\tau$, 其中 $J_1\tau$ 为映射 $\tau: M\to M_0$ 的 1-射丛, 其局部坐标为 $\{t,q^\sigma,q^{\varepsilon+\beta},q_0^{\varepsilon+\beta},q_\sigma^{\varepsilon+\beta}\}$. 由约束方程 (27) 可得出

$$q_0^{\varepsilon+\beta} = B^{\varepsilon+\beta}(t,q^i),\quad q_\sigma^{\varepsilon+\beta} = B_\sigma^{\varepsilon+\beta}(t,q^i) \tag{30}$$

因此, 由约束方程 (27) 确定了联络系数

$$\begin{aligned}\Gamma_0^{\varepsilon+\beta}(t,q^i) &= B^{\varepsilon+\beta}(t,q^i)\\ \Gamma_\sigma^{\varepsilon+\beta}(t,q^i) &= B_\sigma^{\varepsilon+\beta}(t,q^i)\end{aligned} \tag{31}$$

集合 $\{h_0,h_\sigma,\partial/\partial q^{\varepsilon+\beta}\}$ 构成了 M 上向量场的一组基, 其对偶基为 $\{\mathrm{d}t,\mathrm{d}q^\sigma,\eta^{\varepsilon+\beta}=\mathrm{d}q^{\varepsilon+\beta}-B_\sigma^{\varepsilon+\beta}\mathrm{d}q^\sigma-B^{\varepsilon+\beta}\mathrm{d}t\}$.

利用这组基向量和基 1-形式, M 上的向量场关于 τ 的水平和竖直投影为

$$p_h = h_0\otimes \mathrm{d}t + h_\sigma\otimes \mathrm{d}q^\sigma,\quad p_v = \partial/\partial q^{\varepsilon+\beta}\otimes\eta^{\varepsilon+\beta} \tag{32}$$

按照主丛上的标准联络理论 [16], 上述纤维丛 $\tau: M\to M_0$ 上的非完整联络作为 Ehresmann 联络可以等价地定义为矢值 1-形式.

定义 3.2 对应于 h 的 VM-值联络 1-形式 ω 为正则投影 $p_v: TM\to T(M/M_0)$, 即

$$\omega = p_v = \partial/\partial q^{\varepsilon+\beta}\otimes\eta^{\varepsilon+\beta} \tag{33}$$

M 上的非完整联络 h 的 VM-值曲率 2-形式 r_c 为 VM-值联络 1-形式 p_v 的外协变微分

$$r_c = \nabla p_v = \mathrm{d}p_v\cdot p_h \tag{34}$$

将方程 (32) 代入上述方程得到曲率的局部坐标表示

$$r_c = \Big\{ [h_\sigma(B^{\varepsilon+\beta}) - h_0(B^{\varepsilon+\beta})]\mathrm{d}t \wedge \mathrm{d}q^\sigma + \frac{1}{2}[h_\mu(B_\sigma^{\varepsilon+\beta}) - h_\sigma(B_\mu^{\varepsilon+\beta})]\mathrm{d}q^\sigma \wedge \mathrm{d}q^\mu \Big\} \otimes \partial/\partial q^{\varepsilon+\beta} \tag{35}$$

为了澄清曲率 2-形式 r 的意义, 构造 M 上的向量场的另一个活动标架 $\{T, h_\mu, \partial/\partial q^{\varepsilon+\beta}\}$, 其中

$$T = \partial/\partial t + \dot{q}^\sigma \partial/\partial q^\sigma + (B_\sigma^{\varepsilon+\beta}\dot{q}^\sigma + B^{\varepsilon+\beta})\partial/\partial q^{\varepsilon+\beta} \tag{36}$$

对偶的基 1-形式为 $\{\mathrm{d}t, \theta^\mu, \eta^{\varepsilon+\beta}\}$, 其中 $\eta^\mu = \mathrm{d}q^\mu - \dot{q}^\mu \mathrm{d}t$ 称为 Cartan 接触 1-形式. 利用这种互为对偶的标架基, 公式 (35) 可以变换为

$$r_c = \left\{ -t_\sigma^{\varepsilon+\beta}\mathrm{d}t \wedge \theta^\sigma + \frac{1}{2}[h_\mu(B_\sigma^{\varepsilon+\beta}) - h_\sigma(B_\mu^{\varepsilon+\beta})]\theta^\sigma \wedge \theta^\mu \right\} \otimes \partial/\partial q^{\varepsilon+\beta} \tag{37}$$

其中 $t_\sigma^{\varepsilon+\beta} = T(B_\sigma^{\varepsilon+\beta}) - h_\sigma(B_\mu^{\varepsilon+\beta}\dot{q}^\mu + B^{\varepsilon+\beta})$, 进一步变换得

$$t_\sigma^{\varepsilon+\beta} = C_{\mu\sigma}^\beta \dot{q}^\mu + D_{0\sigma}^\beta \tag{38}$$

这里

$$C_{\mu\sigma}^\beta = \left(\frac{\partial B_\sigma^{\varepsilon+\beta}}{\partial q^\mu} - \frac{\partial B_\mu^{\varepsilon+\beta}}{\partial q^\sigma} \right) + \left(B_\mu^{\varepsilon+\alpha} \frac{\partial B_\sigma^{\varepsilon+\beta}}{\partial q^{\varepsilon+\alpha}} - B_\sigma^{\varepsilon+\alpha} \frac{\partial B_\mu^{\varepsilon+\beta}}{\partial q^{\varepsilon+\alpha}} \right) \tag{39a}$$

$$D_{0\sigma}^\beta = \left(\frac{\partial B_\sigma^{\varepsilon+\beta}}{\partial t} - \frac{\partial B^{\varepsilon+\beta}}{\partial q^\sigma} \right) + \left(B^{\varepsilon+\alpha} \frac{\partial B_\sigma^{\varepsilon+\beta}}{\partial q^{\varepsilon+\alpha}} - B_\sigma^{\varepsilon+\alpha} \frac{\partial B^{\varepsilon+\beta}}{\partial q^{\varepsilon+\alpha}} \right) \tag{39b}$$

这样, 曲率 2-形式 r_c 取如下形式

$$r_c = \left(\frac{1}{2} C_{\mu\sigma}^\beta \mathrm{d}q^\sigma \wedge \mathrm{d}q^\mu - D_{0\sigma}^\beta \mathrm{d}t \wedge \mathrm{d}q^\sigma \right) \otimes \partial/\partial q^{\varepsilon+\beta} \tag{40}$$

如果 $r_c = 0$, 则 $C_{\mu\sigma}^\beta = D_{0\sigma}^\beta = 0$, 即 $t_\sigma^{\varepsilon+\beta} = 0$. 反之, 如果 $t_\sigma^{\varepsilon+\beta} = 0$, 则因 $\dot{q}^\mu$ 的独立性, $C_{\mu\sigma}^\beta = D_{0\sigma}^\beta = 0$, 使得 $r_c = 0$. 因此, 有

命题 3.3 当且仅当 $t_\sigma^{\varepsilon+\beta} = 0$ 时, 曲率 $r_c = 0$.

由联络 1-形式 p_v 及其曲率 r_c 满足下面的 Cartan 结构方程

$$(\mathrm{d}p_v)(X, Y) = -[p_v(X), p_v(Y)] + r_c(X, Y) \tag{41}$$

可以给出非完整联络的曲率与水平分布的另一个重要的几何关系 [49]

$$r_c(X_h, Y_h) = -p_v([X_h, Y_h]) \tag{42}$$

其中, $X_h, Y_h \in h_\tau$. 由此可得, 如果 $r_c = 0$, 则分布 $h_\tau \subset TM$ 便是对合的, 而且根据 Frobenius 定理, 这个分布也是可积的, 这意味着线性约束方程 (27) 是可积的. 反之, 如果约束 (27) 是可积的, 则根据 Frobenius 定理, $h_\tau \subset TM$ 是对合的, 从而由方程 (25) 和上面关于曲率的定义知, $r_c = 0$. 由此得到如下命题:

命题 3.4 当且仅当纤维丛 $M \to M_0$ 上的联络 h 的曲率 r_c 为零时, 线性约束 (27) 是可积的.

与命题 3.3 结合, 可得

命题 3.5 当且仅当 $t_\sigma^{\varepsilon+\beta} = 0$ 时, 线性约束 (27) 是可积的.

2. 非线性约束系统

研究非线性非完整约束下的约束流形上的几何结构可参考文献 [22, 28, 51, 54]. 假定系统受到 g 个一阶非线性非完整约束

$$\dot{q}^{\varepsilon+\beta} = \varphi^\beta(t, q^i, \dot{q}^\sigma) \tag{43}$$

这类约束经常出现于优化控制和经济动力学领域 [10,25]. 这种构造同样区别了两组坐标 q^σ 和 $q^{\varepsilon+\beta}$, 如果 M 上的坐标变换保持这个特点, 则位形流形 M 具有纤维化结构.

令 VM 表示 TM 关于投影 $\tau : M \to M_0$ 的竖直子空间, $M_0 \subset M$ 是 $\varepsilon + 1$ 流形, $J_1M_0 \subset TM_0$ 关于 $\pi_0 : M_0 \to R$ 的 1-射丛, 且 $\tau^*(J_1M_0) = M \times_{M_0} J_1M_0$ 是 M 上的拉回丛.

定义 3.6 令 $i : \tau^*(J_1M_0) \to J_1M$ 为由约束方程 (43) 所定义的嵌入, 则 $N = i(\tau^*(J_1M_0))$ 称为 J_1M 的约束状态子流形, 而丛 $\rho : N \to J_1M_0$ 称为约束状态丛.

设 VN 为 TN 关于 ρ 的竖直子空间, 而 $\rho^*(T(J_1M_0)) = N \times_{J_1M_0} T(J_1M_0)$ 为 N 上的拉回丛, $\chi(\rho)$ 表示沿 ρ 的向量场的集合, 即截面 $S : N \to \rho^*(T(J_1M_0))$ 的集合, 则丛 $\rho : N \to J_1M_0$ 上的 Ehresmann 联络由下列正合序列确定

$$0 \to VN \to TN \to \rho^*(T(J_1M_0)) \to 0 \tag{44}$$

设 $H : \chi(\rho) \to TN$ 则 $\mathrm{d}\rho \cdot H = id_{\chi(\rho)}$. 在局部坐标下

$$H_0 = H(\partial/\partial t) = \partial/\partial t + \overline{\Gamma}_0^{\varepsilon+\beta} \partial/\partial q^{\varepsilon+\beta} \tag{45a}$$

$$H_\sigma = H(\partial/\partial q^\sigma) = \partial/\partial q^\sigma + \overline{\Gamma}_\sigma^{\varepsilon+\beta} \partial/\partial q^{\varepsilon+\beta} \tag{45b}$$

$$H_{\dot{\sigma}} = H(\partial/\partial \dot{q}^\sigma) = \partial/\partial \dot{q}^\sigma + \overline{\Gamma}_{\dot{\sigma}}^{\varepsilon+\beta} \partial/\partial q^{\varepsilon+\beta} \tag{45c}$$

其中 $\overline{\Gamma}_0^{\varepsilon+\beta}, \overline{\Gamma}_\sigma^{\varepsilon+\beta}, \overline{\Gamma}_{\dot{\sigma}}^{\varepsilon+\beta} \in C^\infty(N)$, 而且 $\{H_0, H_\sigma, H_{\dot{\sigma}}\}$ 张开了 N 上的水平分布. 正则投影 ρ 诱导了映射 $H' : N \to J_1\rho$, 即 $(t, q^\sigma, \dot{q}^\sigma, q^{\varepsilon+\beta}) \to (t, q^\sigma, \dot{q}^\sigma, q^{\varepsilon+\beta}, q_0^{\varepsilon+\beta}, q_\sigma^{\varepsilon+\beta},$

$q_{\dot{\sigma}}^{\varepsilon+\beta}$), 其中 $J_1\rho$ 为 $\rho: N \to J_1M_0$ 的 1-射丛, 我们有

$$\begin{aligned} \overline{\Gamma}_0^{\varepsilon+\beta} &= q_0^{\varepsilon+\beta} = \varphi^\beta - \dot{q}^\sigma \partial\varphi^\beta/\partial\dot{q}^\sigma \\ \overline{\Gamma}_\sigma^{\varepsilon+\beta} &= q_\sigma^{\varepsilon+\beta} = \partial\varphi^\beta/\partial\dot{q}^\sigma \\ \overline{\Gamma}_{\dot{\sigma}}^{\varepsilon+\beta} &= q_{\dot{\sigma}}^{\varepsilon+\beta} = 0 \end{aligned} \tag{46}$$

取 N 上向量场的基为 $\{H_0, H_\sigma, H_{\dot{\sigma}} = \partial/\partial\dot{q}^\sigma, V_\beta = \partial/\partial q^{\varepsilon+\beta}\}$, 其对偶的基 1-形式为 $\{\mathrm{d}t, \mathrm{d}q^\sigma, \mathrm{d}\dot{q}^\sigma, \xi^{\varepsilon+\beta} = \mathrm{d}q^{\varepsilon+\beta} - \overline{\Gamma}_\sigma^{\varepsilon+\beta}\mathrm{d}q^\sigma - \overline{\Gamma}_0^{\varepsilon+\beta}\mathrm{d}t\}$, 利用这些基, N 上向量场的水平投影和竖直投影可表示为

$$\begin{aligned} P_H &= H_0 \otimes \mathrm{d}t + H_\sigma \otimes \mathrm{d}q^\sigma + H_{\dot{\sigma}} \otimes \mathrm{d}\dot{q}^\sigma \\ P_V &= \partial/\partial q^{\varepsilon+\beta} \otimes \xi^{\varepsilon+\beta} \end{aligned} \tag{47}$$

显然, $P_H(TN) = H(\rho^*(T(J_0M))) \triangleq H_\rho$ 为 N 上的水平分布.

与线性约束系统的情况类似, 我们可以用竖直投影算符来定义从 $\rho: N \to J_1M_0$ 上的联络 H 的矢值 1-形式及其曲率.

定义 3.7　N 上的一个 VN-值 1-形式 ω_H 是投影 $P_V: TN \to VN$, 即

$$\omega_H = P_V = \partial/\partial q^{\varepsilon+\beta} \otimes \xi^{\varepsilon+\beta} \tag{48}$$

其曲率形式为 VN-值 2-形式 R_C

$$R_C = \nabla P_V = \mathrm{d}P_V \cdot P_H \tag{49}$$

将方程 (47) 代入方程 (49), 得

$$\begin{aligned} R_C = \Bigg\{ &[H_\sigma(\overline{\Gamma}_0^{\varepsilon+\beta}) - H_0(\overline{\Gamma}_\sigma^{\varepsilon+\beta})]\mathrm{d}t \wedge \mathrm{d}q^\sigma + \frac{1}{2}[H_\mu(\overline{\Gamma}_\sigma^{\varepsilon+\beta}) - H_\sigma(\overline{\Gamma}_\mu^{\varepsilon+\beta})]\mathrm{d}q^\sigma \wedge \mathrm{d}q^\mu \\ &+ \frac{\partial\overline{\Gamma}_0^{\varepsilon+\beta}}{\partial\dot{q}^\sigma}\mathrm{d}t \wedge \mathrm{d}\dot{q}^\sigma + \frac{\partial\overline{\Gamma}_\sigma^{\varepsilon+\beta}}{\partial\dot{q}^\mu}\mathrm{d}q^\sigma \wedge \mathrm{d}\dot{q}^\mu \Bigg\} \otimes \partial/\partial q^{\varepsilon+\beta} \end{aligned} \tag{50}$$

由 Cartan 结构方程出发, N 上水平分布的非对合性可以由如下关系描述

$$R_C(X, Y) = -P_V([X, Y]) \quad \forall X, Y \in H_\rho \tag{51}$$

命题 3.8　设 R_C 为由非线性微分约束定义的联络 H 的曲率, 则该微分约束可积的充分必要条件为 $R_C = 0$.

显然, 非线性微分约束可积时, 它自然约化为线性可积微分约束 [54].

3.2 论非完整力学中的 d-δ 交换关系

在经典非完整力学的变分法中, 一个受到约束 (43) 的非完整力学系统, 其变分算符一般不能同时满足下列 3 个条件

$$\frac{\mathrm{d}}{\mathrm{d}t}\delta q^i = \delta \dot{q}^i \tag{52a}$$

$$\delta \dot{q}^{\varepsilon+\beta} = \frac{\partial \varphi^{\varepsilon+\beta}}{\partial \dot{q}^\sigma}\delta \dot{q}^\sigma + \frac{\partial \varphi^{\varepsilon+\beta}}{\partial q^i}\delta q^i \tag{52b}$$

$$\delta q^{\varepsilon+\beta} = \frac{\partial \varphi^{\varepsilon+\beta}}{\partial \dot{q}^\sigma}\delta q^\sigma \tag{52c}$$

除非约束是可积的. 选择条件 (52b) 和 (53c) 来定义 Suslov 变分, 它保持了变轨属于约束流形并符合 Chetaev 条件. 但是, 在这种选择下, 变分算符 δ 与微分算符 d 不交换, 通常称它们的交换关系为 d-δ 交换关系, 这种交换关系在经典非完整力学中曾引起广泛讨论 [33–36]. 本节将从几何的观点来研究这个交换关系的意义, 并证明上述 3 个条件可以作为约束可积的判据. 我们将主要讨论非线性约束系统, 而线性约束系统的结果请参考文献 [49].

为了进一步澄清曲率 2-形式 R 对变分法的意义, 构造 N 上的另一个向量场的基, 或活动标架, 为此引入约束流形 N 上的动力学向量场.

定义 3.9 约束子流形 N 上的动力学向量场 Z 是一个满足如下条件: $i_Z\mathrm{d}t = 1, i_Z\theta^\sigma = 0, i_Z\xi^{\varepsilon+\beta} = 0$ 的向量场, 其中 θ^σ 为 Cartan 接触 1-形式. 在局部坐标下,

$$Z = \partial/\partial t + \dot{q}^\sigma\partial/\partial q^\sigma + \varphi^\beta(t, q^i, \dot{q}^\mu)\partial/\partial q^{\varepsilon+\beta} + f^\sigma(t, q^i, \dot{q}^\mu)\partial/\partial \dot{q}^\sigma \tag{53}$$

用 Z 代替旧标架中的 H_0, 可得到新的标架基

$$Z, \quad H_\sigma, \quad \partial/\partial \dot{q}^\sigma, \quad \partial/\partial q^{\varepsilon+\beta} \tag{54}$$

对偶的基 1-形式相应地变为

$$\mathrm{d}t, \quad \theta^\sigma, \quad \omega^\sigma, \quad \xi^{\varepsilon+\beta} \tag{55}$$

其中 $\omega^\sigma = \mathrm{d}\dot{q}^\sigma - f^\sigma\mathrm{d}t$. 利用这个标架, 曲率形式 R_C (见式 (50)) 可变换为

$$\begin{aligned} R_C = \Bigg\{ & - T_\sigma^{\varepsilon+\beta}\mathrm{d}t\wedge\theta^\sigma + \frac{\partial \overline{\Gamma}_\sigma^{\varepsilon+\beta}}{\partial \dot{q}^\mu}\theta^\sigma\wedge\omega^\mu + \frac{1}{2}[H_\mu(\overline{\Gamma}_\sigma^{\varepsilon+\beta}) \\ & - H_\sigma(\overline{\Gamma}_\mu^{\varepsilon+\beta})]\theta^\sigma\wedge\theta^\mu \Bigg\} \otimes \partial/\partial q^{\varepsilon+\beta} \end{aligned} \tag{56}$$

其中

$$T_\sigma^{\varepsilon+\beta} = Z(\overline{\Gamma}_\sigma^{\varepsilon+\beta}) - H_\sigma(\varphi^\beta) \tag{57}$$

根据这个新的标架和基 1-形式构造 R_C 与 Z 和 $\xi^{\varepsilon+\beta}$ 的缩并

$$R_C(Z,\xi^{\varepsilon+\beta}) = -T_\sigma^{\varepsilon+\beta}\theta^\sigma \tag{58}$$

其中 Z 和 $\xi^{\varepsilon+\beta}$ 在局部坐标下分别对应于 $\mathrm{d}/\mathrm{d}t$ 和准坐标的微分, 这个方程使我们联想起所谓的 d-δ 交换关系. 将方程 (45a)~(45c) 和 (46) 代入方程 (57), 则

$$T_\sigma^{\varepsilon+\beta} = \frac{\mathrm{d}}{\mathrm{d}t}\frac{\partial\varphi^\beta}{\partial\dot{q}^\sigma} - \frac{\partial\varphi^\beta}{\partial q^\sigma} - \frac{\partial\varphi^\beta}{\partial\dot{q}^{\varepsilon+\gamma}}\frac{\partial\varphi^\gamma}{\partial\dot{q}^\sigma} \tag{59}$$

在变分法中它恰是时间全导数算符 $\mathrm{d}/\mathrm{d}t$ 和变分算符 δ 的对易子, 即

$$\left[\delta, \frac{\mathrm{d}}{\mathrm{d}t}\right] q^{\varepsilon+\beta} = -T_\sigma^{\varepsilon+\beta}\delta q^\sigma \tag{60}$$

其中 [.,.] 代表通常的两个算符的 Lie 括号. 因此, 我们验证了如下结果:

命题 3.10 设 H 为由微分约束方程 (43) 定义的约束纤维丛 $\rho: N \to J_1M_0$ 上的 Ehresmann 联络, R_C 为其曲率, Z 为该力学系统的动力学向量场, $\xi^{\varepsilon+\beta}$ 为其对应于不可约坐标 $q^{\varepsilon+\beta}$ 的对偶 1-形式, 则 R_C 与 Z 和 $\xi^{\varepsilon+\beta}$ 的缩并恰为经典变分法中 d-δ 交换关系的几何表述.

对于线性约束情况, 根据两个基 $\{T, h_\mu, \partial/\partial q^{\varepsilon+\beta}\}$ 和 $\{\mathrm{d}t, \theta^\mu, \eta^{\varepsilon+\beta}\}$ 的对偶关系, 可得到 r_c 与 T 和 $\eta^{\varepsilon+\beta}$ 的缩并

$$r_c(T,\eta^{\varepsilon+\beta}) = -t_\sigma^{\varepsilon+\beta}\theta^\sigma \tag{61}$$

容易验证 $t_\sigma^{\varepsilon+\beta}$ 也恰好是微分算符 d 与变分算符 δ 的对易子, 即

$$\left[\frac{\mathrm{d}}{\mathrm{d}t}, \delta\right] q^{\varepsilon+\beta} = t^{\varepsilon+\beta}\delta q^\sigma \tag{62}$$

类似地, 有如下命题:

命题 3.11 非完整联络 h 的曲率 r_c 在张量丛 $TM \otimes TM^* \to M$ 的截面 $T \otimes \eta^{\varepsilon+\beta}$ 上的投影得到为线性非完整约束系统的 d-δ 交换关系.

总之, 经典 d-δ 交换关系反映了纤维丛 $\rho: N \to J_1M_0(\tau: M \to M_0)$ 上的水平分布的非对合性. 采用新的标架基 (54) 和 (55), 可以得到在新标架基下的可积性条件:

命题 3.12[54] 当且仅当 $T_\sigma^{\varepsilon+\beta} = 0$ 时, 曲率 R_C 为零.

结合命题 3.8 和命题 3.12 得出如下推论:

推论 3.13 当且仅当 $T_\sigma^{\varepsilon+\beta} = 0$ 时, 非线性微分约束 (43) 是可积的.

利用这个推论以及 d-δ 交换关系的几何解释, 可直接得出如下结论:

命题 3.14 当且仅当 Suslov 变分与微分运算对易时, 即存在一个变分算符 δ, 同时满足 3 个条件 (52a)~(52c) 时, 非线性微分约束方程 (43) 在 Frobenius 意义下可积.

至此, 我们已经验证了在变分算符 3 个条件 (52a)~(52c) 和微分约束可积性之间的关系.

3.3 广义 Chaplygin 方程

本节我们主要讨论在上述几何构架下非线性非完整约束系统的广义 Chaplygin 方程 [55], 这是对线性非完整约束系统相应理论 [50] 的推广.

Lagrange 力学的几何学决定于切丛或接触流形上的闭的、非退化的微分 2-形式, 即辛形式. 如果力学系统受到非完整约束, 则约束系统的相空间不再具有辛结构, 即辛形式不是闭的. 然而, 仍然可以构造该系统在约束流形上的基本 2-形式和动力学向量场. 设 $i: N \to J_1M$, 动力学函数为 $L \in C^2(J_1M), i^*L = L \in C^2(N)$ 具有最大秩. 该系统的动力学的表示形式为式 (53), 关于映射 $J_1M_0 \to M_0$ 的竖直自同态为 $S = \partial/\partial\dot{q}^\sigma \otimes \theta^\sigma$.

将曲率 2-形式与动力学向量场 Z 缩并得

$$R_Z = -T_\mu^{\varepsilon+\beta}\theta^\mu \otimes \partial/\partial q^{\varepsilon+\beta}$$

将其竖直提升到 2-射丛 J_2M 上, 则

$$\hat{R}_Z = -T_\mu^{\varepsilon+\beta}\theta^\mu \otimes \partial/\partial \dot{q}^{\varepsilon+\beta} \tag{63}$$

定义 3.15 令 L, φ 表示约束力学系统, φ 表示作用于系统上的约束, 则约束流形 N 上的基本 2-形式为

$$\Omega = \mathrm{d}\theta_{L'} + \Psi \wedge \mathrm{d}t \tag{64}$$

其中 $\theta_{L'} = S(\mathrm{d}L') + L'\mathrm{d}t, \quad \Psi = -i^*(\hat{R}_Z(\mathrm{d}L)) - P_V(\mathrm{d}L')$.

命题 3.16 对于嵌入约束的力学系统, 广义 Chaplygin 方程可以整体地表示为

$$i_Z\Omega = 0, \quad i_Z\mathrm{d}t = 0 \tag{65}$$

这个方程在新标架基 (54) 下的局部表示为

$$Z\left(\frac{\partial L'}{\partial \dot{q}^\sigma}\right) - H_\sigma(L') - T_\sigma^{\varepsilon+\beta} i^*\left(\frac{\partial L}{\partial \dot{q}^{\varepsilon+\beta}}\right) = 0 \tag{66}$$

从基本 2-形式 Ω 构造中可以看出, 非完整联络的曲率破坏了 Ω 的封闭性, 即 $\mathrm{d}\Omega \neq 0$, 这意味着在约束流形上的双线性、反对称的向量积运算不满足 Jacobi 恒等式. 因此, 约束流形上的所有向量场的集合不构成 Lie 代数 [56,57].

至此, 本文已经对现存的关于非完整约束力学系统几何动力学的 Lagrange 理论的两类框架予以较为详细的介绍和论述, 在这个几何构架中, 经典非完整力学中诸多有争议的问题, 如关于变分运算的 Chetaev 条件, d-δ 交换关系等都会得到合理的解决和解释, 关于这两个费解的变分关系在后面的 Riemann-Cartan 流形上的非完整力学中还将得到进一步的阐述. 这两种几何框架等价地描述了非完整约束系统, 对二者之间关系的讨论见文献 [22]. 几何动力学的发展对非完整力学的意义还远不只这些, 在非完整约束系统的 Hamilton 理论、对称性与守恒量、动量映射和对称约化、Vakonomic 动力学等专题以及其他相关问题 (如 Poincaré-Cartan 积分不变量理论 [58,59], 仿射丛上的 Lie 代数体 (algebroid) 结构 [60]) 中得到认证. 在约束 Lagrange 理论的发展中值得指出的一项重要工作是实验研究 [47] 和数值研究 [61], 这样的工作尽管较少, 但对我们理解和验证非完整力学所作出的贡献不容忽视.

我们大量地运用了纤维丛上的联络理论, 但并没有去详细讨论约束力学系统运动微分方程在约束流形上的测地性质. 事实上, 这是一个自然的结果, 约束力学系统的运动方程确实在这样的联络理论中表现出测地性质 [27,62,63], 由于篇幅所限, 我们在此不作详细讨论, 仅就一类 Chaplygin 约束系统的运动方程的测地性质给予讨论. 不过, 这类系统具有一个显著特点, 它的约束流形具有 Riemann-Cartan 几何结构, 这恰为我们研究 Chetaev 型非完整力学与 Vakonomic 动力学的关系提供了理想舞台.

4. Riemann-Cartan 流形上的非完整力学

近年来, 非完整映射理论在物理学的许多领域有重要应用 [64−70], 利用这种映射可以构造线性非完整约束系统具有 Riemann-Cartan 流形结构的约束流形.

4.1 约束流形的 Riemann-Cartan 几何结构

假定消除完整约束条件之后, 系统的位形空间 Q 为 n 维 Riemann 流形, $\{q^i\}(i=1,2,\cdots,n)$ 是其局部坐标, 该系统的非奇异 Lagrange 函数 L 的 Hessian 矩阵 $g_{ij}=\partial^2 L/\partial q^i\partial q^j$ 定义了位形流形 Q 上的度规张量. 非完整约束将进一步使位形空间变为既有曲率又有挠率的 Riemann-Cartan 流形.

设该系统受到 $(n-m)$ 个独立的一阶非完整约束

$$\dot{q}^\alpha=\varepsilon^\alpha_\mu(q^\nu)\dot{q}^\mu \tag{67}$$

其中 $\{\dot{q}^\mu\}$ 为系统的独立广义速度, 这个约束条件适合于描述了大多数一阶约束系统.

由约束方程 (67), 可以得到一个 m 维约束流形 M, 其坐标为 $\{q^\mu\}$, 但作为 Riemann 流形 Q 的子空间, 约束流形 M 并不是可嵌入 Riemann 流形 Q 中的不变子流形, 这是因为非完整约束方程 (67) 导致约束流形 M 的切向量场不对合. 然而, 可以由约束方程 (67) 诱导一种非完整映射 $i_T: TM \to TQ$

$$v^i = \varepsilon^i_\mu(q^\nu)v^\mu, \quad v^\mu \in T_qM \tag{68}$$

将约束流形 M 的切空间嵌入到 Riemann 流形 Q 的切空间. 其中, 当 i 取 $\alpha = 1, 2, \cdots, n-m$ 时, $\varepsilon^i_\mu = \varepsilon^\alpha_\mu$; 当 i 取 $\nu = 1, 2, \cdots, m$ 时, $\varepsilon^i_\mu = \delta^\nu_\mu$. 这个映射可以诱导流形 M 上所有路径的等价类 $< q^\mu(t) >$ 到流形 Q 上所有路径的等价类的非完整映射 i_q

$$q^i(c_q) = \int_{c_q} \varepsilon^i_\mu(q)\mathrm{d}q^\mu \tag{69}$$

其中 c_q 表示流形 M 中的任意路径 $q^\mu(t)$. 如果约束可积, 则上述积分与 M 路径无关, 从而 $q^i = q^i(q^\mu)$.

可以证明, 由非完整映射 (68) 和 (69) 可以诱导流形 M 上的度规和联络, 分别为

$$g_{\mu\nu} = (\varepsilon_\mu, \varepsilon_\nu) = g_{ij}\varepsilon^i_\mu\varepsilon^j_\nu \tag{70a}$$

$$\Gamma^\sigma_{\mu\nu} = g^{\sigma\rho}(\varepsilon_\rho, \partial_\mu\varepsilon_\nu) = g^{\sigma\rho}g_{ij}\varepsilon^i_\rho\partial_\mu\varepsilon^j_\nu \tag{70b}$$

其中 $(g^{\sigma\rho}) = (g_{\mu\nu})^{-1}$.

容易验证度规与联络的相容性条件: $D_\mu g_{\nu\sigma} = 0$, 联络的反对称部分称为联络的挠率

$$S^\sigma_{\mu\nu} = \Gamma^\sigma_{[\mu\nu]} = \frac{1}{2}(\Gamma^\sigma_{\mu\nu} - \Gamma^\sigma_{\nu\mu}) = \frac{1}{2}g^{\sigma\rho}g_{ij}\varepsilon^i_\rho(\partial_\mu\varepsilon^j_\nu - \partial_\nu\varepsilon^j_\mu) \tag{71}$$

这种与度规相容的非对称联络称为 Riemann-Cartan 联络, 故约束流形 M 为 Riemann-Cartan 流形, 其挠率为 $S^\sigma_\mu\nu$, 由定义式 (71) 可知, 约束的可积性条件 $\partial_\mu\varepsilon^j_\nu - \partial_\nu\varepsilon^j_\mu = 0$ 等价于挠率 $S^\sigma_{\mu\nu} = 0$.

在约束流形 M 上有两种特殊的曲线: 测地线和自平行线

$$\ddot{q}^\mu + \overline{\Gamma}^\mu_{\nu\sigma}\dot{q}^\nu\dot{q}^\sigma = 0 \tag{72a}$$

$$\ddot{q}^\mu + \Gamma^\mu_{\nu\sigma}\dot{q}^\nu\dot{q}^\sigma = 0 \tag{72b}$$

这一差别正是 Vakonomic 动力学与非完整动力学产生分歧的几何基础, 它们所描述的运动方程分别反映了约束流形上 “短” 和 “直” 的概念.

4.2 Riemann-Cartan 流形上约束系统的运动微分方程

设 c_q 和 $\bar{c}_q$ 为两条连接 n 维 Riemann 流形 Q 的任意两个固定点 q_1^i 和 q_2^i 的光滑曲线, 考虑一个双参数函数 $q_1^i(t,\alpha)\in C^2$, 它满足:$q^i(t,0)=q^i(t)$, $q^i(t,1)=\bar{q}^i(t)$; $q^i(t_1,\alpha)=q_1^i, q^i(t_2,\alpha)=q_2^i$. 沿着路径方向的微分记为 $\mathrm{d}q^\mu=\partial_t q^i(t,\alpha)\mathrm{d}t\doteq v^i\mathrm{d}t$, 路径的变分 $\delta q^i=\partial_\alpha q^i(t,\alpha)\mathrm{d}\alpha\doteq\omega^i\mathrm{d}\alpha$, 并满足端点条件

$$\delta q^i|_{t_{1,2}}=0,\quad \omega^i|_{t_{1,2}}=0 \tag{73}$$

向量场 $\omega^i(q^j)\in T_qQ$ 称为流形 Q 上的变分向量场. 约定沿向量场 v 和 ω 的导数分别记为 d_v 和 d_ω, 则上述定义导致如下关于微分与变分运算的交换关系

$$\mathrm{d}_\omega v^i-\mathrm{d}_v\omega^i=0 \tag{74}$$

在有挠率的流形 M 上, 同样可以定义变分向量场 $\omega^\mu(q^\nu)\in T_qM$, 但不能简单地将 Riemann 流形 Q 上的交换关系 (74) 和固定端点条件 (73) 移植到约束流形 M 上. 由关系式 (74) 可得

$$\mathrm{d}_\omega(v^i-\varepsilon_\mu^i v^\mu)+(\partial_\mu\varepsilon_\rho^i-\partial_\rho\varepsilon_\mu^i)v^\rho\omega^\mu+\varepsilon_\mu^i(\mathrm{d}_\omega v^\mu-\mathrm{d}_v\omega^\mu)-\mathrm{d}_v(\omega^i-\varepsilon_\mu^i\omega^\mu)=0 \tag{75}$$

所以, 在约束流形 M 上的变分向量场不可能同时满足如下 3 个条件

$$\omega^i-\varepsilon_\mu^i\omega^\mu=0 \tag{76a}$$

$$\mathrm{d}_\omega v^\mu-\mathrm{d}_v\omega^\mu=0 \tag{76b}$$

$$\mathrm{d}_\omega(v^i-\varepsilon_\mu^i v^\mu)=0 \tag{76c}$$

除非约束条件在 Frobenius 定理意义下可积. 第 1 个条件规定了变分向量场之间的一种几何关系, 它其实就是通常的 Chetaev 条件; 第 2 个条件是微分运算与变分运算的交换关系, 导致向量场 v^μ 和 ω^μ 的积分曲线形成光滑的局部坐标网; 第 3 个条件反映了约束条件在变分运算下的不变性.

假如约束流形 M 上的变分向量场 ω^μ 满足条件 (76a) 和 (76c) (Suslov 变分)

$$\omega^i-\varepsilon_\mu^i\omega^\mu=0,\quad \mathrm{d}_\omega(v^i-\varepsilon_\mu^i v^\mu)=0 \tag{77}$$

则 ω^μ 满足如下对易关系和端点条件

$$\mathrm{d}_\omega v^\mu-\mathrm{d}_v\omega^\mu=S_{\nu\rho}^\mu\omega^\rho v^\nu,\quad \omega^\mu|_{t_1}=\omega^\mu|_{t_2}=0 \tag{78}$$

Hölder 变分原理可以转变为该变分运算下的稳定作用量原理

$$\mathrm{d}_\omega S = \mathrm{d}_\omega \int_{t_1}^{t_2} \mathcal{L}(q^\mu, v^\mu)\mathrm{d}t = 0 \tag{79}$$

直接对此式进行变分运算, 并运用上述变分条件 (78) 可导出约束流形上的运动方程

$$\mathrm{d}_v\left(\frac{\partial \mathcal{L}}{\partial v^\mu}\right) - \frac{\partial \mathcal{L}}{\partial q^\mu} = 2S^\rho_{\nu\mu}\frac{\partial \mathcal{L}}{\partial v^\rho}v^\nu \tag{80}$$

最后, 讨论运动方程 (80) 的几何特性. 将 $\mathcal{L} = \frac{1}{2}g_{\mu\nu}(q)v^\mu v^\nu$ 代入运动方程 (80) 得

$$g_{\mu\nu}\dot{v}^\nu + (\overline{\Gamma}_{\mu\nu\rho} - 2S_{\rho\nu\mu})v^\rho v^\nu = 0 \tag{81}$$

其中 $S_{\rho\nu\mu} = g_{\rho\lambda}S^\lambda_{\nu\mu}, \overline{\Gamma}_{\mu\nu\rho} = g_{\mu\lambda}\overline{\Gamma}^\lambda_{\mu\rho}$. 利用几何关系 $\overline{\Gamma}_{\mu\nu\rho} - 2S_{\rho\nu\mu} = g_{\mu\lambda}\Gamma^\lambda_{\nu\rho}$, 并提升指标 μ, 则

$$\dot{v}^\lambda + \Gamma^\lambda_{\nu\rho}v^\rho v^\nu = 0 \tag{82}$$

由此可见, 非完整动力学的运动方程描述了 Riemann-Cartan 约束流形 M 的自平行线. 事实上, Gauss 最小拘束原理暗示了非完整动力学的运动方程应该具有某种极值特性. 可以证明, Vakonomic 方程可以表示为约束流形 M 上的测地线方程

$$\overline{D}_v v^\nu = d_v v^\nu + \overline{\Gamma}^\nu_{\mu\rho}v^\mu v^\rho = 0 \tag{83}$$

这一结果表明, 非完整动力学是遵循惯性原理的物理模型. 而 Vakonomic 动力学不能保持系统的惯性运动, 它需要控制系统沿约束流形的测地线演化, 所以这种理论是符合控制论原理的数学模型.

5. 非完整力学的几个重要专题评述

随着非完整力学几何框架的建立和完善, 非完整力学的发展已经进入了一个全新的几何动力学研究阶段, 在许多专题研究领域取得了一定的突破. 下面就目前的几个热点问题简要评述.

5.1 非完整力学的 Noether 对称性和 Lie 对称性

对动力学系统的对称性和不变量的研究是物理学和力学领域的一项重要课题. 通常对称性分为 Noether 对称性和 Lie 对称性, 前者是泛函的不变性, 后者是运动微分方程的不变性. 利用传统分析方法对约束动力学系统的这两类对称性的研究已经有 20 多年的历史 [71–73], 但很有局限性的传统分析方法不能给出更多的结果. 在现代微分几何方法引入对称性问题的研究之后, 关于约束系统对称性问题的研究开始了新阶段. 一方面, 以射丛和接触流形的拓展 (prolongation) 理论 [19,51] 为

基础的几何理论几乎囊括了经典分析方法中对各种约束系统对称性的研究结果, 并且推广了对称性的概念和寻找对称性的方法 [23,39,53,62,74]. 例如, 利用流形上的向量场和微分形式来表述的动力学对称性和伴随对称性 [50,75−79] 是对运动微分方程的对称性, 即 Lie 对称性的推广, 它超越了经典分析方法中的点变换; 另一方面, 利用纤维丛上的联络理论, 在约束动力学系统的约束流形上可以确定动力学协变微分和 Jacobi 自同态 (与流形的曲率有关), 利用这两个重要的几何量, 约束系统的运动微分方程的动力学对称性和伴随对称性则表示了系统在约束流形上测地运动和测地偏离 [28,50], 这说明一个具有动力学对称性和伴随对称性的约束系统, 其运动将沿着约束流形的测地线进行, 而相邻测地运动之间的关系由 Jacobi 自同态决定. 此外, 用约束流形上的基本 2-形式和动力学流等几何量所表示的 Noether 对称性也同样简明扼要, 拓展理论同样将其推广为 Cartan 对称性. 利用几何动力学理论, Noether 对称性和 Lie 对称性之间的关系得到进一步明确 [80].

5.2 非完整约束系统几何动力学的 Hamilton 理论与赝 Poisson 结构

与非完整约束系统几何动力学的 Lagrange 理论相比, 非完整约束系统几何动力学的 Hamilton 理论发展的比较滞后, 理论体系有待于完善. 据我们所知, 最早运用微分流形和微分形式理论研究约束 Hamilton 系统的文献是 [81], 其中非完整约束 Hamilton 系统用位形流形的余切丛上的分布来表示. 较早的关于非完整约束系统的辛几何学理论见于文 [82, 83], 是一种非完整系统的辛约化理论. 无论是线性约束 Hamilton 系统 [84,85] 还是非线性约束 Hamilton 系统 [22,24,86], 其几何动力学大都是从约束流形上的 Lagrange 动力学出发, 利用 Legendre 变换, 诱导余切丛上的约束 Hamilton 系统, 所以其几何动力学也大致分为外附型和内禀型两类. 无论哪种类型的约束 Hamilton 系统, 在余切丛的约束子流形上的基本 2-形式不是辛形式, 这是因为约束流形上的基本 2-形式不是闭的, 因此约束流形上的向量场相对于这个 2-形式不构成 Lie 代数. 然而, 在 Birkhoff 理论框架下, 非完整约束系统具有辛结构 [56], 对于这个 Birkhoff 辛张量, 约束流形上的向量场可以构成 Lie 代数.

近些年来, 约束 Hamilton 系统几何动力学的重要进展是约束系统赝 Poisson 理论的发展. 文献 [84] 中, van der Schaft 和 Maschke 发展了线性约束系统的 Hamilton 理论, 他们采用了与约束有关的非正则坐标, 简化了约束流形上的 Hamilton 方程, 所构造的 Poisson 括号满足反对称性和 Leibniz 法则, 但不满足 Jacobi 恒等式, 因为约束是不可积的. 这种理论的建立对非完整约束 Hamilton 系统的 Poisson 约化有重要的意义 [87]. 在文献 [88], Marle 通过将余切丛上的 Poisson 张量投影到约束流形的办法, 建立了非线性非完整约束系统的赝 Poisson 结构 (这种结构也存在于其他动力学系统 [89,90]), 这个理论对于具有对称性的非线性非完整约束 Hamilton 系统的 Poisson 约化提供了方便. 可以证明, 在线性非完整约束条件下, Marle 的理论与 van der Schaft 和 Maschke 的理论一致, 而且 Marle 的赝 Poisson 理论与 Ibort 等 [91,92] 新近建立的关于非完整系统的 Dirac 约束理论一致 [93,94]. 当然, 非完整约束几何动力学的 Hamilton 理论有丰富的研究内容, 近期进展迅速, 如活动标架理论 [95], Lie 群上的非完整测地流等 [96−98].

5.3 非完整约束系统的 Vakonomic 动力学

非完整约束系统的理论描述有两种不等价的模型, 即 Chetaev 型非完整力学和 Vakonomic (variational axiomatic kind) 动力学 [36,99], 这两种模型之间差异自然来自于非完整约束的不可积性, 在这两种模型之间, 长期以来一直存在着激烈的争论, 并有了相应的成果. 非完整约束系统几何动力学的发展为深入理解和认识这两种模型的本质以及它们之间的关系提供了强有力的工具. 研究表明, 非完整约束的实现方式是不唯一的, 无论是 Chetaev 型非完整力学还是 Vakonomic 动力学, 都是实现约束的一种方式. 对于线性非完整约束系统, 可以证明, Chetaev 型非完整力学模型是符合惯性原理的物理模型, 而 Vakonomic 动力学则是符合稳定作用量原理的数学模型. 所以, 要就线性约束系统来验证和比较这两种模型, 不仅要看实验和数值分析结果, 还要看线性约束的实现方式, 即要考察约束是以惯性方式实现的, 还是外加能量, 以伺服方式实现. 从这种意义上说, 文献 [47] 验证的只是约束的 Chetaev 实现方式, 并不能由此排除 Vakonomic 动力学模型. 对于非线性非完整约束系统, Chetaev 条件的争议比较大, 理想约束的实现比较困难, 但前面已经证明了解的存在性; 当然, 非线性非完整约束系统的 Chetaev 模型解的存在性并不是这类解的唯一性, 例如, 依靠伺服机制而不采用 Chetaev 规则, 也可以实现非线性非完整约束 [88]. 因此, 充分认识非完整约束的实现方式问题以及两种模型各自的物理意义和数学意义, 对于深入研究非完整约束系统和正确分析前人比较这两种模型的各种文献 [42,44−47], 都有重要意义.

Vakonomic 动力学可称之为非完整约束系统的动力学优化理论, 它被应用于经济数学、微组织运动、子 Riemann 几何学等领域 [10,41,42,100,101]. Vakonomic 动力学方程可以看成扩展 Lagrange 函数 (含有 Lagrange 乘子) 的 Euler-Lagrange 方程, 所以这个理论具有辛几何基础, 但这个扩展的 Lagrange 函数的奇异性, 使得 Vakonomic 动力学的辛几何理论为预辛几何 (presymlectic) 理论 [44]. Vakonomic 动力学也具有 Ehresmann 联络结构, 该联络的曲率表示 Vakonomic 方程右边的作用力项 [46]. 与非完整力学类似, Vakonomic 动力学的对称性、逆问题的研究同样具有重要意义 [38,39].

5.4 非完整力学的对称约化和动量映射

对于具有对称性的力学系统, 可以借助等变 (equivariant) 动量映射将系统约化到一个低维空间上. 作为线动量和角动量的几何推广, 动量映射对于对称性理论以及几何力学的现代发展, 发挥了重要作用. 例如, 在 Lie 群 G 的余切丛 T^*G 上描述刚体和流体运动的 Euler-Poincaré 方程可以利用等变动量映射 $J: T^*G \to g^*$ 约化到 Lie 代数 $g = T_eG$ 的对偶空间 g^* 上的 Lie-Poisson 方程 [102,103]. 约化理论对于研究系统的稳定性、可积性、几何相等若干问题都有重要意义, 它被应用到力学和物理学的若干领域, 如固体力学、流体力学、场论、等离子体物理、量子力学、广义相对论等. 最早的约化理论见于 Routh 关于 Abel 群的约化 [104,105], Lie 关于辛流形与对称性的关系 [106], Poincaré 关于 Euler 方程对一般 Lie 代数的推广 [107]. 现代约化理论开创于 20 世纪 60 年代至 70 年代, Arnold、Smale、Meyer、Marsden、Weinstein 等著名学者为此做出了重要贡献 [108−112]. 之后, 约化理论及其应用得到了迅速的发展, 目前已经形成了各类较为成熟的约化方法, 如 Meyer-Marsden-Weinstein 约化、Lagrange 约化、Routh 约化、切丛与余切丛约化、半直积约化、奇异约化等. 文献 [113, 114] 中的参考文献包含了关于约化理论与应用的大量文献.

对称性约化是目前非完整约束系统的几何动力学的最热门课题之一, 它已经广泛应用于研究非完整约束系统的可控性 (controllability)、步法选择 (gait selection)、自力运动 (locomotion)(如蛇行机构 (snakeboard))、步法最优化等 [115−118]. 非完整约束系统的对称性一般不对应于守恒量, 其等变动量映射一般不守恒, 所以具有对称性的非完整系统的约化问题要处理描述动量映射的演化方程, 即动量方程, 这是与完整力学系统对称性约化的重要区别. 在等变动量映射下, 具有对称性的非完整约束系统的动力学约化为三类方程: 动量方程、低维流形上相应变量的运动方程、关于对称群的再构造 (reconstruction) 方程, 后一方程是约化的逆, 它能描述系统的几何相和自力运动 [119].

最早运用现代方法研究非完整约束系统的对称性约化的杰出工作归功于 Koiller[120], Bates 和 Śniatycki[121]. Koiller 运用 Hamel 的准坐标表示和纤维丛上的联络理论研究了具有对称性的非完整约束系统, 尤其是 Chaplygin 系统的动量映射和 Lagrange 约化问题, 而 Bates 和 Śniatycki 的工作则发展了具有对称性的非完整约束力学系统的辛约化方法. 以控制理论的应用为背景, 从 Lagrange 力学的观点完整地研究具有对称性的非完整约束力学系统的几何动力学的最为杰出的工作归功于 Bloch、Krishnaprasad、Marsden 和 Murray (BKMM)[115], 在 BKMM 的工作中, 建立了线性和仿射约束系统的联络理论, 实现了系统运动方程的几何化, 在此基础上确定了动量方程、动量映射守恒的条件、对称性的分类、Euler-Poincaré方程与动量方程的关系、约化的 Lagrange-D'Alembert 方程以及在非完整运动规划与控制中的应用等. BKMM 的工作与 Koiller 的工作一起奠定了非完整约束系统的 Lagrange 约化的研究基础. 另一类需要指出的贡献则是非完整约束系统的 Poisson 约化方法, Koon 和 Marsden[122] 在 BKMM 和 VM (van der Schaft 和 Maschke)[84] 工作的基础上, 发展了线性与仿射非完整约束系统的 Poisson 约化方法, 并且证明了它与 Lagrange 约化的等价性; Marle 建立了非线性非完整约束系统的一般 Poisson 约化方法 [123,124], 这两项工作形成了非完整约束系统 Poisson 约化的研究基础. 在上述三类方法的基础上, 非完整约束力学系统的对称性约化的理论与实际应用在近期取得了长足发展, 诸如对带有耗散力的非完整约束系统约化的数值计算 [125]、对称性分类和再构造方程的研究 [126]、Dirac 奇异约束系统和一般非线性非完整约束系统的约化理论的统一框架研究 [127]、非线性定常与非定常非完整约束系统的对称约化的深入研究 [128−130], 以及动量映射方程的深入研究 [131] 等, 文献 [132] 对于进一步发展非完整约束系统的对称性约化理论提出了若干有待于深入研究的课题.

总之, 现代非完整力学的发展方兴未艾, 无论对这一领域的理论研究, 还是实际应用研究, 几何动力学方法都发挥了重要作用, 我国相关学者对此应该高度重视.

参 考 文 献

[1] Godbillon C. Géométrie Differentielle et Mécanique Analytique. Paris: Hermann, 1969

[2] Arnold V I. Mathematical Methods of Classical Mechanics. New York: Springer-Verlag, 1978

[3] Abraham R, Marsden J E. Foundations of Mechanics. London: The Benjamin/Cummings Publishing Company Inc, 1978

[4] Vershik A M, Faddeev L D. Lagrangian mechanics in invariant form. Selecta Math Sov, 1981, 1(4): 339–350

[5] Hermann R. The differential geometric structure of general mechanical systems from the Lagrangian point of view. J Math Phys, 1982, 23(11): 2077–2089

[6] 梅凤翔. 非完整系统力学基础. 北京: 北京工业学院出版社, 1985

[7] 梅凤翔, 刘端, 罗勇. 高等分析力学. 北京: 北京理工大学出版社, 1991

[8] Mei F X. Nonholonomic mechanics. Appl Mech Rew, 2000, 53(11): 283–306

[9] 陈滨. 分析动力学. 北京: 北京大学出版社, 1987. 6–398

[10] Vershik A M. Classical and non-classical dynamics with constraints. In: Borisovich Y, Gliklikh Y, eds. Lecture Notes in Mathematics 1108. New York: Springer-Verlag, 1986. 278–301

[11] de León M, de Diego D M. On the geometry of nonholonomic Lagrangian systems. J Math Phys, 1996, 37: 3389–3414

[12] Cariñena J F, Rañada M F. Lagrangian systems with constraints: a geometric approach to the method of Lagrange multipliers. J Phys A: Math Gen, 1993, 26: 1335–1351

[13] Rañada M F. Time-dependent Lagrangian systems: A geometric approach to the theory of systems with constraints. J Math Phys, 1994, 35(2): 748–758

[14] Arnold V I. Symplectic geometry and topology. J Math Phys, 2000, 41(6): 3307–3343

[15] Kobayashi S, NomizuK. Foundations of Differential Geometry, Vol. 1. New York: John Wiley, 1963

[16] Westenholtz C. N. Differential Forms in Mathematical Physics. Amsterdam: North-Holland Publishing Company, 1981

[17] de León M, Rodrigues P R. Methods of Differential Geometry in Analytical Mechanics. Amsterdam, North-Holland, 1989

[18] Massa E, Pagani E. Jet bundle geometry, dynamical connections, and the inverse problem of Lagrangian mechanics. Ann Inst Henri Poincaré, 1994, 61(1): 17–62

[19] Sarlet W, Vandecasteele A, Cantrijn F. Derivations of forms along a map- the framework for time-dependent secondorder equations. Diff Geom Appl, 1995, 5: 171–203

[20] Mestdag T, Sarlet W, Martínez S. Note on generalized connections and affine bundles. J Phys A: Math Gen, 2002, 35: 9843–9856

[21] Massa E, Pagani E. A new look at classical mechanics of constrained systems. Ann Inst H Poincaré Phys Theor, 1997, 66: 1–36

[22] Massa E, Vignolo S, Bruno D. Non-holonomic Lagrangian and Hamiltonian mechanics: an intrinsic approach. J Phys A: Math Gen, 2002, 35(31): 6713–6742

[23] Giachetta G. First integrals of non-holonomic systems and their generators. J Phys A: Math Gen, 2000, 33(30): 5369–5389

[24] Giachetta G, Mangìarottì L and Sardanashvily G. Nonholonomic constraints in time-dependent mechanics. J Math Phys, 1999, 40(3): 1376–1390

[25] Giachetta G. Jet methods in nonholonomic mechanics. J Math Phys, 1992, 33(5): 1652–1665

[26] de León M, Marrero J C, de Diego D M. Non-holonomic Lagrangian systems in jet manifolds. J Phys A: Math Gen, 1997, 30(4): 1167–1190

[27] Luo Shaokai, Guo Yongxin, Mei Fengxiang. Connections and geodesic characteristic of equations of motion for constrained mechanical systems. Appl Math Mech, 1998, 19 (9): 837–842

[28] 郭永新. 约束力学系统的几何结构研究 [博士论文]. 北京: 北京理工大学, 1996

[29] 陈滨, 朱海平. 状态空间线性约束大范围性质分析与运动规划. 中国科学 A, 1997, 27: 533–541

[30] Chen B L S, Wang S S, Chu W T, Chou. A new classification of non-holonomic constraints. Proc R Soc Lond A 1997, 453: 631–642

[31] Krupková O. Recent results in the geometry of constrained systems. Rep Math Phys, 2002, 49(2/3): 269–278

[32] 郭仲衡. 一类非完整力学问题的合理解. 中国科学 A, 1994, 24(5): 485–497

[33] 陈滨. 关于非完整力学的一个争论. 力学学报, 1991, 23(3): 379–394

[34] 梁立孚. 非完整系统动力学中的 Vakonomic 模型和 Четаев 模型. 力学进展, 2000, 30(3): 358–369

[35] 朱如曾. 非完整力学的第二类、第一类和中间类型变分原理. 中国科学 A, 1999, 29(1): 49–54

[36] Arnold V I. Dynamical Systems III. Berlin: Springer-Verlag, 1988

[37] Udwadia F E. Fundamental principles of Lagrangian dynamics: mechanics with non-ideal, holonomic and nonholonomic constraints. J Math Anal Appl, 2000, 251: 341–355

[38] Marín-Solano J. Mixed first- and second-order differential equations and constrained variational calculus: an inverse problem. Inverse Problems, 2002, 18: 1593–1603

[39] Martínez S, Cortés J, de León M. Symmetries in vakonomic dynamics: applications to optimal control. J Geom Phys, 2001, 38: 343–365

[40] Kupka I, Oliva W M. The non-holonomic mechanics. Journal of Differential Equations, 2001, 169(1): 169–189

[41] Piccione P, Tausk D V. Variational aspects of the geodesics problem in sub-Riemannian geometry. J Geom Phys, 2001, 39(3): 183–206

[42] Cortés J, de León M, de Diego M D. Geometric description of vakonomic and nonholonomic dynamics: comparison of solutions. arXiv: Math DG/0006183, June 2000

[43] Gràacia X, Marín-Solano J. Some geometric aspects of variational calculus in constrained mechanics. arXiv: Math ph/0004019, April 2000

[44] de León M, Marrero J C, de Diego D M. Vakonomic mechanics versus non-holonomic mechanics: a unified geometrical approach. J Geom Phys, 2000, 35: 126–144

[45] Zampieri G. Nonholonomic versus vakonomic dynamics. J Diff Equations, 2000, 163(2), 335–347

[46] Cardin F, Fauretti M. On nonholonomic and vakonomic dynamics of mechanical systems with nonintegrable constraints. J Geom Phys, 1996, 18: 295–325

[47] Lewis A D, Murray R M. Variational principles for constrained systems: theory and experiment. Int J Non-Linear Mech, 1995, 30(6): 793–815

[48] Piccione P, Tausk D V. On the Maslov and the Morse index for constrained variational problems. Journal des Mathématiques Pores et Appliqués, 2002, 81(5): 403–437

[49] Guo Yongxin, Mei Fengxiang. Integrability for Pfaffian constrained systems: a connection theory. Acta Mechanica Sinica, 1998, 14(1): 85–91

[50] Sarlet W, Cantrijn F, Saunders D J. A geometrical frame work for the study of non-holonomic Lagrangian systems. J Phys A: Math Gen, 1995, 28: 3253–3268

[51] Sarlet W, Cantrijn F, Saunders D J. A differential geometric setting for mixed first- and second-order ordinary differential equations. J Phys A: Math Gen, 1997, 30: 4031–4052

[52] Saunders D J, Sarlet W, Cantrijn F. A geometrical frame work for the study of non-holonomic Lagrangian systems-II. J Phys A: Math Gen, 1996, 26: 4265–4274

[53] Morando P, Vignolo S. A geometric approach to constrained mechanical systems, symmetries and inverse problems. J Phys A: Math Gen, 1998, 31(40): 8233–8245

[54] Xu Zhixin, Guo Yongxin. A connection theory of nonlinear differential constrained systems. Chinese Physics, 2002, 11(12): 1228–1233

[55] Guo Yongxin, Wang Ji-hai, Mei Fengxiang. Modern geometrical formulation of generalized Chaplygin's equations of constrained mechanical systems. In: Chien Wei-zang, ed. Proceedings of the Third International Conference on Non-linear Mechanics (ICNM-III), Shanghai, 1998. Shanghai: Shanghai University Press, 1998, 665–669

[56] Guo Y X, Luo S K, Mei S, et al. Birkhoffian formulation of nonholonomic constrained systems. Rep Math Phys, 2001, 47(3): 313–322

[57] Guo Yongxin, Yu Ying, Huang Haijun. Canonical formulation of nonholonomic constrained systems. Chinese Physics, 2001, 10(1): 1–6

[58] Guo Y X, Shang M, Mei F X. Poincaré-Cartan integral invariant of non-conservative dynamical systems. Int J Theor Phys, 1999, 38(3): 1017–1027

[59] Guo Y X, Shang M, Luo S K, et al. Poincaré-Cartan integral variants and invariants of nonholonomic constrained systems. Int J Theor Phys, 2001, 40 (6): 1197–1205

[60] Sarlet W, Mestdag T, Martínez E. Lie algebroid structures on a class of affine bundles. J Math Phys, 2002, 43(11): 5654–5674

[61] Cortés J, Martínez S. Non-holonomic integrators. Nonlinearity, 2001, 14 (5): 1365–1392

[62] Langerock B. Nonholonomic mechanics and connections over a bundle map. J Phys A: Math Gen, 2001, 34: L609–L615

[63] Lewis A D. Affine connections and distributions with applications to nonholonomic mechanics. Rep Math Phys, 1998, 42(1/2): 135–164

[64] Kleinert H. Nonholonomic mapping principle for classical and quantum mechanics in spaces with curvature and torsion. arXiv: gr-qc/0203029 v1, 9 March 2002, 1–56

[65] Kleinert H, Pelster A. Autoparallels from a new action principle. General Relativity Gravitation, 1999, 31(9): 1439–1447

[66] Shabanov S V. Constrained systems and analytical mechanics in spaces with torsion. J Phys A: Math Gen, 1998, 31: 5177–5190

[67] Kleinert H, Shabanov S V. Theory of Brownian motion of a massive particle in spaces with curvature and torsion. J Phys A: Math Gen, 1998, 31: 7005–7009

[68] Maulbetsch C, Shabanov S V. The inverse variational problem for autoparallels. J Phys A: Math Gen, 1999, 32: 5355–5366

[69] Kleinert H, Shabanov S V. Space with torsion from embedding, and the special role of autoparallel trajectories. Phys Lett B, 1998, 428, 315–321

[70] Fiziev P P, Kleinert H. New action principle for classical particle trajectories in spaces with torsion. Europhys Lett, 1996, 35, 241

[71] 李子平. 约束系统的变换性质. 物理学报, 1981, 30(12): 1659–1671, 1699–1705

[72] 李子平. 约束系统的变换和推广的 Killing 方程. 物理学报, 1984, 33(6): 814–825

[73] Liu D. Noether's theorem and its inverse of nonholonomic nonconservative dynamical systems. Sci China A, 1991, 34(4): 419–429

[74] 梅凤翔. 李群和李代数在约束力学系统中的应用. 北京: 科学出版社, 1999

[75] Sarlet W, Prince G E and Crampin M. Adjoint symmetries for time-dependent second-order equations. J Phys A: Math Gen, 1990, 23: 1335–1347

[76] Sarlet W. Construction of adjoint symmetries for systems of second-order and mixed first- and second-order. Math Comput Modelling, 1997, 25(8/9): 39–49

[77] Sarlet W, Cantrijn F, Crampin M. Pseudo-symmetries, Noether's theorem and the adjoint equation. J Phys A: Math Gen, 1988, 20: 1365–1376

[78] Sarlet W, Sahadevan R, Cantrijn F. Symmetries, separability and volume forms. J Math Phys, 1998, 39(11): 5908–5924

[79] Sarlet W, Ramos A. Adjoint symmetries, separability, and volume forms. J Math Phys, 2000, 41(5): 2877–2888

[80] Guo Yongxin, Jiang Liyan, Yu Ying. Symmetries of mechanical systems with nonlinear nonholonomic constraints. Chinese Physics, 2001, 10 (3): 181–185

[81] Weber R W. Hamiltonian systems with constraints and their meaning in mechanics. Arch Ration, Mech Anal, 1986, 91(4): 309–335

[82] Bates L and Śniatycki J. Nonholonomic reduction. Rep Math Phys, 1993, 32: 99–115

[83] Cushman R, Śniatycki J, Bates L. Geometry of nonholonomic constraints. Rep Math Phys, 1995, 36(2/3): 275–286

[84] van der Schaft A J, Maschke B M. On the Hamiltonian formulation of nonholonomic mechanical systems. Rep Math Phys, 34: 225–233

[85] Koon W S, Marsden J E. The Hamiltonian and Lagrangian approaches to the dynamics of nonholonomic systems. Rep Math Phys, 1997, 40(1): 21–62

[86] Saunders D J, Cantrijn F, Sarlet W. Regularity aspects and Hamiltonization of nonholonomic systems. J Phys A: Math Gen, 1999, 32: 6869–6890

[87] Koon W S, Marsden J E. Poisson reduction of nonholonomic mechanical systems with symmetry. Rep Math Phys, 1998, 42: 101–134

[88] Marle Ch M. Various approaches to conservative and non-conservative nonholonomic systems. Rep Math Phys, 1998, 42: 211–229

[89] van der Schaft A J, Maschke B M. The Hamiltonian formulation of energy conserving physical systems with external ports. Int J Electron, Commun, 1995, 49(5/6): 362–371

[90] Guo Yong-Xin, Song Yan-Bin, Zhang Xiao-Bin, Chi Dong-Pyo. An almost-Poisson structure for autoparallels on Riemann-Cartan spacetime. Chinese Physics Letters, 2003, 20(8): 1192–1195

[91] Ibort A, de León M, Marrero J C, et al. A Dirac bracket for nonholonomic Lagrangian systems. In: Proceeding of the V Fall Workshop: Differential Geometry and its Applications. Jaca, 1996-09-23-25, 1998. 85–101

[92] Ibort A, de León M, Marrero J C, et al. Dirac brackets in constrained dynamics. Fortschr Phys, 1999, 47: 459–492
[93] Cantrijn F, de León M, Diego D M de. On almost-Poisson structures in nonholonomic mechanics. Nonlinearility, 1999, 12: 721–737
[94] Cantrijn F, de León M, Marrero J C, de Diego D M. On almost-Poisson structures in nonholonomic mechanics: II The time-dependent framework. Nonlinearility, 2000, 13: 1379–1409
[95] Koiller J, Rios P P M. Moving frames for cotangent bundles, Rep Math Phys, 2002, 49(2/3): 225–238
[96] Dragović V, Gajić B, Jovanović B. Generalizations of classical integrable non-holonomic rigid body systems. J Phys A: Math Gen, 1998, 31: 9861–9869
[97] Jovanović B. Non-holonomic geodesic flows on Lie groups and the integrable Suslov problem on SO(4). J Phys A: Math Gen, 1998, 31(5): 1415–1422
[98] Jovanović B. Geometry and integrability of Euler-Poincaré-Suslov equations. Nonlinearility, 2001, 14: 1555–1567
[99] Kozlov V V. Dynamics of systems with nonintegrable constraints, part I. Moscow Univ Mech Bull, 1982, 37: 27–34; part II, 1982, 37: 74–80; part III, 1983, 38: 40–51
[100] Langerok B. A connection theoretic approach to sub-Riemannian geometry. J Geom Phys, 2002, 803: 1–28
[101] Janeczko S. Hamiltonian geodesics in nonholonomic differential systems. Rep Math Phys, 1997, 40(2): 217–224
[102] Marsden J E. Lectures on Mechanics. London: Cambridge University Press, 1992
[103] Marsden J E and Ratiu T S. Introduction to Mechanics and Symmetry. NewYork: Springer-Verlag, 1994
[104] Routh E J. Treatise on the Dynamics of a System of Rigid Bodies. Londan: MacMillan, 1860
[105] Routh E J. Advanced Rigid Dynamics. Londan: MacMillan, 1884
[106] Lie S. Theorie der Transformationsgruppen. Teubner: Zweiter Abschnitt, 1890
[107] Poincaré H. Sur une forme nouvelle des équations de la Méchanique. C R Acad Sci, 1901, 132: 369–371
[108] Arnold V I. Sur la géométrie differentielle des groups de Lie de dimenson infinie et ses applications à I'hydrodynamique des fluidsparfaits. Ann Inst Fourier, 1966, 16: 319–361
[109] Arnold V I. On an a priori estimate in the theory of hydrodynamical stability. Izv Vyssh Uchebn Zaved Mat Nauk, 1966, 54: 3–5; English Translation: Am Math Soc Trams, 1969, 79, 267–269
[110] Arnold V I. Sur un principe variationnel pour les découlements stationnaries des liquides parfaits et ses applications aux problemes de stabilité non linéaires. J Mec, 1966, 5: 29–43

[111] Smale S. Topology and mechanics. Invent Math, 1970, 10: 305–331; 11: 45–64

[112] Marsden J E, Weinstein A. Reduction of symplectic manifolds with symmetry. Rep Math Phys, 1974, 5: 121–130

[113] Marsden J E, Ratiu T S and Scheurle J. Reduction theory and the Lagrange-Routh equations. J Math Phys, 2000, 41: 3379–3429

[114] Cendra H, Marsden J E, Ratiu T S. Geometric mechanics, Lagrangian reduction and nonholonomic systems. In: Engquist B, Schmid W, eds. Mathematics and Unlimited-2001 and Beyond. Berlin: Springer-Verlag, 2001. 221–273

[115] Bloch A M, Krishnaprasad P S, Marsden J E, Murray R. Nonholonomic mechanical systems with symmetry. Arch Rational Mech Anal, 1996, 136: 21–99

[116] Zenkov D V, Bloch A M, Marsden J E. Flat nonholonomic matching. Proc ACC, 2002: 2812–2817

[117] Comés J, Martínez S, Ostrowski J P, H. Zhang. Simple mechanical control systems with constraints and symmetry. SIAM Journal on, Control and Optimization, 2002, 41(3): 851–874

[118] Koon W S, Marsden J E. Optimal control for holonomic and nonholonomic mechanical systems with symmetry and Lagrangian reduction. SIAM J Control Optim, 1997, 35(3): 901–929

[119] Koon W S, Marsden J E. The geometric structure of nonholonomic mechanics. Proc CDC, 1997, 36: 4856–4862

[120] Koiller J. Reduction of some classical non-holonomic systems with symmetry. Arch Ration, Mech Anal. 1992, 118: 113–148

[121] Bates L, Śniatycki J. Nonholonomic reduction. Rep Math Phys, 1992, 32: 99–115

[122] Koon W S, Marsden J E. Poisson reduction for nonholonomic mechanical systems with symmetry. Rep Math Phys, 1998, 42(1/2): 101–134

[123] Marle Ch M. Reduction of constrained mechanical systems and stability of relative equilibria. Common Math Phys, 1995, 174: 295–318

[124] Marle Ch M. Various approaches to conservative and non-conservative nonholonomic systems. Rep Math Phys, 1998, 42(1/2): 211–229

[125] Ostrowsky J. Reduced equations for nonholonomic mechanical systems with dissipative forces. Rep Math Phys, 1998, 42(1/2): 185–209

[126] Cortés J, de León M. Reduction and reconstruction of the dynamics of nonholonomic systems. J Phys A: Math Gen, 1999, 32: 8615–8645

[127] Cantrijn F, de León M, Marrero J C, de Diego D M. Reduction of constrained systems with symmetries. J Math Phys, 1999, 40(2): 795–820

[128] Śniatycki J. Nonholonomic Noether theorem and reduction of symmetries. Rep Math Phys, 1998, 42(1/2): 5–22

[129] Cantrijn F, de León M, Marrero J C. Reduction of nonholonomic mechanical systems with symmetries. Rep Math Phys, 1998, 42(1/2): 25–45

[130] Cantrijn F, Cortés J. Cosymplectic reduction of constrained systems with symmetry. Rep Math Phys, 2002, 49(2/3): 167–182

[131] Śniatycki J. The momentum equation and the second order differential equation condition. Rep Math Phys, 2002, 49(2/3): 371–394

[132] Bates L. Problems and progress in nonholonomic reduction. Rep Math Phys, 2002, 49(2/3): 143–149

(原载《力学进展》, 2004, 34(4): 477–492)

第三章　Birkhoff 力学进展

§3.1　Birkhoff 系统动力学的研究进展

1. 引言

1927 年美国著名数学家 Birkhoff G D 在其名著《动力系统》中给出比 Hamilton 方程更为普遍的一类新型动力学方程, 并给出比 Hamilton 原理更为普遍的一类新型积分变分原理 [1]. 1978 年美国强子物理学家 Santilli R M 建议将这个新方程命名为 Birkhoff 方程. 这个新原理可称为 Pfaff-Birkhoff 原理. 1989 年苏联学者Галиуллин A C认为, 对 Birkhoff 方程的研究是近代分析力学的一个重要发展方向 [3].

以 Birkhoff 方程和 Pfaff-Birkhoff 原理为基础, 可以提出一个新力学 ——Birkhoff 系统动力学的基本理论框架, 包括

- Birkhoff 方程和 Pfaff-Birkhoff 原理
- 完整力学系统的 Birkhoff 动力学
- 非完整力学系统的 Birkhoff 动力学
- Birkhoff 系统的积分理论
- Birkhoff 系统动力学逆问题
- Birkhoff 系统的运动稳定性
- Birkhoff 系统的代数和几何表示

Birkhoff 系统动力学是 Hamilton 力学的自然推广, 可在原子分子物理、强子物理中找到应用 [2]. 同时, 在非相对论经典力学范围内, 约束力学系统 —— 完整的和非完整的, 可纳入 Birkhoff 系统的框架.

Hamilton 系统理论犹如一棵参天大树, 已经根深叶茂, 成为当今非线性科学研究中一个最富成果而又生机勃勃的研究方向 [4]. 相信 Birkhoff 系统动力学亦将在非线性科学中扮演一个重要角色.

2. Birkhoff 系统动力学的基本理论框架

下面提出 Birkhoff 系统动力学的基本理论框架.

2.1　*Birkhoff 方程和 Pfaff-Birkhoff 原理*

2.1.1　Birkhoff 方程

Birkhoff 方程的一般形式为 [2]

$$\sum_{\nu=1}^{2n}\left(\frac{\partial R_\nu(t,\boldsymbol{a})}{\partial a^\mu}-\frac{\partial R_\mu(t,\boldsymbol{a})}{\partial a^\nu}\right)\dot{a}^\nu-\left(\frac{\partial B(t,\boldsymbol{a})}{\partial a^\mu}+\frac{\partial R_\mu(t,\boldsymbol{a})}{\partial t}\right)=0$$

$$(\mu=1,\cdots,2n) \tag{1}$$

其中 a^μ 为变量, t 为时间, $R_\mu(t,\boldsymbol{a})$ 称为 Birkhoff 函数组, $B(t,\boldsymbol{a})$ 称为 Birkhoff 函数, 而

$$\omega_{\mu\nu}=\frac{\partial R_\nu}{\partial a^\mu}-\frac{\partial R_\mu}{\partial a^\nu} \tag{2}$$

称为 Birkhoff 张量. 如果函数 R_μ,B 都不显含时间 t, 则 Birkhoff 方程称为自治的, 有形式

$$\sum_{\nu=1}^{2n}\omega_{\mu\nu}(\boldsymbol{a})\dot{a}^\nu-\frac{\partial B(\boldsymbol{a})}{\partial a^\mu}=0 \quad (\mu=1,\cdots,2n) \tag{3}$$

如果函数 R_μ 不显含时间 t, 则 Birkhoff 方程称为半自治的, 有形式

$$\sum_{\nu=1}^{2n}\omega_{\mu\nu}(\boldsymbol{a})\dot{a}^\nu-\frac{\partial B(t,\boldsymbol{a})}{\partial a^\mu}=0 \quad (\mu=1,\cdots,2n) \tag{4}$$

一般形式的 Birkhoff 方程 (1) 称为非自治的. 通常假设 Birkhoff 方程是规则的, 即设

$$\det(\omega_{\mu\nu})\neq 0 \tag{5}$$

众所周知, Hamilton 正则方程有形式

$$\dot{q_k}=\frac{\partial H}{\partial p_k},\quad \dot{p_k}=-\frac{\partial H}{\partial q_k}\quad (k=1,\cdots,n) \tag{6}$$

令

$$a^\mu=\begin{cases} q_u & (\mu=1,\cdots,n)\\ p_{\mu-n} & (\mu=n+1,\cdots,2n)\end{cases}$$

$$(\omega_{\mu\nu})=\begin{pmatrix} 0_{n\times n} & -I_{n\times n}\\ +I_{n\times n} & 0_{n\times n}\end{pmatrix}$$

$$B=H$$

则方程 (6) 可表为 Birkhoff 方程 (4) 的形式. 因此, Hamilton 正则方程 (6) 是半自治 Birkhoff 方程 (4) 的特殊情形.

2.1.2 Pfaff-Birkhoff 原理

积分

$$A=\int_{t_1}^{t_2}\left\{\sum_{\nu=1}^{2n}R_\nu(t,\boldsymbol{a})\dot{a}^\nu-B(t,\boldsymbol{a})\right\}\mathrm{d}t \tag{7}$$

称为 Pfaff 作用量, 因为被积函数是 Pfaff 形式. 等时变分原理

$$\delta A=0 \tag{8}$$

带有交换关系

$$\mathrm{d}\delta a^\nu=\delta\mathrm{d}a^\nu \quad (v=1,\cdots,2n) \tag{9}$$

及端点条件

$$\delta a^\nu|_{t=t_1}=\delta a^\nu|_{t=t_2}=0 \tag{10}$$

称为 Pfaff-Birkhoff 原理. 这个原理是一个普通的一阶积分变分原理. 由这个原理容易导出系统的 Birkhoff 方程 (1).

Hamilton 原理可写成形式

$$\delta\int_{t_1}^{t_2}\left(\sum_{s=1}^{n}p_s\dot{q}_s-H\right)\mathrm{d}t=0 \tag{11}$$

或

$$\delta\int_{t_1}^{t_2}\left\{\sum_{\nu=1}^{2n}R_\nu^0(\boldsymbol{a})\dot{a}^\nu-H(t,\boldsymbol{a})\right\}\mathrm{d}t=0 \tag{12}$$

其中

$$a^\mu=\begin{cases}q_\mu & (\mu=1,\cdots,n)\\ p_{\mu-n} & (\mu=n+1,\cdots,2n)\end{cases},\quad R_\nu^0=\begin{cases}p_\nu & (\nu=1,\cdots,n)\\ 0 & (\nu=n+1,\cdots,2n)\end{cases}$$

因此, Hamilton 原理 (11) 是 Pfaff-Birkhoff 原理 (8) 的特殊情形.

2.2 完整力学系统的 Birkhoff 动力学

2.2.1 特殊完整系统的 Birkhoff 动力学

可以用完整保守系统的 Lagrange 方程

$$\frac{\mathrm{d}}{\mathrm{d}t}\frac{\partial L}{\partial\dot{q}_s}-\frac{\partial L}{\partial q_s}=0 \quad (s=1,\cdots,n) \tag{13}$$

来描述运动的完整系统称为特殊完整力学系统. 特殊完整系统包括通常的完整保守系统, 有广义势的完整系统以及 Lagrange 力学逆问题系统. 所谓 Lagrange 力学逆问题是指对给定方程组来构造 L 使之有方程 (13). 某些完整非保守系统在一定条件下也可用方程 (13) 来描述. 但是此时, 一般说来, L 亦不再是动势 [5,6]. 因方程 (13) 有 Hamilton 方程形式, 它自然是 Birkhoff 系统.

2.2.2　一般完整系统的 Birkhoff 动力学

一般完整力学系统的 Lagrange 方程为

$$\frac{\mathrm{d}}{\mathrm{d}t}\frac{\partial T}{\partial \dot{q}_s}-\frac{\partial T}{\partial q_s}=Q_s \quad (s=1,\cdots,n) \tag{14}$$

它可展开为

$$\ddot{q}_s=g_s(q_k,\dot{q}_k,t) \quad (s,k=1,\cdots,n) \tag{15}$$

有多余坐标的完整力学系统, 变质量完整力学系统, 完整系统的相对运动动力学等都有形如 (15) 的方程. 令

$$a^s=q_s, \quad a^{n+s}=\dot{q}_s$$

则方程 (15) 表示为标准一阶形式

$$\begin{aligned}&\dot{a}^\nu=\sigma^\nu \quad (\nu=1,\cdots,2n)\\&\sigma^s=a^{n+s}, \quad \sigma^{n+s}=g_s(a^k,a^{n+k},t)\end{aligned} \tag{16}$$

欲使方程 (16) 有 Birkhoff 形式 (1), 即要求

$$\dot{a}^\mu-\sigma^\mu\equiv\sum_{\nu=1}^{2n}\left(\frac{\partial R_\nu}{\partial a^\mu}-\frac{\partial R_\mu}{\partial a^\nu}\right)\dot{a}^\nu-\left(\frac{\partial B}{\partial a^\mu}+\frac{\partial R_\mu}{\partial t}\right)=0$$

于是有

$$\sum_{\nu=1}^{2n}\left(\frac{\partial R_\nu}{\partial a^\mu}-\frac{\partial R_\mu}{\partial a^\nu}\right)\sigma^\nu(t,\boldsymbol{a})=\frac{\partial B}{\partial a^\mu}+\frac{\partial R_\mu}{\partial t} \quad (\mu=1,\cdots,2n) \tag{17}$$

对于给定的 Birkhoff 函数 B, 无论 Birkhoff 函数组 R_μ 是否显含 t, 方程 (17) 总可表示为 Cauchy-Ковалевская 型的. 根据 Cauchy-Ковалевская 定理知, 方程 (17) 的解总是存在的 [2]. 因此, 一切完整力学系统的运动方程总有 Birkhoff 表示. 当然, 对具体力学问题如何构造 Birkhoff 函数 B 和 Birkhoff 函数组 R_μ , 这是一个困难问题. 文献 [2] 给出一些构造方法.

2.3　非完整力学系统的 Birkhoff 动力学

假设力学系统的位形由 n 个广义坐标 q_s $(s=1,\cdots,n)$ 来确定, 它的运动受有 g 个理想双面 Четаев 型非完整约束

$$f_\beta(q_s,\dot{q}_s,t)=0 \quad (\beta=1,\cdots,g\,;s=1,\cdots,n) \tag{18}$$

则系统的运动方程可表示为 Routh 形式

$$\frac{\mathrm{d}}{\mathrm{d}t}\frac{\partial T}{\partial \dot{q}_s}-\frac{\partial T}{\partial q_s}=Q_s+\sum_{\beta=1}^{g}\lambda_\beta\frac{\partial f_\beta}{\partial \dot{q}_s} \ (s=1,\cdots,n) \tag{19}$$

在运动微分方程积分之前, 可由方程 (18)、(19) 求出乘子 λ_β 作为 $\boldsymbol{q}, \dot{\boldsymbol{q}}, t$ 的显函数 [7], 记作

$$\lambda_\beta = \lambda_\beta(q_s, \dot{q}_s, t) \quad (\beta = 1, \cdots, g) \tag{20}$$

将式 (20) 代入方程 (19) 并解出所有 $\ddot{q}_s$, 记作

$$\ddot{q}_s = g_s(q_k, \dot{q}_k, t) \quad (s, k = 1, \cdots, n) \tag{21}$$

称方程 (21) 为与非完整系统 (18),(19) 相应的完整系统的运动方程. 如果运动初始条件满足约束方程 (18), 即

$$f_\beta(q_s^0, \dot{q}_s^0, t^0) = 0 \quad (\beta = 1, \cdots, g) \tag{22}$$

那么方程 (21) 的解就给出所论非完整系统的运动. 因此, 非完整系统运动方程的 Birkhoff 化问题转化为相应完整系统方程 (21) 的 Birkhoff 化问题. 类似于 2.2 节中的讨论知, 一切一阶非完整系统的运动方程都有 Birkhoff 表示 [8].

关于 Чаплыгин 非完整系统的 Birkhoff 表示问题参见文献 [9].

关于高阶非完整系统的 Birkhoff 化问题, 可利用文献 [10] 的方法, 转化为相应完整系统的 Birkhoff 化问题.

2.4 Birkhoff 系统的积分理论

Birkhoff 系统的积分理论主要包括 Birkhoff 方程的变换理论, 广义 Hamilton-Jacobi 方法, Birkhoff 系统的 Noether 理论, 积分 Birkhoff 方程的场方法, Birkhoff 系统的 Poisson 理论等.

2.4.1 Birkhoff 方程的变换理论

变换理论是一种重要的积分理论. 在等时变换

$$t \to t' \equiv t, \quad a^\mu \to a'^\mu(t, \boldsymbol{a}) \tag{23}$$

下, 新的 Birkhoff 函数 B' 和新的 Birkhoff 函数组 R'_ρ 分别选为

$$\begin{aligned} B'(t, \boldsymbol{a}') &= \left(B - \sum_{\alpha=1}^{2n} \frac{\partial \boldsymbol{a}^\alpha}{\partial t} R_\alpha\right)(t, \boldsymbol{a}') \\ R'_\rho(t, \boldsymbol{a}') &= \left(\sum_{\alpha=1}^{2n} \frac{\partial a^\alpha}{\partial a'^\rho} R_\alpha\right)(t, \boldsymbol{a}') \end{aligned} \tag{24}$$

则在新变量下 Birkhoff 方程保持其形式

$$\sum_{\sigma=1}^{2n} \left(\frac{\partial R'_\sigma(t, \boldsymbol{a}')}{\partial a'^\rho} - \frac{\partial R'_\rho(t, a')}{\partial a'^\sigma}\right) \dot{a}'^\sigma - \left(\frac{\partial B'(t, \boldsymbol{a}')}{\partial a'^\rho} + \frac{\partial R'_\rho(t, \boldsymbol{a}')}{\partial t}\right) = 0$$

$$(\rho = 1, \cdots, 2n) \tag{25}$$

在非等时变换

$$t \to t'(t, \boldsymbol{a}), \quad a^{\mu} \to a'^{\mu}(t, \boldsymbol{a}) \tag{26}$$

下, 新的 Birkhoff 函数 B' 和新的 Birkhoff 函数组 R'_{ρ} 分别选为

$$B'(t', \boldsymbol{a}') = \left(B\frac{\partial t}{\partial t'} - \sum_{\mu=1}^{2n} R_{\mu} \frac{\partial a^{\mu}}{\partial t} \right)(t', \boldsymbol{a}')$$

$$R'_{\rho}(t', \boldsymbol{a}') = \left(\sum_{\mu=1}^{2n} R_{\mu} \frac{\partial a^{\mu}}{\partial a'^{\rho}} - B\frac{\partial t}{\partial a'^{\rho}} \right)(t', \boldsymbol{a}') \tag{27}$$

则在新变量下 Birkhoff 方程保持其形式 [2]

$$\sum_{\sigma=1}^{2n} \left(\frac{\partial R'_{\sigma}}{\partial a'^{\rho}} - \frac{\partial R'_{\rho}}{\partial a'^{\sigma}} \right) \frac{\mathrm{d}a'^{\sigma}}{\mathrm{d}t'} - \left(\frac{\partial B'}{\partial a'^{\rho}} + \frac{\partial R'_{\rho}}{\partial t'} \right) = 0 \quad (\rho = 1, \cdots, 2n) \tag{28}$$

如果等时变换 (23) 满足以下等式

$$\sum_{\mu=1}^{2n} R_{\mu}(t, \boldsymbol{a})\mathrm{d}a^{\mu} - B(t, \boldsymbol{a})\mathrm{d}t - \sum_{\mu=1}^{2n} R'_{\mu}(t, \boldsymbol{a}')\mathrm{d}a'^{\mu} + B'(t, \boldsymbol{a}')\mathrm{d}t = \mathrm{d}F(t, \boldsymbol{a}, \boldsymbol{a}') \tag{29}$$

其中 F 为 $t, \boldsymbol{a}, \boldsymbol{a}'$ 的某函数, 则变换 (23) 为广义正则变换.

2.4.2　广义 Hamilton-Jacobi 方法

研究半自治 Birkhoff 方程 (4). 假设在广义正则变换

$$t \to t' \equiv t, \quad a^{\mu} \to a_0^{\mu}(t, \boldsymbol{a}) \tag{30}$$

下, 新的 Birkhoff 函数恒为零, 即

$$B(t, \boldsymbol{a}) \to B'_0(t, \boldsymbol{a}_0) = \left(B - \sum_{\alpha=1}^{2n} \frac{\partial a^{\alpha}}{\partial t} R_{\alpha} \right)(t, \boldsymbol{a}_0) \equiv 0 \tag{31}$$

则变换后的 Birkhoff 方程给出

$$\dot{a}_0^{\nu} = 0 \quad (\nu = 1, \cdots, 2n)$$

于是

$$a_0^{\nu} = a_0^{\nu}(t, \boldsymbol{a}) = \text{const.} \tag{32}$$

而原方程 (4) 的解由逆变换

$$a^{\mu} = a^{\mu}(t, \boldsymbol{a}_0)$$

来得到, 其中 a_0^ν 起着积分常数作用.

广义 Hamilton-Jacobi 方程为 [2]

$$\begin{gathered}\frac{\partial A^g}{\partial t}+B(t,\boldsymbol{a})=0\\ R_\mu(\boldsymbol{a})=\frac{\partial A^g}{\partial a^\mu},\quad R_\mu(\boldsymbol{a}_0)=-\frac{\partial A^g}{\partial a_0^\mu}\end{gathered}\tag{33}$$

其中

$$A^g(\tilde{E})=\int_{t_0}^{t}\mathrm{d}t\left[\sum_{\mu=1}^{2n}R_\mu(\boldsymbol{a})\dot{a}^\mu-B(t,\boldsymbol{a})\right](\tilde{E})\tag{34}$$

在

$$\frac{\partial B}{\partial a^\mu}\neq 0$$

下, 方程 (33) 总可归为关于 $\dfrac{\partial A^g}{\partial t},\dfrac{\partial A^g}{\partial a^\mu}$ 的一个偏微分方程.

2.4.3 Birkhoff 系统的 Noether 理论

寻求力学系统守恒量的近代方法是研究 Hamilton 作用量在无限小变换下的不变性, 这就是所谓 Noether 对称性理论. 用 Pfaff 作用量替代以往研究中的 Hamilton 作用量, 引进 $r-$ 参数变换群的无限小变换的广义准对称性, 可以建立 Birkhoff 系统的 Noether 理论.

对 Birkhoff 系统 (1) , 如果有限群 G_r 的无限小变换

$$t^*=t+\sum_{\alpha=1}^{r}\varepsilon_\alpha\xi_0^\alpha(t,\boldsymbol{a}),\quad a^{\mu *}=a^\mu+\sum_{\alpha=1}^{r}\varepsilon_\alpha\xi_\mu^\alpha(t,\boldsymbol{a})\tag{35}$$

是准对称变换, 则系统有 r 个独立的第一积分 [11]

$$\sum_{\mu=1}^{2n}R_\mu\xi_\mu^\alpha-B\xi_0^\alpha+\lambda^\alpha=C^\alpha\quad(\alpha=1,\cdots,r)\tag{36}$$

其中 λ^α 称为规范函数. 生成函数 $\xi_0^\alpha,\xi_\mu^\alpha$ 和规范函数 λ^α 满足如下广义 Killing 方程

$$\left.\begin{aligned}&\frac{\partial\lambda^\alpha}{\partial a^\nu}+\sum_{\mu=1}^{2n}\left(R_\mu\frac{\partial\xi_\mu^\alpha}{\partial a^\nu}+\frac{\partial R_\nu}{\partial a^\mu}\xi_\mu^\alpha\right)+\frac{\partial R_\nu}{\partial t}\xi_0^\alpha-B\frac{\partial\xi_0^\alpha}{\partial a^\nu}=0\quad(\nu=1,\cdots,2n)\\&-\frac{\partial\lambda^\alpha}{\partial t}+\frac{\partial B}{\partial t}\xi_0^\alpha+B\frac{\partial\xi_0^\alpha}{\partial t}+\sum_{\mu=1}^{2n}\left(\frac{\partial B}{\partial a^\mu}\xi_\mu^\alpha-R_\mu\frac{\partial\xi_\mu^\alpha}{\partial t}\right)=0\end{aligned}\right\}\tag{37}$$

反过来, 由已知积分可找到相应的对称变换, 准对称变换, 或广义准对称变换 [11].

2.4.4　积分 Birkhoff 方程的场方法

应用于振动系统 [12] 和非完整系统 [13] 的场积分方法可推广并应用于 Birkhoff 系统动力学方程的积分问题.

2.4.5　Birkhoff 系统的 Poisson 理论

对 Birkhoff 系统可以建立它的 Poisson 理论：定义广义 Poisson 括号, 给出第一积分的广义 Poisson 条件, 建立广义 Poisson 定理等 [14].

2.5　Birkhoff 系统动力学逆问题

动力学逆问题是经典力学的主要问题之一, 同时又与许多新兴学科密切相关 [15]. 对于 Birkhoff 系统动力学可提出如下 4 类逆问题:

(1) 已知系统运动性质来组成 Birkhoff 方程, 或者根据已知一部分运动方程和一些运动性质来封闭方程组;

(2) Birkhoff 系统的对称与动力学逆问题;

(3) 根据 Pfaff-Birkhoff-D'Alembert 原理组建运动方程;

(4) 广义 Poisson 方法与动力学逆问题.

2.6　Birkhoff 系统的运动稳定性

Birkhoff 系统的稳定性问题, 包括系统的平衡稳定性和运动稳定性.

设自治 Birkhoff 系统 (3) 有平衡位置

$$a^\mu = a_0^\mu, \quad \dot{a}^\mu = 0 \quad (\mu = 1, \cdots, 2n)$$

将其代入方程 (3) , 得到平衡方程

$$\left(\frac{\partial B}{\partial a^\mu}\right)_0 = 0 \quad (\mu = 1, \cdots, 2n) \tag{38}$$

令

$$a^\mu = a_0^\mu + \xi^\mu \quad (\mu = 1, \cdots, 2n) \tag{39}$$

将式 (39) 代入方程 (3) 并注意到式 (38) , 得到系统的受扰运动方程

$$\dot{\xi}^\mu = \sum_{\nu=1}^{2n}\left(\omega^{\mu\nu}\frac{\partial B}{\partial a^\nu}\right)_1 \quad (\mu = 1, \cdots, 2n) \tag{40}$$

其中下标 1 表示其中的 a^μ 用式 (39) 替代的结果, 而 $\omega^{\mu\nu}$ 为 $(\omega_{\mu\nu})$ 的逆矩阵元素. 方程 (40) 的一次近似方程写成形式

$$\sum_{\nu=1}^{2n}(\omega_{\mu\nu})_0\dot{\xi}^\nu - \sum_{\nu=1}^{2n}(\Omega_{\mu\nu})_0\xi^\nu = 0 \quad (\mu = 1, \cdots, 2n) \tag{41}$$

其中

$$\Omega_{\mu\nu} = \frac{\partial^2 B}{\partial a^\mu \partial a^\nu} \tag{42}$$

由方程 (40)、(41), 利用 Ляпунов 直接法和一次近似法, 可得如下结论:

如果 $a^\mu = a_0^\mu \ (\mu = 1, \cdots, 2n)$ 是自治 Birkhoff 系统的平衡位置, 若 Birkhoff 函数 B 满足 $B(a_0^\mu) = 0$, 且 B 在 $a^\mu = a_0^\mu$ 的邻域内为定号函数, 则系统平衡位置是稳定的. 自治 Birkhoff 系统一次近似方程 (41) 的特征方程的根总是成对互为反号出现的; 如有实部不为零的根, 则平衡是不稳定的 [16].

对 Birkhoff 系统的运动稳定性问题亦可进行类似讨论 [17].

2.7 Birkhoff 系统的代数和几何表示

2.7.1 代数表示

将余切丛 T^*M 上的函数 $A(\boldsymbol{a})$ 按自治 Birkhoff 方程 (2) 或半自治 Birkhoff 方程 (3) 对时间 t 的导数定义为一个积

$$\dot{A} = \frac{\partial A}{\partial a^\mu}\omega^{\mu\nu}\frac{\partial B}{\partial a^\nu} \triangleq A \circ B \tag{43}$$

它满足右分配律, 左分配律和标律

$$\begin{aligned} &A \circ (B + C) = A \circ B + A \circ C \\ &(A + B) \circ C = A \circ C + B \circ C \\ &(\alpha A) \circ B = A \circ (\alpha B) = \alpha(A \circ B) \end{aligned} \tag{44}$$

因此, 自治形式和半自治形式的 Birkhoff 方程具有相容代数结构. 进而, 有

$$\begin{aligned} &A \circ B + B \circ A = 0 \\ &A \circ (B \circ C) + B \circ (C \circ A) + C \circ (A \circ B) = 0 \end{aligned} \tag{45}$$

因此, 代数结构归为 Lie 代数结构 [2].

对非自治形式 Birkhoff 方程 (1) 来说, 没有相容代数结构.

2.7.2 几何表示

Birkhoff 方程以局部坐标中的恰当辛形式为特征. 对自治形式和半自治形式的 Birkhoff 方程定义微分 1-形式

$$R_1 = R_\nu(a)\mathrm{d}a^\nu \tag{46}$$

它的外微分 $\mathrm{d}R_1$ 是余切丛 T^*M 上的 2-形式

$$\varOmega = \mathrm{d}R_1 = \frac{1}{2}\omega_{\mu\nu}\mathrm{d}a^\mu \wedge \mathrm{d}a^\nu \tag{47}$$

它有恰当特性. 对非自治形式的 Birkhoff 方程, 定义微分 1-形式

$$\hat{R}_1(\hat{\boldsymbol{a}}) = \hat{R}_\nu(\hat{\boldsymbol{a}})\mathrm{d}\hat{a}^\nu, \quad \hat{R}_\nu(\hat{\boldsymbol{a}}) = \begin{cases} -B & (\nu = 0) \\ R_\nu & (\nu = 1, \cdots, 2n) \end{cases} \tag{48}$$

其外微分是 $\boldsymbol{R} \times \boldsymbol{T}^*M$ 上的 2-形式

$$\hat{\Omega} = \frac{1}{2}\left(\frac{\partial \hat{R}_\nu}{\partial \hat{a}^\mu} - \frac{\partial \hat{R}_\mu}{\partial \hat{a}^\nu}\right)\mathrm{d}\hat{a}^\mu \wedge \mathrm{d}\hat{a}^\nu \triangleq \frac{1}{2}\hat{w}_{\mu\nu}(\hat{a})\mathrm{d}\hat{a}^\nu \wedge \mathrm{d}\hat{a}^\nu \tag{49}$$

$\hat{\Omega}$ 是接触 2-形式, 对 T^*M 限于辛的, 它是 Birkhoff 方程的几何结构.

自治形式 Birkhoff 方程的全局特性表示为

$$i_X\Omega \equiv X \lrcorner \Omega = -\mathrm{d}B \tag{50}$$

X 为恰当辛流形 T^*M 上的全局 Birkhoff 向量场. 半自治形式 Birkhoff 方程的全局特性表示为

$$\begin{aligned} & i_{\tilde{X}}\Omega_B \equiv \tilde{X} \lrcorner \Omega_B = 0 \\ & \mathrm{d}t(\tilde{X}) = 1 \end{aligned} \tag{51}$$

其中

$$\Omega_B = \tilde{\Omega} - \mathrm{d}B \wedge \mathrm{d}t, \quad \tilde{\Omega} = \pi^*\Omega \tag{52}$$

称 $\tilde{X}$ 为半自治全局 Birkhoff 向量场. 一般形式的 Birkhoff 方程的全局特性表示为

$$\begin{aligned} & i_{\tilde{X}}\mathrm{d}\hat{B} \equiv \tilde{X} \lrcorner \mathrm{d}\hat{B} = 0 \\ & \mathrm{d}t(\tilde{X}) = 1 \end{aligned} \tag{53}$$

称 $\tilde{X}$ 为一般全局 Birkhoff 向量场 [2].

有关更详尽内容可参考文献 [18].

3. 结语

文献 [2] 写道: “Birkhoff 力学是由 Hamilton 力学经过变换理论构造出的最一般可能的力学. ”这是首次提出术语“Birkhoff 力学”. 文献 [2] 主要论述了 Birkhoff 方程, Birkhoff 方程的变换理论, Galilei 相对论的推广等三个问题. 本文称为“Birkhoff 系统动力学”, 并给出了它的基本理论框架. 随着科学技术的发展, 这个新力学还会增添许多新的内涵. 文献 [19] 认为, Birkhoff 力学是经典力学的新发展.

Birkhoff 系统动力学的进一步研究, 可考虑以下几个方面:

(1) 广义 Birkhoff 系统. 当系统方程的阶数不是 $2n$ 阶, 而是更高阶时, 如广义经典力学系统, 广义 Hamilton 系统等. 对这类系统可建立广义 Birkhoff 系统动力学. 在这一方面, 文献 [20] 已做了某些研究.

(2) 约束 Birkhoff 系统. 当系统的变量 a^μ $(\mu = 1, \cdots, 2n)$ 不是彼此独立的, 而受到一些约束时, 就称约束 Birkhoff 系统. 对约束 Birkhoff 系统, 需组建动力学方程, 研究方程的积分理论, 研究系统的运动稳定性, 研究它的近代数学方法等.

(3) 无限维 Birkhoff 系统. 当系统的阶数增至无限大时, 系统的动力学行为值得研究.

(4) Birkhoff 系统及其各种推广的应用. Birkhoff 系统本身及其各种推广在力学、物理学以及工程科学中的应用会有广阔前景.

本文作为大会报告曾在 MMM-VI 会议上宣读.

参考文献

[1] Birkhoff G D. Dynamical Systems. Providence R I : AMS College Publ , 1927

[2] Santilli R M. Foundations of Theoretical Mechanics II. New York: Springer-Verlag , 1983

[3] Галиуллин А С. Аналитическая Динамика. Москва: Наука, 1989

[4] 李继彬, 赵晓华, 刘正荣. 广义哈密顿理论及其应用. 北京: 科学出版社, 1994

[5] Santilli R M. Foundations of Theoretical Mechanics I. New York: Springer-Verlag, 1978

[6] 梅凤翔. 分析力学专题. 北京: 北京工业学院出版社, 1988

[7] 梅凤翔. 非完整系统力学基础. 北京: 北京工业学院出版社, 1985

[8] 梅凤翔, 史荣昌. 关于 Pfaff-Birkhoff 原理. 北京理工大学学报, 1993, 13 (2 II) : 265–273

[9] 戴贤扬, 赵关康, 梅凤翔. Чаплыгин非完整系统的 Birkhoff 表示. 见: 陈滨, 梅凤翔. 中国非完整力学三十年. 开封: 河南大学出版社, 1994. 107–109

[10] Мэй Фунсян Об одном методе интегрировани я уравнений дви ж ения неголономных систем со свя зя ми высшего поря дка. ПММ, 1991, 55 (4) : 691–695

[11] 梅凤翔. Birkhoff 系统的 Noether 理论. 中国科学 (A 辑), 1993, 23 (7) : 709–717

[12] Vujanović B. A field method and its application to the theory of vibrations. Int J Non-linear Mech, 1984, 19 : 383– 396

[13] 梅凤翔. 非完整系统力学积分方法的某些进展. 力学进展, 1991, 21 (1) : 83–95

[14] 梅凤翔. Birkhoff 系统的 Poisson 理论. 科学通报, 1995, 40 (21) : 1947–1950

[15] 梅凤翔. 动力学逆问题的提法和解法. 力学与实践, 1991, 13 (1) : 17–23

[16] 梅凤翔. Birkhoff 自治系统的平衡稳定性. 科学通报, 1993, 38 (4) : 311–313

[17] Shi Rongchang, Mei Fengxiang, Zhu Haiping. On the stability of the motion of a Birkhoff system. Mechanics Research Communications, 1994, 21 (3) : 269–272

[18] 梅凤翔. Birkhoff 系统动力学的数学方法. 北京理工大学讲义, 1995

[19] 梅凤翔. 经典力学从牛顿到伯克霍夫. 力学与实践, 1996, 18 (4) : 1–8
[20] 吴惠彬. Birkhoff 系统的几何理论 [学位论文] . 北京理工大学应用力学系, 1994

(原载《力学进展》, 1997, 27(4): 436–446)

§3.2 On the Birkhoffian mechanics

1. Introduction

Birkhoff gave a new integral variational principle and a new form of the equations of motion[1]. The equations are called Birkhoff's equations as suggested by Santilli. Santilli studied a Birkhoffian generalization of Hamiltonian mechanics, including Birkhoff's equation, the transformation theory of Birkhoff's equations and the generalization of Galiei's relativity. He said "the Birkhoffian mechanics is the most general possible mechanics that can be constructed from the Hamiltonian mechanics via the transformation theory" [2].

In this paper, based on Santilli's work[2], we further construct a theoretical frame of Birkhoffian mechanics, including the Birkhoffian mechanics of holonomic systems, the Birkhoffian mechanics of nonholonomic systems, the integration theory of Birkhoffian mechanics, the inverse problem of Birkhoffian mechanics and the stability of motion of Birkhoffian mechanics.

2. Birkhoffian mechanics of holonomic systems

Birkhoff's equations can be written in the form[2]

$$\sum_{\nu=1}^{2n}\left(\frac{\partial R_\nu}{\partial a^\mu}-\frac{\partial R_\mu}{\partial a^\nu}\right)\dot{a}^\nu-\frac{\partial B}{\partial a^\mu}-\frac{\partial R_\mu}{\partial t}=0\quad(\mu=1,\cdots,2n)\tag{1}$$

where the function $B=B(t,\boldsymbol{a})$ is called the Birkhoffian.

We will prove that all of the holonomic systems always admit a representation in terms of Birkhoff's equations.

Nomenclature

a variable

A Pfaff action

B Birkhoffian function

G gauge function

I integral

t time

T kinetic energy

q generalized coordinate

$\dot{q}$ generalized velocity

$\ddot{q}$ generalized acceleration

Q generalized force

R Birkhoff's function

δ variation

Δ complete variation

ε small parameter

Φ Erugin's function

λ multiplier

Λ generalized constraint force

ξ generator

d differential symbol

We consider a mechanical system whose configuration is determined by the n generalized coordinates q_s $(s = 1, \cdots, n)$. The equations of motion can be written in the form

$$\frac{\mathrm{d}}{\mathrm{d}t}\frac{\partial T}{\partial \dot{q}_s} - \frac{\partial T}{\partial q_s} = Q_s(t, \boldsymbol{q}, \dot{\boldsymbol{q}}) \quad (s = 1, \cdots, n) \tag{2}$$

where T is the kinetic energy of the system, and Q_s, the generalized forces. We have

$$T = T_2 + T_1 - T_0, \quad T_2 = \frac{1}{2}\sum_{s=1}^{n}\sum_{k=1}^{n} A_{sk}(t, \boldsymbol{q})\dot{q}_s\dot{q}_k$$

$$T_1 = \sum_{s=1}^{n} B_s(t, \boldsymbol{q})\dot{q}_s, \quad T_0 = T_0(t, \boldsymbol{q}) \tag{3}$$

Substituting (3) into Eqs. (2), we obtain[3]

$$\sum_{k=1}^{n} A_{sk}\ddot{q}_k + \sum_{k=1}^{n}\sum_{m=1}^{n}[k, m; s]\dot{q}_k\dot{q}_m = Q_s + \Gamma_s + \frac{\partial T_0}{\partial q_s} - \frac{\partial B_s}{\partial t} - \sum_{k=1}^{n}\frac{\partial A_{sk}}{\partial t}\dot{q}_k \quad (s = 1, \cdots, n) \tag{4}$$

where

$$[k, m; s] = \frac{1}{2}\left(\frac{\partial A_{ks}}{\partial q_m} + \frac{\partial A_{ms}}{\partial q_k} - \frac{\partial A_{km}}{\partial q_s}\right), \quad \Gamma_s = \sum_{k=1}^{n}\left(\frac{\partial B_k}{\partial q_s} - \frac{\partial B_s}{\partial q_k}\right)\dot{q}_k$$

From Eqs. (4) we can obtain all generalized accelerations as

$$\ddot{q}_r = g_r(t, \boldsymbol{q}, \dot{\boldsymbol{q}}) \quad (r = 1, \cdots, n) \tag{5}$$

where

$$g_r = \sum_{s=1}^{n} \frac{\Delta_{sr}}{\Delta} \left\{ -\sum_{k=1}^{n} \sum_{m=1}^{n} [k, m; s] \dot{q}_k \dot{q}_m + Q_s + \varGamma_s + \frac{\partial T_0}{\partial q_s} - \frac{\partial B_s}{\partial t} - \sum_{k=1}^{n} \frac{\partial A_{sk}}{\partial t} \dot{q}_k \right\} \tag{6}$$

$\Delta = \det(A_{sk}) \neq 0$, Δ_{sr} is the algebraic complement of the element(s, r).

Let

$$a^s = q_s, \quad a^{n+s} = \dot{q}_s \tag{7}$$

then Eqs. (5) become

$$\begin{aligned} &\dot{a}^\nu = \sigma^\nu \quad (\nu = 1, \cdots, 2n) \\ &\sigma^s = a^{n+s}, \quad \sigma^{n+s} = g_s(t, \boldsymbol{a}) \end{aligned} \tag{8}$$

Suppose that Eqs. (8) have a Birkhoffian represention, i.e.

$$\sum_{\nu=1}^{2n} \left(\frac{\partial R_\nu}{\partial a^\mu} - \frac{\partial R_\mu}{\partial a^\nu} \right) \sigma^\nu = \frac{\partial B}{\partial a^\mu} + \frac{\partial R_\mu}{\partial t} \tag{9}$$

For any given function B, Eq. (9) is of the Cauchy-Kovalevski type, as one can see by writing them in the form

$$\frac{\partial R_\mu}{\partial t} = \sum_{\nu=1}^{2n} \left(\frac{\partial R_\nu}{\partial a^\mu} - \frac{\partial R_\mu}{\partial a^\nu} \right) \sigma^\nu - \frac{\partial B}{\partial a^\mu} \tag{10}$$

In view of the Cauchy-Kovalevski theorem [2], we know that a solution of Eq. (10) always exists. We have

Proposition 1 *The general holonomic systems* (2) *always admit a representation in terms of Birkhoff's equations.*

Example 1 The equations of motion of a two-degree-of-freedom holonomic system are

$$\ddot{q}_1 + \dot{q}_2 = 0, \quad \ddot{q}_2 + \dot{q}_1 = 0$$

Let

$$a^1 = q_1, \quad a^2 = q_2, \quad a^3 = \dot{q}_1, \quad a^4 = \dot{q}_2$$

then we have

$$\dot{a}^1 = a^3, \quad \dot{a}^2 = a^4, \quad \dot{a}^3 = -a^4, \quad \dot{a}^4 = -a^3$$

The system possesses the four first integrals

$$I^1 = a^1 + a^4, \quad I^2 = a^2 + a^3$$

$$I^3 = -(a^3 + a^4)\exp t, \quad I^4 = (a^3 - a)\exp(-t)$$

$$\det\left(\frac{\partial I^\mu}{\partial a^\nu}\right) \neq 0$$

Using the Hojman's method [2,4], we obtain

$$\begin{aligned} &R_1 = G_1, \quad R_2 = G_2, \quad R_3 = G_2 - G_3\exp t + G_4\exp(-t) \\ &R_4 = G_1 - G_3\exp t - G_4\exp(-t) \\ &B = -G_3[-(a^3 + a^4)\exp t] - G_4[-(a^3 - a^4)\exp(-t)] \end{aligned}$$

Choosing

$$G_1 = G_2 = 0, \quad G_3 = I^1, \quad G_4 = I^2$$

we obtain

$$\begin{aligned} &R_1 = R_2 = 0, \quad R_3 = -(a^1 + a^4)\exp t + (a^2 + a^3)\exp(-t) \\ &R_4 = -(a^1 + a^4)\exp t - (a^2 + a^3)\exp(-t) \\ &B = (a^1 + a^4)(a^3 + a^4)\exp t + (a^2 + a^3)(a^3 - a^4)\exp(-t) \end{aligned}$$

Thus the construction of a Birkhoffian representation of the system is realized.

3. Birkhoffian mechanics of non-holonomic systems

Let the position of a system be determined by the n generalized coordinates q_s $(s = 1, \cdots, n)$ and its motion be subjected to the g ideal nonholonomic constraints of Chetaev's type

$$f_\beta(t, \boldsymbol{q}, \dot{\boldsymbol{q}}) = 0 \quad (\beta = 1, \cdots, g) \tag{11}$$

Then the equations of motion of the system can be written in the form[5−7]

$$\frac{\mathrm{d}}{\mathrm{d}t}\frac{\partial T}{\partial \dot{q}_s} - \frac{\partial T}{\partial q_s} = Q_s + \sum_{\beta=1}^{g} \lambda_\beta \frac{\partial f_\beta}{\partial \dot{q}_s} \quad (s = 1, \cdots, n) \tag{12}$$

Before integrating the equations of motion, we can find λ_β as functions of $t, \boldsymbol{q}, \dot{\boldsymbol{q}}$[7]:

$$\lambda_\beta = \lambda_\beta(t, \boldsymbol{q}, \dot{\boldsymbol{q}}) \tag{13}$$

Substituting this into Eqs. (12), we obtain

$$\frac{\mathrm{d}}{\mathrm{d}t}\frac{\partial T}{\partial \dot{q}_s}-\frac{\partial T}{\partial q_s}=Q_s+\Lambda_s,\quad \Lambda_s=\Lambda_s(t,\boldsymbol{q},\dot{\boldsymbol{q}})=\sum_{\beta=1}^{g}\lambda_\beta\frac{\partial f_\beta}{\partial \dot{q}_s}\quad (s=1,\cdots,n) \tag{14}$$

Eqs. (14) are called the equations of motion of holonomic system corresponding to the non-holonomic system (11), (12). If the initial conditions satisfy the constraint equations(11), then the solution of the system (14) will give the motion of the system (11), (12)[6,7]. Let

$$\det\left(\frac{\partial^2 T}{\partial \dot{q}_s \partial \dot{q}_k}\right)\neq 0$$

From Eqs. (14), we can find all generalized accelerations as

$$\ddot{q}_s=h_s(t,\boldsymbol{q},\dot{\boldsymbol{q}})\quad (s=1,\cdots,n) \tag{15}$$

We have

Proposition 2 *The general nonholonomic systems* (11), (12) *always admit a representation in terms of Birkhoff's equations.*

Of course, one must consider the restriction of constraint equations to the initial conditions.

Example 2 Suppose that the position of a system is determined by two coordinates q_1, q_2 and the constraint equation is

$$f=\dot{q}_1+bt\dot{q}_2-bq_2+t=0$$

The kinetic energy and the potential energy are, respectively,

$$T=\frac{1}{2}(\dot{q}_1^2+\dot{q}_2^2),\quad V=\text{const.}$$

The equations of motion of the corresponding holonomic system are

$$\ddot{q}_1=-\frac{1}{1+b^2t^2},\quad \ddot{q}_2=-\frac{bt}{1+b^2t^2}$$

Let

$$a^1=q_1,\quad a^2=q_2,\quad a^3=\dot{q}_1,\quad a^4=\dot{q}_2$$

then the equations are

$$\dot{a}^1=a^3,\quad \dot{a}^2=a^4,\quad \dot{a}^3=-\frac{1}{1+b^2t^2},\quad \dot{a}_4=-\frac{bt}{1+b^2t^2}$$

and they possess four independent first integrals

$$I^1 = a^1 - a^3 t - \frac{1}{2b}\ln(1+b^2t^2), \quad I^2 = a^2 - a^4 t - \frac{t}{b} + \frac{1}{b^2}\arctan bt$$
$$I^3 = a^3 + \frac{1}{b}\arctan bt, \quad I^4 = a^4 + \frac{1}{2b}\ln(1+b^2t^2)$$

From this, using Hojman's method[2,4] and setting

$$G_1 = I^2, \quad G_2 = 0, \quad G_3 = I^4, \quad G_4 = 0$$

we obtain the Birkhoffian functions

$$R_1 = a^2 - a^4 t - \frac{t}{b} + \frac{1}{b^2}\arctan bt$$
$$R_2 = 0$$
$$R_3 = a^4 - t(a^2 - a^4 t) + \frac{1}{2b}\ln(1+b^2t^2) - t\left(-\frac{t}{b} + \frac{1}{b^2}\arctan bt\right)$$
$$R_4 = 0$$
$$B = \left(a^3 + \frac{t}{1+b^2t^2}\right)\left(a^2 - a^4 t - \frac{t}{b} + \frac{1}{b^2}\arctan bt\right) - \frac{1}{1+b^2t^2}\left[a^4 + \frac{1}{2b}\ln(1+b^2t^2)\right]$$

The restriction of constraint equation to the initial conditions $t = 0$, $a^\mu = a_0^\mu$ is

$$a_0^3 = b a_0^2 = 0$$

Thus the construction of a Birkhoffian representation of the system is realized.

From the above discussion, we know that all of the holonomic system and all of the nonholonomic systems can be brought into the Birkhoffian system.

4. Integration theory of Birkhoffian mechanics

The integration theory of Birkhoffian system includes the transformation theory, the generalized Hamilton Jacobi method and so on [2]. We now study Noether's theory, Possion's theory and the fied method of the Birkhoffian mechanics.

4.1 Noether's theory of Birkhoffian systems

The most general possible linear first-order action functional is given by the Pfaff action[2]

$$A = \int_{t_1}^{t_2}\left(\sum_{\mu=1}^{2n} R_\mu \mathrm{d}a^\mu - B\mathrm{d}t\right) \tag{16}$$

Let

$$t^* = t + \Delta t, \quad a^{\mu *}(t^*) = a^\mu(t) + \Delta a^\mu \tag{17}$$

or

$$t^* = t + \sum_{\alpha=1}^{r} \varepsilon_\alpha \xi_0^\alpha(t, \boldsymbol{a}), \quad a^{\mu *} = a^\mu + \sum_{\alpha=1}^{r} \varepsilon_\alpha \xi_\mu^\alpha(t, \boldsymbol{a}) \tag{18}$$

be the infinitesimal transformations of transformation group G_r, where ε_α are infinitesimal parameters. We have

$$\begin{aligned}\Delta A = \int_{t_1}^{t_2} \Bigg\{ &\left(\sum_{\mu=1}^{2n} R_\mu \dot{a}^\mu - B \right) \frac{\mathrm{d}}{\mathrm{d}t}(\Delta t) + \left(\sum_{\mu=1}^{2n} \frac{\partial R_\mu}{\partial t} \dot{a}^\mu - \frac{\partial B}{\partial t} \right) \Delta t \\ &+ \sum_{\mu=1}^{2n} \left(\sum_{\nu=1}^{2n} \frac{\partial R_\nu}{\partial a^\mu} \dot{a}^\nu - \frac{\partial B}{\partial a^\mu} \right) \Delta a^\mu + \sum_{\mu=1}^{2n} R_\mu \Delta \dot{a}^\mu \Bigg\} \mathrm{d}t \end{aligned} \tag{19}$$

Using the relations

$$\begin{aligned} &\Delta a^\mu = \delta a^\mu + \dot{a}^\mu \Delta t, \quad \Theta \dot{a}^\mu = \delta \dot{a}^\mu + \ddot{a}^\mu \Delta t \\ &\delta \dot{a}^\mu = \frac{\mathrm{d}}{\mathrm{d}t} \delta a^\mu \end{aligned}$$

formula (19) can be written in the form

$$\begin{aligned}\Delta A = \int_{t_1}^{t_2} \sum_{\alpha=1}^{r} \varepsilon_\alpha \Bigg\{ &\frac{\mathrm{d}}{\mathrm{d}t} \left(\sum_{\mu=1}^{2n} R_\mu \xi_\mu^\alpha - B \xi_0^\alpha \right) \\ &+ \sum_{\mu=1}^{2n} \left[\sum_{\nu=1}^{2n} \left(\frac{\partial R_\nu}{\partial a^\mu} - \frac{\partial R_\mu}{\partial a^\nu} \right) \dot{a}^\mu - \frac{\partial B}{\partial a^\mu} - \frac{\partial R_\mu}{\partial t} \right] \bar{\xi}_\mu^\alpha \Bigg\} \mathrm{d}t \end{aligned} \tag{20}$$

where

$$\bar{\xi}_\mu^\alpha = \xi_\mu^\alpha - \dot{a}^\mu \xi_0^\alpha$$

Definition 1　If for every transformation of (17), the relation

$$\Delta A = 0 \tag{21}$$

always holds, then the transformations (17) are called the Noether's symmetrical transformations of the Birkhoffian system.

Definition 2　If for every transformation of (17), the relation

$$\Delta A = -\int_{t_1}^{t_2} \frac{\mathrm{d}}{\mathrm{d}t}(\Delta G) \mathrm{d}t \tag{22}$$

always holds, where $G = G(t, \boldsymbol{a})$, then the transformations (17) are called the Noether's symmetrical transformations of the Birkhoffian system.

From (20)~(22), we obtain

Proposition 3 *For the Birkhoffian system* (1), *if the infinitesimal transformations* (17) *of the finite group G_r are Noether's symmetrical transformations, then the system possesses the r independent first integrals*

$$I^\alpha = \sum_{\mu=1}^{2n} R_\mu \xi_\mu^\alpha - B\xi_0^\alpha = C^\alpha \quad (\alpha = 1, \cdots, r) \tag{23}$$

Proposition 4 *For the Birkhoffian system* (1), *if the infinitesimal transformations* (17) *of the finite group G_r are Noether's quasi-symmetrical transformations, then the system possesses the r independent first integrals*

$$I^\alpha = \sum_{\mu=1}^{2n} R_\mu \xi_\mu^\alpha - B\xi_0^\alpha + G = C^\alpha \quad (\alpha = 1, \cdots, r) \tag{24}$$

where G is called the gauge function.

Example 3 The Birkhoffian functions of a system are

$$R_1 = a^3, \quad R_2 = a^4, \quad R_3 = R_4 = 0$$
$$B = \frac{1}{2}\left[a^3 - \frac{1}{b}\arctan bt\right]^2 + \frac{1}{2}\left[a^4 - \frac{1}{2b}\ln(1 + b^2t^2)\right]^2$$

Choosing the following generators and gauge functions:

$$\xi_0 = 0, \quad \xi_1 = 1, \quad \xi_2 = \xi_3 = \xi_4 = 0, \quad G = 0$$
$$\xi_0 = 0, \quad \xi_2 = 1, \quad \xi_1 = \xi_3 = \xi_4 = 0, \quad G = 0$$

$$\xi_0 = 0, \quad \xi_1 = -t, \quad \xi_2 = \xi_4 = 0, \quad \xi_3 = -1, \quad G = a^1 + \frac{1}{b}\int \arctan bt\mathrm{d}t$$
$$\xi_0 = 0, \quad \xi_2 = -t, \quad \xi_1 = \xi_3 = 0, \quad \xi_4 = -1, \quad G = a^2 + \frac{1}{2b}\int \ln(1 + b^2t^2)\mathrm{d}t$$

According to Definitions 1 and 2, we know that the first two groups correspond to the Noether's symmetrical transformations and the last two groups correspond to the Noether's quasi-symmetrical transformations.

According to Propositions 3 and 4, we obtain the following first integrals:

$$I^1 = a^3 = C^1, \quad I^2 = a^4 = C^2$$
$$I^3 = a^1 - a^3t + \frac{1}{b}\int \arctan bt\mathrm{d}t = C^3$$
$$I^4 = a^2 - a^4t + \frac{1}{2b}\int \ln(1 + b^2t^2)\mathrm{d}t = C^4$$

4.2　Poisson's theory of Birkhoffian system

Birkhoff's equations (1) can be written in the form

$$\dot{a}^{\mu}-\sum_{\nu=1}^{2n}\omega^{\mu\nu}\left(\frac{\partial B}{\partial a^{\nu}}+\frac{\partial R_{\nu}}{\partial t}\right)=0 \tag{25}$$

where

$$\sum_{\nu=1}^{2n}\omega^{\mu\nu}\omega_{\nu\rho}=\delta_{\rho}^{\mu},\quad \omega_{\mu\nu}=\frac{\partial R_{\nu}}{\partial a^{\mu}}-\frac{\partial R_{\mu}}{\partial a^{\nu}} \tag{26}$$

For the autonomous and semi-autonomous cases, Eq. (25) become

$$\dot{a}^{\mu}-\sum_{\nu=1}^{2n}\omega^{\mu\nu}\frac{\partial B}{\partial a^{\nu}}=0 \tag{27}$$

We set the differential of a function $A=A(\boldsymbol{a})$ with respect to t as an algebraic product

$$\dot{A}=\sum_{\mu=1}^{2n}\sum_{\nu=1}^{2n}\frac{\partial A}{\partial a^{\mu}}\omega^{\mu\nu}\frac{\partial B}{\partial a^{\nu}}\stackrel{\text{def}}{=}A\circ B \tag{28}$$

Obviously,the product (28) satisfies the skew-symmetry and the Jacobi's identity[2], and the Eq. (27) possesses a Lie algebraic structure. Therefore, Poisson's integration theory in classical mechanics can be applied to Eq. (27). For the autonomous and semi-autonomous Birkhoff's equations, we have

Proposition 5　*The necessary and sufficient condition under which* $I(t,\boldsymbol{a})=C$ *is a first integral is*

$$\frac{\partial I}{\partial t}+I\circ B=0 \tag{29}$$

Proposition 6　*If the Birkhoffian function* B *does not depend explicitly on* t*, then* $B=C$ *is a first integral.*

Proposition 7　*When* $I_1(t,\boldsymbol{a})$ *and* $I_2(t,\boldsymbol{a})$ *are two integrals, then* $I_1\circ I_2$ *is again a first integral.*

Proposition 8　*When the system has a first integral* I *including* t*, but* B *does not depend explicitly on* t*, then* $\partial I/\partial t, \partial^2 I/\partial t^2,\cdots$*, and so on are also first integrals.*

Proposition 9　*When the system has a first integral* I *including* a^{ρ}*, but* B *does not depend explicitly on* a^{ρ}*, then* $\partial I/\partial a^{\rho}, \partial^2 I/\partial {a^{\rho}}^2,\cdots$*, and so on are also first integrals.*

For the non-autonomous Birkhoff's equations (25), the product (28) does not characterize an algebra[2]. Eq. (25) can be expressed by

$$\dot{a}^{\mu}-\sum_{\nu=1}^{2n}S^{\mu\nu}\frac{\partial B}{\partial a^{\nu}}=0 \tag{30}$$

where

$$
S^{\mu\nu}=\omega^{\mu\nu}+T^{\mu\nu}
$$

$$
(T^{\mu\nu})=\begin{pmatrix} T^{11} & 0 & \cdots & 0 \\ 0 & T^{22} & \cdots & 0 \\ \vdots & \vdots & \cdots & \vdots \\ 0 & 0 & \cdots & T^{2n,2n} \end{pmatrix} \tag{31}
$$

$$
T^{\mu\mu}\frac{\partial B}{\partial a^{\mu}}\overset{\text{def}}{=}\sum_{\nu=1}^{2n}\omega^{\mu\nu}\frac{\partial R_{\nu}}{\partial t}
$$

We define a product as

$$
\dot{A}=\sum_{\mu=1}^{2n}\sum_{\nu=1}^{2n}\frac{\partial A}{\partial a^{\mu}}S^{\mu\nu}\frac{\partial B}{\partial a^{\nu}}\overset{\text{def}}{=}AB \tag{32}
$$

and it does characterize an algebra.In view of the product (32), we define a new product

$$
[A,B]^{*}=AB-BA \tag{33}
$$

and it does characterize an Lie algebra, therefore, the product (32) has a Lie-admissible algebraic structure [2]. For the non-autonomous Birkhoff's equations (25), we have

Proposition 10 *The necessary and sufficient condition under which* $I(t,\boldsymbol{a})=C$ *is a first integral is*

$$
\frac{\partial I}{\partial t}+IB=0 \tag{34}
$$

Proposition 11 *When the system has a first integral* I *including* a^{ρ}*, but* $B^{\mu\nu}$ *and* B *do not depend explicitly on* a^{ρ}*, then* $\partial I/\partial a^{\rho}$*,* $\partial^{2}I/\partial a^{\rho^{2}}, \cdots$*, and so on are also first integrals.*

Example 4 The Birkhoffian function and the contravariant Birkhoff's tensor of a system are, respectively,

$$
B=\frac{1}{2}[(a^{2})^{2}+(a^{3})^{2}]
$$

$$
(\omega^{\mu\nu})=\begin{pmatrix} 0 & 0 & 1 & 0 \\ 0 & 0 & 0 & 1 \\ -1 & 0 & 0 & 0 \\ 0 & -1 & 0 & 0 \end{pmatrix}
$$

According to the condition (29) one can verify that the system possesses the following first integrals:

$$
I^{1}=a^{1}a^{2}+a^{3}a^{4}=C^{1}
$$

$$
I^{2}=a^{1}+a^{3}t=C^{2}
$$

Because $\omega^{\mu\nu}$and B do not depend explicitly on a^1, a^4, according to Proposition 9 and considering I^1, we have the integrals

$$I^3 = \frac{\partial I^1}{\partial a^1} = a^2 = C^3$$
$$I^4 = \frac{\partial I^1}{\partial a^4} = a^3 = C^4$$

Because $\omega^{\mu\nu}$ and B do not depend explicitly on t, according to Proposition 8 and I^2, we obtain an integral

$$I^5 = \frac{\partial I^2}{\partial t} = -a^3 = C^5$$

4.3 Field method

The field method proposed by Vujanovic [8] is an important method for integrating the equations of motion of holonomic non-conservative systems. This method can be applied to the Birkhoffian system.

Consider one variable, say a^1, as a field function depending on the time and the rest of the variables $a^2, \cdots, a^{2n}$, i.e.,

$$a^1 = u(t, a^\alpha) \quad (\alpha = 2, \cdots, 2n) \tag{35}$$

By differentiating (35) with respect to t and using the last $(2n-1)$ equation (25), we obtain the basic partial differential equation

$$\frac{\partial u}{\partial t} + \sum_{\alpha=2}^{2n} \frac{\partial u}{\partial a^\alpha} \sum_{\nu=1}^{2n} \omega^{\alpha\nu} \left(\frac{\partial B}{\partial a^\nu} + \frac{\partial R_\nu}{\partial t} \right) - \sum_{\nu=1}^{2n} \omega^{1\nu} \left(\frac{\partial B}{\partial a^1} + \frac{\partial R_1}{\partial t} \right) = 0 \tag{36}$$

Suppose that we find a complete solution of (36) in the form

$$a^1 = u(t, a^\alpha, C^\nu) \tag{37}$$

Substituting (37) into (36), is satisfied identically for all the admissible values of the parameters t, a^α, C^ν. Let the initial conditions of the system be

$$t = 0, \quad a^\mu = a_0^\mu \tag{38}$$

Substituting (38) into (37), and expressing one of constants, say C^1, by means of a_0^μ and C^α, we obtain

$$a^1 = u(t, a^\alpha, a_0^\mu, C^\alpha) \tag{39}$$

Using the idea of [8] one can prove

Proposition 12 *The initial value problem (25), (38) has the solution by (39) and the $(2n-1)$ algebraic equations*

$$\frac{\partial u}{\partial C^{\alpha}}=0 \quad (\alpha=2,\cdots,2n) \tag{40}$$

Example 5 Study the application of the field method to Example 3. Birkhoff's equations have the form

$$\begin{aligned}&\dot{a}^3=0, \quad \dot{a}^4=0, \quad \dot{a}^1-a^3+\frac{1}{b}\arctan bt=0\\&\dot{a}^2-a^4+\frac{1}{2b}\ln(1+b^2t^2)=0\end{aligned}$$

Let

$$a^1=u(t,a^2,a^3,a^4)$$

Eq. (36) gives

$$\frac{\partial u}{\partial t}+\frac{\partial u}{\partial a^2}\left[a^4-\frac{1}{2b}\ln(1+b^2t^2)\right]-a^3+\frac{1}{b}\arctan bt=0$$

Its complete solution has the form

$$\begin{aligned}&u=f_1(t)+f_2(t)a^2+f_3(t)a^3+f_4(t)a^4\\&f_1(t)=C^1-\frac{1}{b}\left[t\arctan bt-\frac{1}{2b}\ln(1+b^2t^2)\right]+C^2\frac{1}{2b}\int\ln(1+b^2t^2)\mathrm{d}t\\&f_2(t)=C^2, \quad f_3(t)=C^3+t, \quad f_4(t)=C^4-C^2t\end{aligned}$$

Formula (39) becomes

$$\begin{aligned}a^1=u=&a_0^1-C^2a_0^2-C^3a_0^3-C^4a_0^4-\frac{1}{b}\left[t\arctan bt-\frac{1}{2b}\ln(1+b^2t^2)\right]\\&+\frac{c^2}{2b}\int\ln(1+b^2t^2)\mathrm{d}t+C^2a^2+(C^3+t)a^3+(C^4-C^2t)a^4\end{aligned}$$

Eqs. (40) give

$$a^2=a_0^2+ta_0^4-\frac{1}{2b}\int\ln(1+b^2t^2)\mathrm{d}t, \quad a^3=a_0^3, \quad a^4=a_0^4$$

and then we obtain

$$a^1=a_0^1+ta_0^3-\frac{1}{b}\left[t\arctan bt-\frac{1}{2b}\ln(1+b^2t^2)\right]$$

5. Inverse problem of Birkhoffian mechanics

The study on the inverse problem of dynamics made progress[9]. We now study the inverse problems of Birkhoffian mechanics, including the construction of the Birkhoff's equations, the symmetry and the inverse problem, and the Pfaff-Birkhoff-d'Alembert principle and inverse problem.

5.1　Construction of Birkhoff's equations

The formulation of problem is as follows:according to the given integrals

$$I^\rho(t,\boldsymbol{a}) = C^\rho \quad (\rho = 1,\cdots,m \leqslant 2n) \tag{41}$$

construct the corresponding Birkhoff's equations.

To solve the above inverse problem,firstly taking the derivation of (41) with respect to t and introducing Erugin's function Φ_ρ[9,10], we obtain

$$\sum_{\mu=1}^{2n} \frac{\partial I^\rho}{\partial a^\mu}\dot{a}^\mu + \frac{\partial I^\rho}{\partial t} = \Phi_\rho(\boldsymbol{I},t,\boldsymbol{a}) \quad (\rho = 1,\cdots,m) \tag{42}$$

where

$$\Phi_\rho = \begin{cases} 0 & \text{if} \quad C^\rho = \text{arbitrary const.} \\ \Phi_\rho(0,t,\boldsymbol{a}) = 0 & \text{if} \quad C^\rho = 0 \end{cases} \tag{43}$$

when $m = 2n$, from (42) we can find all $\dot{a}^\mu$ as

$$\dot{a}^\mu = \sum_{\nu=1}^{2n} \frac{\Delta_{\nu\mu}}{\Delta}\left(\Phi_\nu - \frac{\partial I^\nu}{\partial t}\right) \tag{44}$$

where $\Delta = \det(\partial I^\mu/\partial a^\nu)$, with $\Delta_{\nu\mu}$ being the algebraic complement of the element (ν,μ). Secondly, from (44) we can construct the corresponding Birkhoff's equations.

We see that the solution of the inverse problem is a set. In order to find the final solution, one can give some supplementary conditions, for example, on the stability, the optimization, etc.

Example 6　Suppose that a second-order system has a first integral

$$I^1 = a^2\cos t - a^1\sin t = C^1$$

Let us construct the corresponding Birkhoff's equations. Taking the derivation of I^1 with respect to t, we obtain

$$\dot{a}^2\cos t - \dot{a}^1\sin t - \dot{a}^2\sin t - \dot{a}^1\cos t = 0$$

In order to find all $\dot{a}^\mu$, we give a supplementary condition under which the motion is stable, Choosing the Birkhoffian function as

$$B = \frac{1}{2}[(a^1)^2 + (a^1)^2]$$

the condition becomes

$$\dot{B} = 0$$

i.e.,

$$a^1\dot{a}^1 + a^2\dot{a}^2 = 0$$

Therefore, we have

$$\dot{a}^1 = a^2, \quad \dot{a}^2 = -a^1$$

or

$$-\dot{a}^2 - a^1 = 0, \quad \dot{a}^1 - a^2 = 0$$

and

$$R_1 = a^2, \quad R_2 = 0$$

5.2 Symmetry and inverse problem

The formulation of problem is following: according to the given R_μ $(\mu = 1, \cdots, 2n)$ and a given integral

$$I(t, \boldsymbol{a}) = C \tag{45}$$

seek the Birkhoffian function B and the generator of the infinitesimal transformations ξ_0, ξ_μ.

When $\alpha = 1$, from (20), (22), we obtain

$$\frac{\mathrm{d}}{\mathrm{d}t}\left(\sum_{\mu=1}^{2n} R_\mu \xi_\mu - B\xi_0\right) + \sum_{\mu=1}^{2n}\left[\sum_{\nu=1}^{2n}\left(\frac{\partial R_\nu}{\partial a^\mu} - \frac{\partial R_\mu}{\partial a^\nu}\right)\dot{a}^\nu - \frac{\partial B}{\partial a^\mu} - \frac{\partial R_\mu}{\partial t}\right]\bar{\xi}_\mu = -\dot{G}. \tag{46}$$

Expanding (46) and separating the terms containing $\dot{a}^\mu$ and the terms not containing $\dot{a}^\mu$, we obtain the following generalized Killing's equations:

$$\begin{aligned} &\frac{\partial G}{\partial a^\nu} + \sum_{\mu=1}^{2n}\left(R_\mu \frac{\partial \xi_\mu}{\partial a^\nu} + \frac{\partial R_\nu}{\partial a^\mu}\xi_\mu\right) + \frac{\partial R_\nu}{\partial t}\xi_0 - B\frac{\partial \xi_0}{\partial a^\nu} = 0 \\ &-\frac{\partial G}{\partial t} + \frac{\partial B}{\partial t}\xi_0 + B\frac{\partial \xi_0}{\partial t} + \sum_{\mu=1}^{2n}\left(\frac{\partial B}{\partial a^\mu}\xi_\mu - R_\mu \frac{\partial \xi_\mu}{\partial t}\right) = 0 \end{aligned} \tag{47}$$

Let the integral (45) be equal to the Noether's conserved quantity (24) ($\alpha = 1$), i.e.

$$\sum_{\mu=1}^{2n} R_\mu \xi_\mu - B\xi_0 + G = I \tag{48}$$

Taking the partial derivations of (48) with respect to a^ν and to t and comparing then with (47), we obtain

$$\begin{aligned}
&\sum_{\mu=1}^{2n} \left(\frac{\partial R_\nu}{\partial a^\mu} - \frac{\partial R_\mu}{\partial a^\nu}\right)\xi_\mu + \left(\frac{\partial R_\nu}{\partial t} + \frac{\partial B}{\partial a^\nu}\right)\xi_0 = -\frac{\partial I}{\partial a^\nu}\\
&\sum_{\mu=1}^{2n} \left(\frac{\partial B}{\partial a^\mu} + \frac{\partial R_\mu}{\partial t}\right)\xi_\mu = \frac{\partial I}{\partial t}
\end{aligned} \tag{49}$$

Thus, for the given R_μ and a given integral I, we can find ξ_0, ξ_μ, B from (49).

Example 7 The given R_μ and a given integral are, respectively,

$$\begin{aligned}
&R_1 = 0, \quad R_2 = a^1 - a^4 - (a^2 + a^3)t + (a^2 \sin t + a^4 \cos t)\cos t\\
&R_3 = a^1 - a^4 - (a^2 + a^3)t, \quad R_4 = -(a^2 \sin t + a^4 \cos t)\sin t\\
&I = a^2 \cos t - a^4 \sin t
\end{aligned}$$

Let us seek the corresponding generator of quasi-symmetric transformations ξ_0, ξ_1, ξ_2, ξ_3, ξ_4, and the Birkhoffian function B. Eqs. (49) give

$$\begin{aligned}
&-\xi_2 - \xi_3 + \frac{\partial B}{\partial a^1}\xi_0 = 0\\
&\xi_1 + \left[\frac{\partial B}{\partial a^2} - 2a^2 \sin^2 t - 2a^4 \sin t \cos t - a^3\right]\xi_0 = -\cos t\\
&\xi_1 - \xi_4 + \left[\frac{\partial B}{\partial a^3} - a^2 - a^3\right]\xi_0 = 0\\
&\xi_3 + \left[\frac{\partial B}{\partial a^4} - 2a^2 \sin t \cos t + a^4(\sin^2 t - \cos^2 t)\right]\xi_0 = \sin t\\
&\frac{\partial B}{\partial a^1}\xi_1 + \left[\frac{\partial B}{\partial a^2} - 2a^2 \sin^2 t - 2a^4 \sin t \cos t - a^3\right]\xi_2 + \left[\frac{\partial B}{\partial a^3} - a^2 - a^3\right]\xi_3\\
&+ \left[\frac{\partial B}{\partial a^4} - 2a^2 \sin t \cos t + a^4(\sin^2 t - \cos^2 t)\right]\xi_4 = -a^2 \sin t - a^4 \cos t
\end{aligned}$$

They have a solution

$$\begin{aligned}
&\xi_0 = 0, \quad \xi_1 = -\cos t, \quad \xi_2 = -\sin t, \quad \xi_3 = \sin t, \quad \xi_4 = -\cos t\\
&B = (a^2 \sin t + a^4 \cos t)^2
\end{aligned}$$

5.3 Pfaff-Birkhoff-d'Alembert principle and the inverse problem

The Pfaff-Birkhoff principle has the form[2]

$$\begin{aligned}&\delta A=\delta\int_{t_1}^{t_2}\left(\sum_{\mu=1}^{2n}R_\mu\dot{a}^\mu-B\right)\mathrm{d}t=0\\&\mathrm{d}\delta a^\nu=\delta\mathrm{d}a^\nu\\&\delta a^\nu|_{t=t_1}=\delta a^\nu|_{t=t_2}=0\end{aligned}\tag{50}$$

The principle (50) can be written in the form

$$\int_{t_1}^{t_2}\sum_{\mu=1}^{2n}\left\{\sum_{\nu=1}^{2n}\left(\frac{\partial R_\nu}{\partial a^\mu}-\frac{\partial R_\mu}{\partial a^\nu}\right)\dot{a}^\nu-\frac{\partial B}{\partial a^\mu}-\frac{\partial R_\mu}{\partial t}\right\}\delta a^\mu\mathrm{d}t=0\tag{51}$$

According to the arbitrariness of the integral interval $[t_1,t_2]$ we obtain

$$\sum_{\mu=1}^{2n}\left\{\sum_{\nu=1}^{2n}\left(\frac{\partial R_\nu}{\partial a^\mu}-\frac{\partial R_\mu}{\partial a^\nu}\right)\dot{a}^\nu-\frac{\partial B}{\partial a^\mu}-\frac{\partial R_\mu}{\partial t}\right\}\delta a^\mu=0\tag{52}$$

The principle (52) is called the Pfaff-Birkhoff-d'Alembert principle.

The formulation of the problem is as follows: according to the principle (52) and the given integrals

$$I^\rho(t,\boldsymbol{a})=0\quad(\rho=1,\cdots,m\leqslant 2n)\tag{53}$$

to construct Birkhoff's equations.

In order to solve the above inverse problem, taking the derivation of (53) with respect to t and introducing the Erugin's function, we obtain

$$\sum_{\mu=1}^{2n}\frac{\partial I^\rho}{\partial a^\mu}\dot{a}^\mu+\frac{\partial I^\rho}{\partial t}=\Phi_\rho(\boldsymbol{I},t,\boldsymbol{a})\quad(\rho=1,\cdots,2n)\tag{54}$$

Taking the variation of (53), we have

$$\sum_{\mu=1}^{2n}\frac{\partial I^\rho}{\partial a^\mu}a^\mu=0\tag{55}$$

Suppose that from (55) one can find δa^ρ $(\rho=1,\cdots,m)$ as

$$\delta a^\rho=\sum_{\sigma=m+1}^{2n}C_{\rho\sigma}\delta a^\sigma\tag{56}$$

Substituting (56) into (52), according to the independence of δa^σ, we obtain

$$\sum_{\nu=1}^{2n}\omega_{\sigma\nu}\dot{a}^\nu-\frac{\partial B}{\partial a^\sigma}-\frac{\partial R_\sigma}{\partial t}+\sum_{\rho=1}^{m}C_{\rho\sigma}\left(\sum_{\nu=1}^{2n}\omega_{\sigma\nu}\dot{a}^\nu-\frac{\partial B}{\partial a^\rho}-\frac{\partial R_\rho}{\partial t}\right)=0$$

$$(\sigma=m+1,\cdots,2n) \tag{57}$$

Eqs. (54), (57) are the solution of the problem.

Example 8 The Pfaff-Birkhoff-d'Alembert principle of a system is

$$(-\dot{a}^3-a^1)\delta a^1+(-\dot{a}^4-a^2)\delta a^2+(\dot{a}^1-a^3)\delta a^3+(\dot{a}^2-a^4)\delta a^4=0$$

and the given integrals are

$$I^1=a^1+a^2=0$$
$$I^2=a^3+a^1a^4=0$$

Let us construct Birkhoff's equation. Eqs. (57), (54) give

$$-\dot{a}^3-a^1+\dot{a}^4+a^2-\dot{a}^1a^4+a^3a^4=0$$
$$\dot{a}^2-a^4-\dot{a}^1a^1+a^3a^1=0$$
$$\dot{a}^1+\dot{a}^2=\Phi_1$$
$$\dot{a}^3+\dot{a}^1a^4+\dot{a}^4a^1=\Phi_2$$

From this, we obtain

$$(1+a^1)\dot{a}^1=\Phi_1+a^1a^3-a^4$$
$$(1+a^1)\dot{a}^2=a^1\Phi_1+a^4-a^1a^3$$
$$(1+a^1)\dot{a}^3=\Phi_2-a^4\Phi_1+a^4(a^4-a^1a^3)-a^1(a^1-a^2-a^3a^4)$$
$$(1+a^1)\dot{a}^4=\Phi_2+a^1-a^2-a^3a^4$$
$$(a^1\neq-1)$$

where

$$\Phi_1|_{a^1+a^2=0}=0,\quad \Phi_2|_{a^3+a^1a^4=0}=0$$

In order to determine the Erugin's functions, we propose a supplementary necessity such that the solution $a^\mu=0$ is stable. Choosing the Liapunov's function

$$V=\frac{1}{2}\sum_{\nu=1}^{4}(a^\nu)^2$$

then we have

$$\dot{V}=\frac{1}{1+a^1}\{\Phi_1(a^1+a^1a^2-a^3a^4)+\Phi_2(a^3+a^4)\}$$

Therefore, if we choose the Erugin's functions as

$$\Phi_1 = (1+a^1)(a^3+a^4)(a^1+a^2)(a^3+a^1a^4)$$
$$\Phi_2 = -(1+a^1)(a^1+a^1a^2-a^3a^4)(a^3+a^1a^4)(a^1+a^2)$$

then we have

$$\dot{V} = 0$$

and the solution $a^\mu = 0$ is stable.

6. Stability of motion of Birkhoffian mechanics

We now study the stability of equilibrium of the autonomous Birkhoff's equations. In autonomous case, Eqs. (1) become

$$\sum_{\nu=1}^{2n} \omega_{\mu\nu}\dot{a}^\nu - \frac{\partial B}{\partial a^\mu} = 0 \tag{58}$$

Suppose that the system (58) has a position of equilibrium

$$a^\mu = a_0^\mu, \quad \dot{a}^\mu = 0 \tag{59}$$

then we have

$$\left(\frac{\partial B}{\partial a^\mu}\right)_0 = 0 \tag{60}$$

Let

$$a^\mu = a_0^\mu + \xi^\mu \tag{61}$$

Substituting (61) into (58) and expanding them, we obtain the first approximation differential equations

$$\sum_{\nu=1}^{2n}(\omega_{\mu\nu})_0\dot{\xi}^\nu - \sum_{\nu=1}^{2n}(\boldsymbol{\Omega}_{\mu\nu})_0\xi^\nu = 0 \quad (\mu = 1,\cdots,2n) \tag{62}$$

where

$$\boldsymbol{\Omega}_{\mu\nu} = \frac{\partial^2 B}{\partial a^\mu \partial a^\nu} \tag{63}$$

The characteristic equation of (62) is

$$\Delta(\lambda) = \begin{vmatrix} -(\boldsymbol{\Omega}_{11})_0 & (\omega_{12})_0\lambda - (\boldsymbol{\Omega}_{12})_0 & \cdots & (\omega_{1,2n})_0\lambda - (\boldsymbol{\Omega}_{1,2n})_0 \\ (\omega_{21})_0\lambda - (\boldsymbol{\Omega}_{21})_0 & -(\boldsymbol{\Omega}_{22})_0 & \cdots & (\omega_{2,2n})_0\lambda - (\boldsymbol{\Omega}_{2,2n})_0 \\ \vdots & \vdots & & \vdots \\ (\omega_{2n,1})_0\lambda - (\boldsymbol{\Omega}_{2n,1})_0 & (\omega_{2n,2})_0\lambda - (\boldsymbol{\Omega}_{2n,2})_0 & \cdots & -(\boldsymbol{\Omega}_{2n,2n})_0 \end{vmatrix} \tag{64}$$

According to the symmetry of $\boldsymbol{\Omega}_{\mu\nu}$ and the skew-symmetry of $\omega_{\mu\nu}$, we have

Proposition 13 *If the characteristic equation* (64) *has a root* λ*, then it has a root* $(-\lambda)$.

Using the Liapunov first approximation theory,we obtain

Proposition 14 *If the characteristic equation* (64) *has a root whose real part is positive, then the equilibrium is unstable.*

Taking the Birkhoffian function $B = B(\boldsymbol{a})$ as the Liapunov's function V, we have

$$\dot{V} = \dot{B} = \sum_{\mu=1}^{2n}\sum_{\nu=1}^{2n} \frac{\partial B}{\partial a^\mu}\omega^{\mu\nu}\frac{\partial B}{\partial a^\nu} = 0 \tag{65}$$

According to the Liapunov's theorem,we obtain

Proposition 15 *If* $B(\boldsymbol{a}_0) = \mathbf{0}$ *and* $B = B(\boldsymbol{a})$ *is a definite function near an equilibrium, then the equilibrium is stable.*

Example 9 The Birkhoffian functions of a system are

$$\begin{aligned} &R_1 = 0, \quad R_2 = a^1 \\ &B = \frac{1}{2}(a^2)^2 + \frac{1}{2}\omega^2(a^3)^2 - \frac{\omega^2}{16b^2}(a^1)^4 \end{aligned}$$

where ω, b are constants. Let us study the stability of the equilibrium of the system.

The equation of equilibrium (60) give

$$\begin{aligned} &\frac{\partial B}{\partial a^1} = \omega^2 a^1 - \frac{\omega^2}{4b^2}(a^1)^3 = 0 \\ &\frac{\partial B}{\partial a^2} = a^2 = 0 \end{aligned}$$

and we have three positions of equilibrium

$$\begin{aligned} &a^1 = a^2 = 0 \\ &a^1 = \pm 2b, \quad a^2 = 0 \end{aligned}$$

For the last two positions of equilibrium, the first approximation equations (62) become

$$\dot{\xi}_2 + 2\omega^2\xi^1 = 0, \quad -\dot{\xi}^1 - \xi^2 = 0$$

The roots of the characteristic equation are

$$\lambda = \pm\sqrt{2}\omega$$

According to Proposition 14, we know that the positions of equilibrium are unstable. For the first position of equilibrium, we have

$$B = \frac{1}{2}(\xi^2)^2 + \frac{1}{2}\omega^2(\xi^1)^2 - \frac{\omega^2}{16b^2}(\xi^1)^4$$
$$B(0,0) = 0$$

and B is a positive-definite function near $\xi^1 = \xi^2 = 0$, therefore, according to Proposition 15, we know that the position of equilibrium is stable.

7. Conclusion

The author is grateful to the monograph of Santilli [2]. Based on the monograph and the monograph and the above discussion, we can construct a theoretical frame of the Birkhoffian mechanics:
(1) Birkhoff's equations and Pfaff-Birkhoff's principle.
(2) Birkhoffian mechanics of holonomic systems.
(3) Birkhoffian mechanics of nonholonomic systems.
(4) Integration theory of Birkhoffian mechanics.
(5) Inverse problem of Birkhoffian mechanics.
(6) Stability of motion of Birkhoffian mechanics.
(7) Algebraic and geometric representations of Birkhoffian mechanics.

References

[1] Birkhoff G D. Dynamical Systems, AMS College Publication, Providence, RI, 1927
[2] Santilli R M. Foundations of Theoretical Mechanics II, Springer, New York, 1983
[3] Lur'e A I. Analytical Mechanics, FM, Moscow, 1961 (in Russian)
[4] Hojman S, Urrutia L F. J. Phys. A, 1928, 22: 1896.
[5] Niu Q P. Acta Mechanica Sinica, 1964, 7: 139–148 (in Chinese)
[6] Novoselov V S. Variational Methods in Mechanics, Leningrad Univ. Press, Leningrad, 1966 (in Russian)
[7] Mei F -X. Foundations of Mechanics of Nonholonomic Systems, BIT Press, Beijing, 1985 (in Chinese)
[8] Vujanovic B D. Int. J. Non-Linear Mech. 1984, 19: 383–386
[9] Galiullin A S. Methods of Solution of Inverse Problem of Dynamics, Nauka, Moscow, 1986 (in Russian)
[10] Erugin N P. Appl. Math. Mech. 1952, 16 :659–670 (in Russian)

(原载 International Journal of Non-Linear Mechanics, 2001, 36: 817–834)

第四章　对称性与守恒量进展

§4.1　关于力学系统的对称性与不变量

1. 引言

力学系统的对称性与不变量之间有密切联系. 自 1918 年 Noether[27] 揭示这种联系以来, 数学、物理、力学家们非常重视力学系统的对称性与不变量的理论和应用研究. 最近十多年来, 这方面的研究有很大发展.

经典 Noether 定理研究的是在时空无穷小单参数变换群的作用下 Hamilton 作用泛函的不变性, 与此对应的对称性称为 Noether 对称性 [4]. 70 年代, Djukic, Vujanovic[28,29] 等将时空变换扩充为包含速度的变换, 继而研究了非保守系统的对称性和不变量. 我国学者 [31,37−45] 在非保守系统、非完整系统、高阶非完整系统、连续介质力学系统的对称性和不变量的研究中做出了一些贡献. 最近的研究表明, 考虑作用泛函不变的对称性不能包括所有的对称性, Lutzky[19,20], Prince 和 Eliezer[32] 等曾举出一系列的例子说明不变量所对应的对称性不一定是 Noether 型的, 这给经典 Noether 定理带来了很大的冲击, 从而促使人们从不同的角度去重新认识对称性, 进而提出了一系列新的对称性概念. 首先是 1979 年 Lutzky 等重新把 19 世纪末数学家 Sophus Lie 研究微分方程的不变性的扩展群方法引入力学领域加以研究, 提出了使运动微分方程不变的 Lie 对称性. Lie 对称性方法发展迅速, 已经有人专门讨论过非线性科学中的两个很重要的例子：一是 Lorenz 模型 [8], 它的控制方程为三个一阶常微分方程, 二是 Hénon-Heiles 模型 [9], 它的控制方程为两个二阶常微分方程, 给出了它们的一些 Lie 对称性和相应的不变量. 这些结果对于认识混沌的内在性质也许会有帮助.

Lie 对称性研究的是微分方程在无穷小变换群作用下的不变性 [18], 它的结果扩大了对称性与不变量的研究领域.

以作用量泛函研究对称性与不变量的方法近年来也得到了较大的发展. Sarlet 和 Cantrijn[6] 为削弱经典 Noether 对称性的条件, 引入了所谓的高阶 Noether 对称性的概念. 他们所用的工具是现代微分几何中的流形和微分形式等. 如果不使用这一现代工具, 似乎很难提出这一概念, 从而揭示出新的对称性与不变量的关系. 从这里我们也可感受出现代力学研究中现代数学工具的重要性 [1,15−17], Sarlet 等 [22] 证明了对于 Lagrange 系统, 一个高阶 Noether 对称可通过一个 (1,1) 型张量转变为通常的 Noether 对称性. 最近几年来, Sarlet 等又接连提出了所谓的拟对称性 (pseudosymmetry)[12] 和伴随对称性 (adjoint symmetry)[13] 的概念, 他们的目的是通过流形上微分形式的不变形研究确定力学系统的首次积分. 这些研究成果具有很大的启发性.

对称性与不变量理论的研究发展, 使我们对客观世界的内在规律性有了更加深入的认识. 本文将对已有的有关成果, 特别是几种新概念、新理论加以评述, 并给出我们关于高阶 Noether 对称性和 Lie 对称性研究的几个最近成果.

本文将采用如下记号: $M, N, \cdots$: 有限维微分流形; $F \in C^\infty(M)$: 流形 M 上的 C^∞ 实值函数: $X \in \mathscr{X}(M)$: 流形 M 上的 C^∞ 矢量场; $\alpha \in \Omega^p(M)$: 流形 M 上的 p 形式; i_X: 内积; $\wedge$: 外积: L_X :Lie 导数; d: 外微分; $\otimes$: 直积.

2. 经典 Noether 对称性

对于完整保守的力学系统, 其位形空间 $(q^1, q^2, \cdots, q^n)$ 为一实 n 维微分流形, 记为 M. 设 L 为 $R \times TM$ 上满足 Hess 矩阵 $\partial^2 L/(\partial \dot{q}^i \partial \dot{q}^j)$ 的余秩为零的条件的 Lagrange 函数, 定义一个 1 形式

$$\theta = L\mathrm{d}t + \frac{\partial L}{\partial \dot{q}^i}(\mathrm{d}q^i - \dot{q}^i \mathrm{d}t) \tag{1}$$

称之为 Cartan 形式, 可证 $\mathrm{d}\theta$ 的特征矢量场为

$$\varGamma = \frac{\partial}{\partial t} + \dot{q}^i \frac{\partial}{\partial q^i} + \ddot{q}^i \frac{\partial}{\partial \dot{q}^i} \tag{2}$$

其中 $\ddot{q}^i$ 满足

$$\frac{\partial^2 L}{\partial \dot{q}^i \partial \dot{q}^j}\ddot{q}^j + \frac{\partial^2 L}{\partial \dot{q}^i \partial q^j}\dot{q}^j + \frac{\partial^2 L}{\partial \dot{q}^i \partial t} - \frac{\partial L}{\partial q^i} = 0 \tag{3}$$

并可证明

$$i_\Gamma \mathrm{d}\theta = 0, \quad \langle \varGamma, \mathrm{d}t \rangle = 1 \tag{4}$$

设 Y 是 $R \times TM$ 上的一个任意矢量场, 其局部表示为

$$Y = \tau(t, \boldsymbol{q}, \dot{\boldsymbol{q}})\frac{\partial}{\partial t} + \xi^i(t, \boldsymbol{q}, \dot{\boldsymbol{q}})\frac{\partial}{\partial q^i} + \eta^i(t, \boldsymbol{q}, \dot{\boldsymbol{q}})\frac{\partial}{\partial \dot{q}^i} \tag{5}$$

则我们给出如下几种对称性的定义.

定义 1 若矢量场 $Y \in \mathscr{X}(R \times TM)$, 存在 $h \in C^\infty(M)$, 使得

$$[Y, \varGamma] = h\varGamma \tag{6}$$

则称 Y 为 $\varGamma$ 的一个动力学对称性. 实际上, 一个动力学对称性将矢量场 $\varGamma$ 的积分曲线映射为积分曲线.

定义 2　矢量场 Y 若满足

$$Y = h\Gamma, \quad h \in C^{\infty}(M) \tag{7}$$

则称之为 Γ 的一个平凡对称性. 显然, 一个平凡对称性一定是一个动力学对称性.

定义 3　对于 Lagrange 系统 Γ, 若矢量场 Y 满足

$$L_Y \mathrm{d}\theta = 0 \tag{8}$$

则称之为 Γ 的一个 Noether 对称性.

根据 Lagrange 系统的 Noether 对称性的条件, 利用 Poincaré 引理, 则有

$$L_Y \theta = \mathrm{d}f \tag{9}$$

其中 f 为一规范函数. 由于

$$L_Y \mathrm{d}\theta = \mathrm{d}i_Y \mathrm{d}\theta + i_Y \mathrm{dd}\theta = \mathrm{d}i_Y \mathrm{d}\theta = 0 \tag{10}$$

故有

$$i_Y \mathrm{d}\theta = \mathrm{d}G \tag{11}$$

因而有

$$\mathrm{d}G + \mathrm{d}i_Y \theta = \mathrm{d}f$$

即

$$G = f - i_Y \theta = f - \left[L\tau + \frac{\partial L}{\partial \dot{q}^i}(\xi^i - \dot{q}^i \tau) \right] \tag{12}$$

此即对应于 Noether 对称性的守恒量.

上述结果的经典论述由德国女科学家 Noether 首先给出, 称为 Noether 定理. 它对数理科学的发展起了很大的作用. 它首次揭示了力学系统的积分不变量与其对称性之间的对应关系, 但不全面. 近十多年来, 人们从不同的角度将 Noether 的思想加以推广, 以进一步刻画运动的积分不变量与对称性之间的对应关系.

3. 高阶 Noether 对称性

考虑如 (2) 定义的 Lagrange 系统 Γ, 设 Y 是 Γ 的一个动力学对称性, 动力学 2 形式 $\mathrm{d}\theta$ 与 Y 的内积为 1 形式, 记为 α, 则有

$$i_\Gamma \mathrm{d}\theta = 0 \tag{13}$$

$$[Y, \Gamma] = g\Gamma \tag{14}$$

$$i_Y \mathrm{d}\theta = \alpha \tag{15}$$

可以很容易地证明

$$i_\Gamma \alpha = 0 \tag{16}$$

$$i_Y \alpha = 0 \tag{17}$$

$$L_\Gamma \alpha = 0 \tag{18}$$

由 (18) 可知 1 形式 α 是 Γ 的一个不变 1 形式.

若 (15) 中的 α 是恰当 1 形式, 则可证 Y 为一个 Noether 对称性.

若 (15) 中的 α 不是恰当 1 形式, 由于

$$L_\Gamma \alpha = i_\Gamma \mathrm{d}\alpha + \mathrm{d}i_\Gamma \alpha = i_\Gamma \mathrm{d}\alpha = 0 \tag{19}$$

而

$$[Y, \Gamma] = g\Gamma \tag{14'}$$

$$i_Y \mathrm{d}\alpha = \beta \tag{15'}$$

此处的 β 具有 (16)~(18) 中 α 相同的性质, 因而可对 β 作同上类似的讨论, 直到出现一个恰当 1 形式 γ 为止. 因而可自然地给出以下定义.

定义 4 若对于 Lagrange 系统 Γ, 矢量场 Y 满足

$$L_Y^n \mathrm{d}\theta = 0 \tag{20}$$

而对于 $k < n$, 有 $L_Y^k \mathrm{d}\theta \neq 0$, 则称 Y 为 Γ 的一个 n 阶 Noether 对称性.

对于 n 阶 Noether 对称矢量场 Y, Lagrange 系统相应的不变量为

$$G = f - L_Y^n \langle Y, \theta \rangle \tag{21}$$

其中规范函数 f 由

$$L_Y^n \theta = \mathrm{d}f \tag{22}$$

确定. 在这里我们证明如下.

由于 $L_Y^n \mathrm{d}\theta = 0$, 故有

$$L_Y^{n-1} L_Y \mathrm{d}\theta = L_Y^{n-1}(\mathrm{d}i_Y \mathrm{d}\theta + i_Y \mathrm{dd}\theta) = L_Y^{n-1} \mathrm{d}i_Y \mathrm{d}\theta = 0 \tag{23}$$

$$L_Y^{n-1} i_Y \mathrm{d}\theta = \mathrm{d}G \tag{24}$$

而由于 $L_Y^n \mathrm{d}\theta = \mathrm{d}(L_Y^n \theta) = 0$, 根据 Poincaré引理, 故有

$$L_Y^n \theta = \mathrm{d}f \tag{25}$$

$$L_Y^n\theta = L_Y^{n-1}L_Y\theta = L_Y^{n-1}(\mathrm{d}i_Y\theta + i_Y\mathrm{d}\theta) = L_Y^{n-1}\mathrm{d}i_Y\theta + L_Y^{n-1}i_Y\mathrm{d}\theta \tag{26}$$

$$\mathrm{d}f = \mathrm{d}L_Y^{n-1}i_Y\theta + \mathrm{d}G \tag{27}$$

因而得

$$G = f - L_Y^{n-1}i_Y\theta = f - L_Y^{n-1}\langle Y,\theta\rangle \tag{28}$$

这就证明了 (21).

显然, 高阶 Noether 对称性同样对应于一个运动积分. 当动力学对称性是非 Noether 对称性而满足 (20) 时, 上面的结果提供了一种寻求首次积分的方法. 这种方法还具有以下一个非常有趣的性质.

定理 1　设 Y 为 $\varGamma$ 的一个动力学对称性, 且在局部域内

$$L_Y^k\mathrm{d}\theta = \sum_{l=0}^{k-1} f_l \cdot L_Y^l\mathrm{d}\theta \tag{29}$$

成立, 其中 k 为上式成立时的最小整数, 则函数 f_l 是 $\varGamma$ 的首次积分.

证　对 (29) 两边同时求 Lie 导数, 有

$$L_\varGamma L_Y^k\mathrm{d}\theta = L_\varGamma\sum_{l=0}^{k-1} f_l\cdot L_Y^l\mathrm{d}\theta = \sum_{l=0}^{k-1}[L_\varGamma(f_l)L_Y^l d\theta + f_lL_\varGamma L_Y^l\mathrm{d}\theta] \tag{30}$$

$$L_\varGamma L_Y\mathrm{d}\theta = L_YL_\varGamma\mathrm{d}\theta + L_{[Y,\varGamma]}\alpha = L_YL_\varGamma\mathrm{d}\theta + gL_\varGamma\mathrm{d}\theta = (L_Y - g)L_\varGamma\mathrm{d}\theta = 0$$

$$\cdots\cdots$$

$$L_\varGamma L_Y^l\mathrm{d}\theta = (L_Y - g)^lL_\varGamma\mathrm{d}\theta = 0 \tag{31}$$

故有

$$\sum_{l=0}^{k-1}\varGamma(f_l)\cdot L_Y^l\mathrm{d}\theta = 0 \tag{32}$$

又因各个 $L_Y^l\mathrm{d}\theta$ 独立, 故有 $\varGamma(f_l)$=0 ($l = 0,\cdots,k-1$), 因而 f_l 就是力学系统的一个首次积分.

比较一下 (8) 与 (20) 可以发现, 高阶 Noether 对称性是在进一步削弱 Noether 对称性的要求下的一种自然延拓. 对于完整保守的力学系统, 高阶 Noether 对称性可由一个 (1,1) 型张量转化为一个通常为 Noether 对称性, 但我们的研究表明, 对于完整非保守的力学系统, 高阶 Noether 对称性是全新的.

4. Lie 对称性

Kepler 问题的平面运动的 Lagrange 函数为

$$L = (1/2)(\dot{q}_1^2 + \dot{q}_2^2) + \mu(q_1^2 + q_2^2)^{-1/2} \tag{33}$$

Prince 和 Eliezer[32] 给出了生成 Runge-Lenz 矢量场的一个点对称变换

$$Y^{(0)} = t\frac{\partial}{\partial t} + \frac{2}{3}q_1\frac{\partial}{\partial q_1} + \frac{3}{2}q_2\frac{\partial}{\partial q_2} \tag{34}$$

但它不是 Noether 对称性, 并且也不是上面 Sarlet 和 Cantrijn 提出的高阶 Noether 对称性. (34) 可使与 (33) 对应的运动微分方程不变, 因而实际上就是我们在引言中介绍的 Lie 对称性.

近年来, 关于 Lie 对称性的文献大量出现, 用以研究非线性常微分方程、偏微分方程等的首次积分问题, 甚至求解微分方程的完全解. 利用 Lie 变换求解微分方程的技术在计算机的帮助下应用 REDUCE 已不再有什么困难了. Lie 对称性在连续介质力学中已有很多应用, 关于各向异性薄板的研究可见 [47], 在这里仅就一般力学讨论.

下面简要说明 Lie 对称性的研究思路. Lie 对称性所考虑的无穷小单参数变换群为

$$t \to T = t + \varepsilon\tau(t, q, \dot{q}) \tag{35}$$

$$t \to Q = q + \varepsilon\xi(t, q, \dot{q}) \tag{36}$$

对于正规形式的 Euler-Lagrange 方程

$$\ddot{q} = \alpha(q) \tag{37}$$

相应的不变性条件为

$$\ddot{\xi} - \dot{q}\ddot{\tau} - 2\dot{\tau}\alpha = E(\alpha) \tag{38}$$

其中

$$E = \tau\frac{\partial}{\partial t} + \xi\frac{\partial}{\partial q} + (\dot{\xi} - \dot{\tau}\dot{q})\frac{\partial}{\partial \dot{q}} \tag{39}$$

根据 (38) 求得 ξ, τ 后代入

$$E(L) + \dot{\tau}L = \dot{f} \tag{40}$$

求得 f, 则得运动不变量

$$I = (\tau\dot{q} - \xi)\frac{\partial L}{\partial \dot{q}} - \tau L + f \tag{41}$$

以上结果只适用于保守系统. 对于非保守系统的结果由我们最近给出, 将在后面介绍, 上面的结论适用于多自由度系统.

对于 Hénon-Heiles 模型

$$L=\frac{1}{2}(\dot{x}^2+\dot{y}^2)-\frac{1}{2}(Ax^2+By^2)-Dx^2y-\frac{1}{3}Cy^3 \tag{42}$$

1° 当 $A=B,\quad C=-D$ 时, Lie 对称矢量场为

$$Y_1=k\dot{y}\frac{\partial}{\partial x}+k\dot{x}\frac{\partial}{\partial y} \tag{43}$$

相应的运动不变量为

$$I_1=\dot{x}\dot{y}+Axy+\frac{1}{3}Dx^3+Dxy^2 \tag{44}$$

2° 当 A,B 任意, 而 $C=-6D$ 时, Lie 对称矢量场为

$$Y_2=[4D(x\dot{y}-2\dot{x}y)+2(4A-B)\dot{x}]\frac{\partial}{\partial x}+4Dx\dot{x}\frac{\partial}{\partial y} \tag{45}$$

相应的运动积分为

$$I_2=-4(y\dot{x}-x\dot{y})\dot{x}+4Ax^2y+x^4+4x^2y^2+(4A-B)(\dot{x}^2+Ax^2) \tag{46}$$

3° 当 $16A=B,\quad C=-16D$ 时, Lie 对称矢量场为

$$Y_3=\left[4\dot{x}^3+4(A+2Dy)\dot{x}x^2-\frac{4}{3}Dx^3\dot{y}\right]\frac{\partial}{\partial x}-\frac{4}{3}Dx^3\dot{x}\frac{\partial}{\partial y} \tag{47}$$

相应的积分不变量为

$$I_3=\dot{x}^4+2(A+2Dy)x^2\dot{x}^2-\frac{4}{3}Dx^3\dot{x}\dot{y}+A^2x^4-\frac{2}{9}D^2x^6-\frac{4}{3}D(A+Dy)x^4y \tag{48}$$

Lorenz 模型的 Lie 对称矢量场及相应的首次积分的较详细的研究可参见 [8]. Lie 对称性还可用于系统约化. Olver[33] 的著作对 Lie 对称性做了较详细的讨论.

在研究 Lie 对称性时, (38) 是一个很关键的方程. 由它可最终演变成为一组复杂的偏微分方程, 正是由于这种复杂性, 致使在 Lie 提出这种方法之后很少有人再进行研究, 只在近年由于 Noether 对称性所遇到的困难, 才促使人们重新对它加以研究, 从逻辑的角度来说, Noether 对称性应当是 Lie 对称性的一个子集. 近年来, 对点变换的情形已有人证明的确如此 [14]: 若矢量场 Y 是 L 的一个 Lie 对称矢量场, 则它一定是 Γ 的 Noether 对称矢量场, 反之不然. 此结论仅对完整保守系统成立, 对于完整的非保守系统我们在 [46] 中给出了一个说明性的例子.

5. 拟对称性

Sarlet 等在研究自治系统的对称性时提出了拟对称性的概念, 后来又进一步提出了伴随对称性的概念. 由于他们在研究非自治系统时也提出了伴随对称性, 因而在这一节我们只介绍拟对称性.

对于自治系统, 在流形 M 的切丛 TM 上定义一个内禀 (1,1) 型张量场 S

$$S = \left(\frac{\partial}{\partial v^i}\right) \otimes \mathrm{d}q^i \tag{49}$$

则有 $S^2 = 0$, 且对于 $X \in \mathscr{X}(TM)$, 有

$$L_{S(X)}S = L_X S \circ S = -S \circ L_X S \tag{50}$$

设矢量场 $\varGamma$ 为

$$\varGamma = v^i \frac{\partial}{\partial q^i} + \varLambda^i(q, v)\frac{\partial}{\partial v^i} \tag{51}$$

其中 $\varLambda^i$ 为 $\ddot{q}^i + \varLambda^i(q, v)$=0 所确定.

设 $\varDelta$ 为矢量场 $v^i \dfrac{\partial}{\partial v^i}$, 则有

$$S(\varGamma) = \varDelta \tag{52}$$

$$(L_\varGamma S) \circ S = -S, \quad S \circ (L_\varGamma S) = S \tag{53}$$

$$(L_\varGamma S)^2 = I \tag{54}$$

其中 I 为单位矢量场.

对于每一个 $\varGamma \in \mathscr{X}(TM)$, 定义一个 1 形式 $\mathscr{X}_\varGamma^*$ 为

$$\mathscr{X}_\varGamma^* = \{\phi \in \mathscr{X}^*(TM) | L_\varGamma(S(\phi)) = \phi\} \tag{55}$$

而 $\mathscr{X}_\varGamma^*$ 上的元素可表示为

$$\phi = \alpha_i(q, v)\mathrm{d}v^i + \varGamma(\alpha_i)\mathrm{d}q^i \tag{56}$$

定义 5 若 $\mathrm{d}S(\phi)$ 是一个辛形式, 则 $(\phi \in \mathscr{X}_\varGamma^*)$ 称为非奇异的.

定义 6 若矢量场 $Y \in (\mathscr{X})(TM)$ 对应于 ϕ 满足

$$L_Y(S(\phi)) = \mathrm{d}f, \quad f \in C^\infty(M) \tag{57}$$

$$i_Y(\phi - \mathrm{d}\langle \varDelta, \phi \rangle) = 0 \tag{58}$$

则称 Y 为对应于 ϕ 的一个 Noether 型拟对称矢量场.

对于一个 Noether 型拟对称矢量场 Y, 由于

$$L_Y(S(\phi)) = \mathrm{d}i_Y S(\phi) + i_Y \mathrm{d}S(\phi) \tag{59}$$

故有

$$i_Y \mathrm{d}S(\phi) = \mathrm{d}(f - i_Y S(\phi)) \tag{60}$$

而由于 $L_\Gamma i_Y \mathrm{d}S(\phi) = 0$ 对于拟对称矢量恒成立, 因而有

$$\Gamma(f - i_Y S(\phi)) = 0 \tag{61}$$

故对应于 Noether 型拟对称矢量场 Y 的相应不变量为

$$F = f - i_Y S(\phi) = f - \langle Y, S(\phi)\rangle \tag{62}$$

应当注意, 由 (57),(58) 所定义的矢量场并不是经典的 Noether 矢量场, 但当取 $\phi = \mathrm{d}L$ 时才有 $[Y, \Gamma] = 0$, 故上述结果包括了对于 Lagrange 系统的 Noether 定理. 当取 $\phi = \mathrm{d}L + Q_i \mathrm{d}q^i$ 时, Y 不是 Γ 的 Noether 对称性, 以上结论导致耗散力为 Q_i 的非保守系统的广义 Noether 定理. 综上所述, 拟对称性给出了保守系统和非保守系统的对称性与不变量之间关系的统一描述. 下面我们来看一个例子. 对于方程

$$\ddot{q} = -q\dot{q}^2 \tag{63}$$

则 $Q = -qv^2, L = (1/2)v^2$, 则

$$\phi = \mathrm{d}L + Q\mathrm{d}q = v\mathrm{d}v - qv^2\mathrm{d}q \tag{64}$$

显然 $\mathrm{d}S(\phi) = \mathrm{d}v \wedge \mathrm{d}q$ 是一个辛形式, 且矢量场

$$Y = -\frac{1}{v}\frac{\partial}{\partial q} + q\frac{\partial}{\partial v} \tag{65}$$

为对应于 ϕ 的一个 Noether 型拟对称性, 其相对应的首次积分为

$$F = (1/2)q^2 + \ln v \tag{66}$$

6. 伴随对称性

1984 年 Sarlet 和 Cantrijn 引进了生成首次积分的拟对称矢量场的概念, 1987 年又引入了自治系统的伴随对称性的概念, 并在 1990 年将其进一步推广到非自治系统, 下面我们对此做一简要介绍.

首先在 $R\times TM$ 上引入一个内禀 (1,1) 型张量场

$$S=\frac{\partial}{\partial v^i}\otimes(\mathrm{d}q^i-v^i\mathrm{d}t) \tag{67}$$

则对于矢量场 $\varGamma\in R\times TM$ 有

$$\varGamma=\frac{\partial}{\partial t}+v^i\frac{\partial}{\partial q^i}+\varLambda^i\frac{\partial}{\partial v^i} \tag{68}$$

其中 $\varLambda^i$ 满足 $\ddot{q}^i+\varLambda^i(t,q,v)=0$, 并有 $S(\varGamma)$=0 和

$$S\circ L_\varGamma S=S\qquad L_\varGamma S\circ S=-S \tag{69}$$

对于每一个矢量场 $\varGamma$, 定义

$$\mathscr{X}_\varGamma=\{X\in\mathscr{X}(R\times TM)|S([\varGamma,X])=0\} \tag{70}$$

$$\mathscr{X}_\varGamma^*=\{\phi\in\mathscr{X}^*(R\times TM)|L_\varGamma(S(\phi))=\phi-\langle\varGamma,\phi\rangle\mathrm{d}t\} \tag{71}$$

则用基 $\{\varGamma,\partial/\partial q^i,\partial/\partial v^i\}$ 表示一个矢量场 $X\in\mathscr{X}_\varGamma$, 有

$$X=\tau\varGamma+\mu^i\frac{\partial}{\partial q^i}+\varGamma(\mu^i)\frac{\partial}{\partial v^i} \tag{72}$$

而一个 1 形式 $\alpha\in\mathscr{X}_\varGamma^*$ 用对偶基 $\{\mathrm{d}t,\theta^i=\mathrm{d}q^i-v^i\mathrm{d}t,\phi^i=\mathrm{d}v^i-\varLambda^i\mathrm{d}t\}$ 表示为

$$\alpha=\alpha_i\phi^i+\varGamma(\alpha_i)\theta^i+\tau\mathrm{d}t \tag{73}$$

定义 7 若对于 1 形式 $\alpha\in\mathscr{X}_\varGamma^*$ 有 $L_\varGamma\alpha\in\mathscr{X}_\varGamma^*$, 则称此 1 形式 $\alpha\in\mathscr{X}_\varGamma^*$ 为 $R\times TM$ 上的矢量场 $\varGamma$ 的一个伴随对称性.

从这个定义可以看出, Sarlet 等是希望从对偶空间的某种不变性导致运动积分. 经典的 Lie 对称性、Noether 对称性等都是考虑的矢量场的对称性, 而 Sarlet 等提出的伴随对称性考虑的是流形上微分形式的不变性, 因而是传统对称性研究上的一个突破, 为研究对称性注入了新的思想.

根据伴随对称性的定义和 $\mathscr{X}_\varGamma^*$ 上 1 形式的表达式 (73), 有

$$L_\varGamma\alpha=\left(2\varGamma(\alpha_i)+\alpha_j\frac{\partial\varLambda^i}{\partial v^i}\right)\phi^i+\left(\varGamma\varGamma(\alpha_i)+\alpha_j\frac{\partial\varLambda^i}{\partial q^i}\right)\theta^i+\varGamma(\tau)\mathrm{d}t \tag{74}$$

故要 $L_\varGamma\alpha\in\mathscr{X}_\varGamma^*$, 则充分必要条件是

$$\varGamma\varGamma(\alpha^i)+\varGamma\left(\alpha_j\frac{\partial\varLambda^i}{\partial v^i}\right)-\alpha_j\frac{\partial\varLambda^i}{\partial q^i}=0 \tag{75}$$

因此, 一个 1 形式 $\alpha \in \mathscr{X}_\Gamma^*$ 为 Γ 的伴随对称性必须满足上面这组关于 α_i 的二阶偏微分方程组, 我们称 (75) 为伴随方程组. 通过求解 (75) 可确定 Γ 的一个伴随对称性, 特殊的伴随对称性与其他对称性类似地可导致力学系统的积分不变量, 对此我们有如下定理.

定理 2　设 $\alpha \in \mathscr{X}_\Gamma^*$ 是 Γ 的伴随对称性, 且满足

$$L_\Gamma S(\alpha) = \mathrm{d}F \tag{76}$$

其中 $F \in C^\infty(M)$, 则 F 是力学系统的一个首次积分.

证明这个定理要用到一些较深知识, 在此略去, 下面我们看一个例子.

考虑著名的 Emden 方程

$$\ddot{q} = -\frac{2}{t}\dot{q} - q^5 \tag{77}$$

用 α 表示 1 形式 α 中 $\mathrm{d}v$ 前的系数, 则相应的伴随方程为

$$\Gamma^2(\alpha) + \Gamma\left(-\frac{2}{t}\alpha\right) + 5\alpha q^4 = 0 \tag{78}$$

则可求得

$$\alpha = 2t^3 v + l^2 q \tag{79}$$

则有

$$L_\Gamma S(\alpha) = \mathrm{d}\left[t^3\left(v^2 + \frac{1}{3}q^6\right) + t^2 qv\right] \tag{80}$$

由首次积分存在定理知

$$F = t^3\left(v^2 + \frac{1}{3}q^6\right) + t^2 qv \tag{81}$$

(81) 是著名的 Emden 方程的一个众所周知的首次积分.

伴随对称性系统是否为保守系统没有要求, 也不要求系统 Lagrange 函数, 因而具有广泛的适用性, 应当注意, 在一般情况下, 对于矢量场 Γ, 伴随对称性不能导致动力学对称性, 但对 Lagrange 系统是一个例外.

7. 几种对称性概念关于非保守系统的推广

在上面讨论的五种对称性中, 拟对称性和伴随对称性均适用于非保守系统. 在这里我们给出前三种在非保守系统中的推广, 其中高阶 Noether 对称性和 Lie 对称性的推广是我们得到的, 我们也是首次在这里报告.

7.1 Noether 对称性的推广

Cantrijn[5] 用现代微分几何方法讨论了非保守力学系统的不变量. 首先定义一个动力学 2 形式 Ω 为

$$\Omega = \mathrm{d}\theta + Q_i \mathrm{d}q^i \wedge \mathrm{d}t \tag{82}$$

其中 θ 为 (1) 表示的 Cartan 形式, Q_i 为非保守的广义力.

定义 8 若对于矢量场 $Y \in \mathscr{X}(R \times TM)$ 满足

$$\mathrm{d}(i_Y \Omega) = 0 \tag{83}$$

则称 Y 为 Γ 的一个广义 Noether 对称性. 对于广义 Noether 对称性, 有

$$L_Y \mathrm{d}\theta = -\mathrm{d}i_Y \mu \tag{84}$$

因而由 Poincaré引理有

$$L_Y \theta = -i_Y \mu + \mathrm{d}g \tag{85}$$

其中 $\mu = Q_i \mathrm{d}q^i \wedge \mathrm{d}t$. 上式写成显式为广义 Killing 方程组.

相应于广义 Noether 对称矢量场 Y, 力学系统的不变量为

$$G = g - i_Y \theta = g - \left[\tau L + \frac{\partial L}{\partial \dot{q}^i}(\xi^i - \dot{q}^i \tau)\right] \tag{86}$$

应当注意, 广义 Noether 对称矢量场的要求 $\mathrm{d}(i_Y \Omega) = 0$ 与对 Noether 对称性的要求 $L_Y \mathrm{d}\theta = 0$ 类似地可以进一步地削弱, 从而可给出高阶 Noether 对称性对非保守系统的推广.

7.2 高阶 Noether 对称性的推广

定义 9 若矢量场 $Y \in \mathscr{X}(R \times TM)$ 满足

$$\mathrm{d}(L_Y^k i_Y \Omega) = 0 \tag{87}$$

而对于 $l < k$ 有 $\mathrm{d}(L_Y^l i_Y \Omega) \neq 0$, 则称矢量场 Y 为 Γ 的一个广义的 $(k+1)$ 阶 Noether 对称矢量场 (其中 $L_Y^k = L_Y L_Y^{k-1}$).

定理 3 对于满足 (87) 的每一个 $(k+1)$ 阶 Noether 矢量场 Y, 当微分流形 M 具有足够好的拓扑性质时, 若满足

$$L_Y^k i_Y \Omega = \mathrm{d}G \tag{88}$$

则 G 为动力学系统 Γ 的一个首次积分.

此定理的证明可类似 Poincaré 引理的逆命题的证明 [15]. 下面我们给出 G 的形式.

由公式, 我们有

$$
\begin{aligned}
&L_Y\Omega = i_Y\mathrm{d}\Omega + \mathrm{d}i_Y\Omega = i_Y\mathrm{d}\mu + \mathrm{d}i_Y\Omega \\
&L_YL_Y\Omega = L_Yi_Y\mathrm{d}\mu + L_Y\mathrm{d}i_Y\Omega = L_Yi_Y\mathrm{d}\mu + \mathrm{d}(L_Yi_Y\Omega) \\
&\cdots\cdots \\
&L_Y^{k+1}\Omega = L_Y^k i_Y\mathrm{d}\mu + \mathrm{d}(L_Y^k i_Y\Omega)
\end{aligned} \tag{89}
$$

考虑到 (86), 则有

$$
L_Y^{k+1}\Omega = L_Y^k i_Y\mathrm{d}\mu \tag{90}
$$

又由于

$$
L_Y^{k+1}\Omega = L_Y^{k+1}(\mathrm{d}\theta + \mu) = L_Y^{k+1}\mathrm{d}\theta + L_Y^k(\mathrm{d}i_Y\mu + i_Y\mathrm{d}\mu) \tag{91}
$$

故有

$$
L_Y^{k+1}\mathrm{d}\theta = -L_Y^k\mathrm{d}i_Y\mu \tag{92}
$$

利用 Poincaré引理, 有

$$
L_Y^{k+1}\theta = -L_Y^k i_Y\mu + \mathrm{d}g \tag{93}
$$

其中 $g \in C^\infty(R \times TM)$.

定理 4　若 Y 是一个广义 $(k+1)$ 阶 Noether 对称矢量场, 则 Γ 的首次积分

$$
G = g - L_Y^k\langle Y, \theta\rangle \tag{94}
$$

其中 g 由 (93) 确定.

证　由公式易得

$$
i_Y\mathrm{d}L_Y^k\theta + \mathrm{d}i_YL_Y^k\theta = -L_Y^k i_Y\mu + \mathrm{d}g \tag{95}
$$

因而有

$$
\mathrm{d}i_YL_Y^k\theta = -L_Y^k i_Y\Omega + \mathrm{d}g \tag{96}
$$

综合 (88) 和 (96) 有

$$
\mathrm{d}i_YL_Y^k\theta = -\mathrm{d}G + \mathrm{d}g \tag{97}
$$

因而 (94) 成立. 证毕.

前面我们曾经说明高阶 Noether 对称性可通过一个 (1,1) 型张量场转化为一个通常的 Noether 对称性, 但这一结论只对于完整保守的力学系统成立. 对于完整非

保守系统, 相应于广义 $(k+1)$ 阶 Noether 对称矢量场 Y, 给出一个 (1,1) 型张量场 $R_Y^{(k)}$,

$$i_{R_Y(X)}\mathrm{d}\theta = i_X(L_Y^k\mathrm{d}\theta) \tag{98}$$

$$\langle R_Y^{(k)}(X), \mathrm{d}t\rangle = 0 \tag{99}$$

由于

$$L_{R_Y^{(k)}(Y)}\mathrm{d}\theta = L_Y^{k+1}\mathrm{d}\theta \tag{100}$$

考虑 (92) 后可得

$$L_{R_Y^{(k)}(Y)}\mathrm{d}\theta = -L_Y^k\mathrm{d}i_Y\mu \neq -\mathrm{d}i_Y\mu \tag{101}$$

故对于非保守系统, 上面的 (1,1) 型张量场不能把一个广义 $(k+1)$ 阶对称性进行转化.

7.3 Lie 对称性的推广

假设无穷小单参数变换群为

$$t \to T = t + \varepsilon\tau(t, \boldsymbol{q}, \dot{\boldsymbol{q}}) \tag{102}$$

$$q^i \to Q^i = q^i + \varepsilon\xi^i(t, \boldsymbol{q}, \dot{\boldsymbol{q}}) \tag{103}$$

而非保守系统的运动微分方程为

$$\ddot{q}^i = \alpha^i(t, \boldsymbol{q}, \dot{\boldsymbol{q}}) \tag{104}$$

若无穷小变换的生成子满足

$$\ddot{\xi}^i - \dot{q}^i\ddot{\tau} - 2\dot{\tau}\alpha^i = E(\alpha^i) \tag{105}$$

其中矢量场 E 仍由 (37) 确定, 则对应的矢量场

$$Y = \tau\frac{\partial}{\partial t} + \xi^i\frac{\partial}{\partial q^i} + (\dot{\xi}^i - \dot{\tau}\dot{q})\frac{\partial}{\partial \dot{q}^i} \tag{106}$$

称为广义 Lie 对称矢量场.

由 (105) 解得 ξ^i, τ 后, 代入结构方程

$$E(L) + \dot{\tau}L + Q_i(\xi^i - \tau\dot{q}^i) = \dot{f} \tag{107}$$

求得规范函数 f 后, 则对应于 Lie 对称矢量场 Y 的力学系统的不变量为

$$\varPhi = f - \left[\tau L + \frac{\partial L}{\partial \dot{q}^i}(\xi^i - \dot{q}^i\tau)\right] \tag{108}$$

其中 L 为非保守系统对应于保守部分的 Lagrange 函数, Q_i 为非保守广义力.

8. 非完整系统 Noether 对称性概述

李子平 [37] 讨论了线性非完整约束下的 Noether 对称性问题, 非完整系统的对称性研究也就从此开始. 赵跃宇 [38] 研究了变质量非完整系统的 Noether 定理, 他的做法是把变质量系统的作用量泛函归结为常质量系统的泛函形式; 赵世鹰 [40] 从几何角度研究了非完整系统的微分几何结构, 得到了约束嵌入型的非完整系统的 Noether 定理, 并给出了 Appell 问题的一个守恒量; 罗勇和赵跃宇 [35,39] 研究了非保守的非线性完整约束系统的 Noether 定理; Bahar 和 Kwatny[30] 也研究了非完整非保守系统的 Noether 定理, 他们的结果首次给出了非变分形式的 Noether 守恒量. 以上结果对非完整系统 Noether 对称性研究起了较大的推动作用, 但所得结论并非十分完美.

刘端 [44] 研究了非完整保守系统的 Noether 对称性, 给出了一个比较好的结果; 赵跃宇 [43] 发表了一个更为一般的结果, 得到了高阶非完整非保守力学系统的 Noether 定理, 这也是首次揭示高阶非完整系统的守恒量的存在性, 并得到了 Appell 例子的四个独立的第一积分; 刘端 [45] 通过引进准对称性的概念研究了一般非完整非保守动力学系统的 Noether 定理及逆定理. 至此, 关于非完整系统的 Noether 对称性研究中的基本问题可以说已经基本解决.

纵观非完整系统守恒量的研究, 可以发现, 只要有非保守问题的守恒量的结果, 则其相应结果从理论上说是不难推广到非完整系统的, 推广到变质量动力学系统或相对论性动力学系统的结果就更为简单. 因而问题的关键在于非保守, 而从保守到非保守的推广看来简单, 实则有较大的困难. 有的非完整系统的其他积分理论的研究也有类似的情形. 关于非完整系统的积分理论研究的详细情况可参见最近梅凤翔 [36] 的综述文章.

9. 结语

力学系统的对称性和守恒量的研究对运动的物理解释起着重要的作用. 随着认识的不断深入, 各种对称性概念也连接涌现, 现在已是我们深入讨论各种对称性概念的时候了.

从上面的综述可见, 对称性的研究经历了从作用量泛函的不变性到运动微分方程的不变性、从流形上矢量场的不变性到微分形式的不变性的过程, 并且可以看出, 对于完整保守系统和非完整非保守系统, 不论是 Noether 对称性、广义 Noether 对称性还是 Lie 对称性, 尽管得到 Noether 守恒量的条件有些差异, 但最终表达式都是

$$G = f - \left[L\tau + \frac{\partial L}{\partial \dot{q}^i}(\xi^i - \dot{q}^i\tau)\right]$$

这是很有趣的也是令人费解的一点.

参 考 文 献

[1] Abraham R, Marsden J E. Foundations of Mechanics. Benjamin/Cummings, 1978
[2] Caviglia G. J. Math. Phys., 1986, 27: 972–978
[3] Kntzin G H, Levine J. ibid, 1985, 26: 3080–3099
[4] Sarlet W, Cantrijn F. SIAM Rev., 1981, 23: 467–494
[5] Cantrijn F. J. Math. Phys., 1982, 23: 1589–1595
[6] Sarlet W, Cantrijn F. J. Phys. A: Math. Gen., 1981, 14: 479–492
[7] Tamizhmani K. M, Annamalai A. ibid, 1990, 23: 2835–2845
[8] Sen T, Tabor M. Physica D, 1990, 44: 313–339
[9] Sahadeven R, Lakshmanan M. J. Phys. A: Math. Gen., 1986, 19: 949–954
[10] Lakshmanan M, Sahadeven R. J. Math. Phys., 1991, 32: 75–83
[11] Soares Neto J J, Vianna J D M. J. Phys. A: Math. Gen., 1988, 21: 2487–2490
[12] Sarlet W, Cantrijn F, Crampin M. ibid, 1987, 20: 1365–1376
[13] ——, Prince G E, Crampin M. ibid, 1990, 23: 1335–1347
[14] Thompson G. ibid, 1986, 19: 105–110
[15] Westenholz C von. Differential Forms in Mathematical Physics. North-Holland, 1981
[16] Arnold V J. Mathematical Methods in Classical Mechanics. S-V, 1978
[17] Curtis W D. Miller F R. Differential Manifolds and Theoretical Physics. Academic Press, 1985
[18] Meinhardt J. J. Phys. A: Math. Gen., 1981, 14: 1893–1914
[19] Lutzky M. ibid, 1978, 11: 249–258
[20] ——. ibid, 1979, 12: 973–981
[21] Crampin M. ibid, 1983, 16: 3755–3772
[22] Sarlet W, Crampin M. ibid, 1985, 18: 563–565
[23] Lutzky M. ibid, 1982, 15: 87–91
[24] Sarlet W, Cantrijn F, Crampin M. ibid, 1984, 17: 1999–2009
[25] Lench P G L, Gorringe V M. ibid, 1990, 23: 2765–2774
[26] Ferraiio C, Passerini A. ibid, 1991, 24: 261–267
[27] Noether E. Nachr. Kgl. Ges. Wiss. Gottigen, Math. Phys., K1, 1918: 235–257
[28] Djukic Di S, Vujanovic B Dj. Acta Mechanica, 1975, 23: 17–27
[29] Vujanovic B D. ibid, 1986, 65: 8
[30] Bahar L K, Kwatny H G. Int. J. Non-linear Mech., 1987, 22: 125–138
[31] Li Ziping, Li Xin. Int. J. of Theor. Phys., 1990, 29: 765–772
[32] Prince G E, Eliezer C J. J. Phys. A: Math. Gen., 1981, 14: 587–596
[33] Olver P J. Applications of Lie Groups to Differential Equation. Springer, 1986

[34] 梅凤翔. 非完整系统力学基础, 北京工业学院出版社, 1985
[35] ——. 非完整动力学研究, 北京工业学院出版社, 1987
[36] ——. 力学进展, 1991, 21: 83–95
[37] 李子平. 物理学报, 1981, 12: 1659–1671
[38] 赵跃宇. 变质量非完整系统的 Noether 定理, 湖南省力学学会首届年会, 1984
[39] 罗勇, 赵跃宇. 北京工业学院学报, 1986, 3: 41–47
[40] 赵世鹰. 应用数学与力学, 1986, 7: 847–860
[41] 赵跃宇. 湘潭大学自然科学学报, 1989, 2: 26–30
[42] ——. 湘潭大学自然科学学报, 1991, 1: 43–50
[43] ——. 黄淮学刊, 1990, 1
[44] 刘端. 力学学报, 1989, 21: 75–83
[45] 刘端. 中国科学 (A), 1990, 11: 1189–1197
[46] 赵跃宇. 非保守力学系统的 Lie 对称性与守恒量 (待发表)
[47] 曹大卫, 何华灿, 张国旗. 中国科学 (A), 1991, 6: 653–672

(原载《力学进展》, 1993, 23(3): 360–372)

§4.2 Symmetries and conserved quantities of constrained mechanical systems

1. Introduction

The most important task in dynamics is to find the solution of the differential equations of motion. If one can find all of the integrals of the equations, the solution of the equations can be given. An integral is a conserved quantity, therefore, people make efforts to find all of the conserved quantities of mechanical system.

Newtonian mechanics provides us three conservation laws, i.e. the conservation of momentum, the conservation of moment of momentum and the conservation of mechanical energy, by means of the analysis of forces. The three conservation laws have very clear physical meaning. Lagrangian mechanics provides us two conservation laws, i.e. the conservation of generalized momentum and the conservation of generalized energy, by means of the analysis of the form of Lagrangian. The conservation of generalized momentum may be a conservation of momentum, a conservation of moment of momentum, or neither. The physical meaning of the conservation law in Lagrangian mechanics is less clear than that in Newtonian mechanics, but the conserved quantities deduced by Lagrangian mechanics are more than that deduced by Newtonian mechanics. Since Noether published her well-known paper[1], the Noether symmetry method has become a modem method for seeking the conservation law of mechanical systems [2−18]. The physical meaning of the conservation law in the Noether symmetry method is less than that in Lagrangian mechanics, but the conserved quantities deduced by the Noether symmetry method are more than that deduced by Lagrangian mechanics.

The Noether symmetry is an invariance of the Hamilton action under the infinitesimal transformations of time and coordinates. Besides the Noether symmetry, there are two other important symmetries, i.e. the Lie symmetry and the form invariance. The Lie symmetry is a kind of invariance of the differential equations under the infinitesimal transformations of time and coordinates. The form invariance is a kind of invariance under which the transformed dynamical functions still satisfy the original differential equations of motion. A Noether symmetry can lead to a conserved quantity according to the Noether theory. A Lie symmetry of a form invariance can also lead to a conserved quantity under certain conditions. The conserved quantities deduced directly by the Noether symmetry, the Lie symmetry and the form invariance are called the Noether conserved quantity, the Hojman type conserved quantity and the new conserved quantity, respectively. The constrained mechanical systems in the review involves holonomic systems, nonholonomic systems and Birkhoffian systems.

The outline of this review is as follows: In Sect. 2, we study the Noether symmetry of constrained mechanical systems. In Sect. 3, we discuss the Lie symmetry of constrained mechanical systems. In Sect. 4, we present the form invariance of constrained mechanical. Section 5 deals with the Noether conserved quantity deduced by the Noether symmetry. Section 6 provides the Hojman type conserved quantity deduced by the Lie symmetry. In Sect. 7, we work at a new conserved quantity deduced by the form invariance. Section 8 goes into the Non-Noether conserved quantity quided by the Noether symmetry. Section 9 is devoted to the Noether conserved quantity and the new conserved quantity deduced by the Lie symmetry. In Sect. 10, we specialize the Noether conserved quantity and the Hojman type conserved quantity deduced by the form invariance. Finally, we propose some topics for future research on the study of the symmetry in Sect. 11.

2. Noether symmetry

The Noether symmetry is an invariance of the Hamilton action under the infinitesimal transformations of time and the coordinates.

2.1 Noether symmetry of Lagrangian system

The equations of motion of Lagrangian system have the form

$$E_s(L)=0 \quad (s=1,\cdots,n) \tag{1}$$

where L is the Lagrangian and E_s the Euler operator

$$E_s=\frac{\mathrm{d}}{\mathrm{d}t}\frac{\partial}{\partial\dot{q}_s}-\frac{\partial}{\partial q_s} \tag{2}$$

For the system (1), Arnold gave the Noether's theorem[19] as follows:

If the system (M,L) admits the one-parameter group of diffeomorphisms $h^s: M\to M, s\in R$, then the Lagrangian system of equations corresponding to L has a first integral $I: TM\to R$.

In local coordinates q on M, the integral I is written in the form

$$I(q,\dot{q})=\left.\frac{\partial L}{\partial\dot{q}}\frac{\mathrm{d}h^s(q)}{\mathrm{d}s}\right|_{s=0} \tag{3}$$

José and Saletan wrote "if a Lagrangian is invariant under a family of transformations, its dynamical system possesses a constant of the motion, and that constant can be found from a knowledge of the Lagrangian and the transformation"[20].

Therefore, there are two comprehensions for the Noether symmetry. One comprehension is an invariance of the Hamilton action; another is an invariance of the Lagrangian. We all think that the first one is more reasonable.

Introducing the infinitesimal transformations of time and the generalized coordinates as

$$t^*=t+\Delta t,\quad q_s^*(t^*)=q_s(t)+\Delta q_s \tag{4}$$

or

$$\begin{aligned}t^*&=t+\varepsilon\xi_0(t,\boldsymbol{q},\dot{\boldsymbol{q}})\\ q_s^*(t^*)&=q_s(t)+\varepsilon\xi_s(t,\boldsymbol{q},\dot{\boldsymbol{q}})\end{aligned} \tag{5}$$

where ε is an infinitesimal parameter, and ξ_0,ξ_s the infinitesimal generators, the invariance of the Hamilton action leads to the Noether identity

$$L\dot{\xi}_0+X^{(1)}(L)+\dot{G}_N=0 \tag{6}$$

where $G_N=G_N(t,\boldsymbol{q},\dot{\boldsymbol{q}})$ is a gauge function and

$$X^{(1)}=\xi_0\frac{\partial}{\partial t}+\xi_s\frac{\partial}{\partial q_s}+(\dot{\xi}_s-\dot{q}_s\dot{\xi}_0)\frac{\partial}{\partial\dot{q}_s} \tag{7}$$

If there exists a function G_N such that the identity (6) is satisfied, then the corresponding symmetry is called a Noether symmetry. We will see that the conserved quantities can be found by using the Noether symmetry.

2.2 Noether symmetry of general holonomic system

The equations of motion of general holonomic system can be written in the form

$$E_s(L) = Q_s \quad (s = 1, \cdots, n) \tag{8}$$

where $Q_s = Q_s(t, \boldsymbol{q}, \dot{\boldsymbol{q}})$ are generalized forces. Under the infinitesimal transformations (5), the Noether symmetry of the system leads to the satisfaction of the following Noether identity

$$L\dot{\xi}_0 + X^{(1)}(L) + Q_s(\xi_s - \dot{q}_s\xi_0) + \dot{G}_N = 0 \tag{9}$$

Formula (9) is called the generalized Noether-Bessel-Hagen equation[8].

By means of the Noether symmetry, we can seek the conserved quantities of the general holonomic system.

2.3 Noether symmetry of nonholonomic system

The nonholonomic system is more complected than the holonomic system, e.g. see references [21–31].

Let the position of a mechanical system be determined by the n generalized coordinates q_s $(s = 1, \cdots, n)$ and its motion be subject to the g ideal nonholonomic constraints of Chetaev's types

$$f_\beta(t, \boldsymbol{q}, \dot{\boldsymbol{q}}) = 0 \quad (\beta = 1, \cdots, g) \tag{10}$$

The differential equations of motion of the system can be written in the form[20,25,29–33]

$$E_s(L) = Q_s + \lambda_\beta \frac{\partial f_\beta}{\partial \dot{q}_s} \tag{11}$$

where λ_β are the constraint multipliers. Before integrating the differential equations, from Eqs. (10) and (11) one can solve the multipliers λ_β functions t, $\boldsymbol{q}$ and $\dot{\boldsymbol{q}}$. So, Eqs. (11) have the form

$$E_s(L) = Q_s + \Lambda_s \tag{12}$$

where

$$\Lambda_s = \lambda_\beta(t, \boldsymbol{q}, \dot{\boldsymbol{q}}) \frac{\partial f_\beta}{\partial \dot{q}_s} \tag{13}$$

express the nonholonomic constraint forces. Equations (12) are called the equations of holonomic system corresponding to the nonholonomic system (10), (11).

For the system (12), the Noether identity is

$$L\dot{\xi} + X^{(1)}(L) + (Q_s + \Lambda_s)(\xi_s - \dot{q}_s\xi_0) + \dot{G}_N = 0 \tag{14}$$

The restriction of nonholonomic constraints (10) on the generators has the form[13]

$$\frac{\partial f_\beta}{\partial \dot{q}_s}(\xi_s - \dot{q}_s\xi_s) = 0 \tag{15}$$

If the generators ξ_0, ξ_s and the gauge function G_N satisfy Eqs. (14) and (15), then the symmetry is a Noether one of the nonholonomic system. If they satisfy only Eq. (14), then the symmetry is a Noether symmetry of the corresponding holonomic system (12).

Considering Eq. (15), the identity (14) can be simplified as

$$L\dot{\xi}_0 + X^{(1)}(L) + Q_s(\xi_s - \dot{q}_s\xi_0) + \dot{G}_N = 0 \tag{16}$$

The complexity of the Noether symmetry of the nonholonomic system is to have the restriction of nonholonomic constraints on the generators.

The conserved quantities can be obtained by using the Noether symmetry.

2.4 Noether symmetry of Birkhoffian system

The Birkhoffian is a kind of constrained mechanical systems. The Birkhoff equations have the form[34]

$$\Omega_{\mu\nu}\dot{a}^\nu - \frac{\partial B}{\partial a^\mu} - \frac{\partial R^\mu}{\partial t} = 0 \quad (\mu, \nu = 1, \cdots, 2n) \tag{17}$$

where

$$\Omega_{\mu\nu} = \frac{\partial R_\nu}{\partial a^\mu} - \frac{\partial R_\mu}{\partial a^\nu} \tag{18}$$

and $B = B(t, \boldsymbol{a})$ is the Birkhoffian and $R_\mu = R_\mu(t, \boldsymbol{a})$ the Birkhoff's functions.

Introducing the infinitesimal transformations as

$$t^* = t + \varepsilon\xi_0(t, \boldsymbol{a}), \quad a^{\mu *} = a^\mu + \varepsilon\xi_\mu(t, \boldsymbol{a}) \tag{19}$$

for the system (17), the Noether identity has the form[14]

$$\left(\frac{\partial R_\mu}{\partial t}\dot{a}^\mu - \frac{\partial B}{\partial t}\right)\xi_0 + \left(\frac{\partial R_\nu}{\partial a^\mu}\dot{a}^\nu - \frac{\partial B}{\partial a^\mu}\right)\xi_\mu - B\dot{\xi}_0 + R_\mu\dot{\xi}_\mu + \dot{G}_N = 0 \tag{20}$$

where $G_N = G_N(t, \boldsymbol{a})$ is the gauge function.

The Noether symmetry of Birkhoffian system can lead to the conserved quantities.

The study on Birkhoffian mechanics can be seen in reference[35].

3. Lie symmetry

The Lie symmetry is an invariance of the differential equations of motion under the infinitesimal transformations. On the part of mathematics, the monographs are very important, e.g. see references[36–39]. There have been some important results on the study of the Lie symmetry of mechanical systems [40–48].

3.1 Lie symmetry of Lagrangian system

Suppose that the system (1) is nonsingular, i.e.

$$\det\left(\frac{\partial^2 L}{\partial \dot{q}_s \partial \dot{q}_k}\right) \neq 0 \tag{21}$$

Then Eq. (1) can be written as

$$\ddot{q}_s = \alpha_s(t, \boldsymbol{q}, \dot{\boldsymbol{q}}) \tag{22}$$

Under the infinitesimal transformations (5), the determining equations of the Lie symmetry of Eq. (22) have the form

$$\ddot{q}_s - \dot{q}_s\ddot{\xi}_0 - 2\dot{\xi}_0\alpha_s = X^{(1)}(\alpha_s) \tag{23}$$

The Lie symmetry can lead to the conserved quantities under certain conditions. But it is not easy that one find the generators ξ_0, ξ_s from Eq. (23), because symmetry methods for differential equations, originally developed by Sophus Lis, are highly algorithmic[37].

For the Lagrangian system, all of the Noether symmetries are also Lie symmetries[49,50].

3.2 Lie symmetry of general holonomic system

Let Eq. (8) have the form

$$\ddot{q}_s = \beta_s(t, \boldsymbol{q}, \dot{\boldsymbol{q}}) \tag{24}$$

The determining equations of the Lie symmetry of Eq. (24) have the form

$$\ddot{\xi}_s - \dot{q}_s\ddot{\xi}_0 - 2\dot{\xi}_0\beta_s = X^{(1)}(\beta_s) \tag{25}$$

If the infinitesimal generators ξ_0, ξ_s satisfy Eq. (25), then the Lie symmetry can lead to the conserved quantities under certain conditions.

For the general holonomic system, a Noether symmetry is a Lie symmetry under certain conditions[50].

3.3 Lie symmetry of nonholonomic system

From Eq. (12), we can solve all of the generalized accelerations as

$$\ddot{q}_s = \gamma_s(t, \boldsymbol{q}, \dot{\boldsymbol{q}}) \tag{26}$$

Their determining equations of the Lie symmetry are

$$\ddot{\xi}_s - \dot{q}_s\ddot{\xi}_0 - 2\dot{\xi}_0\gamma_s = X^{(1)}(\gamma_s) \tag{27}$$

The restriction equations of nonholonomic constraints (10) have the form

$$X^{(1)}(f_\beta(t, \boldsymbol{q}, \dot{\boldsymbol{q}})) = 0 \tag{28}$$

If the generators ξ_0, ξ_s satisfy the determining equations (27) and the restriction equations (28), then the symmetry is a Lie symmetry of the nonholonomic system. If the generators ξ_0, ξ_s satisfy only the determining equations (27) then the symmetry is a Lie symmetry of the corresponding holonomic system. The complexity of the Lie symmetry of the nonholonomic system is to have the restriction conditions (28) of the nonholonomic constraint to the infinitesimal generators.

3.4 Lie symmetry of Birkhoffian system

Suppose that

$$\det(\Omega_{\mu\nu}) \neq 0 \tag{29}$$

Then from Eq. (17), we can solve $\dot{a}^\mu$ as

$$\dot{a}^\mu - \Omega^{\mu\nu}\left(\frac{\partial B}{\partial a^\nu} + \frac{\partial R_\nu}{\partial t}\right) = 0 \tag{30}$$

Under the infinitesimal transformations (19), the determining equations of the Lie symmetry of Eq. (30) have the form

$$\dot{\xi}_\mu - \Omega^{\mu\nu}\left(\frac{\partial B}{\partial a^\nu} + \frac{\partial R_\nu}{\partial t}\right)\dot{\xi}_0 = X^{(0)}\left\{\Omega^{\mu\nu}\left(\frac{\partial B}{\partial a^\nu} + \frac{\partial R_\nu}{\partial t}\right)\right\} \tag{31}$$

where

$$X^{(0)} = \xi_0\frac{\partial}{\partial t} + \xi_\mu\frac{\partial}{\partial a^\mu} \tag{32}$$

If the infinitesimal generators ξ_0, ξ_s satisfy the determining equations (31), then the symmetry is a Lie symmetry of the Birkhoffian system.

4. Form invariance

There are dynamical functions in the differential equations of motion of mechanical systems, e.g. the Lagrangian, the generalized forces, the generalized constraint forces in the holonomic and nonholonomic systems, the Birkhoffian, the Birkhoff functions in the Birkhoffian system. If the transformed dynamical functions still satisfy the original differential equations of motion, then the symmetry is called a form invariance. There have been some important results on the study of the form invariance[51−61].

4.1 Form invariance of Lagrangian system

After the transformations (5), the Lagrangian $L(t, \boldsymbol{q}, \dot{\boldsymbol{q}})$ becomes $L\left(t^*, \boldsymbol{q}^*, \dfrac{\mathrm{d}\boldsymbol{q}^*}{\mathrm{d}t^*}\right)$, we have

$$L\left(t^*, \boldsymbol{q}^*, \frac{\mathrm{d}\boldsymbol{q}^*}{\mathrm{d}t^*}\right) = L(t, \boldsymbol{q}, \dot{\boldsymbol{q}}) + \varepsilon X^{(1)}(L) + 0(\varepsilon^2) \tag{33}$$

Substituting (33) into Eq. (1) and neglecting ε^2 terms and the higher terms, we obtain

$$E_s\{X^{(1)}(L)\} = 0 \tag{34}$$

If the generators ξ_0, ξ_s satisfy the Eq. (34), then the symmetry is a form invariance of the Lagrangian system. Equation (34) are called the criterrion equations of the form invariance of the Lagrangian system. The form invariance is different from the Noether symmetry and the Lie symmetry.

4.2 Form invariance of general holonomic system

After the transformations (5), the Lagrangian $L(t, \boldsymbol{q}, \dot{\boldsymbol{q}})$ and the generalized forces $Q_s(t, \boldsymbol{q}, \dot{\boldsymbol{q}})$ become respectively $L\left(t^*, \boldsymbol{q}^*, \dfrac{\mathrm{d}\boldsymbol{q}^*}{\mathrm{d}t^*}\right)$ and $Q_s\left(t^*, \boldsymbol{q}^*, \dfrac{\mathrm{d}\boldsymbol{q}^*}{\mathrm{d}t^*}\right)$, and we have

$$\begin{aligned} L\left(t^*, \boldsymbol{q}^*, \frac{\mathrm{d}\boldsymbol{q}^*}{\mathrm{d}t^*}\right) &= L(t, \boldsymbol{q}, \dot{\boldsymbol{q}}) + \varepsilon X^{(1)}(L) + 0(\varepsilon^2) \\ Q_s\left(t^*, \boldsymbol{q}^*, \frac{\mathrm{d}\boldsymbol{q}^*}{\mathrm{d}t^*}\right) &= Q_s(t, \boldsymbol{q}, \dot{\boldsymbol{q}}) + \varepsilon X^{(1)}(Q_s) + 0(\varepsilon^2) \end{aligned} \tag{35}$$

Substituting (35) into Eq. (8) and neglecting ε^2 terms and the higher terms, we obtain

$$E_s\left\{X^{(1)}(L)\right\} = X^{(1)}(Q_s) \tag{36}$$

If the generators ξ_0, ξ_s satisfy the Eq. (36) then the symmetry is a form invariance of the general holonomic system. Equation (36) are called the criterion equations of the form invariance of the general holonomic system.

4.3 Form invariance of nonholonomic system

After the transformations (5), the Lagrangian $L,(t,\boldsymbol{q},\dot{\boldsymbol{q}})$, the generalized forces $Q_s(t,\boldsymbol{q},\dot{\boldsymbol{q}})$ and the generalized constraint forces $\Lambda_s(t,\boldsymbol{q},\dot{\boldsymbol{q}})$ become respectively $L\left(t^*,\boldsymbol{q}^*,\dfrac{\mathrm{d}\boldsymbol{q}^*}{\mathrm{d}t^*}\right)$, $Q_s\left(t^*,\boldsymbol{q}^*,\dfrac{\mathrm{d}\boldsymbol{q}^*}{\mathrm{d}t^*}\right)$ and $\Lambda_s\left(t^*,\boldsymbol{q}^*,\dfrac{\mathrm{d}\boldsymbol{q}^*}{\mathrm{d}t^*}\right)$, and we have

$$\begin{aligned}
L\left(t^*,\boldsymbol{q}^*,\frac{\mathrm{d}\boldsymbol{q}^*}{\mathrm{d}t^*}\right) &= L(t,\boldsymbol{q},\dot{\boldsymbol{q}})+\varepsilon X^{(1)}(L)+0(\varepsilon^2)\\
Q_s\left(t^*,\boldsymbol{q}^*,\frac{\mathrm{d}\boldsymbol{q}^*}{\mathrm{d}t^*}\right) &= Q_s(t,\boldsymbol{q},\dot{\boldsymbol{q}})+\varepsilon X^{(1)}(Q_s)+0(\varepsilon^2)\\
\Lambda_s\left(t^*,\boldsymbol{q}^*,\frac{\mathrm{d}\boldsymbol{q}^*}{\mathrm{d}t^*}\right) &= \Lambda_s(t,\boldsymbol{q},\dot{\boldsymbol{q}})+\varepsilon X^{(1)}(\Lambda_s)+0(\varepsilon^2)
\end{aligned} \tag{37}$$

Substituting (37) into Eq. (12) and neglecting ε^2 terms and the higher terms, we obtain

$$E_s\left\{X^{(1)}(L)\right\} = X^{(1)}(Q_s)+X^{(1)}(\Lambda_s) \tag{38}$$

If the generators ξ_0, ξ_s satisfy the Eq. (38), then the symmetry is a form invariance of the corresponding holonomic system (12).

After the transformations (5), the constraint functions $f_\beta(t,\boldsymbol{q},\dot{\boldsymbol{q}})$ become $f^*_\beta\left(t^*,\boldsymbol{q}^*,\dfrac{\mathrm{d}\boldsymbol{q}^*}{\mathrm{d}t^*}\right)$, and we have

$$f^*_\beta = f_\beta+\varepsilon X^{(1)}(f_\beta)+0(\varepsilon^2) \tag{39}$$

Substituting (39) into the constraint equations (10) and nelecting ε^2 terms and the higher terms, we obtain

$$X^{(1)}(f_\beta)=0 \tag{40}$$

If the generators ξ_0,ξ_s satisfy the criterion equations (38) and the restriction equtions (40), then the symmetry is a form invariance of the nonholonomic system.The complexity of the form invariance of the nonholonomic system is to have the restriction (40) of the nonholonomic constraints on the generators.

4.4 Form invariance of Birkhoffian system

After the transformations (19), the Birkhoffian $B(t,\boldsymbol{a})$ and the Birkhoff functions $R_\mu(t,\boldsymbol{a})$ become respectively $B(t^*,\boldsymbol{a}^*)$ and $R_\mu(t^*,\boldsymbol{a}^*)$, and we have

$$\begin{aligned}
B(t^*,\boldsymbol{a}^*) &= B(t,\boldsymbol{a})+\varepsilon X^{(0)}(B)+0(\varepsilon^2)\\
R_\mu(t^*,\boldsymbol{a}^*) &= R_\mu(t,\boldsymbol{a})+\varepsilon X^{(0)}(R_\mu)+0(\varepsilon^2)
\end{aligned} \tag{41}$$

Substituting (4) into Eq. (17) and neglecting ε^2 terms and the higher terms, we obtain

$$\left\{\frac{\partial}{\partial a^\mu}X^{(0)}(R_\nu)-\frac{\partial}{\partial a^\nu}X^{(0)}(R_\mu)\right\}\dot{a}^\nu-\frac{\partial}{\partial a^\mu}X^{(0)}(B)-\frac{\partial}{\partial t}X^{(0)}(R_\mu)=0 \tag{42}$$

If the generators ξ_0, ξ_μ satisfy the criterion equations (42), then the symmetry is a form invariance of the Birkhoffian system.

5. Noether conserved quantities deduced by Noether symmetry

In Sects. 5—10, we will present three kinds of conserved quantities deduced by using three kinds of symmetries for the constrained mechanical systems and give some practical examples to illustrate the application of the results.

The Noether symmetry can lead directly to the Noether conserved quantity by using the Noether theorem.

5.1 Lagrangian system

Proposition 5.1 *For the Lagrangian system* (1), *if the infinitesimal generators* ξ_0, ξ_s *and the gauge function* G_N *satisfy the Noether identity* (6), *then the Noether symmetry will lead to the Noether conserved quantity*

$$I_N=L\xi_0+\frac{\partial L}{\partial \dot{q}_s}(\xi_s-\dot{q}_s\xi_0)+G_N=\text{const.} \tag{43}$$

This is the Noether theorem of the Lagrangian system.

Example 5.1 The Lagrangian of a harmonic oscillator system with two-degree-of-freedom is[62]

$$L=\frac{1}{2}m\left(\dot{q}_1^2+\dot{q}_2^2\right)-\frac{1}{2}k\left(q_1^2+q_2^2\right)$$

where m, k are constants.

The Noether identity (6) gives

$$\left\{\frac{1}{2}m(\dot{q}_1^2+\dot{q}_1^2)-\frac{1}{2}k(q_1^2+q_2^2)\right\}\dot{\xi}_0+m\dot{q}_1(\dot{\xi}_1-\dot{q}_1\dot{\xi}_0)+m\dot{q}_2(\dot{\xi}_2-\dot{q}_2\dot{\xi}_0)-kq_1\xi_1-kq_2\xi_2+\dot{G}_n=0$$

It has the following solutions:

$$\xi_0=-1,\quad \xi_1=\xi_2=0,\quad G_N=0$$

$$\xi_0=0,\quad \xi_1=-q_2,\quad \xi_2=q_1,\quad G_N=0$$

$$\xi_0=-1,\quad \xi_1=0,\quad \xi_2=-\dot{q}_2,\quad G_N=\frac{1}{2}m\dot{q}_2^2-\frac{1}{2}kq_2^2$$

$$\xi_0=-1,\quad \xi_1=-\dot{q}_1,\quad \xi_2=0,\quad G_N=\frac{1}{2}m\dot{q}_1^2-\frac{1}{2}kq_1^2$$

$$\xi_0 = 0, \quad \xi_1 = \dot{q}_1 + \frac{1}{2}\dot{q}_2, \quad \xi_2 = \dot{q}_2 + \frac{1}{2}\dot{q}_1$$
$$G_N = -L + \frac{1}{2}kq_1q_2 - \frac{1}{2}m\dot{q}_1\dot{q}_2$$

By using Proposition 5.1, we obtain the following Noether conserved quantities:

$$I_{N_1} = \frac{1}{2}m(\dot{q}_1^2 + \dot{q}_2^2) + \frac{1}{2}k(q_1^2 + q_2^2) = \text{const.}$$
$$I_{N_2} = m(q_1\dot{q}_2 - q_2\dot{q}_1) = \text{const.}$$
$$I_{N_3} = \frac{1}{2}m\dot{q}_1^2 + \frac{1}{2}kq_1^2 = \text{const.}$$
$$I_{N_4} = \frac{1}{2}m\dot{q}_2^2 + \frac{1}{2}kq_2^2 = \text{const.}$$
$$I_{N_5} = \frac{1}{2}m\dot{q}_1\dot{q}_2 + \frac{1}{2}kq_1q_2 = \text{const.}$$

These five integrals are not independent, because[62]

$$I_{N_1} = I_{N_3} + I_{N_4}$$
$$I_{N_2} = 2\left\{\frac{m}{k}(I_{N_3}I_{N_4} - I_{N_5}^2)\right\}^{1/2}$$

The integral I_{N_1} is the integral of energy, the integral I_{N_2} is the integral of momentum moment, the integrals I_{N_3} and I_{N_4} are the local integrals of energy. The Lagrangian mechanics only provides us the integral I_{N_1}.

Example 5.2 The Emden equation is

$$\ddot{q} + \frac{2}{t}\dot{q} + q^5 = 0$$

This is a Lagrangian system whose Lagrangian has the form

$$L = t^2\left(\frac{1}{2}\dot{q}^2 - \frac{1}{6}q^6\right)$$

The Noether identity (6) gives

$$L\dot{\xi}_0 + t\left(\dot{q}^2 - \frac{1}{3}q^6\right)\xi_0 + t^2\dot{q}(\dot{\xi} - \dot{q}\dot{\xi}_0) - t^2q^5\xi + \dot{G}_N = 0$$

It has the solution

$$\xi_0 = -2t, \quad \xi = q, \quad G_N = 0$$

The Noether conserved quantity (43) gives

$$I_N = t^3\dot{q}^2 + t^2q\dot{q} + \frac{1}{3}t^3q^6 = \text{const.}$$

5.2 General holonomic system

Proposition 5.2 *For the general holonomic system (8), if the infinitesimal generators ξ_0, ξ_s and the gauge function G_N satisfy the Noether identity (9), then the Noether symmetry will lead to the Noether conserved quantity*

$$I_N = L\xi_0 + \frac{\partial L}{\partial \dot{q}_s}(\xi_s - \dot{q}_s\xi_0) + G_N = \text{const.} \tag{44}$$

This is the Noether theorem of the general holonomic system.

Example 5.3 The differential equation model of the armament race can be written in the form

$$\ddot{q} + (\alpha+\beta)\dot{q} + (\alpha\beta - kl)q = 0$$

where $\alpha+\beta, k$ and l are constants. It is a particular case of the Lanchester model[63]. The equation can be considered as the equation of a holonomic system whose Lagrangian is

$$L = \frac{1}{2}\dot{q}^2 - \frac{1}{2}(\alpha\beta - kl)q^2$$

and the generalized force is

$$Q = -(\alpha+\beta)\dot{q}$$

The Noether identity (9) gives

$$\left\{\frac{1}{2}\dot{q}^2 - \frac{1}{2}(\alpha\beta - kl)q^2\right\}\dot{\xi}_0 + \dot{q}(\dot{\xi} - \dot{q}\dot{\xi}_0) - (\alpha\beta - kl)q\xi - (\alpha+\beta)\dot{q}(\xi - \dot{q}\xi_0) + \dot{G}_N = 0$$

which has the solution

$$\xi_0 = 0, \quad \xi = \exp At, \quad G_N = q(\alpha+\beta-A)\exp At$$

where the constant A is the solution of the following algebraic equation

$$A^2 - (\alpha+\beta)A + \alpha\beta - kl = 0$$

The Noether conserved quantity (44) gives

$$I_N = \{\dot{q} + (\alpha+\beta-A)\}\exp At = \text{const.}$$

Example 5.4 The differential equation is

$$\ddot{q} + knq^{n-1} = -\mu(a\dot{q} + b\dot{q}^2)$$

where n is a positive integer, a, b and k are constants and $\mu \ll 1$[8].

The equation can be considered as the equation of a holonomic system whose Lagrangian is

$$L = \frac{1}{2}\dot{q}^2 - kq^n$$

and the generalized force is

$$Q = -\mu(a\dot{q} + b\dot{q}^2)$$

There is no exact constant of motion in the example. In the following, we seek the approximate constant of motion of the system by using the Noether theorem Let

$$\begin{aligned}
\xi_0 &= (\xi_0)_0 + \mu(\xi_0)_1 + \cdots \\
\xi &= (\xi)_0 + \mu(\xi)_1 + \cdots \\
G_N &= (G_N)_0 + \mu(G_N)_1 + \cdots
\end{aligned}$$

Substituting them into the Noether identity (9), we obtain

$$\begin{aligned}
&-knq^{n-1}\{(\xi)_0 + \mu(\xi)_1 + \cdots\} + \dot{q}\{(\dot{\xi})_0 + \mu(\dot{\xi}_1) + \cdots\} \\
&+ \left(-\frac{1}{2}\dot{q}^2 - kq^n\right)\{(\dot{\xi}_0)_0 + \mu(\dot{\xi}_0)_1 + \cdots\} \\
&- \mu(a\dot{q} + b\dot{q}^2)\{(\xi)_0 + \mu(\xi)_1 + \cdots - \dot{q}(\xi_0)_0 - \mu\dot{q}(\xi_0)_1 - \cdots\} \\
&+ (\dot{G}_N)_0 + \mu(\dot{G}_N)_1 + \cdots = 0
\end{aligned}$$

Separating the terms containing μ and the terms not containing μ, we obtain

$$\begin{aligned}
&-knq^{n-1}(\xi)_0 + \dot{q}(\dot{\xi}))_0 - \left(\frac{1}{2}\dot{q}^2 + kq^n\right)(\dot{\xi}_0)_0 + (\dot{G}_N)_0 = 0 \\
&-knq^{n-1}(\xi)_1 + \dot{q}(\dot{\xi})_1 - \left(\frac{1}{2}\dot{q}^2 + kq^n\right)(\dot{\xi}_0)_1 \\
&-(a\dot{q} + b\dot{q}^2)[(\xi)_0 - \dot{q}(\dot{\xi}_0)_0] + (\dot{G}_N)_1 = 0.
\end{aligned}$$

which have the solution

$$\begin{aligned}
&(\xi_0)_0 = 1, \quad (\xi)_0 = 0, \quad (G_N)_0 = 0 \\
&(\xi_0)_1 = 2bq + \frac{2ant}{2+n}, \quad (\xi)_1 = -\frac{2aq}{2+n}, \quad (G_N)_1 = 2bk\frac{q^{n+1}}{1+n}
\end{aligned}$$

The Noether conserved quantity (44) gives

$$\begin{aligned}
I_N = &\left(\frac{1}{2}\dot{q}^2 - kq^n\right)\left\{1 + 2\mu\left(bq + \frac{ant}{2+n}\right)\right\} \\
&+ \dot{q}\left\{-\mu\frac{2aq}{2+n} - \dot{q}\left[1 + 2\mu\left(bq + \frac{ant}{2+n}\right)\right]\right\} + 2\mu bk\frac{q^{n+1}}{1+n}
\end{aligned}$$

where the μ^2 terms and the higher terms are neglected, therefore, I_N is not a constant of motion. But we have

$$\frac{\mathrm{d}I_N}{\mathrm{d}t} = \mu^2(\cdots) + \cdots \approx 0$$

and I_N is a generalized adiabatic invariant[8].

5.3 Nonholonomic system

Proposition 5.3 *For the nonholonomic system* (10), (11), *if the infinitesimal generators* ξ_0, ξ_s *and the gauge function* G_N *satisfy Eqs.* (14) *and* (15), *then the Noether symmetry will lead to the Noether conserved quantity* (43)[32].

Example 5.5 The Lagrangian and the constraint equation of a nonholonomic system are respectively

$$\begin{aligned} L &= \frac{1}{2}m(\dot{q}_1^2 + \dot{q}_2^2 + \dot{q}_3^2) - mgq_3 \\ f &= \dot{q}_3 - (\dot{q}_1^2 + \dot{q}_2^2)^{1/2} = 0 \end{aligned}$$

This is the celebrated Appell-Hamel problem[22,25,26].

The Noether identity (16) and Eq. (15) give respectively

$$\begin{aligned} &L\dot{\xi}_0 + m\dot{q}_1(\dot{\xi}_1 - \dot{q}_1\dot{\xi}_0) + m\dot{q}_2(\dot{\xi}_2 - \dot{q}_2\dot{\xi}_0) + m\dot{q}_3(\dot{\xi}_3 - \dot{q}_3\dot{\xi}_0) - mg\xi_3 + \dot{G}_N = 0 \\ &\xi_3 - \dot{q}_3\xi_0 - (\dot{q}_1^2 + \dot{q}_2^2)^{-1/2}\{\dot{q}_1(\xi_1 - \dot{q}_1\xi_0) + \dot{q}_2(\xi_2 - \dot{q}_2\xi_0)\} = 0 \end{aligned}$$

They have the following solutions:

$$\begin{aligned} &\xi_0 = -1, \quad \xi_1 = \xi_2 = \xi_3 = 0, \quad G_N = 0 \\ &\xi_0 = 0, \quad \xi_1 = -\frac{1}{\dot{q}_2}, \quad \xi_2 = \frac{\dot{q}_1}{\dot{q}_2^2}, \quad \xi_3 = 0, \quad G_N = -m\frac{\dot{q}_1}{\dot{q}_2} \\ &\xi_0 = 0, \quad \xi_1 = 0, \quad \xi_2 = \dot{q}_3, \quad \xi_3 = \dot{q}_2, \quad G_N = mgq_2 - m\dot{q}_2\dot{q}_3 \\ &\xi_0 = 0, \quad \xi_1 = \dot{q}_3, \quad \xi_2 = 0, \quad \xi_3 = \dot{q}_1, \quad G_N = mgq_1 - m\dot{q}_1\dot{q}_3 \end{aligned}$$

The corresponding Noether conserved quantities are respectively

$$\begin{aligned} I_{N_1} &= \frac{1}{2}m(\dot{q}_1^2 + \dot{q}_2^2 + \dot{q}_3^2) + mgq_3 = \text{const.} \\ I_{N_2} &= -m\frac{\dot{q}_1}{\dot{q}_3} = \text{const.} \\ I_{N_3} &= m\dot{q}_2\dot{q}_3 + mgq_2 = \text{const.} \\ I_{N_4} &= m\dot{q}_1\dot{q}_3 + mgq_1 = \text{const.} \end{aligned}$$

Example 5.6 The Lagrangian and the constraint equation of a nonholonomic system are respectively

$$L = \frac{1}{2}(\dot{q}_1^2 + \dot{q}_2^2)$$
$$f = \dot{q}_1 + bt\dot{q}_2 - bq_2 + t = 0$$

where b is a constant[25].

Equation (12) give

$$\ddot{q}_1 = -\frac{1}{1+b^2t^2}, \quad \ddot{q}_2 = -\frac{bt}{1+b^2t^2}$$

The Noether identity (14) becomes

$$\frac{1}{2}(\dot{q}_1^2 + \dot{q}_2^2)\dot{\xi}_0 + \dot{q}_1(\dot{\xi}_1 - \dot{q}_1\dot{\xi}_0) + \dot{q}_2(\dot{\xi}_2 - \dot{q}_2\dot{\xi}_0)$$
$$-\frac{1}{1+b^2t^2}(\xi_1 - \dot{q}_1\xi_0) - \frac{bt}{1+b^2t^2}(\xi_2 - \dot{q}_2\xi_0) + \dot{G}_N = 0$$

Equation (15) gives

$$\xi_1 - \dot{q}_1\xi_0 + bt(\xi_2 - \dot{q}_2\xi_0) = 0$$

The above two equations have the solution

$$\xi_0 = 0, \quad \xi_1 = bt, \quad \xi_2 = -1, \quad G_N = -bq_1$$

Thus, the Noether conserved quantity (43) gives

$$I_N = \dot{q}_1 bt - \dot{q}_2 - bq_1 = \text{const.}$$

5.4 Birkhoffian system

Proposition 5.4[14,34] *For the Birkhoffian system* (17), *if the generators of infinitesimal transformations* ξ_0, ξ_μ *and the gauge function* G_N *satisfy the Noether identity* (20), *then the Noether symmetry will lead to the Noether conserved quantity*

$$I_N = R_\mu\xi_\mu - B\xi_0 + G_N = \text{const.} \tag{45}$$

Example 5.7[34] The Birkhoffian and the Birkhoff's functions of a system are respectively

$$B = \frac{1}{2}\left\{\left(a^3\right)^2 + 2a^2a^3 - \left(a^4\right)^2\right\}$$
$$R_1 = a^2 + a^3, \quad R^2 = 0, \quad R_3 = a^4, \quad R_4 = 0$$

The Noether identity (20) gives

$$(\dot{a}^1 - a^3)\xi_2 + (\dot{a}^1 - a^2 - a^3)\xi_3 + (\dot{a}^3 + a^4)\xi_4 - B\dot{\xi}_0 + (a^2 + a^3)\dot{\xi}_1 + a^4\dot{\xi}_3 + \dot{G}_N = 0$$

It has the following solutions:

$$\xi_0 = 0, \quad \xi_1 = \cos t \quad \xi_2 = \sin t, \quad \xi_3 = -\sin t, \quad \xi_4 = \cos t, \quad G_N = -a^3\cos t$$

$$\xi_0 = 0, \quad \xi_1 = \sin t, \quad \xi_2 = -\cos t, \quad \xi_3 = \cos t, \quad \xi_4 = \sin t, \quad G_N = -a^3\sin t$$

$$\xi_0 = 0, \quad \xi_1 = 1, \quad \xi_2 = \xi_3 = \xi_4 = 0, \quad G_N = 0$$

$$\xi_0 = 0, \quad \xi_1 = -t, \quad \xi_2 = 0, \quad \xi_3 = -1, \quad \xi_4 = 0, \quad G_N = a^1$$

The Noether conserved quantity (45) gives respectively

$$\begin{aligned} I_{N_1} &= a^2\cos t - a^4\sin t = C_1 \\ I_{N_2} &= a^2\sin t + a^4\cos t = C_2 \\ I_{N_3} &= a^2 + a^3 = C_3 \\ I_{N_4} &= a^1 - a^4 - (a^2 + a^3)t = C_4 \end{aligned}$$

from which we obtain the solution as

$$\begin{aligned} a^1 &= -C_1\sin t + C_2\cos t + C_3 t + C_4 \\ a^2 &= C_1\cos t + C_2\sin t \\ a^3 &= -C_1\cos t + C_2\sin t + C_3 \\ a^4 &= -C_1\sin t + C_2\cos t \end{aligned}$$

6. Hojman type conserved quantities deduced by Lie symmetry

Hojman gave a conserved quantity by using the Lie symmetry under the infinitesimal transformations where time is not changed [43]. Clearly, this result is applicable to the constrained mechanical systems.

6.1 Lagrangian system

Choosing the infinitesimal transformations as

$$t^* = t, \quad q_s^*(t^*) = q_s(t) + \varepsilon\xi_s(t, \boldsymbol{q}, \dot{\boldsymbol{q}}) \tag{46}$$

the determining equations (23) of the Lie symmetry become

$$\frac{\bar{\mathrm{d}}}{\mathrm{d}t}\frac{\bar{\mathrm{d}}}{\mathrm{d}t}\xi_s = \frac{\partial\alpha_s}{\partial q_k}\frac{\bar{\mathrm{d}}}{\mathrm{d}t}\xi_k + \frac{\partial\alpha_s}{\partial\dot{q}_k}\frac{\bar{\mathrm{d}}}{\mathrm{d}t}\xi_k \tag{47}$$

where

$$\frac{\bar{\mathrm{d}}}{\mathrm{d}t}=\frac{\partial}{\partial t}+\dot{q}_s\frac{\partial}{\partial q_s}+\alpha_s\frac{\partial}{\partial \dot{q}_s} \tag{48}$$

Proposition 6.1 *For the Lagrangian system* (22), *if the infinitesimal generators* ξ_s *satisfy the determining equations* (47) *and there exists a function* $\mu=\mu(t,\boldsymbol{q},\dot{\boldsymbol{q}})$ *such that*

$$\frac{\partial \alpha_s}{\partial \dot{q}_s}+\frac{\bar{\mathrm{d}}}{\mathrm{d}t}\ln\mu=0 \tag{49}$$

then the Lie symmetry will lead to the Hojman type conserved quantity

$$I_H=\frac{1}{\mu}\frac{\partial}{\partial q_s}(\mu\xi_s)+\frac{1}{\mu}\frac{\partial}{\partial \dot{q}_s}\left(\mu\frac{\bar{\mathrm{d}}}{\mathrm{d}t}\xi_s\right)=\text{const.} \tag{50}$$

The complexity of the above proposition is to find the generators ξ_s by Eq. (47) and the function μ by Eq. (49).

Example 6.1 The Lagrangian of a system is

$$L=\frac{1}{2}\dot{q}^2\exp(-\gamma t)$$

where γ is a constant.

Equation (22) give

$$\ddot{q}=\gamma\dot{q}$$

Equation (47) give

$$\frac{\bar{\mathrm{d}}}{\mathrm{d}t}\frac{\bar{\mathrm{d}}}{\mathrm{d}t}\xi=\gamma\frac{\bar{\mathrm{d}}}{\mathrm{d}t}\xi$$

Equation (49) give

$$\gamma+\frac{\bar{\mathrm{d}}}{\mathrm{d}t}\ln\mu=0$$

from which one can obtain

$$\xi=(\gamma q-\dot{q})^2,\quad \mu=\exp(-\gamma t)$$

Substitution of them is (50) gives the Hojman type conserved quantity

$$I_H=2\gamma(\gamma q-\dot{q})=\text{const.}$$

6.2 General holonomic system

For the system (24), the determining equations of the Lie symmetry under the transformations (46) have the form

$$\frac{\bar{\mathrm{d}}}{\mathrm{d}t}\frac{\bar{\mathrm{d}}}{\mathrm{d}t}\xi_s=\frac{\partial \beta_s}{\partial q_k}\xi_k+\frac{\partial \beta_s}{\partial \dot{q}_k}\frac{\bar{\mathrm{d}}}{\mathrm{d}t}\xi_k \tag{51}$$

Proposition 6.2 *For the general holonomic system* (24), *if the generators* ξ_s *of infinitesimal transformations satisfy the determining equations* (51) *of the Lie symmetry and there exists a function* $\mu = \mu(t, \boldsymbol{q}, \dot{\boldsymbol{q}})$ *such that*

$$\frac{\partial \beta_s}{\partial \dot{q}_s} + \frac{\bar{\mathrm{d}}}{\mathrm{d}t}\ln\mu = 0 \tag{52}$$

then the Lie symmetry will lead to the Hojman type conserved quantity (50).

Example 6.2 The Lagrangian and the generalized forces of a system are respectively

$$L = \frac{1}{2}(\dot{q}_1^2 + \dot{q}_2^2), \quad Q_1 = 0, \quad Q_2 = \dot{q}_1$$

The differential equations of motion of the system have the form

$$\ddot{q}_1 = q_1, \quad \ddot{q}_2 = \dot{q}_1$$

which are called the Whittaker equations.

Equations (51) and (52) give

$$\frac{\bar{\mathrm{d}}}{\mathrm{d}t}\frac{\bar{\mathrm{d}}}{\mathrm{d}t}\xi_1 = \xi_1, \quad \frac{\bar{\mathrm{d}}}{\mathrm{d}t}\frac{\bar{\mathrm{d}}}{\mathrm{d}t}\xi_2 = \frac{\bar{\mathrm{d}}}{\mathrm{d}t}\xi_1, \quad 1 + \frac{\bar{\mathrm{d}}}{\mathrm{d}t}\ln\mu = 0$$

They have the following solutions

$$\begin{aligned}
&\xi_1 = 0, \quad \xi_2 = t, \quad \mu = q_1 - \dot{q}_2 \\
&\xi_1 = \xi_2 = \exp t, \quad \mu = (q_1 + \dot{q}_1)\exp(-t) \\
&\xi_1 = -\xi_2 = \exp(-t), \quad \mu = (q_1 - \dot{q}_1)\exp t
\end{aligned}$$

The corresponding Hojman type conserved quantities are respectivedly

$$\begin{aligned}
I_{H_1} &= -(q_1 - \dot{q}_2)^{-1} = C_1 \\
I_{H_2} &= 2(q_1 + \dot{q}_1)^{-1}\exp t = C_2 \\
I_{H_3} &= 2(q_1 - \dot{q}_1)^{-1}\exp(-t) = C_3
\end{aligned}$$

from which we obtain

$$\begin{aligned}
q_1 &= \frac{1}{C_2}\exp t + \frac{1}{C_3}\exp(-t) \\
q_2 &= \frac{1}{C_2}\exp t - \frac{1}{C_3}\exp(-t) + \frac{1}{C_1}t + C_4
\end{aligned}$$

6.3 Nonholonomic system

Under the infinitesimal transformations (46), the determining equations of the Lie symmetry of Eq. (26) have the form

$$\frac{\bar{\mathrm{d}}}{\mathrm{d}t}\frac{\bar{\mathrm{d}}}{\mathrm{d}t}\xi_s = \frac{\partial \gamma_s}{\partial q_k}\xi_k + \frac{\partial \gamma_s}{\partial \dot{q}_k}\frac{\bar{\mathrm{d}}}{\mathrm{d}t}\xi_k \tag{53}$$

Equation (28) become

$$\frac{\partial f_\beta}{\partial q_s}\xi_s + \frac{\partial f_\beta}{\partial \dot{q}_s}\frac{\bar{\mathrm{d}}}{\mathrm{d}t}\xi_s = 0 \tag{54}$$

Proposition 6.3 *For the nonholonomic system* (10), (11), *if the generators* ξ_s *satisfy Eqs.* (53) *and* (54), *and there exists a function* $\mu = \mu(t, \boldsymbol{q}, \dot{\boldsymbol{q}})$ *such that*

$$\frac{\partial \gamma_s}{\partial \dot{q}_s} + \frac{\bar{\mathrm{d}}}{\mathrm{d}t}\ln\mu = 0 \tag{55}$$

then the Lie symmetry will lead to the Hojman type conserved quantity (50)[64].

Example 6.3 The Lagrangian and the constraint equation of a nonholonomic system are respectively

$$L = \frac{1}{2}(\dot{q}_1^2 + \dot{q}_2^2), \quad f = \dot{q}_2 - t\dot{q}_1 = 0$$

Equation (12) gives

$$\ddot{q}_1 = -\frac{t}{1+t^2}\dot{q}_1, \quad \ddot{q}_2 = \frac{1}{1+t^2}\dot{q}_1$$

Equations (53), (54) and (55) give

$$\frac{\bar{\mathrm{d}}}{\mathrm{d}t}\frac{\bar{\mathrm{d}}}{\mathrm{d}t}\xi_1 = -\frac{t}{1+t^2}\frac{\bar{\mathrm{d}}}{\mathrm{d}t}\xi_1, \quad \frac{\bar{\mathrm{d}}}{\mathrm{d}t}\frac{\bar{\mathrm{d}}}{\mathrm{d}t}\xi_2 = \frac{1}{1+t^2}\frac{\bar{\mathrm{d}}}{\mathrm{d}t}\xi_1$$

$$\frac{\bar{\mathrm{d}}}{\mathrm{d}t}\xi_2 - t\frac{\bar{\mathrm{d}}}{\mathrm{d}t}\xi_1 = 0$$

$$-\frac{t}{1+t^2} + \frac{\bar{\mathrm{d}}}{\mathrm{d}t}\ln\mu = 0$$

They have the following solutions

$$\xi_1 = 1, \quad \xi_2 = (q_2 - \dot{q}_1 - t\dot{q}_2)^2, \quad \mu = (1+t^2)^{1/2}$$

$$\xi_1 = 0, \quad \xi_2 = \dot{q}_1(1+t^2)^{1/2}(q_2 - \dot{q}_1 - t\dot{q}_2), \quad \mu = (1+t^2)^{1/2}$$

The corresponding Hojman type conserved quantities are respectively

$$I_{H_1} = 2(q_2 - \dot{q}_1 - t\dot{q}_2) = \text{const.}$$

$$I_{H_2} = \dot{q}_1(1+t^2)^{1/2} = \text{const.}$$

6.4 Birkhoffian system

Choose the infinitesimal transformations as

$$t^* = t, \quad a^{\mu *}(t^*) = a^{\mu}(t) + \varepsilon \xi_{\mu}(t, \boldsymbol{a}) \tag{56}$$

Under the transformations (56), the determining equations (31) of the Lie symmetry become

$$\frac{\bar{\mathrm{d}}}{\mathrm{d}t}\xi_{\mu} = \frac{\partial}{\partial a^{\rho}}\left\{\Omega^{\mu\nu}\left(\frac{\partial B}{\partial a^{\nu}} + \frac{\partial R_{\nu}}{\partial t}\right)\right\}\xi_{\rho} \quad (\mu, \nu, \rho = 1, \cdots, 2n) \tag{57}$$

where

$$\frac{\bar{\mathrm{d}}}{\mathrm{d}t} = \frac{\partial}{\partial t} + \Omega^{\mu\nu}\left(\frac{\partial B}{\partial a^{\nu}} + \frac{\partial R_{\nu}}{\partial t}\right)\frac{\partial}{\partial a^{\mu}} \tag{58}$$

there we have

Proposition 6.4 *For the Birkhoffian system* (30), *if the infinitesimal generators* ξ_{μ} *satisfy Eq.* (57) *and there exists a function* $\mu(t, \boldsymbol{a})$ *such that*

$$\frac{\partial}{\partial a^{\mu}}\left\{\Omega^{\mu\nu}\left(\frac{\partial B}{\partial a^{\nu}} + \frac{\partial R_{\nu}}{\partial t}\right)\right\} + \frac{\bar{\mathrm{d}}}{\partial t}\ln\mu = 0 \tag{59}$$

then the Lie symmetry will lead to the Hojman type conserved quantity

$$I_H = \frac{1}{\mu}\frac{\partial}{\partial a^{\nu}}(\mu \xi_{\nu}) = \text{const.} \tag{60}$$

Example 6.4 The Birkhoffian and the Birkhoff's functions of a Birkhoffian system are respectively[34]

$$B = \frac{1}{2}\left\{\left(a^3\right)^2 + 2a^2a^3 - \left(a^4\right)^2\right\}$$
$$R_1 = a^2 + a^3, \quad R_2 = 0, \quad R_3 = a^4, \quad R_4 = 0$$

Equations (57) and (59) give respectively

$$\frac{\bar{\mathrm{d}}}{\mathrm{d}t}\xi_1 = \xi_3, \quad \frac{\bar{\mathrm{d}}}{\mathrm{d}t}\xi_2 = \xi_4, \quad \frac{\bar{\mathrm{d}}}{\mathrm{d}t}\xi_3 = -\xi_4$$
$$\frac{\bar{\mathrm{d}}}{\mathrm{d}t}\xi_4 = -\xi_2, \quad \frac{\bar{\mathrm{d}}}{\mathrm{d}t}\ln\mu = 0$$

They have the solutions

$$\xi_1 = \{a^1 - a^4 - (a^2 + a^3)t\}^2, \quad \xi_2 = \xi_3 = \xi_4 = 0, \quad \mu = 1$$
$$\xi_1 = t, \quad \xi_2 = 0, \quad \xi_3 = 1, \quad \xi_4 = 0, \quad \mu = a^2 + a^3$$

The conserved quantity (60) gives respectively

$$I_{H_1} = 2\left\{a^1 - a^4 - (a^2 + a^3)^t\right\} = \text{const.}$$

$$I_{H_2} = (a^2 + a^3)^{-1} = \text{const.}$$

The complexity of the study of Hojman type conserved quantity is to find the generators ξ_s or ξ_μ by using the determining equations of the Lie symmetry and the suitable function μ.

7. New conserved quantities deduced by form invariance

For a holonomic system, a new conserved quantity can be deduced by the form invariance of the system[55]. We now present the new conserved quantity deduced by the form invariance for constrained mechanical systems, including the Lagrangian system, the general holonomic system, the nonholonomic system and the Birkhoffian system.

7.1 Lagrangian system

Proposition 7.1 *For the Lagrangian system* (1), *if the generators* ξ_0, ξ_s *of the form invariance and the gauge function* $G_F = G_F(t, \boldsymbol{q}, \dot{\boldsymbol{q}})$ *satisfy the structure equation*

$$\tilde{X}^{(1)}(L)\frac{\bar{\mathrm{d}}}{\mathrm{d}t}\xi_0 + \tilde{X}^{(1)}\left\{\tilde{X}^{(1)}(L)\right\} + \frac{\bar{\mathrm{d}}}{\mathrm{d}t}G_F = 0 \tag{61}$$

where

$$\tilde{X}^{(1)} = \xi_0\frac{\partial}{\partial t} + \xi_s\frac{\partial}{\partial q_s} + \left(\frac{\bar{\mathrm{d}}}{\mathrm{d}t}\xi_s - \dot{q}_s\frac{\bar{\mathrm{d}}}{\mathrm{d}t}\xi_0\right)\frac{\partial}{\partial \dot{q}_s} \tag{62}$$

$$\frac{\bar{\mathrm{d}}}{\mathrm{d}t} = \frac{\partial}{\partial t} + \dot{q}_s\frac{\partial}{\partial q_s} + \alpha\frac{\partial}{\partial \dot{q}_s} \tag{63}$$

then the form invariance will lead to the new conserved quantity

$$I_F = \tilde{X}^{(1)}(L)\xi_0 + \frac{\partial \tilde{X}^{(1)}(L)}{\partial \dot{q}_s}(\xi_s - \dot{q}_s\xi_0) + G_F = \text{const.} \tag{64}$$

Example 7.1 The Lagrangian of a system is

$$L = t^2\left(\frac{1}{2}\dot{q}^2 - \frac{1}{6}q^6\right)$$

We have

$$X^{(1)}(L) = 2t\xi_0\left(\frac{1}{2}\dot{q}^2 - \frac{1}{6}q^6\right) + t^2\left\{\dot{q}(\dot{\xi} - \dot{q}\dot{\xi_0}) - q^5\xi\right\}$$

Choosing the generators as

$$\xi_0 = t, \quad \xi = -\frac{1}{2}q$$

and we have

$$\tilde{X}^{(1)}(L) = X^{(1)}(L) = -L$$
$$E\left\{X^{(1)}(L)\right\} = -E(L) = 0$$

therefore the above generators correspond to a form invariance of the system. Substituting them into the structure equation (61), we obtain

$$G_F = 0$$

Then the conserved quantity (64) gives

$$I_F = \frac{1}{2}t^3\dot{q}^2 + \frac{1}{2}t^2 q\dot{q} + \frac{1}{6}t^3 q^6 = \text{const.}$$

It must be noted that the generators $\xi_0,\ \xi$ are also the generators of a Noether symmetry, and the Noether conserved quantity deduced by them is

$$I_N = -I_F$$

7.2 General holonomic system

Proposition 7.2 *For the general holonomic system* (8), *if the generators* ξ_0, ξ_s *of the form invariance and the gauge function* $G_F = G_F(t, \boldsymbol{q}, \dot{\boldsymbol{q}})$ *satisfy the structure equation*

$$\tilde{X}^{(1)}(L)\frac{\bar{\mathrm{d}}}{\mathrm{d}t}\xi_0 + \tilde{X}^{(1)}\left\{\tilde{X}^{(1)}(L)\right\} + \tilde{X}^{(1)}(Q_s)(\xi_s - \dot{q}_s\xi_0) + \frac{\bar{\mathrm{d}}}{\mathrm{d}t}G_F = 0 \tag{65}$$

where

$$\frac{\bar{\mathrm{d}}}{\mathrm{d}t} = \frac{\partial}{\partial t} + \dot{q}_s\frac{\partial}{\partial q_s} + \beta_s\frac{\partial}{\partial \dot{q}_s} \tag{66}$$

then the form invariance will to the new conserved quantity (64).

Obviously, Proposition 7.1 is a particular case of Proposition 7.2.

Example 7.2 A system with two-degree-of-freedom is

$$L = \frac{1}{2}(\dot{q}_1^2 + \dot{q}_2^2) - q_2$$

$$Q_1 = \frac{1}{1+t^2}(\dot{q}_2 - 2t\dot{q}_1 - t)$$

$$Q_2 = -\frac{1}{1+t^2}(t\dot{q}_2 + 2\dot{q}_1 - t^2)$$

We can obtain the following result

$$\xi_0 = \xi_1 = 0, \quad \xi_2 = t\dot{q}_1 + \dot{q}_2 + q_1 + t, \quad G_F = 0$$

$$I_F = -(t\dot{q}_1 + \dot{q}_2 + q_1 + t) = \text{const.}$$

7.3 Nonholonomic system

Proposition 7.3 *For the nonholonomic system* (10), (11), *if the generators* ξ_0, ξ_s *of the form invariance and the gauge function* $G_F = G_F(t, \boldsymbol{q}, \dot{\boldsymbol{q}})$ *satisfy the structure equation*

$$\tilde{X}^{(1)}(L)\frac{\bar{\mathrm{d}}}{\mathrm{d}t}\xi_0 + \tilde{X}^{(1)}\left\{\tilde{X}^{(1)}(L)\right\} + \tilde{X}^{(1)}(Q_s + \Lambda_s)(\xi_s - \dot{q}_s\xi_0) + \frac{\bar{\mathrm{d}}}{\mathrm{d}t}G_F = 0 \tag{67}$$

where

$$\frac{\bar{\mathrm{d}}}{\mathrm{d}t} = \frac{\partial}{\partial t} + \dot{q}_s\frac{\partial}{\partial q_s} + \gamma_s\frac{\partial}{\partial \dot{q}_s} \tag{68}$$

then the form invariance will lead to the conserved quantity (64).

Example 7.3 Novoselov problem is[25]

$$L = \frac{1}{2}(\dot{q}_1^2 + \dot{q}_2^2), \quad f = \dot{q}_1 + bt\dot{q}_2 - bq_2 + t = 0$$

By Proposition 7.3, we can obtain the result

$$\xi_0 = 0, \quad \xi_1 = \dot{q}_2 - bt\dot{q}_1 + bq_1 + bt, \quad \xi_2 = 1,$$

$$G_F = -b^2 t, \quad I_F = b(\dot{q}_2 - bt\dot{q}_1 + bq_1) = \text{const.}$$

7.4 Birkhoffian system

Proposition 7.4 *For the Birkhoffian system* (17), *if the generators* ξ_0, ξ_μ *of the form invariance and the gauge function* $G_F = G_F(t, \boldsymbol{a})$ *satisfy the structure equation*

$$\begin{aligned} &X^{(0)}\left\{X^{(0)}(R_\mu)\right\}\Omega^{\mu\nu}\left(\frac{\partial B}{\partial a^\nu} + \frac{\partial R_\nu}{\partial t}\right) - X^{(0)}\left\{X^{(0)}(B)\right\} \\ &- X^{(0)}(B)\frac{\bar{\mathrm{d}}}{\mathrm{d}t}\xi_0 + X^{(0)}(R_\mu)\frac{\bar{\mathrm{d}}}{\mathrm{d}t}\xi_\mu + \frac{\bar{\mathrm{d}}}{\mathrm{d}t}G_F = 0 \end{aligned} \tag{69}$$

where

$$\frac{\bar{\mathrm{d}}}{\mathrm{d}t} = \frac{\partial}{\partial t} + \Omega^{\mu\nu}\left(\frac{\partial B}{\partial a^\nu} + \frac{\partial R_\nu}{\partial t}\right)\frac{\partial}{\partial a^\mu} \tag{70}$$

then the form invariance will lead to the conserved quantity

$$I_F = X^{(0)}(R_\mu)\xi_\mu - X^{(0)}(B)\xi_0 + G_F = \text{const.} \tag{71}$$

Example 7.4 A Birkhoffian system of four order is

$$B = (a^2 \sin t + a^4 \cos t)^2$$

$$R_1 = 0, \quad R_2 = a^1 - a^4 - (a^2 + a^3)t + (a^2 \sin t + a^4 \cos t) \cos t$$

$$R_3 = a^1 - a^4 - (a^2 + a^3)t$$

$$R_4 = -(a^2 \sin t + a^4 \cos t) \sin t$$

We can obtain the result

$$\xi_0 = 0, \quad \xi_1 = (a^2 + a^3)t + 1, \quad \xi_3 = a^2 + a^3$$

$$\xi_2 = \xi_4 = 0, \quad G_F = 0, \quad I_F = a^2 + a^3 = \text{const.}$$

The complexity of the study on the new conserved quantity for the constrained mechanical systems is to find the generators ξ_0, ξ_s (or ξ_μ) of the form invariance and the suitable gauge function G_F.

8. Non-Noether conserved quantities deduced by Noether symmetry

In Sect. 5, we have presented the Noether conserved quantity deduced by the Noether symmetry for the constrained mechanical systems. In fact we can also find the non-Noether conserved quantity, say the Hojman type conserved quantity and the new conserved quantity, by using the Noether symmetry for the constrained mechanical system.

8.1 Lagrangian system

Under the infinitesimal transformations (46), the Noether identity (6) of the Lagrangian system (1) becomes

$$\frac{\partial L}{\partial q_s}\xi_s + \frac{\partial L}{\partial \dot{q}_s}\dot{\xi}_s + \dot{G}_N = 0 \tag{72}$$

Proposition 8.1 *For the Lagrangian system* (1), *if the generators ξ_s of the Noether symmetry satisfy Eq. (47) and there exists a function $\mu = \mu(t, \boldsymbol{q}, \dot{\boldsymbol{q}})$ satisfying Eq. (49), then the Noether symmetry will lead to the Hojman type conserved quantity* (50).

Example 8.1 The Lagrangian of a system is

$$L = \frac{1}{2}(\dot{q}_1^2 + \dot{q}_2^2) - q_2$$

Identity (72), Eqs. (47) and (49) give respectively

$$\dot{q}_1\dot{\xi}_1 + \dot{q}_2\dot{\xi}_2 - \xi_2 + \dot{G}_N = 0$$

$$\frac{\bar{\mathrm{d}}}{\mathrm{d}t}\frac{\bar{\mathrm{d}}}{\mathrm{d}t}\xi_1 = 0, \quad \frac{\bar{\mathrm{d}}}{\mathrm{d}t}\frac{\bar{\mathrm{d}}}{\mathrm{d}t}\xi_2 = 0$$

$$\frac{\bar{\mathrm{d}}}{\mathrm{d}t}\ln\mu = 0$$

which have the solutions

$$\xi_1 = 1, \quad \xi_2 = 0, \quad G_N = 0, \quad \mu = q_1 - \dot{q}_1 t$$
$$\xi_1 = 0, \quad \xi_2 = 1, \quad G_N = t, \quad \mu = q_2 - \dot{q}_2 t - \frac{1}{2}t^2$$

The conserved quantity (50) gives respectively

$$I_{H_1} = (q_1 - \dot{q}_1 t)^{-1} = \text{const.}$$
$$I_{H_2} = \left(q_2 - \dot{q}_2 t - \frac{1}{2}t^2\right)^{-1} = \text{const.}$$

and the Noether conserved quantity are respectively

$$I_{N_1} = \dot{q}_1 = \text{const.}$$
$$I_{N_2} = \dot{q}_2 + t = \text{const.}$$

Proposition 8.2 *For the Lagrangian system* (1), *if the generators* ξ_0, ξ_s *of the Noether symmetry satisfy Eq.* (34) *and there exists a gauge function* $G_F = G_F(t, \boldsymbol{q}, \dot{\boldsymbol{q}})$ *satisfying Eq.* (61), *then the Noether symmetry will lead to the new conserved quantity* (64).

8.2 General holonomic system

Under the infinitesimal transformations (46), the Noether identity (9) of the general holonomic sytem becomes

$$\frac{\partial L}{\partial q_s}\xi_s + \frac{\partial L}{\partial \dot{q}_s}\dot{\xi}_s + Q_s\xi_s + \dot{G}_N = 0 \tag{73}$$

Proposition 8.3 *For the general holonomic system* (8), *if the generators* ξ_s *of the Noether symmetry satisfy Eq.* (51) *and there exists a function* $\mu = \mu(t, \boldsymbol{q}, \dot{\boldsymbol{q}})$ *satisfying Eq.* (52), *then the Noether symmetry will lead to the Hojman type conserved quantity* (50).

Proposition 8.4 *For the general holonomic system* (8), *if the generators* ξ_0, ξ_s *of the Noether symmetry satisfy Eq.* (36) *and there exists a gauge function* $G_F = G_F(t, \boldsymbol{q}, \dot{\boldsymbol{q}})$ *satisfying Eq.* (65), *then the Noether symmetry will lead to the new conserved quantity* (64).

Example 8.2 The Lagrangian and the generalized forces of a holonomic system are respectively

$$L = \frac{1}{2}(\dot{q}_1^2 + \dot{q}_2^2 + \dot{q}_3^2) - q_3$$
$$Q_1 = -\dot{q}_2^2, \quad Q_2 = \dot{q}_1^2, \quad Q_3 = 0$$

The Noether identity (9) gives

$$L\dot{\xi}_0 + \dot{q}_1(\dot{\xi}_1 - \dot{q}_1\dot{\xi}_0) + \dot{q}_2(\dot{\xi}_2 - \dot{q}_2\dot{\xi}_0) + \dot{q}_3(\dot{\xi}_3 - \dot{q}_3\dot{\xi}_0) - \xi_3$$
$$- \dot{q}_2^2(\xi_1 - \dot{q}_1\xi_0) + \dot{q}_1^2(\xi_2 - \dot{q}_2\xi_0) + \dot{G}_N = 0$$

It has the solution

$$\xi_0 = \xi_1 = \xi_2 = 0, \quad \xi_3 = -\dot{q}_3 - t, \quad G_N = \frac{1}{2}\dot{q}_3^2 - \frac{1}{2}t^2$$

We have

$$\tilde{X}^{(1)}(L) = \dot{q}_3 + t$$
$$E_s\left\{\tilde{X}^{(1)}(L)\right\} = \tilde{X}^{(1)}(Q_s) = 0 \quad (s = 1, 2, 3)$$
$$G_F = 0$$

and the conserved quantity (64) gives

$$I_F = -\dot{q}_3 - t = \text{const.}$$

It must be noted that the Noether conserved quantity deduced by the Noether symmetry is

$$I_N = -\frac{1}{2}\dot{q}_3^2 - \dot{q}_3 t - \frac{1}{2}t^2 = \text{const.}$$

Therefore, the conserved quantity I_F is a non-Noether one.

8.3 Nonholonomic system

Under the infinitesimal transformations (46), the Noether identity (14) of the nonholonomic system becomes

$$\frac{\partial L}{\partial q_s}\xi_s + \frac{\partial L}{\partial \dot{q}_s}\dot{\xi}_s + (Q_s + \Lambda_s)\xi_s + \dot{G}_N = 0 \tag{74}$$

and Eq. (15) becomes

$$\frac{\partial f_\beta}{\partial \dot{q}_s}\xi_s = 0 \tag{75}$$

Proposition 8.5 *For the nonholonomic system* (10), (11), *if the generators* ξ_s *of the Noether symmetry satisfy Eqs.* (53), (54) *and there exists a function* $\mu = \mu(t, \boldsymbol{q}, \dot{\boldsymbol{q}})$ *satisfying Eq.*(55), *then the Noether symmetry will lead to the Hojman type conserved quantity* (50).

Proposition 8.6 *For the nonholonomic system* (10), (11), *if the generators* ξ_0, ξ_s *of the Noether symmetry satisfy Eqs.* (38), (40) *and there exists a gauge function* $G_F = G_F(t, \boldsymbol{q}, \dot{\boldsymbol{q}})$ *satisfying Eq.* (67), *then the Noether symmetry will lead to the new conserved quantity* (64).

Example 8.3 Rolling sphere problem.

The Lagrangian and the constraint equations of the problem are respectively

$$L = \frac{1}{2}m(\dot{x}^2 + \dot{y}^2) + \frac{1}{2}\frac{2}{5}ma^2(\dot{\psi}^2 + \dot{\theta}^2 + \dot{\varphi}^2 + 2\dot{\psi}\dot{\varphi}\cos\theta)$$

$$f_1 = \dot{x} + a(\dot{\varphi}\sin\theta\cos\psi - \dot{\theta}\sin\psi) = 0$$

$$f_2 = \dot{y} + a(\dot{\varphi}\sin\theta\sin\psi + \dot{\theta}\cos\psi) = 0$$

where a is the radius of the sphere, m the mass, x and y the coordinates of the center the sphere, ψ, θ and φ the Euler angles.

Let

$$q_1 = \psi, \quad q_2 = \theta, \quad q_3 = \varphi, \quad q_4 = x, \quad q_5 = y$$

Then Eq. (11) gives

$$\frac{2}{5}ma^2(\dot{q}_1 + \dot{q}_3\cos q_2) = 0$$

$$\frac{2}{5}ma^2\ddot{q}_2 + \frac{2}{5}ma^2\dot{q}_1\dot{q}_3\sin q_2 = -\lambda_1 a\sin q_1 + \lambda_2 a\cos q_1$$

$$\frac{2}{5}ma^2(\dot{q}_3 + \dot{q}_1\cos q_2) = \lambda_1 a\sin q_2\cos q_1 + \lambda_2 a\sin q_1\sin q_2$$

$$m\ddot{q}_4 = \lambda_1$$

$$m\ddot{q}_5 = \lambda_2$$

By using the constraint equations, we obtain[32]

$$\lambda_1 = \lambda_2 = 0$$

and then

$$Q_s + \Lambda_s = 0 \quad (s = 1, 2, 3, 4, 5)$$

All of the accelerations $\ddot{q}_s$ can be solved as

$$\ddot{q}_1 = \frac{1}{\sin q_2}\dot{q}_2\dot{q}_3 - \frac{\cos q_2}{\sin q_2}\dot{q}_1\dot{q}_2$$

$$\ddot{q}_2 = -\dot{q}_1\dot{q}_3 \sin q_2$$
$$\ddot{q}_3 = \frac{1}{\sin q_2}\dot{q}_1\dot{q}_2 - \frac{\cos q_2}{\sin q_2}\dot{q}_2\dot{q}_3$$
$$\ddot{q}_4 = 0$$
$$\ddot{q}_5 = 0$$

Equation (53) gives

$$\begin{aligned}
\frac{\bar{d}}{dt}\frac{\bar{d}}{dt}\xi_1 =& \frac{1}{\sin q_2}\left(\dot{q}^3\frac{\bar{d}}{dt}\xi_2 + \dot{q}_2\frac{\bar{d}}{dt}\xi_3\right) - \frac{\cos q_2}{\sin^2 q_2}\dot{q}_2\dot{q}_3\xi_2 \\
&- \frac{\cos q_2}{\sin q_2}\left(\dot{q}_1\frac{\bar{d}}{dt}\xi_2 + \dot{q}_2\frac{\bar{d}}{dt}\xi_1\right) + \frac{1}{\sin^2 q_2}\dot{q}_1\dot{q}_2\xi_2 \\
\frac{\bar{d}}{dt}\frac{\bar{d}}{dt}\xi_2 =& -\dot{q}_1\frac{\bar{d}}{dt}\xi_3 \sin q_2 - \dot{q}_3\frac{\bar{d}}{dt}\xi_1 \sin q_2 - \dot{q}_1\dot{q}_3\xi_2 \cos q_2 \\
\frac{\bar{d}}{dt}\frac{\bar{d}}{dt}\xi_3 =& \frac{1}{\sin q_2}\left(\dot{q}_1\frac{\bar{d}}{dt}\xi_2 + \dot{q}_2\frac{\bar{d}}{dt}\xi_1\right) - \frac{\cos q_2}{\sin^2 q_2}\dot{q}_1\dot{q}_2\xi_2 \\
&- \frac{\cos q_2}{\sin q_2}\left(\dot{q}_2\frac{\bar{d}}{dt}\xi_3 + \dot{q}_3\frac{\bar{d}}{dt}\xi_2\right) + \frac{1}{\sin^2 q_2}\dot{q}_1\dot{q}_2\xi_2 \\
\frac{\bar{d}}{dt}\frac{\bar{d}}{dt}\xi_4 =& 0 \\
\frac{\bar{d}}{dt}\frac{\bar{d}}{dt}\xi_5 =& 0
\end{aligned}$$

Equation (54) shows

$$\begin{aligned}
&\frac{\bar{d}}{dt}\xi_4 + a\left[\frac{\bar{d}}{dt}\xi_3 \sin q_2 \cos q_1 - \frac{\bar{d}}{dt}\xi_2 \sin q_1\right] \\
&+ a[\dot{q}_3\xi_2 \cos q_2 \cos q_1 - \dot{q}_3\xi_1 \sin q_2 \sin q_1 - \dot{q}_2\xi_1 \cos q_1] = 0 \\
&\frac{\bar{d}}{dt}\xi_5 + a\left[\frac{\bar{d}}{dt}\xi_3 \sin q_2 \sin q_1 - \frac{\bar{d}}{dt}\xi_2 \cos q_1\right] \\
&+ a[\dot{q}_3\xi_2 \cos q_2 \sin q_1 + \dot{q}_3\xi_1 \sin q_2 \cos q_1 - \dot{q}_2\xi_1 \sin q_1] = 0
\end{aligned}$$

Identity (74) becomes

$$\begin{aligned}
&-\frac{2}{5}ma^2\dot{q}_1\dot{q}_3\xi_2 \sin q_2 + \frac{2}{5}ma^2\dot{q}_1\dot{\xi}_1 + \frac{2}{5}ma^2\dot{q}_2\dot{\xi}_2 + \frac{2}{5}ma^2\dot{q}_3\dot{\xi}_3 \\
&+\frac{2}{5}ma^2(\dot{q}_1\dot{\xi}_3 + \dot{q}_3\dot{\xi}_1)\cos q_2 + m\dot{q}_4\dot{\xi}_4 + m\dot{q}_5\dot{\xi}_5 + \dot{G}_N = 0
\end{aligned}$$

Eq. (55) gives

$$\frac{\bar{d}}{dt}\ln\mu = 0$$

The above 9 equations have the solutions

$$\xi_4 = 1, \quad \xi_1 = \xi_2 = \xi_3 = \xi_5 = 0, \quad \mu = q_4 - \dot{q}_4 t$$
$$\xi_5 = 1, \quad \xi_1 = \xi_2 = \xi_3 = \xi_4 = 0, \quad \mu = q_5 - \dot{q}_5 t$$

The Hojman type conserved quantities are respectively

$$I_{H_1} = (q_4 - \dot{q}_4 t)^{-1} = \text{const.}$$
$$I_{H_2} = (q_5 - \dot{q}_5 t)^{-1} = \text{const.}$$

8.4 Birkhoffian system

Under the infinitesimal transformations (56), the Noether identity (20) becomes

$$\left(\frac{\partial R_\nu}{\partial a^\mu}\dot{a}^\nu - \frac{\partial B}{\partial a^\mu}\right)\xi_\mu + R_\mu \dot{\xi}_\mu + \dot{G}_N = 0 \tag{76}$$

Proposition 8.7 *For the Birkhoffian system* (17)*, if the generators ξ_μ of the Noether symmetry satisfy Eq.* (57) *and the Noether symmetry will lead to the Hojman type conserved quantity* (60).

Proposition 8.8 *For the Birkhoffian system* (17)*, if the generators ξ_0, ξ_μ of the Noether symmetry satisfy Eq.* (42) *and the generators and the gauge function $G_F = G_f(t, \boldsymbol{a})$ satisfy Eq.* (69)*, then the Noether symmetry will lead to the new conserved quantity* (71).

Example 8.4 A four orde Birkhoffian system is

$$B = a^2 + \frac{1}{2}\left\{(a^3)^2 + (a^4)^2\right\}$$
$$R_1 = a^3, \quad R_2 = a^4, \quad R_3 = R_4 = 0$$

The Noether identity (20) gives

$$(\dot{a}^1 - a^3)\xi_3 + (\dot{a}^2 - a^4)\xi_4 - \xi_2 - \left\{a^2 + \frac{1}{2}\left[(a^3)^2 + (a^4)^2\right]\right\}\dot{\xi}_0 + a^3\dot{\xi}_1 + a^4\dot{\xi}_2 + \dot{G}_N = 0$$

Equation (42) gives

$$\left(\frac{\partial \xi_4}{\partial a^1} - \frac{\partial \xi_3}{\partial a^2}\right)\dot{a}^2 - \frac{\partial \xi_3}{\partial a^3}\dot{a}^3 - \frac{\partial \xi_3}{\partial a^4}\dot{a}^4 - \left(\frac{\partial \xi_2}{\partial a^1} + a^3\frac{\partial \xi_3}{\partial a^1} + a^4\frac{\partial \xi_4}{\partial a^1}\right) = 0$$
$$\left(\frac{\partial \xi_3}{\partial a^2} - \frac{\partial \xi_4}{\partial a^1}\right)\dot{a}^1 - \frac{\partial \xi_4}{\partial a^3}\dot{a}^3 - \frac{\partial \xi_4}{\partial a^4}\dot{a}^4 - \left(\frac{\partial \xi_2}{\partial a^2} + a^3\frac{\partial \xi_3}{\partial a^2} + a^4\frac{\partial \xi_4}{\partial a^2}\right) = 0$$
$$\frac{\partial \xi_3}{\partial a^3}\dot{a}^1 + \frac{\partial \xi_4}{\partial a^3}\dot{a}^2 - \left(\frac{\partial \xi_2}{\partial a^3} + \xi_3 + a^3\frac{\partial \xi_3}{\partial a^3} + a^4\frac{\partial \xi_4}{\partial a^3}\right) = 0$$

$$\frac{\partial \xi_3}{\partial a^4}\dot{a}^1+\frac{\partial \xi_4}{\partial a^4}\dot{a}^2-\left(\frac{\partial \xi_2}{\partial a^4}+\xi_4+a^3\frac{\partial \xi_3}{\partial a^4}+\frac{\partial \xi_4}{\partial a^4}\right)=0$$

Eq. (69) becomes

$$\left((\frac{\partial \xi_3}{\partial a^\mu}\xi_\mu+(\frac{\partial \xi_3}{\partial t}\xi_0\right)a^3+\left(\frac{\partial \xi_4}{\partial a^\mu}\xi_\mu+\frac{\partial \xi_4}{\partial t}\xi_0\right)a^4-X^{(0)}(\xi_2+a^3\xi_3+a^4\xi_4)$$

$$-(\xi_2+a^3\xi_3+a^4\xi_4)\frac{\bar{\mathrm{d}}}{\mathrm{d}t}\xi_0+\xi_3\frac{\bar{\mathrm{d}}}{\mathrm{d}t}\xi_1+\xi_4\frac{\bar{\mathrm{d}}}{\mathrm{d}t}\xi_2+\frac{\bar{\mathrm{d}}}{\mathrm{d}t}G_F=0$$

There 6 equations have the following solution

$$\xi_0=\xi_1=\xi_3=0,\quad \xi_2=a^4,\quad \xi_4=-1,\quad G_F=-t$$

The conserved quantity (71) gives

$$I_F=-a^4-t=\text{const.}$$

This is a new conserved quantity deduced by the Noether symmetry. It must be noted that the Noether conserved quantity deduced by the Noether symmetry is

$$I_F=\frac{1}{2}(a^4)^2+a^2=\text{const.}$$

therefore, the conserved quantity I_F is a non-Noether one.

9. Conserved quantities deduced by Lie symmetry

In Sect. 6, we have presented the Hojman type conserved quantities deduced by the Lie symmetry for the constrained mechanical systems. In fact, the Noether conserved quantity and the new conserved quantity can also be deduced by using the Lie symmetry for the systems.

9.1 Lagrangian system

Proposition 9.1 *For the Lagrangian system* (1), *if the generators* $\xi_0,\ \xi_s$ *of the Lie symmetry and the gauge function* $G_N=G_N(t,\boldsymbol{q},\dot{\boldsymbol{q}})$ *satisfy the Noether identity* (6), *then the Lie symmetry will lead to the Noether conserved quantity* (43).

Proposition 9.2 *For the Lagrangian system* (1), *if the generators* $\xi_0,\ \xi_s$ *of the Lie symmetry satisfy Eq.* (34) *and the generators and the gauge function* $G_F=G_F(t,\boldsymbol{q},\dot{\boldsymbol{q}})$ *satisfy Eq.* (61), *then the Lie symmetry will lead to the Noether conserved quantity* (64).

Example 9.1 The Lagrangian of a system is

$$L=\frac{1}{2}(\dot{q}_1^2+\dot{q}_2^2)-(q_1^2+q_2^2+q_1^4+q_2^4+6q_1^2q_2^2)$$

Equation (23) gives

$$\ddot{\xi}_1 - \dot{q}_1\ddot{\xi}_0 + 2\dot{\xi}_0(2q_1 + 4q_1^3 + 12q_1q_2^2) = -2\xi_1 - 12q_1^2\xi_1 - 12\xi_1q_2^2 - 24q_1q_2\xi_2$$
$$\ddot{\xi}_2 - \dot{q}_2\ddot{\xi}_0 + 2\dot{\xi}_0(2q_2 + 4q_2^3 + 12q_2q_1^2) = -2\xi_2 - 12q_2^2\xi_2 - 12\xi_2q_1^2 - 24q_1q_2\xi_1$$

The Noether identity (6) gives

$$L\dot{\xi}_0 + \dot{q}_1(\dot{\xi}_1 - \dot{q}_1\dot{\xi}_0) + \dot{q}_2(\dot{\xi}_2 - \dot{q}_2\dot{\xi}_0) - 2q_1\xi_1 - 2q_2\xi_2$$
$$- 4q_1^3\xi_1 - 4q_2^3\xi_2 - 12q_1q_2^2\xi_1 - 12q_1^2q_2\xi_2 + \dot{G}_N = 0$$

There three equations have the solution

$$\xi_0 = 0, \quad \xi_1 = \dot{q}_2, \quad \xi_2 = \dot{q}_1$$
$$G_N = -\dot{q}_1\dot{q}_2 + 2q_1q_2 + 4q_1q_2(q_1^2 + q_2^2)$$

The Noether conserved quantity (43) gives

$$I_N = \dot{q}_1\dot{q}_2 + 2q_1q_2 + 4q_1q_2(q_1^2 + q_2^2) = \text{const.}$$

9.2　General holonomic system

For the general holonomic system, the Lie symmetry can lead to the Noether conserved quantity and the new conserved quantity. We have

Proposition 9.3 *For the general holonomic system* (8), *if the generators* ξ_0, ξ_s *of the Lie symmetry and the gauge function* $G_N = G_N(t, \boldsymbol{q}, \dot{\boldsymbol{q}})$ *satisfy the Noether identity* (9), *then the Lie symmetry will lead to the Noether conserved quantity* (43).

Proposition 9.4 *For the general holonomic system* (8), *if the generators* ξ_0, ξ_s *of the Lie symmetry satisfy Eq.* (36) *and the generators and the gauge function* $G_F = G_F(t, \boldsymbol{q}, \dot{\boldsymbol{q}})$ *satisfy Eq.* (65), *then the Lie symmetry will lead to the new conserved quantity* (64).

Example 9.2 The Lagrangian and the generalized forces of a system with three-degree-of-freedom are respectively

$$L = \frac{1}{2}(\dot{q}_1^2 + \dot{q}_2^2 + \dot{q}_3^2) - q_3 = 0$$
$$Q_1 = -\dot{q}_2^3, \quad Q_2 = \dot{q}_1^3, \quad Q_3 = 0$$

Equation (25) gives

$$\ddot{\xi}_1 - \dot{q}_1\ddot{\xi}_0 - 2\dot{\xi}_0(-\dot{q}_2^3) = -3\dot{q}_2^2(\dot{\xi}_2 - \dot{q}_2\dot{\xi}_0)$$

$$\ddot{\xi}_2 - \dot{q}_2\ddot{\xi}_0 - 2\dot{\xi}_0(-\dot{q}_1^3) = 3\dot{q}_1^2(\dot{\xi}_2 - \dot{q}_1\dot{\xi}_0)$$
$$\ddot{\xi}_3 - \dot{q}_3\ddot{\xi}_0 - 2\dot{\xi}_0(-1) = 0$$

They have the solution

$$\xi_0 = \xi_1 = \xi_2 = 0, \quad \xi_3 = \dot{q}_3 + t$$

and then we have

$$\tilde{X}^{(1)}(L) = -\dot{q}_3 - t, \quad E_s\left\{\tilde{X}^{(1)}(L)\right\} = 0$$
$$\tilde{X}^{(1)}(Q_s) = 0 \quad (s = 1, 2, 3)$$

Equation (65) gives

$$G_F = 0$$

Thus, the conserved quantity (64) gives

$$I_F = -\dot{q}_3 - t = \text{const.}$$

The conserved quantity is a non-Noether one, because the Noether conserved quantity deduced by the above generators is

$$I_N = \frac{1}{2}\dot{q}_3^2 + t\dot{q}_3 + \frac{1}{2}t^2 = \text{const.}$$

9.3 Nonholonomic system

For the nonholonomic system, the Lie symmetry can lead to the Noether conserved quantity and the new conserved quantity We have

Proposition 9.5 *For the nonholonomic system* (10), (11), *if the generators* ξ_0, ξ_s *of the Lie symmetry and the gauge function* $G_N = G_N(t, \boldsymbol{q}, \dot{\boldsymbol{q}})$ *satisfy the Noether identity* (14) *and Eq.* (15), *then the Lie symmetry will lead to the Noether conserved quantity* (43).

Proposition 9.6 *For the general nonholonomic system* (10), (11), *if the generators* ξ_0, ξ_s *of the Lie symmetry satisfy Eq.* (38) *and* (40), *and the generators and the gauge function* $G_F = G_F(t, \boldsymbol{q}, \dot{\boldsymbol{q}})$ *satisfy Eq.* (67), *then the Lie symmetry will lead to the new conserved quantity* (64).

Example 9.3 Chaplygin sled problem.

The Lagrangian and the nonholonomic constraint equation are respectively[32]

$$L = \frac{1}{2}m(\dot{q}_1^2 + \dot{q}_2^2) + \frac{1}{2}J\dot{q}_3^2 - \frac{1}{2}kq_3^2$$

$$f = \dot{q}_2 - \dot{q}_1 \tan q_3 = 0$$

Equation (27) gives

$$\begin{aligned}
&\ddot{\xi}_1 - \dot{q}_1\ddot{\xi}_0 - 2\dot{\xi}_0(-\dot{q}_1\dot{q}_3\tan q_3) \\
&= -\frac{\dot{q}_1\dot{q}_3}{\cos^2 q_3}\xi_3 + (\dot{\xi}_1 - \dot{q}_1\dot{\xi}_0)(-\dot{q}_3\tan q_3) + (\dot{\xi}_3 - \dot{q}_3\dot{\xi}_0)(-\dot{q}_1\tan q_3) \\
&\ddot{\xi}_2 - \dot{q}_2\ddot{\xi}_0 - 2\dot{\xi}_0(\dot{q}_1\dot{q}_3) = \dot{q}_3(\dot{\xi}_1 - \dot{q}_1\dot{\xi}_0) + \dot{q}_1(\dot{\xi}_3 - \dot{q}_3\dot{\xi}_3) \\
&\ddot{\xi}_3 - \dot{q}_3\ddot{\xi}_0 - 2\dot{\xi}_0\left(-\frac{k}{J}q_3\right) = -\frac{k}{J}\xi_3
\end{aligned}$$

Equation (28) shows

$$\dot{\xi}_2 - \dot{q}_2\dot{\xi}_0 - (\dot{\xi}_1 - \dot{q}_1\dot{\xi}_0)\tan q_3 - \frac{\dot{q}_1}{\cos^2 q_3}\xi_3 = 0$$

Identity (14) becomes

$$\begin{aligned}
&L\dot{\xi}_0 + m\dot{q}_1(\dot{\xi}_1 - \dot{q}_1\dot{\xi}_0) + m\dot{q}_2(\dot{\xi}_2 - \dot{q}_2\dot{\xi}_0) + J\dot{q}_3(\dot{\xi}_3 - \dot{q}_3\dot{\xi}_0) \\
&- kq_3\xi_3 - m\dot{q}_1\dot{q}_3(\xi_1 - \dot{q}_1\xi_0)\tan q_3 + m\dot{q}_1\dot{q}_3(\xi_2 - \dot{q}_2\xi_0) + \dot{G}_N = 0
\end{aligned}$$

Equation (15) provides

$$\xi_2 - \dot{q}_2\xi_0 - (\xi_1 - \dot{q}_1\xi_0)\tan q_3 = 0$$

These six equations have the solution

$$\xi_0 = -1, \quad \xi_1 = \xi_2 = \xi_3 = 0, \quad G_N = 0$$

and the conserved quantity (43) gives

$$I_N = \frac{1}{2}m(\dot{q}_1^2 + \dot{q}_2^2) + \frac{1}{2}J\dot{q}_3^2 + \frac{1}{2}kq_3^2 = \text{const.}$$

which is the integral of energy of the system.

9.4 Birkhoffian system

For the Birkhoffian system, the Lie symmetry can lead to the Noether conserved quantity and the new conserved quantity. We have

Proposition 9.7 *For the Birkhoffian system* (17), *if the generators* ξ_0, ξ_μ *of the Lie symmetry and the gauge function* $G_N = G_N(t, \boldsymbol{a})$ *satisfy the Noether identity* (20), *then the Lie symmetry will lead to the Noether conserved quantity* (45).

Proposition 9.8 *For the Birkhoffian system* (17), *if the generators* ξ_0, ξ_μ *of the Lie symmetry satisfy Eq.* (42), *and the generators and the gauge function* $G_F = G_F(t, \boldsymbol{a})$ *satisfy Eq.* (69), *then the Lie symmetry will lead to the new conserved quantity* (71).

Example 9.4 The Birkhoffian and the Birkhoffian's functions of a Birkhoffian system of four order are respectively

$$
\begin{aligned}
&B=(a^2\sin t+a^4\cos t)^2\\
&R_1=0,\quad R_2=a^1-a^4-(a^2+a^3)t+(a^2\sin t+a^4\cos t)\cos t\\
&R_3=a^1-a^4-(a^2+a^3)t\\
&R_4=-(a^2\sin t+a^4\cos t)\sin t
\end{aligned}
$$

Equation (31) gives

$$
\begin{aligned}
&\dot{\xi}_1-a^3\dot{\xi}_0=\xi_3,\quad \dot{\xi}_2-a^4\dot{\xi}_0=\xi_4\\
&\dot{\xi}_3+a^4\dot{\xi}_0=-\xi_4,\quad \dot{\xi}_4+a^2\dot{\xi}_0=-\xi_2
\end{aligned}
$$

which have the solution

$$
\xi_0=\xi_2=\xi_4=0,\quad \xi_1=(a^2+a^3)t+1,\quad \xi_3=a^2+a^3
$$

and then we have

$$
\begin{aligned}
&X^{(0)}(B)=X^{(0)}(R_1)=X^{(0)}(R_4)=0\\
&X^{(0)}(R_2)=X^{(0)}(R_3)=1\\
&G_F=0
\end{aligned}
$$

The conserved quantity (71) gives

$$
I_F=a^2+a^3=\text{const.}
$$

10. Conserved quantities deduced by form invariance

In Sect. 7, we have presented the new conserved quantity deduced by the form invariance for the constrained mechanical systems. In fact, the Noether conserved quantity and the Hojman type conserved quantity can also be deduced by using the form invariance for the systems.

10.1 Lagrangian system

Proposition 10.1 *For the Lagrangian system* (1), *if the generators* $\xi_0,\ \xi_\mu$ *of the form invariance and the gauge function* $G_N=G_N(t,\boldsymbol{q},\dot{\boldsymbol{q}})$ *satisfy the Noether identity* (6), *then the form invariance will lead to the Noether conserved quantity* (43).

Proposition 10.2 *For the Lagrangian system* (1), *if the generators* ξ_s *of the form invariance satisfy Eq.* (47), *and there exists a function* $\mu = \mu(t, \boldsymbol{q}, \dot{\boldsymbol{q}})$ *satisfying Eq.* (49), *then the form invariance will lead to the Hojman type conserved quantity* (50).

Example 10.1 The Lagrangian of a system is

$$L = \frac{1}{2}(\dot{q}_1^2 + \dot{q}_2^2) + \frac{1}{b}\dot{q}_1 \arctan bt + \frac{1}{2b}\dot{q}_2 \ln(1 + b^2t^2)$$

where b is a constant.

Taking the generators as

$$\xi_0 = \xi_2 = 0$$

$$\xi_1 = \frac{1}{2}\left\{q_1 + \int \frac{1}{b} \arctan bt\mathrm{d}t - t\left[\dot{q}_1 + \frac{1}{b} \arctan bt\right]\right\}^2$$

and then

$$X^{(1)}(L) = 0$$

therefore the generators are form invariance ones, In this case, Eq. (47) are verified. Equation (49) gives

$$\frac{\bar{\mathrm{d}}}{\mathrm{d}t} \ln \mu = 0$$

and we have

$$\mu = 1$$

The Hojman type conserved quantity (50) gives

$$I_H = q_1 + \int \frac{1}{b} \arctan bt\mathrm{d}t - t\left[\dot{q}_1 + \frac{1}{b} \arctan bt\right] = \text{const.}$$

10.2 General holonomic system

Proposition 10.3 *For the general holonomic system* (8), *if the generators* ξ_0, ξ_s *of the form invariance and the gauge function* $G_N = G_N(t, \boldsymbol{q}, \dot{\boldsymbol{q}})$ *satisfy the Noether identity* (9), *then the form invariance will lead to the Noether conserved quantity* (43).

Proposition 10.4 *For the general holonomic system* (8), *if the generators* ξ_s *of the form invariance satisfy Eq.* (51) *and there exists a function* $\mu = \mu(t, \boldsymbol{q}, \dot{\boldsymbol{q}})$ *satisfy Eq.* (52), *then the form invariance will lead to the Hojman type conserved quantity* (50).

Example 10.2 The Lagrangian and the generalized forces of a system with two-degree-of-freedom are respectively

$$L = \frac{1}{2}(\dot{q}_1^2 + \dot{q}_2^2) - f(t, q_2)$$

$$Q_1 = -\dot{q}_2, \quad Q_2 = Q_2(t, q_2, \dot{q}_2)$$

Taking the generators as

$$\xi_0 = \xi_2 = 0, \quad \xi_1 = 1$$

and we have

$$X^{(1)}(L) = X^{(1)}(Q_1) = X^{(1)}(Q_2) = 0$$

Identity (9) gives

$$G_N = q_2$$

and the conserved quantity (43) gives

$$I_N = \dot{q}_1 + q_2 = \text{const.}$$

which is a Noether conserved quantity deduced by the form invariance.

10.3 Nonholonomic system

Proposition 10.5 *For the nonholonomic system* (10), (11), *if the generators* ξ_0, ξ_s *of the form invariance and the gauge function* $G_N = G_N(t, \boldsymbol{q}, \dot{\boldsymbol{q}})$ *satisfy the Noether identity* (14) *and Eq.* (15), *then the form invariance will lead to the Noether conserved quantity* (43).

Proposition 10.6 *For the nonholonomic system* (10), (11), *if the generators* ξ_s *of the form invariance satisfy Eq.* (53) *and* (54), *and there exists a function* $\mu = \mu(t, \boldsymbol{q}, \dot{\boldsymbol{q}})$ *satisfying Eq.* (55), *then the form invariance will lead to the Hojman type conserved quantity* (50)[65].

Example 10.3 Novoselov problem is

$$L = \frac{1}{2}(\dot{q}_1^2 + \dot{q}_2^2), \quad f = \dot{q}_1 + bt\dot{q}_2 - bq_2 + t = 0$$

Taking the generators as

$$\xi_0 = 0, \quad \xi_1 = (\dot{q}_2 - bt\dot{q}_1 + bq_1)^2, \quad \xi_2 = 0$$

we can verify that the generators are form invariant and Lie symmetric. Then Eq. (55) gives

$$\mu = 1$$

and the conserved quantity (50) gives

$$I_H = 2b(\dot{q}_2 - bt\dot{q}_1 + bq_1) = \text{const.}$$

10.4　Birkhoffian system

Proposition 10.7　*For the Birkhoffian system* (17), *if the generators* ξ_0, ξ_μ *of the form invariance and the gauge function* $G_N = G_N(t, \boldsymbol{a})$ *satisfy the Noether identity* (20), *then the form invariance will lead to the Noether conserved quantity* (45).

Proposition 10.8　*For the Birkhoffian system* (17), *if the generators* ξ_μ *of the form invariance satisfy Eq.* (57), *and there exists a function* $\mu = \mu(t, \boldsymbol{a})$ *satisfying Eq.* (59), *then the form invariance will lead to the Hojman type conserved quantity* (60).

Example 10.4　The Birkhoffian and the Birkhoff's functions of a Birkhoffian system are respectively

$$B = \frac{1}{2}\frac{1}{m+f(t)}\left\{k_2(a^2)^2 - k_1(a^1)^2\right\}$$

$$R_1 = a^2, \quad R_2 = 0$$

where m, k_1 and k_2 are constants.

Taking the generators as

$$\xi_0 = 0, \quad \xi_1 = k_2 a^2, \quad \xi_2 = k_1 a^1$$

we can verify that they are form invariance generators. Identity (20) gives

$$G_N = -\frac{1}{2}\left\{k_1(a^1)^2 + k_2(a^2)^2\right\}$$

and the conserved quantity (45) gives

$$I_N = \frac{1}{2}\left\{k_2(a^2)^2 - k_1(a^1)^2\right\} = \text{const.}$$

The methods for finding the conserved quantities in the review are called the symmetry methods. The symmetry methods are important modern integration methods in dynamics. By using the methods, one can find not only the conserved quantities deduced by Newtonian mechanics and Lagrangian mechanics, but also the conserved quantities which can not be deduced by them. Of course, when using the methods the mathematical can crop up. The complexity in the Noether symmetry method is to seek the generators and the gauge function by the Noether identity. The complexity in the Lie symmetry method is to find the generators in the determining equations and the function μ, and the difficulty in the form invariance method is to find the generators and the gauge function in the structure equation. The Noether symmetry method is more convenient than the two others, because a Noether symmetry corresponds, in general, to a Noether conserved quantity.

We have presented three kinds of symmetries, i.e. the Noether symmetry, the Lie symmetry and the form invariance, three kinds of conserved quantities, i.e. the Noether conserved quantity, the Hojman type conserved quantity and the new conserved quantity, for the Lagrangian system, the general holonomic system, the nonholonomic system and the Birkhoffian system. Every symmetry can lead to three kinds of conserved quantities. One can study the conserved quantity of other constrained mechanical systems, say, the Hamiltonian system, the holonomic system with redundant coordinates, the variable mass system, the dynamical system in the event space, the generalized Hamiltonian system, the nonholnomic system with the nonholonomic constraints of non-Chetaev's type, the vakonomic system, etc.

There is a symmetry involving equivalent Lagrangians of the Lagrangian system and a conserved quantity can be found by using the symmetry[66]. This idea can be generalized to other constrained mechanical systems. There is a symmetry under which a non-Noether conserved quantity can be found[57,67,68]. The mathematical tools used in the review are simpler analytical ones. There are differential geometry methods in the study of the symmetry, e.g. see references [15, 19, 69-81].

11. Open problems

Below, we summarize some problems for future research in the area of the symmetry and the conserved quantity of constrained mechanical systems:

1. Find new symmetry methods;
2. Solve the general differential equations by using the symmetry methods;
3. Study the stability of motion by using the symmetry methods;
4. Study the symmetry and the conserved quantity of the Vakonomic system.

Acknowledgments This work was supported by the National Natural Science Foundation of China (Grand Nos. 10932002, 11272050).

References

[1] Noether E. Invariante variations probleme. Kgl Gel Wiss Nachr Göttingen. Math Phys KI, 1918: 235–257

[2] Dass T. Conservation laws and symmetries II. Phys Rev, 1966, 150:1251–1255

[3] Parmieri C, Vitale B. On the inversion of Noether's theorem in the Lagrangian formalism, Nuovo Cimento, 1970, 66A: 299–309

[4] Candotri E, Parmieri C, Vitale B. On the inversion of Noether's theorem is classical dynamical systems. Am J Phys, 1972, 40: 424–429

[5] Djukić Dj D, Vujanović B. Noether's theory in classical nonconservative mechanics. Acta Mech, 1975, 23: 17–27

[6] Desloge E A, Karch R I. Noether's theorem in classical mechanics. Am J Phys, 1977, 45: 336–339

[7] Vujanović B. Conservation laws of dynamical systems via d'Alembert's principle. Int J Non-Linear Mech, 1978, 13: 185–197

[8] Vujanović B. A study of conservation laws of dynamical systems by means of differential variational principles of Jourdain and Gauss. Acta Mech, 1986, 65: 63–80

[9] Sarlet W, Cantrijn F. Higher-order Noether symmetries and constants of the motion. J Phys A Math Gen, 1981, 14: 479–492

[10] Li Z-P. Transformation property of constrained system (in Chinese). Acta Phys Sin, 1981, 30: 1659–1671

[11] Kalotas T M, Wybourne B G. Dynamical Noether symmetries. J Phys A Math Gen, 1982, 15: 2077–2083

[12] Bahar L Y, Kwatny H G. Extension of Noether's theorem to constrained nonconservative dynamical systems. Int J Non-Linear Mech, 1987, 22: 125–138

[13] Liu D. Noether's theorem and its inverse of nonholonomic nonconservative dynamical systems. Sci China, 1991, 34: 419–429

[14] Mei F-X. The Noether's theory of Birkhoff systems. Sci China, 1993, 36: 1456–1467

[15] Liu C, Zhao Y-H, Chen X-W. Geometric representation of Noether symmetry for dynamical systems. Acta Phys Sin, 2010, 59: 11–14 (in Chinese)

[16] Freire I L, da Silva P L, Torrisi M. Lie and Noether symmetries for a class of fourth-order Emden-Fowler equations. J Phys A Math Theory, 2013, 46: 245206

[17] Zhang Y, Zhou Y. Symmetries and conserved quantities for fractional action-like Pfaffian variational problems. Nonlinear Dyn, 2013, 73: 783–793

[18] Wang P, Xue Y, Liu Y-L. Noether symmetry and conserved quantities of the analytical of a Cosserat thin elastic rod. Chin Phys B, 2013, 22: 104503

[19] Arnold V I. Mathematical methods of classical mechanics. Springer, New York, 1978

[20] José J V, Saletan E J. Classical Dynamics: A Contemporary Approach. Cambridge University Press, Cambridge, 1998

[21] Whittaker E T. A Treatise on the Analytical Dynamics of Particles and Rigid Bodies, 4th edn. Cambridge University Press, Cambridge, 1937

[22] Hamel G. Theoretische Mechanik. Springer, Berlin, 1949

[23] Appell P. Traité de Mécanique Rationnelle Ⅱ. GauthierVillars, Paris, 1953

[24] Lur's A I. Analytical Mechanics (in Russian). Gostecnizdat, Moscow, 1961

[25] Novoselov V S. Variational Methods in Mechanics (in Russian). Leningard University Press, Leningrad, 1966

[26] Neimark Ju I, Fufaev N A. Dynamics of Nonholonomic Systems (in Russian). Nauka, Moscow, 1967

[27] Dobronravov V V. Elements of Mechanics of Nonholonomic Systems (in Russian). Vischaya Shkola, Moscow, 1970

[28] Rumyantsev V V. On the problems of analytical mechanics of nonholonomic systems, In: Proceedings of IUTAM-ISIMM symposium on modern developments in analytical mechanics, pp697–716, 1983

[29] Polyakhov N N, Zegzhda S A, Yushkov M P. Theoretical Mechanics (in Russian). Leningrad University Press, Leningrad, 1985

[30] Mei F-X. Foundations of Mechanics of Nonholonomic Systems (in Chinese). Beijing Institute of Technology Press, Beijing, 1985

[31] Papastavridis J G. Analytical Mechanics. Oxford University Press, Oxford, 2002

[32] Mei F-X. Nonholonomic Mechanics. Appl Mech Rev (ASME), 2000, 53: 283–305

[33] Papastavridis J G. A panoramic overview of the principes and equations of motion of advanced engineering dynamics. Appl Mech Rev (ASME), 1998, 51: 239–265

[34] Santilli R M. Foundations of Theoretical Mechanics, vol II. Springer, New York, 1983

[35] Mei F-X. On the Birkhoffian mechanics. Int J Non-Linear Mech, 2001, 36: 817–834

[36] Olver P J. Applications of Lie Groups to Differential Equations. Springer, New York, 1986

[37] Bluman G W, Kumei S. Symmetries and Differential Equations. Springer, New York, 1989

[38] Ibragimov N H. CRC Handbook of Lie Group Analysis of Differential Equations. CRC Press, Boca Raton, 1994

[39] Bluman G W, Anco S C. Symmetry and Integration Methods for Differential Equations. Springer, New York, 2002

[40] Lutzky M. Dynamical symmetries and conserved quantities, J Phys A Math Gen, 1979, 12: 973–981

[41] Prince G E, Leach P G L. The Lie theory of extended groups in Hamiltonian mechanics. Hadronic J, 1980, 3:941–961

[42] Prince G E, Eliezer C J. On the Lie symmetries of the classical Kepler problem. J Phys A Math Gen, 1981, 14: 587–596

[43] Hojman S A. A new conservation law constructed without using either Lagrangians or Hamiltonians. J Phys A Math Gen, 1992, 25: L291–L295

[44] Zhao Y-Y. Conservative quantities and Lie symmetries of nonconservative dynamical systems (in Chinese). Acta Mech Sin, 1994, 26: 380–384

[45] Mei F-X. Lie symmetries and conserved quantities of constrained mechanical systems. Acta Mech, 2000, 141(3-4): 135–148

[46] Zheng S-W, Wang J-B, Chen X-W, Li Y-M, Xie, J-F. Lie symmetry and their conserved quantities of Tznoff equations for the variable mass nonholonomic systems. Acta Phys Sin, 2012, 61: 111101 (in Chinese)

[47] Wang X-Z, Fu H, Fu J-L. Lie symmetries and conserved quantities of discrete nonholonomic Hamiltonian systems. Chin Phys B, 2012, 21: 040201

[48] Han Y-L, Wang X-X, Zhang M-L, Jia L-Q. Lie symmetry and approximate Hojman conserved quantity of Appell equtions for a weakly nonholonomic system. Nonlinear Dyn, 2013, 71: 401–408

[49] Katzin G H, Levine J. Characteristic functional structure of infinitesimal symmetry mapping of classical dynamical systems I: velocity-dependent mappings of second-order differential equations. J Math Phys, 1985, 26: 3080–3098

[50] Mei F-X, Zheng G-H. On the Noether symmetry and the Lie symmetry of mechanical systems. Acta Mech Sin, 2002, 18: 414–419

[51] Mei F-X. Form invariance of Lagrange system. J Beijing Inst Technol, 2000 9: 120–124

[52] Wang S-Y, Mei F-X. Form invariance and Lie symmetry of equations of nonholnomic systems. Chin Phys, 2002, 11: 5–8

[53] Chen X-W, Luo S-K, Mei F-X. A form invariance of constrained Birkhoffian system. Appl Math Mech, 2002, 23: 53–57

[54] Xu X-J, Mei F-X, Qin M-C. Non-Noether conserved quantity constructed by using form invariance for Birkhoffian system. Chin Phys, 2004, 13: 1999–2002

[55] Wu H-B, Mei F-X. Form invariance and Lie symmetry of the generalized Hamiltonian system. Acta Mech Solida Sin, 2004, 17: 370–373

[56] Fu J-L, Chen L-Q. On the Noether symmetries and form invariances of mechanical-electrical systems. Phys Lett A, 2004, 331: 138–152

[57] Mei F-X, Xu X-J. Form invariance and Lutzky conserved quantities for Lagrange systems. Chin Phys, 2005 14: 449–451

[58] Jiang W-A, Luo S-K. Mei symmetry leading to Mei conserved quantity of generalized Hamiltonian system. Acta Phys Sin, 2011, 60: 060201 (in Chinese)

[59] Cai J-L. Conformal invariance of Mei symmetry for the nonholonomic systems of non-Chetaev's type. Nonlinear Dyn, 2012, 69: 487–493

[60] Zhao G-L, Chen L-Q, Fu J-L, Hong F-Y. Mei symmetry and conservation laws of discrete nonholonomic dynamical systems with regular and irregular lattice, Chin Phys B, 2013, 22: 030201

[61] Xia L-L, Chen L-Q. Conformal invariance of Mei symmetry for discrete Lagrangian systems. Acta Mech, 2013, 224: 2037–2043

[62] Lou Z-M. Conserved quantity of isotopic harmonic oscillator determining by the Noether theory (in Chinese). Mech Eng, 2003, 25: 72–73

[63] Lucas W F. Differential Equation Models. Springer, New York, 1983

[64] Luo S-K, Mei F-X. A non-Noether conserved quantity, i.e. Hojman conserved quantity, for nonholonomic mechanical systems (in Chinese). Acta Phys Sin, 2004, 53: 666–670

[65] Luo S-K, Guo Y-X, Mei F-X. Noether symmetry and Hojman conserved quantity for nonholonomic mechanical systems (in Chinese). Acta Phys Sin, 2004, 53: 1271–1275

[66] Hojman S A, Harleston H. Equivalent Lagrangians:multidimensional case. J Math Phys, 1981, 22: 1414–1419

[67] Lutzky M. Non-invariance symmetries and constants of the motion. Phys Lett A, 1979, 72: 86–88

[68] Fu J-L, Chen L-Q. Non-Noether symmetries and conserved quantities of nonconservative dynamical systems. Phys Lett A, 2013, 317: 225–259

[69] Godbillon C. Géométrie differentielle et mécanique analytique. Hermann, Paris, 1969

[70] Souriau J M. Structure des Systèmes Dynamiques. Dunod, Paris, 1969

[71] Tulczyjew W M. Lagrangian submanifolds and Hamiltonian dynamics. CR Acad Paris, 1976, 283: 15–18

[72] Abraham R, Marsden J E. Foundations of Mechanics. Benjamin/Cummings Publ Co, London, 1978

[73] Benenti S. Symplectic relation in analytical mechanics. In: Proceedings of IUTAM-ISIMM symposium on modem developments in analytical mechanics, pp 39–91, 1983

[74] Weber R M. Hamiltonian systems with constraints and their meaning in mechanics. Arch Rational Mech Anal, 1986, 91: 309–335

[75] Cantrijn F, Carinena J, Crampin M, Ibort L. Reduction of degenerate Lagrange systems. J Geom Phys, 1986, 3: 353–400

[76] de León M, Rodrigues P R. Methods of Differential Geometry in Analytical Mechanics. North-Holland, Amsterdam, 1989

[77] Sarlet W, Prince G E, Crampin M. Adjoint symmetries for time-dependent second-order equations. J Phys A math Gen, 1990, 23: 935–947

[78] Vershik A M, Gershkovich V Ya. Nonholonomic dynamics,geometry of distributions and variational problems. Dyn Syst, 1994, 7: 1–81

[79] Marsden J E, Ratiu T S. Introduction to Mechanics and Symmetry. Springer, New York, 1994

[80] Bloch A M, Krishnaprasad P S, Marsden J E, Murray R M. Nonholonomic mechanical systems with symmetry. Arch Rational Mech Anal, 1996, 136: 21–99

[81] Guo Y-X, Shang M, Luo S-K, Mei F-X. Poincaré-Cartan integral variants and invariants of nonholonomic constrained systems. Int J Theor Phys, 2001, 40: 1197–1205

(原载 International Journal of Dynamics and Control, 2014, 2(3): 285–303)

第五章　变分原理进展

§5.1　关于 Hamilton 原理

引言

学科史研究是科学技术史研究的一个重要领域. 分析力学史是力学史的一部分. 国内外大多力学史中的分析力学部分内容较少、较粗、较旧, 且有遗误, 需要将分析力学史研究得较全、较细、较新、较准确. 目前, 国内外还没有人专门研究分析力学的学科史. 本文作者期望对 Lagrange 力学、Hamilton 力学、非完整力学, 以及 Birkhoff 力学等的发生和发展给出历史的、客观的梳理与评价.

英国著名数学家 Hamilton W R 发展了 Lagrange 分析力学, 他基于积分变分原理在分析力学发展中做出了非常重大的贡献, 主要体现在给出了 Hamilton 原理和 Hamilton 正则方程. 本文在第一手资料的基础上, 给出 Hamilton 原理的经过史, 包括 Hamilton 原著的表述, 以及后人对这个原理的理解, 并进一步阐述了 Hamilton 原理的意义与发展.

1. Hamilton 原理

1.1　Hamilton 的贡献

Hamilton W R (1805~1865), 汉译哈密顿, 英国数学家、物理学家、力学家. 他在分析力学方面的贡献是两篇长文:《论动力学中的一个普遍方法》(*On a general method in dynamics*, 1834) 和《再论动力学中的普遍方法》(*Second essay on a general method in dynamics*, 1835), 其中给出正则方程和 Hamilton 原理.

1.2　Hamilton 的原著

Hamilton 在第二篇长文中写道 [1]:

"这个函数 S 已在第一个工作中表述为形式

$$S=\int_0^t (T+U)\mathrm{d}t$$

其中公式中的符号 T 和 U 有通常意义. 必须注意, 当 S 用这个定积分表示时, 为消去它的变分条件 (如果给定初始和终了位置和时间) 恰好是由 Lagrange 给出的运动微分方程. 因此, 这个定积分 S 的变分具有双重性质: 当端点位置当作固定的,它给出对任何变换坐标的运动微分方程; 当端点位置当作变动的, 它给出这些微分方程的积分.”

[注] 以上文字就是 Hamilton 对他的原理的表述, 未明显指出 $\delta S=0$.

1.3 对 Hamilton 原著的理解和表述

1) Полак对上述双重性质给出如下表达 [2]

$$\delta S=\left[\sum\frac{\partial T}{\partial\eta'}\delta\eta\right]_0^t-\int_0^t\left[\sum\left(\frac{\mathrm{d}}{\mathrm{d}t}\frac{\partial T}{\partial\eta'}-\frac{\partial T}{\partial\eta}-\frac{\partial U}{\partial\eta}\right)\delta\eta\right]\mathrm{d}t$$

[注] 对端点固定情形 $\delta\eta|_{t=0}=\delta\eta|_{t=t}=0$, 由 Lagrange 方程导出 $\delta S=0$; 反之, 由 $\delta S=0$ 可导出 Lagrange 方程. 而 $\delta S=0$ 就是 Hamilton 原理.

2) Jacobi 的表述

Jacobi C G J (1804~1851) 在其《动力学讲义》第八讲“Hamilton 积分与动力学方程的第二 Lagrange 形式”中写道 [3]:

“代替最小作用量原理, 可提出另一原理, 也是使某一积分的一次变分为零, 由此可比最小作用量原理更简单地得到运动微分方程. ……Hamilton 是第一个由这个原理出发的. 我们利用这个原理建立 Lagrange 在分析力学中给出的运动方程形式. 首先设 X_i,Y_i,Z_i 是函数 U 的偏导数; 进而设 T 为活力之半

$$\begin{aligned}T&=\frac{1}{2}\sum m_iv_i^2\\&=\frac{1}{2}\sum m_i\left[\left(\frac{\mathrm{d}x_i}{\mathrm{d}t}\right)^2+\left(\frac{\mathrm{d}y_i}{\mathrm{d}t}\right)^2+\left(\frac{\mathrm{d}z_i}{\mathrm{d}t}\right)^2\right]\end{aligned}$$

此时新原理表示为方程

$$\delta\int(T+U)\mathrm{d}t=0\tag{1}$$

这个新原理比最小作用量原理更普遍, 因为这里 U 可显含 t, 而最小作用量原理不含 t……”

“完全表示的新原理这样表述:

如果给定系统在初时刻 t_0 和给定末时刻 t_1 位置, 那么为确定真实发生的运动就有方程

$$\delta\int_{t_0}^{t_1}(T+U)\mathrm{d}t=0\tag{2}$$

这里积分从 t_0 至 t_1, U 是力函数, 可包含时间 t, 而 T 是活力之半 ……”

[注]Jacobi 将 Hamilton 原理表述清楚了, 而且 U 可含时间 t, 是一进步.

3) Moiseyev 的评价

Moiseyev N D (1902~1955) 为苏联力学史著名专家, 他在《力学发展史》中有如下段落 [4]：

“…… Hamilton 基于积分变分原理在分析力学发展中做出了非常重大的贡献, 这个原理称为 Hamilton-Ostrogradsky 原理, 稍晚一些, Ostrogradsky 独立于 Hamilton, 在其工作中找到并研究了这个原理, 并指出这个原理有可能应用于比 Hamilton 更多更广一类力学问题.”

“首先, Hamilton 将 Maupertuis 最小作用量原理中研究作用量作为轨道始、末点坐标的函数. 这个函数在光学研究中起重要作用, Hamilton 称其为‘特征函数’

$$W = \int_{t_0}^{t_1} 2T\mathrm{d}t$$

它不是别的, 就是 Lagrange 作用量. Hamilton 还引出一个重要函数

$$S = \int_{t_0}^{t_1} (T+U)\mathrm{d}t$$

他称其为主函数. 这个函数表示 Hamilton 作用量. Hamilton 建立了函数 W 和 S 之间的关系, 并借助它建立起基于作用量 S 稳定的原理的完整动力学系统. ”

“在这些表达式中 T 表示系统的动能, 而 U 为系统的力函数. Hamilton 仅研究带不依赖于时间的约束的保守系统”

“在两个工作中建立的一般原理表述如下.

对系统的任何轨道段, 作用量 (主函数 S) 取稳定值 (驻值), 如果作为比较的邻近曲线在同样时间有同样的端点 A 和 B. 因此, Hamilton 假设系统的总能在相邻轨道上可以不同, 而在最小作用量原理中对所有比较轨道这个量是一样的. ”

“因此, Hamilton 稳定作用量原理的解析表达如下

$$\delta S = \delta \int_{(t_0)}^{(t_1)} (T+U)\mathrm{d}t = 0$$

进而, Hamilton 证明他的函数 W 和 H 满足某个微分方程组, 方程组的解与下述偏微分方程

$$H\left(q_1, q_2, \cdots, q_n; \frac{\partial W}{\partial q_1}, \cdots, \frac{\partial W}{\partial q_n}\right) - h = 0 \tag{3}$$

的解相关, 其中所谓‘Hamilton 函数’ H 是广义坐标 $q_1, q_2, \cdots, q_n$ 和广义动量 $p_1, p_2, \cdots, p_n$ 的下述函数

$$H(q_1, q_2, \cdots, q_n, p_1, p_2, \cdots, p_n) = T - U$$

Hamilton 建立了方程 (3) 的解与正则形式运动常微分方程组

$$\frac{\mathrm{d}q_k}{\mathrm{d}t}=\frac{\partial H}{\partial p_k},\quad \frac{\mathrm{d}p_k}{\mathrm{d}t}=\frac{\partial H}{\partial q_k}\quad (k=1,2,\cdots,n) \tag{4}$$

的解的联系, 其中 n 为系统的自由度数.

现时以 Hamilton 名字命名的这个原理和运动的正则方程 (4), 不仅是许多力学现象, 而且是许多物理过程研究的工具."

"Jacobi 对这个理论有兴趣, 于 1837 年继续发展了 Hamilton 原理, 以及由此原理导出的运动微分方程. 但是, Jacobi 给出这个复杂理论具体应用的两个例子: 他研究了质点在受到两个中心牛顿引力作用下的运动问题, 以及质点在光滑椭球面上无外力作用条件下的运动问题. 至于第一个问题早在 100 年前已由 Euler 解决, 而后不止一次地由其他人借助运动的常微分方程解决了. 第二个问题, Jacobi 借助 Hamilton-Jacobi 偏微分方程的复杂工具由他首先解决, 但没有原则上困难."

[注] ①以上段落提到 Ostrogradsky 和 Jacobi 在 Hamilton 原理方面的工作. ②关于对 Jacobi 定理工作的评价与 Arnold 的评价相距甚远. Arnold 指出: "Jacobi 定理将常微分方程组的求解化为求偏微分方程的完全积分. 这样由简'化'繁却提供了解决问题的有效方法, 这是令人惊奇的. 然而这却是求精确解的最有力的方法, 而 Jacobi 解出的许多问题用别的方法是解不出来的." [5]

4) Appell 的表述

Appell 在其著作第二卷第 484 节"Hamilton 原理"中有如下表述 [6]:

"前一章已经看到, 在系统无摩擦下, 每一时刻 t, 对这一时刻为约束允许的可能位移 δx, δy, δz 有下述形式的方程

$$\sum\left[\left(-m\frac{\mathrm{d}^2x}{\mathrm{d}t^2}+X\right)\delta x+\left(-m\frac{\mathrm{d}^2y}{\mathrm{d}t^2}+Y\right)\delta y+\left(-m\frac{\mathrm{d}^2z}{\mathrm{d}t^2}+Z\right)\delta z\right]=0 \tag{5}$$

这个结果可表示为以下形式, 由此可组建 Hamilton 原理.

给定系统在时刻 t_0 和 t_1 的位置 P_0 和 P_1. 在系统由位置 P_0 到位置 P_1 在给定力和约束力作用下的真实运动中, 不同点的坐标 x, y, z 是时间的函数, 这些函数在给定的时刻 t_0 和 t_1 满足约束方程. 设 $x+\delta x$, $y+\delta y$, $z+\delta z$ 是时间的任意函数, 它们无限接近相应真实运动的函数 x, y, z. 这些函数, 如 x, y, z 也在时刻 t_0 和 t_1 满足约束方程. 因此, δx, δy, δz 是时间的无限小函数, 在时刻 t_0 和 t_1 变为零, 由在这个间隔中为约束允许的位移所确定. 用 $T=\frac{1}{2}\sum m(\dot{x}^2+\dot{y}^2+\dot{z}^2)$ 表示系统在真实运动中的动能, 用 δT 表记当 x, y, z 得到上述变分 δx, δy, δz 时, 这个能的变分. Hamilton 原理在于, 积分

$$\delta S=\int_{t_0}^{t_1}\left[\delta T+\sum(X\delta x+Y\delta y+Z\delta z)\right]\mathrm{d}t$$

在满足所指条件下对所有值 δx, δy, δz 等于零. 积分号中和号 $\sum$ 对约束反力外的所有给定力. 为证明 δS 等于零注意到

$$\delta T=\sum m(x'\delta x'+y'\delta y'+z'\delta z')$$

但是因为 $\delta\dfrac{\mathrm{d}x}{\mathrm{d}t}$ 等于 $\dfrac{\mathrm{d}\delta x}{\mathrm{d}t}$ 有

$$\int_{t_0}^{t_1} mx'\delta x'\mathrm{d}t=\int_{t_0}^{t_1} m\frac{\mathrm{d}x}{\mathrm{d}t}\delta\frac{\mathrm{d}x}{\mathrm{d}t}\mathrm{d}t=\int_{t_0}^{t_1} m\frac{\mathrm{d}x}{\mathrm{d}t}\mathrm{d}\delta x$$

分部积分, 上述积分写成形式

$$\left|m\frac{\mathrm{d}x}{\mathrm{d}t}\delta x\right|_{t_0}^{t_1}-\int_{t_0}^{t_1} m\frac{\mathrm{d}^2x}{\mathrm{d}t^2}\delta x\mathrm{d}t$$

因 δx 在边界上为零, 其中积分出来的部分为零. 因此, 变换积分 $\int\delta T\mathrm{d}t$ 的所有项, 最终得到

$$\delta S=\int_{t_0}^{t_1}\sum\left[\left(X-m\frac{\mathrm{d}^2x}{\mathrm{d}t^2}\right)\delta x+\left(Y-m\frac{\mathrm{d}^2y}{\mathrm{d}t^2}\right)\delta y+\left(Z-m\frac{\mathrm{d}^2z}{\mathrm{d}t^2}\right)\delta z\right]\mathrm{d}t$$

由方程 (5) 知, δS 等于零, 因为 δx, δy, δz 是时刻 t 具有约束允许的位移. ”

在第 485 节“由 Hamilton 原理导出 Lagrange 方程”中写道:

“上面的计算不能应用于非完整系统, 因为对这类系统等式 $\mathrm{d}\delta q=\delta\mathrm{d}q$ 不对. ”

“特殊情形, 当施加力沿坐标轴的分量等于依赖坐标和时间的函数 U 的偏导数. 在此情形虚功之和

$$\sum(X\delta x+Y\delta y+Z\delta z)$$

是函数 U 的全微分 δU, 取 t 为常数. 此时有

$$\delta S=\int_{t_0}^{t_1}(\delta T+\delta U)\mathrm{d}t=\delta\int_{t_0}^{t_1}(T+U)\mathrm{d}t$$

而 Hamilton 原理表述如下: 如果给定系统在时刻 t_0 和 t_1 的位置, 那么积分

$$S=\int_{t_0}^{t_1}(T+U)\mathrm{d}t$$

在由真实运动向为约束允许的无限接近的任何运动过渡时, 它的变分为零. ”

[注] ① Appell 由动力学普遍方程 (5) 导出原理

$$\delta S=\int_{t_0}^{t_1}\left[\delta T+\sum(X\delta x+Y\delta y+Z\delta z)\right]\mathrm{d}t=0$$

它是一般完整系统的 Hamilton 原理. ② Appell 指出原理的前提是无摩擦运动, 无摩擦约束后来发展为理想约束. ③ Appell 指出这个原理不适合非完整系统.

5)Whittaker 的表述

Whittaker 在其著作第 99 节“完整保守系统的 Hamilton 原理”中写道 [7]:

“研究任何完整保守动力学系统, 其在任何瞬时的位形由 n 个独立坐标 $(q_1, q_2, \cdots, q_n)$ 来确定, 并令 L 是表征其运动的动势. 令 n 维空间中一给定弧 AB 表示系统的部分轨道, 而令 CD 为一邻近弧, 它不一定是系统的轨道; 然而, 当然可能使 CD 是系统遵从附加约束的轨道. 令 t 是代表点 $(q_1, q_2, \cdots, q_n)$ 在 AB 上占据任何位置 P 的时间. 假设 CD 上每个点与时间的某个值相关联, 那么在 CD(或者使 CD 是其部分的弧) 上存在一点 Q, 它对应与 P 一样的同值 $t \cdots\cdots$

用 δ 表示变分, 用这个变分使 AB 上的一点到 CD 上的点, 与时间同值相关, 用 $t_0, t_1, t_0+\Delta t_0, t_1+\Delta t_1$ 分别表示对应端点 A, B, C, D 的 t 值, 而用 L_R 表示在两弧上任意点 R 的函数 L 的值.

如果构成积分

$$\int L(\dot{q}_1, \dot{q}_2, \cdots, \dot{q}_n, q_1, q_2, \cdots, q_n, t)\mathrm{d}t$$

沿弧 AB 和 CD 上的差, 就是

$$\begin{aligned}
\int_{CD} L\mathrm{d}t - \int_{AB} L\mathrm{d}t &= L_B\Delta t_1 - L_A\Delta t_0 + \int_{t_0}^{t_1} \delta L\mathrm{d}t \\
&= L_B\Delta t_1 - L_A\Delta t_0 + \int_{t_0}^{t_1} \sum_{r=1}^{n}\left(\frac{\partial L}{\partial \dot{q}_r}\delta\dot{q}_r + \frac{\partial L}{\partial q_r}\delta q_r\right)\mathrm{d}t \\
&\overset{\text{Lagrange}}{=} L_B\Delta t_1 - L_A\Delta t_0 + \int_{t_0}^{t_1} \sum_{r=1}^{n}\left(\frac{\partial L}{\partial \dot{q}_r}\delta\dot{q}_r + \frac{\mathrm{d}}{\mathrm{d}t}\left(\frac{\partial L}{\partial \dot{q}_r}\right)\delta q_r\right)\mathrm{d}t \\
&= L_B\Delta t_1 - L_A\Delta t_0 + \int_{t_0}^{t_1} \frac{\mathrm{d}}{\mathrm{d}t}\left(\sum_{r=1}^{n}\frac{\partial L}{\partial \dot{q}_r}\delta q_r\right)\mathrm{d}t \\
&= L_B\Delta t_1 - L_A\Delta t_0 + \left(\sum_{r=1}^{n}\frac{\partial L}{\partial \dot{q}_r}\delta q_r\right)_B - \left(\sum_{r=1}^{n}\frac{\partial L}{\partial \dot{q}_r}\delta q_r\right)_A
\end{aligned}$$

但是如果用 $(\Delta q_r)_B$ 表记 q_r 由 B 到 D 的增量, 就有

$$(\Delta q_r)_B = (\delta q_r)_B + (\dot{q}_r)_B\Delta t_1$$

类似地有

$$(\Delta q_r)_A = (\delta q_r)_A + (\dot{q}_r)_A\Delta t_0$$

而因此有

$$\int_{CD} L\mathrm{d}t - \int_{AB} L\mathrm{d}t = \left[\sum_{r=1}^{n} \frac{\partial L}{\partial \dot{q}_r} \Delta q_r + \left(L - \sum_{r=1}^{n} \frac{\partial L}{\partial \dot{q}_r} \delta \dot{q}_r\right) \Delta t\right]_A^B \tag{6}$$

现在假设 C 与 A, D 与 B 重合, 与 C 和 D 关联的时间分别是 t_0 和 t_1, 那么 $\Delta q_1, \Delta q_2, \cdots, \Delta q_n, \Delta t$ 在 A 和 B 是零, 而最后一个方程成为

$$\int_{CD} L\mathrm{d}t - \int_{AB} L\mathrm{d}t = 0$$

这表明对真实轨道的任何部分 AB, 与和真实轨道有同样端点, 时间同样端值的邻近路径 CD 相比较, 积分 $\int L\mathrm{d}t$ 有稳定值. 这个结果称为 Hamilton 原理."

[注]Whittaker 由作用量 $\int L\mathrm{d}t$ 的全变分出发并利用 Lagrange 方程导出了式 (6), 再由设 C 与 A, D 与 B 重合而导出了 Hamilton 原理 $\delta \int L\mathrm{d}t = 0$.

6) Suslov 的表述

Suslov 在其著作第 201 节"Hamilton 形成的稳定作用量原理"中写道 [8]:

"取系统两个可能位置 A_0 和 A_1, 它们可用直路联结. 设系统沿直路从 A_0 和 A_1 在时间间隔 $t_1 - t_0$ 内完成, 其中 t_0 和 t_1 表示系统在 A_0 和 A_1 的时间. 研究积分

$$W = \int_{t_0}^{t_1} L\mathrm{d}t \tag{7}$$

比较这个积分在系统沿直路运动的值和系统沿旁路运动的值, 这个旁路也由初始位置 A_0 到终了位置 A_1, 并设系统沿任何旁路由 A_0 到 A_1 与直路运动同时开始并同时终了. 此时有, 直路的积分值 W 与旁路的相比较是稳定的, 换言之, 对直路的积分 (7) 的一次变分为零. 在变分时需要注意所有以下所指限制:

(1) 系统的约束不能破坏;

(2) 所有旁路在时刻 t_0 同时开始并在时刻 t_1 同时结束; 沿直路的运动也在这些时刻开始与结束;

(3) 系统的起始和终了位置对所有路径是一样的.

…… 对函数 W 取变分, 有

$$\delta W = \delta \int_{t_0}^{t_1} L\mathrm{d}t = \int_{t_0}^{t_1} \delta L\mathrm{d}t = \int_{t_0}^{t_1} \sum_{\sigma=1}^{s} \frac{\partial L}{\partial \dot{q}_\sigma} \delta \dot{q}_\sigma + \int_{t_0}^{t_1} \sum_{\sigma=1}^{s} \frac{\partial L}{\partial q_\sigma} \delta q_\sigma \mathrm{d}t \tag{8}$$

为变换第一项, 注意到当时间不变分时, 变分与对时间的微分是可交换的. 实际上令 $\hat{q}_\sigma$ 是函数 q_σ 的变分值, 有

$$\delta q_\sigma = \hat{q}_\sigma - q_\sigma$$

两端求导数, 有

$$\frac{\mathrm{d}}{\mathrm{d}t}\delta q_\sigma = \dot{\hat{q}}_\sigma - \dot{q}_\sigma = \delta\dot{q}_\sigma$$

于是得到

$$\begin{aligned}\int\frac{\partial L}{\partial\dot{q}_\sigma}\delta\dot{q}_\sigma\mathrm{d}t &= \int\frac{\partial L}{\partial\dot{q}_\sigma}\frac{\mathrm{d}}{\mathrm{d}t}\delta q_\sigma\mathrm{d}t\\ &= \left|_{t_0}^{t_1}\frac{\partial L}{\partial\dot{q}_\sigma}\delta q_\sigma - \int\frac{\mathrm{d}}{\mathrm{d}t}\frac{\partial L}{\partial\dot{q}_\sigma}\delta q_\sigma\mathrm{d}t\right.\end{aligned}$$

按条件 $t=t_0$ 和 $t=t_1$ 坐标变分 δq_σ 等于零, 因此有

$$\left|_{t_0}^{t_1}\frac{\partial L}{\partial\dot{q}_\sigma}\delta q_\sigma = 0\right.$$

据所指对函数 W 的变分表达式 (8), 可得到下述形式

$$\delta W = \int_{t_0}^{t_1}\sum_{\sigma=1}^{s}\left(\frac{\partial L}{\partial q_\sigma} - \frac{\mathrm{d}}{\mathrm{d}t}\frac{\partial L}{\partial\dot{q}_\sigma}\right)\delta q_\sigma\mathrm{d}t \tag{9}$$

因沿直路的运动满足方程 (7), 那么上式中积分号下函数等于零, 这就证明了

$$\delta W = \delta\int_{t_0}^{t_1}L\mathrm{d}t = 0$$

积分 (7) 的所证性质导出了 Hamilton 原理. 积分 W 本身通常称为 Hamilton 作用量而原理本身可表述为：Hamilton 作用量沿直路由系统给定的初始位置到终了位置与在同样位置间发生的沿旁路的作用量相比较具有稳定值, 如果系统沿所有路径在同样时间间隔 (t_1-t_0) 内完成 ⋯⋯”

[注] ①Suslov 由 Lagrange 方程证明了 Hamilton 原理. ② Suslov 给出例子证明 Hamilton 原理不适合非完整系统.

7) Lurie 的表述

Lurie 在其著作第十二章“力学的变分原理”中写道 [9]:

“设

$$q_1(t),\cdots,q_n(t) \tag{10}$$

是时间的函数, 它们是受有完整理想约束的质点系在真实发生运动中的广义坐标. 主动 (给定) 力有势. 将说, 函数 (1) 的总合确定的真实路径, 而 ∞^n 个无限接近真实位形为约束允许的任何一个

$$q_1^* = q_1(t)+\delta q_1,\ \cdots,\ q_n^* = q_n(t)+\delta q_n \tag{11}$$

确定邻近路径, 其中变分 δq_s 是时间的任何无限小可微函数.

用 L 表记动势, 即动能与势能之差. 在真实路径上

$$L(q_1, \cdots, q_n, \dot{q}_1, \cdots, \dot{q}_n, t) \tag{12}$$

是时间的某个已知函数. 在过渡到 ∞^n 邻近路径中的一个, 动势的变分等于

$$\begin{aligned}\delta L &= \sum_{s=1}^{n}\left(\frac{\partial L}{\partial q_s}\delta q_s + \frac{\partial L}{\partial \dot{q}_s}\delta \dot{q}_s\right) \\ &= \sum_{s=1}^{n}\left(\frac{\partial L}{\partial q_s}\delta q_s + \frac{\partial L}{\partial \dot{q}_s}(\delta q_s)^{\cdot}\right)\end{aligned} \tag{13}$$

这里已用法则《$\delta \mathrm{d} = \mathrm{d}\delta$》."

[注] Lurie 在式 (13) 之后利用 Lagrange 方程导出了 $\delta S = 0$.

1.4 Hamilton 原理的极值性质

1) Lurie 的论述

Hamilton 原理指出 $\delta S = 0$, 那么这个极值是极大还是极小呢? Lurie 证明, 如果积分区间充分小, 那么在定常约束下, Hamilton 作用量具有极小值.

2) 陈滨的论述

陈滨在其著作中给出 Hamilton 作用量有强极小值和弱极小值的充分条件 [10].

2. Hamilton 原理的推广

2.1 对完整系统的推广

Appell 给出原理对完整非保守系统的推广

$$\int_{t_0}^{t_1}\left[\delta T + \sum (X\delta x + Y\delta y + Z\delta z)\right]\mathrm{d}t = 0$$

写成广义坐标形式, 有

$$\int_{t_0}^{t_1}\left(\delta T + \sum Q_s \delta q_s\right)\mathrm{d}t = 0$$

文献 [11] 给出一类新型积分变分原理. 在 m 次速度空间中, 如果力学系统受有完整理想约束, 并且所有主动力有势, 势函数为 $V = V(t, q_s)$, 则系统的运动使泛函

$$I = \int_{t_0}^{t_1}\{\overset{(m)}{T} + m\overset{(m)}{T_0} - \overset{(m)}{V}\}\mathrm{d}t$$

在系统的真实运动轨道上取驻值, 其中

$$T=\sum\frac{1}{2}m_iv_i^2,\quad \overset{(m)}{T}=\frac{\mathrm{d}\overset{(m-1)}{T}}{\mathrm{d}t},\quad \overset{(m)}{T_0}=\frac{\partial T}{\partial q_s}\overset{(m+1)}{q_s},\quad \delta\overset{(m)}{q_s}\Big|_{t=t_0}=\delta\overset{(m)}{q_s}\Big|_{t=t_1}=0$$

当 $m=0$ 时给出 Hamilton 原理.

2.2 对非完整系统的推广

1)Chetaev 型非完整系统

将广义有势情形的 d'Alembert-Lagrange 原理

$$\sum\left(\frac{\partial L}{\partial q_s}-\frac{\mathrm{d}}{\mathrm{d}t}\frac{\partial L}{\partial\dot{q}_s}\right)\delta q_s=0$$

写成形式

$$\delta L-\frac{\mathrm{d}}{\mathrm{d}t}\left(\sum\frac{\partial L}{\partial\dot{q}_s}\delta q_s\right)+\sum\frac{\partial L}{\partial\dot{q}_s}\left[\frac{\mathrm{d}}{\mathrm{d}t}(\delta q_s)-\delta\dot{q}_s\right]=0$$

将其对 t 由 t_0 至 t_1 积分, 并注意到端点条件, 得到

$$\int_{t_0}^{t_1}\left\{\delta L+\sum\frac{\partial L}{\partial\dot{q}_s}\left[\frac{\mathrm{d}}{\mathrm{d}t}(\delta q_s)-\delta\dot{q}_s\right]\right\}\mathrm{d}t=0$$

根据对 $\delta\dot{q}_s$ 的两种定义, 可得到非完整系统两种形式的 Hamilton 原理: Suslov 形式的和 Hölder 形式的 [12,13].

Hölder 形式也叫 Voronets 形式.

[注] ①文献 [12] 称 Hölder 形式为 Voronets 形式. ② Suslov (1857~1935) 是老师, Voronets (1871~1923) 是学生, 关于 Hamilton 原理应用于非完整系统, 两人有过争议, 而实际上他们两人都没有错.

2)Vacco 动力学系统

Goldstein 在其《经典力学》中指出, 对受有约束

$$f_\alpha(q_1,\cdots,q_n,\dot{q}_1,\cdots,\dot{q}_n)=0$$

的系统, Hamilton 原理可写成 [14]:

$$\delta\int_{t_1}^{t_2}(L+\sum\lambda_\alpha f_\alpha)\mathrm{d}t=0$$

由此导出方程

$$\frac{\mathrm{d}}{\mathrm{d}t}\left(\frac{\partial L}{\partial\dot{q}_k}\right)-\frac{\partial L}{\partial q_k}=\sum\left\{\lambda_\alpha\left[\frac{\partial f_\alpha}{\partial q_k}-\frac{\mathrm{d}}{\mathrm{d}t}\frac{\partial f_\alpha}{\partial\dot{q}_k}\right]-\frac{\mathrm{d}\lambda_\alpha}{\mathrm{d}t}\frac{\partial f_\alpha}{\partial\dot{q}_k}\right\}$$

[注] ①所得方程为 Vacco 动力学方程. ② 文献 [15] 指出, 上述原理是数学变分问题, 导出的方程在力学/物理上是不正确的.

3. Hamilton 原理的意义与进一步发展

3.1　Hamilton 原理的意义

Полак 指出:"很难指出物理–数学科学的其他领域, 把抽象的数学研究与具体的物理内容如此深刻地结合起来. 力学的变分原理不仅是自然和技术的最复杂、多方面问题的精美工具, 而且运动规律的独特表达形式远远超出了经典力学的限制." [12] Hamilton 原理正是这样的.

Hamilton 原理是力学的基本原理, 并且它把原理归结为更一般的形式. 同时它与坐标选择无关, 因此, 更具有普遍性并在多方面应用上更为方便. 例如, 应用 Hamilton 原理来推导 Lagrange 方程和正则方程更为简单更为自然. 这不单是反映数学逻辑推理上的巧妙, 主要是反映了原理更深刻地揭示了客观事物之间精密的联系 [16,17].

对 Hamilton 原理在近似计算上的应用, 文献 [17,18] 给出很好的例子. 文献 [10,19] 将 Hamilton 原理应用于耦合 RLC 电路、柔性多体以及刚柔耦合系统动力学.

3.2　Hamilton 原理的进一步发展

1927 年 Birkhoff 在其著作《动力系统》中提出一类新型积分变分原理和一类新型运动微分方程. 1983 年 Santilli 将这些结果推广到包含时间的情形 [20]. 那个原理可称为 Pfaff-Birkhoff 原理 [20,21], 有形式

$$\delta A = 0$$

$$A = \int_{t_0}^{t_1} \left[\sum R_\nu(t, \boldsymbol{a}) \dot{a}^\nu - B(t, \boldsymbol{a}) \right] \mathrm{d}t$$

$$\mathrm{d}\delta a^\nu = \delta \mathrm{d} a^\nu, \quad \delta a^\nu \Big|_{t=t_0} = \delta a^\nu \Big|_{t=t_1} = 0$$

当取

$$R_\mu = \begin{cases} p_\mu & (\mu = 1, 2, \cdots, n) \\ 0 & (\mu = n+1, \cdots, 2n) \end{cases}$$

$$a_\mu = \begin{cases} q_\mu & (\mu = 1, 2, \cdots, n) \\ p_{\mu-n} & (\mu = n+1, \cdots, 2n) \end{cases}$$

$$B = H$$

则给出 Hamilton 原理

$$\delta \int_{t_0}^{t_1} \left(\sum p_s \dot{q}_s - H \right) \mathrm{d}t = 0$$

文献 [21,22] 研究了 Birkhoff 系统动力学. 文献 [21] 还由 Pfaff-Birkhoff 原理导出了 Pfaff-Birkhoff-d'Alembert 原理.

4. 结语

(1) 本文给出有关 Hamilton 原理的一些史料, 包括 Hamilton 原著的表述, 后人的理解与发展.

(2) Hamilton 给出了 Hamilton 作用量 S, 但未明确地给出 $\delta S = 0$, Jacobi 明确给出了原理 $\delta S = 0$, Ostrogradsky 也研究了这个原理, 因此, 俄国人称原理为 Hamilton-Ostrogradsky 原理.

(3) Hamilton 原理的前提是: 约束是双面理想完整定常的, 力是有势的且不含时间, 可比较路径与真实路径有同样始、终点并在同样时间间隔内完成. 这个原理可推广到完整非保守系统和非完整系统, 但一般说已不再是稳定作用量原理.

(4) Hamilton 原理推广到 Pfaff-Birkhoff 原理, 经历了 90 多年, 为 Birkhoff 系统动力学打下基础.

(5) 文献 [2] 指出, 文献中大量出现的"原理的证明"无疑是不合理的, 原理无需证明. 当然, 人们开始时总是希望用已有的知识来验证新知识的正确性, 因此就有了 Appell 用动力学普遍方程, Whittaker 用 Lagrange 方程来验证 Hamilton 原理的经历.

参 考 文 献

[1] Hamilton W R. Second essay on a general method in dynamics. Phil. Trans. Roy. Soc, 1835, 1: 95–144

[2] Полак Л С. Вариационные Принципы Механики. Москва: ГИПМЛ, 1959

[3] Jacobi C. Vorlesungen über Dynamik. Berlin: Clebsch, 1886

[4] Моисеев Н Д. Очерки Развития Механики. Москва: ИМУ, 1961

[5] Arnold V I. Mathematical Methods of Classical Mechanics. New York: Springer-Verlag, 1978

[6] Appell P. Traité de Mécanigue Rationnelle, T Ⅱ Sixème Édition, Paris: Gautnier-Villars, 1953

[7] Whittaker E T. A Treatise on the Analytical Dynamics of Particles and Rigid Bodies, Fourth Edition. Cambridge: Cambridge Univ. Press, 1937

[8] Суслов Г К. Теоретическая Механика. Москва: Тостехиздаы, 1946

[9] Лурье А И. Аналитическая Механика. Моцква: ГИФМЛ, 1961

[10] 陈滨. 分析动力学, 第二版. 北京: 北京大学出版社, 2012 (Chen B. Analytical Dynamics, Second edition. Beijing: Peking University Press, 2012 (in Chinese))

[11] 赵跃宇. 力学的新型积分变分原理. 力学学报, 1989, 21(1): 101–106 (Zhao Y Y. New integral variational principle of mechanics. Acta Mechanica Sinica, 1989, 21(1): 101–106 (in Chinese))

[12] Новосёлов В С. Вариационные Метолы в Мехлнике. ИЛУ, 1966

[13] 梅凤翔. 分析力学, 下卷. 北京：北京理工大学出版社, 2013 (Mei F X. Analytical Mechanics Ⅱ. Beijing: Beijing Institute of Technology Press, 2013 (in Chinese))

[14] Goldstein H, Poole G, Safko J. Classical Mechanics, Third Edition, Beijing: Higher Education Press, 2005

[15] Papastravridis J G. Analytical Mechanics. New York: Oxford Univ. Press, 2002

[16] 梅凤翔, 刘桂林. 分析力学基础. 西安：西安交通大学出版社, 1987 (Mei F X, Liu G L. Foundationed of Analytical Mechanics. Xi' an: Jiaotong University Press, 1987 (in Chinese))

[17] 朱照宣, 周起钊, 殷金生. 理论力学, 下册. 北京：北京大学出版社, 1982 (Zhu Z X, Zhou Q Z, Yin J S. Theoretical Mechanics Ⅱ. Beijing: Peking University Press, 1982 (in Chinese))

[18] 黄昭度, 钟奉俄. 工程系统分析力学. 北京：北京高等教育出版社, 1992 (Huang Z D, Zhong F E. Analytical Dynamics of Engineering System. Beijing: Higher Education Press, 1992 (in Chinese))

[19] 丁光涛. 三种耦合 RLC 电路的 Lagrange 函数和 Hamilton 函数动力学与控制学报, 2014, 12(4): 304–308 (Ding G T. Lagrangians and Hamiltonians of three coupled RLC circuit. Journal of Dynamics and Control, 2014, 12(4): 304–308 (in Chinese))

[20] Santilli R M. Foundations of Theoretical Mechanics Ⅱ. New York: Springer-Verlag, 1983

[21] 梅凤翔, 史荣昌, 张永发, 等. Birkhoff 系统动力学. 北京：北京理工大学出版社, 1996 (Mei F X, Shi R C, Zhang Y F, etc. Dynamics of Birkhoffian System. Beijing: Beijing Institute of Technology Press, 1996 (in Chinese))

[22] Галиуллин А С, Гафаров Г Г, Малаишка Р П, Хван А М. Аналитическая Динамика Систем Гельмгольца, Ъиркгофа, Намьу. Москва: УФН, 1997

(原载《动力学与控制学报》, 2016, 14(1): 19–25)

§5.2 关于 Gauss 原理

引言

学科史研究是科学技术史研究的一个重要领域. 分析力学史是力学史的一部分. 本文就分析力学的 Gauss 原理的形成和发展给出一些史料, 包括 Gauss 的原述以及众多名家对原理的表述, 并提出一些看法.

1. Gauss 简介

Gauss C F(1777~1855) 汉译高斯, 德国数学家、天文学家、物理学家. 生于不伦瑞克, 卒于哥廷根. 少年时即显示数学才能, 1792 年进不伦瑞克卡罗林学院学习, 1795 年进哥廷根大学学习, 1799 年得出代数学基本定律的第一个证明, 以此获得赫尔姆施泰特大学博士学位. 其后独立研究数学和天文学, 1807 年被聘为哥廷根大学天文学教授兼天文台台长, 直至去世. 在数论方面, 1801 年出版《算术研究》, 建立了同宗理论. 引进被称为高斯的数域, 开拓了代数数论. 在代数方面, 对代数学基本定理给出四个证明. 引进二次型的等价及合成, 预示着抽象代数的萌芽. 在概率方面, 系统发展最小二乘法和误差理论. 在几何学方面, 是非欧几何最早发现者. 在曲面微分几何方面, 引进被称为高斯的映射, 高斯的曲率, 开拓了内蕴几何学. 在变分法方面, 首先解决了具有二重积分的变分问题. 高斯的研究涉及数学所有分支, 成为 19 世纪上半叶德国最著名数学家. 他也在将数学应用于天文学、大地测量、磁理论等方面. 他在一般力学的唯一工作是在 1829 年发表的“关于一个新的普遍原理”, 被称为高斯原理.

2. Gauss 的原述

大数学家 Gauss 涉及一般力学的唯一工作是他在 1829 年发表的“关于力学的一个新的一般原理”.[1]

这个原理表述如下:

“彼此以任何方式相联的, 同时受有任何外限制的某个质点系的运动, 在每一瞬时, 完成与自由运动一致的最大可能的运动, 或者在最小可能的拘束下的运动, 而作为对所有系统在每一瞬时都有效的拘束的度量研究作为每个点对其自由运动偏离的平方与质量积之和. ”[1,2]

设 $m, m', m'', \cdots$ 为点的质量, $a, a', a'', \cdots$ 为在时刻 t 其相应的位置, $b, b', b'', \cdots$ 为这些点在无限小时间间隔 $\mathrm{d}t$, 在力作用下和所得速度改变后的位置 (在所有点在时间之隔 $\mathrm{d}t$ 内都是自由条件下). 系统这些点真实位置 $c, c', c'', \cdots$ 是所有为系统约束允许的可能的位置中使物理量

$$m(bc)^2 + m'(b'c')^2 + m''(b''c'')^2 + \cdots = Z_w \tag{1}$$

取极小值. 这个量 Gauss 称为拘束 (Zwang)[2].

[注] ①Gauss 原理的俄译文看到两种, 上面是文献 [2] 的汉译. ②原理还没有给出它的解析表达式.

3. Gauss 原理的发展

3.1 原理的解析表达式

十年后这个新原理引起德国学者的关注. 在 Gauss 工作过的哥廷根大学和德国其他城市的学校注意到这个原理并给以发展. 例如, 1858 年 Gauss 在哥廷根的学生 Ritter 提交学位论文“关于 Gauss 最小拘束原理”, 指出 Gauss 原理可导出静力学基本定理, 特别是平行四边形法则 [2].

Gauss 原理的解析表达主要是 Scheffler 发表于 1858 年的工作“关于 Gauss 力学基本定律”. 设 x_i 和 $\dot{x}_i$ 为点 m_i 在时刻 t 的横坐标和沿横轴的速度分量. 如果 $\ddot{x}_i$ 是点由系统所施力和约束产生的运动加速度在该时刻沿横轴的投影, 那么该点在时刻 $t+\mathrm{d}t$ 在真实运动中横坐标等于

$$x_i+\dot{x}_i\mathrm{d}t+\frac{1}{2}\ddot{x}_i(\mathrm{d}t)^2 \tag{2}$$

另一方面, 如果没有约束, 点在同一时刻的横坐标为

$$x_i+\dot{x}_i\mathrm{d}t+\frac{1}{2m_i}X_i(\mathrm{d}t)^2 \tag{3}$$

其中 X_i 为所加力的分量. 在计算上面两个量时精确到二阶小量. 类似地计算 y 轴和 z 轴的值. 进而, Scheffler 按 Gauss 拘束得到解析表达, 他组成自由运动和真实运动的坐标差, 取其平方除以质量, 再求和, 有

$$Z_w=\sum\frac{1}{m_i}[(X_i-m_i\ddot{x}_i)^2+(Y_i-m_i\ddot{y}_i)^2+(Z_i-m_i\ddot{z}_i)^2] \tag{4}$$

此后 Gauss 最小拘束原理表示为, 相对这些点由给定点和给定大小方向的速度发生的所有可能的与约束相符的运动来说, 拘束的局部极小条件. 因此, 在时刻 t, 点的坐标和速度在 Gauss 原理中不变分, 仅加速度变分. Gauss 拘束极小性条件按 Scheffler 写成形式 [2]

$$\delta Z_w=\sum[(X_i-m_i\ddot{x}_i)\delta\ddot{x}_i+(Y_i-m_i\ddot{y}_i)\delta\ddot{y}_i+(Z_i-m_i\ddot{z}_i)\delta\ddot{z}_i]=0 \tag{5}$$

如果约束是双面的. 这些约束可以是完整的和非完整的.

Boltzmann 和 Gibbs 19 世纪 90 年代指出, Gauss-Scheffler 原理形式可由 d'Alembert 原理和可能位移原理得到.

Ostrogradsky 学派的 Rakhmanikov (1826~1897) 1878 年在基辅大学学报上发表论文“最小损失功原理作为力学的一般原理”.[2]

[注] ①原理的前提条件应是, 约束是双面理想的, 不论完整与否. 当然, 那时还没有理想约束的概念. ②最小损失功原理是对 Gauss 原理的一种解释.

3.2 Appell 的论述

Appell 在其著作中写道:

"学者们找到了各种方法将运动方程引向一个原理, 使积分或函数与可能接近的运动相比, 取极小. 这个思想首先是最小作用量原理, 而后是更一般的 Hamilton 原理, 由此很简单地导出完整系统的 Lagrange 方程, 但在非完整系统情形, 这个结论已不正确. 这里我们换成 Gauss 最小拘束原理. 这个原理是最普遍的, 应用它时没有任何困难. 原理的优势在于, 它有简单的解析表达, 用寻求二阶函数的极小就可以找到任何系统的运动方程, 不论完整的, 还是非完整的. "[3]

[注]① Appell 这段文字提到 Gauss 原理的优点. ②未提前提条件, 当然, Appell 时代仅有"无摩擦约束", 还没有理想约束的提法.

3.3 理论力学基本教程的表述

Bukhgolts 的《理论力学基本教程》1939 年出第二版, 并于 1957 年由钱尚武, 钱敏翻译出版 [4]. 书中写道:

"和达朗贝尔–拉格朗日原理比较起来, 高斯原理的优越性在于, 它使我们有可能在不管怎样的非完整约束下得出力学组的运动方程式. 因此高斯原理是最普遍的力学原理并具有很大的, 发现新事物的价值, 由于这种价值高斯原理成为力学进一步发展的基础. "

"高斯原理就是: 在每一瞬间, 在主动力作用下并服从非自由无摩擦约束的力学组的真正运动和从同一初形相并具同样初速度以那一性质不同的所有运动学上可能的 (亦即和同样一些约束相符合的) 运动不同的地方是, 对真正的运动来说对自由运动偏离的变量, 亦即拘束是极小. "

[注]①这个教程是作者 20 世纪 50 年代上学时的主要参考书, 它本身也很有名. ②上面文字提到 Gauss 原理的普遍性和优势. ③文字中有"非自由无摩擦约束", 就是指理想约束.

3.4 胡助、赵进义的一个报告

北京工业学院教授胡助 (1894~1977) 和赵进义 (1902~1972) 作为 Appell 当年的学生, 1964 年在全国第一届一般力学学术会议上做一报告"关于非完整系统的 Appell 定义和 Appell 方程", 深入讨论了 Appell 方程和 Gauss 原理之间的关系.

[注]①这是我国有关 Appell 方程和 Gauss 原理的早期工作. 胡助先生 60 年代有一《分析力学讲义》, 并为本科生开设"分析力学"课程. 因此, 60 年代北京工业学院成为我国分析力学研究的"一个点儿", 为后来北京理工大学的分析力学研究起了很好的带头作用. ②刘桂林 (1934~2009) 和刘恩远在北京工业学院曾为胡助先生的助手. 刘桂林主编《分析力学的范例与习题》, 刘恩远发表过"变质量可控力

学系统的 Gauss 原理和 Appell 方程”(1986).

3.5 《中国大百科全书 · 力学》

《中国大百科全书 · 力学》第 172 页的条目“高斯原理”, 写道 [5]:

“高斯原理 (Gauss principle) 又称高斯最小拘束原理, 它是分析力学中的普遍微分变分原理之一. 高斯原理可表述为: 质点系真实运动的加速度是所有符合约束的可能加速度中使拘束函数取小值者. 在一质点系 $(m_1, m_2, \cdots, m_n)$ 在理想约束的一阶 (线性或非线性) 约束或完整约束以及主动力 $(\boldsymbol{F}_1, \boldsymbol{F}_2, \cdots, \boldsymbol{F}_n)$ 的作用下从某一可能状态出发, 则对于符合约束的各可能加速度 $(\ddot{\boldsymbol{r}}_1, \ddot{\boldsymbol{r}}_2, \cdots, \ddot{\boldsymbol{r}}_n)$ 可建立拘束函数

$$Z = \sum \frac{1}{2} m_i \left(\ddot{\boldsymbol{r}}_i - \frac{\boldsymbol{F}_i}{m_i} \right)^2 \tag{6}$$

如果记 δ_G 为符合约束的可能加速度变分, 由高斯原理可知, 系统真实运动满足

$$\delta_G Z = \sum (m_i \ddot{\boldsymbol{r}}_i - \boldsymbol{F}_i) \cdot \delta_G \ddot{\boldsymbol{r}}_i = 0 \tag{7}$$

这就是高斯原理的数学表达式. 高斯原理具有简明的极值意义, 既适用于一阶线性系统 (包括完整系统), 也适用于一阶非线性约束系统.

高斯原理的优点不仅在于原理上的普遍性, 而且还有很大的实用价值. 目前在机器人的设计和分析中使用的方法之一就是由高斯原理出发, 在电子计算机中直接建立拘束函数变分问题, 用优化算法和动态规划的办法求解机器人的运动和约束反力. ”

《中国大百科全书 · 力学》第 310 页右倒数第 9 行, 写道 [5]:

“积分形式变分原理的建立是对力学的发展, 无论在近代或现代, 无论在理论上或应用上, 都具有重要的意义. 积分形式变分原理除 W. R. 哈密顿在 1834 年所提出的外, 还有 C. F. 高斯在 1829 年提出的最小拘束原理, 为力学运动方程的求解提供途径. ”

《中国力学学科史》第 21 页重复了以上段落 [6].

[注]①《中国大百科全书 · 力学》的条目“高斯原理”由陈滨教授书写. 这个条目写得好. 不过, 在“理想约束”前应加“双面”. ②《中国大百科全书 · 力学》和《中国力学学科史》中将 Gauss 原理当作积分形式变分原理, 是一个误判, 因为它是一个微分变分原理.

3.6 《力学词典》

《力学词典》第 145 页有条目“高斯原理”写道 [7]:

"高斯原理 (Gauss principle) 动力学普遍原理, 又称最小拘束原理, 由高斯 (C. F. Gauss, 1777~1856) 于 1829 年提出而得名. 对任意有理想约束的质点系, 高斯原理要求

$$\sum(m_i\ddot{\boldsymbol{r}}_i-\boldsymbol{F}_i)\cdot\delta\ddot{\boldsymbol{r}}_i=0 \tag{8}$$

其中 $m_i, \boldsymbol{r}_i, \boldsymbol{F}_i$ 为系统中第 i 个质点的质量, 矢径和主动力, $\delta\ddot{\boldsymbol{r}}_i$ 为该点在同一时刻保持位置和速度不变且在约束条件下的加速度变分. 高斯原理也可作为一种变分原理表述为: 在相同的理想约束条件下, 质点系的各种可能运动中, 各质点真实运动加速度所对应的拘束函数 C 为最小值. C 定义为

$$C=\sum\frac{1}{2}m_i\left(\ddot{\boldsymbol{r}}_i-\frac{\boldsymbol{F}_i}{m_i}\right)^2 \tag{9}$$

高斯原理广泛应用于机器人动力学. "

[注]①这个条目没有《中国大百科全书 · 力学》的条目好, 因为前一式已是变分原理, 怎么还会有"可作为一种变分原理"? ②原理的前提应加"双面理想". ③拘束函数一般用 Z 或 Z_w 很少用字母 C.

3.7 Mach 对 Gauss 原理的批判

Mach 在其名著《力学及其发展的批判历史概论》(1883)[8] 中专门有一节"最小约束原理"(中文译本 P421—P436) 有 9 小节.

第 1 小节指出"高斯评论, 没有本质上新颖的原理现在能够在力学中确立; 但是, 这并非排除新观点的发现, 从这些观点可以富有成效地凝视力学现象. 高斯原理提供了这样的观点. "

第 2 小节指出"该原理包括静力学和动力学二者的实例. "

第 3 小节指出"新原理等价于达朗伯原理. "

第 4 小节指出"实际运动总是这样的: $\sum ms^2(1)$ 或 $\sum ps(2)$ 或 $\sum m\gamma^2(3)$ 是最小值. "

第 5、6、7 小节给出一些简单例子说明高斯原理.

第 8 节指出"高斯原理没有提供实质上新的洞察或察觉". "该原理仅仅在形式上而不是在内容上是新的. "

第 9 小节指出"我们不能接受他 (Scheffler) 本人提出的东西作为新原理, 因为在形式和含义两方面它都等价于达朗伯–拉格朗日. "

[注] 中文译本"最小约束原理"一般译为"最小拘束原理", 即 Gauss 原理. Mach 的批判肯定了 Gauss 原理提供了新观点, 但认为形式上是新的, 内容上不是新的. Mach 是用简单例子来得出这个结论的, 当然, 在 Mach 时代是可以理解的. 今天看来, 这个论断有点儿过头.

3.8 Gauss 原理的高阶发展

Mangeron-Deleanu 原理为 [9−11]

$$\sum(\boldsymbol{F}_i - m_i\ddot{\boldsymbol{r}}_i)\cdot\delta\overset{(m)}{\boldsymbol{r}_i} = 0 \quad (m=0,1,2,\cdots)$$
$$\delta\boldsymbol{r}_i = \delta\dot{\boldsymbol{r}}_i = \cdots = \delta\overset{(m-1)}{\boldsymbol{r}_i} = 0 \tag{10}$$

当 $m=0$ 时为 d'Alembert-Lagrange 原理, 当 $m=1$ 时为 Jourdain 原理; 当 $m=2$ 时为 Gauss 原理.

原理的广义坐标表达有

Euler-Lagrange 形式

$$\sum\left(Q_s - \frac{\mathrm{d}}{\mathrm{d}t}\frac{\partial T}{\partial\dot{q}_s} + \frac{\partial T}{\partial q_s}\right)\delta\overset{(m)}{q_s} = 0 \tag{11}$$

Nielsen 形式

$$\sum\left(Q_s - \frac{\partial\dot{T}}{\partial\dot{q}_s} + 2\frac{\partial T}{\partial q_s}\right)\delta\overset{(m)}{q_s} = 0 \tag{12}$$

Appell 形式

$$\sum\left(Q_s - \frac{\partial S}{\partial\ddot{q}_s}\right)\delta\overset{(m)}{q_s} = 0 \tag{13}$$

Tzénoff 形式

$$\sum\frac{\partial K}{\partial\ddot{q}_s}\delta\overset{(m)}{q_s} = 0 \tag{14}$$

$$K = \frac{1}{2}\left(\ddot{T} - 3\sum\frac{\partial T}{\partial q_s}\ddot{q}_s\right) - \sum Q_s\ddot{q}_s \tag{15}$$

Dolaptchiew 形式

$$\sum\frac{\partial K_m}{\partial\overset{(m)}{q_s}}\delta\overset{(m)}{q_s} = 0$$
$$K_m = \frac{1}{m}\left\{\overset{(m)}{T} - (m+1)\sum\frac{\partial T}{\partial q_s}\overset{(m)}{q_s}\right\} - \sum Q_s\overset{(m)}{q_s} \tag{16}$$

陈立群形式 [12]

$$\sum\left(-\eta\frac{\partial\overset{(x-2)}{S}}{\partial\overset{(x)}{q_s}} - \theta\frac{\mathrm{d}}{\mathrm{d}t}\frac{\partial\overset{(z-1)}{T}}{\partial\overset{(z)}{q_s}} - \alpha\frac{\partial\overset{(u)}{T}}{\partial\overset{(u)}{q_s}} - \beta\frac{\partial\overset{(v)}{T}}{\partial\overset{(v)}{q_s}} - \gamma\frac{\partial\overset{(w)}{T}}{\partial\overset{(w)}{q_s}} + Q_s\right)\delta\overset{(m)}{q_s} = 0 \tag{17}$$

其中 $x\geqslant 2, z\geqslant 1$ 为整数, 实数 $\eta,\theta,\alpha,\beta,\gamma$ 和非负整数 u,v,w 满足

$$-\eta+\alpha+\beta+\gamma = 1$$

$$\eta + \theta + \alpha u + \beta v + \gamma w = 1 \tag{18}$$

若取

$$\begin{aligned} &\eta = \theta = \beta = 0 \\ &\alpha = \frac{1}{m}, \quad u = m, \quad \gamma = \frac{m+1}{m}, \quad w = 0 \end{aligned} \tag{19}$$

则它成为 Dolaptchiew 形式.

[注] 以上各种表达中, 当属陈立群的最为一般, 通过调节系数可以得到多种形式.

3.9 Gauss 原理的完备性

由 Gauss 原理可导出 Jourdain 原理和 d'Alembert-Lagrange 原理. 由 Gauss 原理可建立完整系统和非完整系统的动力学方程. Gauss 原理对处理理想的一阶约束系统是完备的, 不再需要附加其他的原理性假定了 [13].

[注]“理想”前应加“双面”.

3.10 Gauss 原理的应用

1) 在机器人动力学中的应用

正如 Euler 指出的, 解决力学问题有两种方法: 一种方法是根据平衡或运动规律的直接方法; 另一种方法是运用极大值或极小值的公式, 通过求极大值或极小值的方法求出这些公式的解. 描述构件之间具有各种约束的机器人非常复杂的空间机构时, 确定闭式的动力学方程有不少困难. 但建立相应的极值问题并不困难, 这种极值问题作为很一般的数学规划问题. 如果写成泛函, 通过选取所有未知量使之取极小值, 并确定对这些未知量所加的全部约束, 那么就每一具体情况用数字计算机求这种极值问题的数值解, 要比寻求解的解析式容易得多 [14]. 文献 [14] 就用 Gauss 原理解机器人动力学问题.

2) 在建立非线性振动方程近似解的应用 [15]

[注]Gauss 原理的进一步应用值得开展研究.

3.11 Gauss 原理与 Chetaev 条件

非线性非完整约束

$$f_\beta(t, q_s, \dot{q}_s) = 0 \tag{20}$$

加在虚位移 δq_s 上的条件为

$$\sum \frac{\partial f_\beta}{\partial \dot{q}_s} \delta q_s = 0 \tag{21}$$

这就是 Chetaev 条件. 将约束方程对 t 求导, 并取 Gauss 变分, 则有

$$\sum \frac{\partial f_\beta}{\partial \dot{q}_s} \delta \ddot{q}_s = 0 \tag{22}$$

Chetaev 指出, “…… 对非线性约束引出可能位移的概念, 使得同时保持 d'Alembert 原理和 Gauss 原理 ……”[16]“考虑到 Appell 条件对相应结果的应有贡献, Novoselov 称这些条件为 Appell-Chetaev 条件 ……”[17]“注意到, Hamel 1938 年的文章[18], 用这样的观点研究了这一问题.”[17] 因此, 这条件也叫 Chetaev-Hamel 条件. 考虑到与 Gauss 原理的关联, 这条件也叫 Gauss-Appell-Chetaev 条件[13]. Papastavridis 称其为 Maure-Appell-Chetaev-Hamel 条件[17,19].

[注] ① Chetaev 条件实际上是想让 d'Alembert-Lagrange 原理可以适用于一阶非线性非完整约束系统而引出的条件, 因此, 要求 d'Alembert-Lagrange 原理与 Gauss 原理同时保持. ② Chetaev 条件有多种称谓, 我们以为称 Gauss-Appell-Chetaev-Hamel 为好.

3.12 Gauss 原理的疑点

吕茂烈先生 2012 年在《动力学与控制学报》上发表论文“经典力学的一个新基本原理及其几个重要应用”. [20] 文章指出, Gauss 原理的理论性疑点有:

1) 在拘束函数中“未显示出约束力, 因而不能说明约束的物理性质, 有无摩擦力都一样 ……. 而原理的结论却被表达为只适用于无摩擦的情形.”

2) Gauss 将“偏离”比拟人为“误差”, 从而借助他的误差理论来找出偏离的最小值. 这个比拟是否成立, 也成为疑点.

在这篇文章中吕茂烈先生提出零原理, 指出 Newton 第二定律, d'Alembert 原理, Gauss 原理都是其特殊情形.

[注] 吕茂烈先生的文章值得重视.

4. 结论

(1) 本文给出了 Gauss 原理的起源与发展的一些史料, 并在各处 [注] 中给出点评.

(2) Gauss 在他的“关于力学的一个新的一般原理”(1829) 中并没有给出拘束函数的解析表达式. 这个解析表达式是 Scheffler 29 年后的 1858 年给出的. 因此, Gauss 原理也叫 Gauss-Scheffler 原理.

(3) 在微分变分原理中, 只有 Gauss 原理具有极值性质, d'Alembert-Lagrange 原理和 Jourdain 原理都没有极值性质.

(4) Appell 方程和 Chetaev 条件都与 Gauss 原理密切相关.

参 考 文 献

[1] Gauss C F. Über ein neues allgemeines Grundgesetz der Mechanik. Crette's Journal für die reine Math, 1829, 4: 233

[2] Моисеев Н Д. Очерки Развития Механики. Москва: Изд Московского Ун-та, 1961

[3] Appell P. Traité de Mécanique Ratiormelle. T Ⅱ. Sixiéme Éd, Paris: Gauthier-Villars, 1953

[4] H. H. 蒲赫哥尔茨. 理论力学基本教程, 下册. 钱尚武, 钱敏译. 北京: 北京高等教育出版社, 1957 (Bukhgolts H H. Basic Course of Theoretical Mechanics, Qian S W, Qian M. Beijing: Higher Education Press, 1957 (in Chinese))

[5] 中国大百科全书编辑部. 中国大百科全书 · 力学. 北京: 中国大百科全书出版社, 1985 (China encyclopdeia editorial office. Encyclopedia of China. Mechanics. Beijing: China Encyclopedia Press, 1985 (in Chinese))

[6] 中国力学学会. 中国力学学科史. 北京: 中国科学技术出版社, 2012 (Mechanics society of China. Discipline History of China Mechanics. Beijing: China Science and Technology Press, 2012 (in Chinese))

[7] 力学词典编辑部. 力学词典. 北京: 中国大百科全书出版社, 1990 (Mechanics dictionary editor office. Mechanics Dictionary. Beijing: China Encyclopedia Press, 1990 (in Chinese))

[8] 恩斯特 · 马赫. 力学及其发展的批判历史概论. 李醒民译. 北京: 商务印书馆, 2014 (Ernst Mach. An Critical Historical Introduction to Mechanics and Its Development. Li X M. Beijing: The Commercial Press, 2014 (in Chinese))

[9] Mangeron D, Deleanu S. Sur une classe d'équations de la mécaniqne analytique au sens de I Tzénoff. C R Acad Bulgare des Sciences, 1962, 15(1): 9–12

[10] Добронравов В В. Основы Механики Неголономных Систем. Москва: Высая Школа, 1976

[11] 梅凤翔, 刘端, 罗勇. 高等分析力学. 北京: 北京理工大学出版社, 1991 (Mei F X, Liu D, Luo Y. Advanced Analytical Mechanics. Beijing: Beijing Institute of Technology Press, 1991 (in Chinese))

[12] 陈立群. 万有 D'Alembert 原理的统一形式. 力学与实践, 1991, 13(1): 61–63 (Chen L Q. The uniform of universad' Alembert principle. Mechanics in Engineering, 1991, 13(1): 61–63 (in Chinese))

[13] 陈滨. 分析动力学, 第二版. 北京: 北京大学出版社, 2012 (Chen B. Analytical Dynamics, Second edition. Beijing: Peking University Press, 2012 (in Chinese))

[14] E. 波波夫等. 操作机器人动力学与算法. 遇立基, 陈循介译. 北京: 机械工业出版社, 1983 (Попов Е П, et al. Operating Robot Dynamics and Algorithm. Yu L J, Chen X J. Beijing: Mechanical Industry Press, 1983 (in Chinese))

[15] Ющков М П. Построение приближенных Решения Уравнеиий нелинейных Колебаний на Основе принципа Гаусса. Вестн пенингр. Ун-та, 1984, 13: 121–123

[16] Четаев Н Г. О принципе Гаусса. Изд Физ-Мат. Общеетва При Казанеком Унте, 1932–1933, 6(3): 68–71

[17] Зегжда С А, Солтаханов Ш. Х, Ющков М П. Уравнения Движения Неголономных Систем и Вапиационные Принципипы Механики. Новый Класс Задач Управления . Москва: Физматлит, 2005 С. А. 杰格日达, Ш.Х. 索尔塔哈诺夫, М. П. 尤士科夫. 非完整系统的运动方程和力学的变分原理. 新一类控制问题. 梅凤翔译. 北京: 北京理工大学出版社, 2007 (Зегжда С А, Солтаханов Ш Х, Ющков М П. The Equations of Motion of Nonholonomic Systems and the Variational Principles of Mechanics. A New Kind of Control Priblems. Mei F X. Beijing: Beijing Institute of Technology Press, 2007 (in Chinese))

[18] Hamel G. Nichtholonome Systeme höherer Art. Sitzung Sbererichte der Beliner Mathmatische Gesellschaft, 1938, 37: 41–52

[19] Papastavridis J. Time-integral variational principles for nonlinear nonholonomic systems. ASME, Journal of Applied Mechanics, 1997, 64(4): 985–991

[20] 吕茂烈. 经典力学的一个新基本原理及其几个重要应用. 动力学与控制学报, 2012, 10(2): 107–116 (Lü M L. A new fundamental principle of classical mechanics with some important applications. Journal of Dynamics and Control, 2012, 10(2): 107–116 (in Chinese))

(原载《动力学与控制学报》, 2016, 14(4): 301–306)